各界推薦

機器學習的高風險應用是一本實務、擇善固執又即時的書。無論是想更瞭解模型的資料科學家，或者負責確保遵循現有標準的主管，還是試圖提升企業組織風險管控的高層，各領域讀者都能在這個困難重重的主題上得到豐富的見解。

— 富國銀行執行副總裁暨企業模型風險主管 *Agus Sudjianto* 博士

別錯過這本必讀之作！對致力於處理 AI 可詮釋性、可解釋性與安全性複雜度的任何人來說，本書成功結合尖端理論與現實世界專業知識，是遊戲規則改變者。內容提供管理偏差等許多內容的專家指南，是掌握 AI 世界流行語獲利之道的終極導引。別讓競爭者領先，現在就得到這個不可或缺的資源吧！

— 機器學習 *Meta* 軟體工程師 *Mateusz Dymczyk*

對從事高風險機器學習的所有人來說，這是一本全面又即時的指南。作者闡明監管單位層面、風險管理、可詮釋性與其他主題上表現出色，同時提供實務性建議與範例程式碼。強烈推薦給在部署機器學習模型時想要努力不懈不想一無所獲的所有人。

— *Interpretable Machine Learning* 作者 Christoph Molnar

機器學習應用必須考量各行各業的公平、問責、透明度與道德才能成功。**機器學習的高風險應用**為這類主題奠定基礎，並提供能充份利用在各種使用案例上的寶貴見解。我強烈推薦這本書，給所有機器學習從業人員。

— *H2O.ai* 工程部經理 *Navdeep Gill*

簡單說，就是負責任的 *AI*。

— Machine Learning & Data Science Blueprints for Finance
共同作者 *Hariom Tatsat*

機器學習的高風險應用是絕對必備的一本書，它可以應對日益成長的預測模型深度分析需求，內容相當具實務性，且針對不同層面提供明確建議，例如模型除錯、偏差、透明度與可解釋性分析。作者分享了在分析表狀與影像資料不同等級模型上豐富的經驗。我將這本書，推薦給希望更負責任處理複雜模型而不僅限於高風險應用的所有人。

— 華沙理工大學教授 *Przemys taw Biecek*

負責任使用機器學習的全新思維與實作導引。本書具有災難發生前預防 AI 意外事件與危害的潛力。

— 金融服務 C3.ai 資深 AI 解決方案協理

本書以獨特戰術方法處理 ML 系統風險令人驚艷。作者強調想交付渴望的結果，解決潛在危險是重要之最，被視為成功機器學習的關鍵。重點放在確保正確角色處於制定 ML 相關決策的會議室裡，特別有用。本書採取細微差異處理降低 ML 風險，提供讀者以負責任且永續的方式成功部署 ML 系統的寶貴資源。

— *McKinsey & Company* 副合夥人暨數位信任全球共同領導 *Liz Grennan*

這是一本全面性檢視高風險 AI 應用社交與技術方式的書，提供從業人員有用的技術，將他們日常作業與負責任 AI 的核心概念串連起來。

— *Dataiku* 負責任 *AI* 領導 *Triveni Gandhi* 博士

充份發揮機器學習與 AI 的潛力不僅在於模型準確度。本書探究關鍵卻常被忽略的可解釋、無偏差與穩健模型的層面。此外還提供文化與組織最佳實作的寶貴見解，以確保企業成功實現 AI 舉措的目標。隨著技術極速發展，法規難以跟上，這本書即時又全面的導引，成為從業人員不可或缺的資源。

— 哥倫比亞大學 *Ben Steiner*

機器學習模型本身就相當複雜，開發更是充滿陷阱。在這個領域上犯錯，代價會是許多人的商譽與百萬甚至數十億美元。本書包含所有機器學習從業人員：任何想要設計、開發與部署穩健機器學習模型，免於像過去幾年來眾多 ML 成果一樣失敗而所需的必備知識。

— *Epoch* 首席科學家 *Szilard Pafka* 博士

說這本書即時其實算輕描淡寫的了。從事機器學習模型的人都需要這樣的書，幫助他們考量所建模型產生的所有可能偏差與後果。最棒的部分是 Patrick、James 與 Parul 絕佳處理讓這本書具可讀性又容易吸收。所有機器學習從業人員的書架上都必須有這本書。

— 分析學副教授 *Aric LaBarr* 博士

這是一本相當即時的書。資料科學與 AI 從業人員必須慎重考量模型的現實世界影響與後果。本書激勵並協助他們這麼做，不只提供堅實的技術資訊，還用立法、資安、治理與道德線索編織出貫穿前後的脈絡。強烈建議將它當成參考素材。

— *SAS AI* / 機器學習伺服器協理 *Jorge Silva* 博士

隨著不斷成長的 AI 應用影響我們生活各方面，確保負責任開發 AI 應用非常重要，尤其安全攸關方面的那些。Patrick Hall 與其團隊務實地在本書清楚表達開發安全攸關應用的關鍵層面與議題。我強烈推薦這本書，尤其是對參與建置高風險、關鍵性且必須有系統且負責任的開發與測試 AI 應用的你！

— *QuantUniversity* 的 *Sri Krishnamurthy*

在企業組織裡大膽投入 AI 使用時，若想從可信任的建議找到方向，本書是絕佳起點。作者以知識與經驗的角度撰寫，提供技術教育基準線與常見陷阱、監管機構與社會議題、相關性及與之關聯的案例研究，以及自始至終的實務指南，成就恰到好處的配套措施。

— *SAS* 的 *AI* 產品管理主管 *Brett Wujek* 博士

機器學習的高風險應用
負責任的人工智慧方法

Machine Learning for High-Risk Applications
Approaches to Responsible AI

Patrick Hall, James Curtis, and Parul Pandey 著

Foreword by Agus Sudjianto, PhD

柳百郁 譯

目錄

第三部分　結論

推薦序

知名統計學家 George Box 曾有句名言：「所有模型都是錯的，但有些有用。」承認這件事，形成了有效風險管理的基礎。在機器學習逐漸自動化決定我們生活的重要決策的這個世界，模型失敗的後果會是一場災難。審慎緩解風險並避免意外危害非常重要。

2008 金融危機後，監管單位與金融機構認知到管理模型風險確保銀行安全的重要性，重新完善了模型風險管理（MRM）的實作。隨著 AI 與機器學習大範圍採用，MRM 原則也被用來管理這些風險。國家標準與科技機構的 AI 風險管理框架即為這場演進的其中一例。適切治理與控制整體程序，從資深管理層監管，到政策與程序，包括組織性結構與激勵，都是促進模型風險管理文化的關鍵。

在本書中，Hall、Curtis 與 Pandey 介紹了將機器學習套用在高風險決策上的框架。他們透過完整記錄模型失敗案例與新興法規，提供強而有力的證據強調強化治理與文化的重要性。不幸的是，這些原則在銀行這類監管產業外依然很少使用。本書重要主題，範圍涵蓋模型透明度、治理、資安、偏差管理等等。

機器學習裡，只有效能測試是不夠的，因為模型多樣性可以讓差異極大的模型擁有相同效能。模型還必須可解釋、安全與公平。這是第一本強調本質上可解釋模型與其近期發展與應用的書，尤其針對模型影響個人的案例，例如消費金融。在這些可解釋性標準與法規特別嚴格的場景下，可解釋 AI（XAI）事後可解釋處理方法往往面臨極大挑戰。

開發可靠並安全的機器學習系統，還需要嚴格的模型弱點評估。本書完整呈現兩個範例的模型除錯方法，包括透過誤差與殘差分段識別模型缺陷、評估輸入毀損下的模型穩健性與模型輸出的穩定性或不確定性，並透過壓力測試，瞭解分佈移轉下的模型復原力。這些都是在高風險環境下開發與部署機器學習的關鍵主題。

機器學習模型可能對有史以來邊緣化族群造成程度不一的傷害，透過自動化迅速且大規模傳遞這樣的危害。偏差的模型決策對受保護族群具有害影響，讓社會與經濟不平等永遠存在。讀者可以在本書之中學習到，透過社交科技視角，如何處理模型公平性議題。作者也對模型偏差去除技術的影響作了徹底研究，並對各種受監管垂直產業裡這些技術的應用提供實務性建議。

本書是實務、堅持觀點且及時的一本書。各領域讀者都能發現這個困難重重主題上的豐富的見解，無論是對想更瞭解模型的資料科學家，還是負責確保符合現有標準的經理人，或者試圖改善企業組織風險控制的高層。

— *Agus Sudjianto*，博士

富國銀行企業模型風險主管暨執行副總裁

前言

如今，機器學習（ML）已是人工智慧（AI）最具商業可行性的分支學科。ML系統用於就業、交保、假釋、學習、資安等領域與世界各地經濟與政府許多重大影響應用上。公司企業方面，ML 系統出現在組織各個層面，從面對客戶的產品，到員工評估，再到後勤支援自動化等等。過去十年，ML 技術的採用的確相當廣泛。但也證明對 ML 的營運商、客戶甚至一般大眾而言，持續存在風險。

一如所有技術，ML 也會失敗：無意間誤用或者刻意濫用。自 2023 年起，已有數千起演算法歧視、違反資料隱私、訓練資料資安外洩與其他有害意外事件的公開報告。這類風險必須在組織與大眾體驗到這個技術真正好處前緩解。處理 ML 風險，需要專業人員採取行動。雖然初始標準，亦即本書旨在遵循的，已逐漸成型，但 ML 實作上，依舊缺乏廣泛接受的專業認證或最佳實作。意即，技術部署到這世界上時，大多由個別從業人員自負這項技術帶來的好與壞。本書將幫助讀者紮實理解模型風險管理程序，並以新方式使用一般 Python 工具，訓練可解釋模型，針對可靠性、安全、偏差管理、資安與隱私議題為模型除錯，助從業人員一臂之力。

我們採用 Stuart Russell 與 Peter Norvig《人工智慧：現代方法》（*https://oreil.ly/oosZs*）一書的 AI 定義：設計並建置從環境接收訊號並採取行動影響環境的智慧系統（2020 年）。ML 則使用 Arthur Samuel 的一般定義（非完全可信）讓電腦有能力學習，無須確切編寫程式設計的研究領域（約 1960 年）。

誰該讀這本書

這本偏技術面的書，想寫給希望學習負責任使用 ML 或 ML 風險管理，處於職涯發展早期至中期的 ML 工程師與資料科學家。本書範例程式碼以 Python 撰寫，意即可能不適用所有資料科學家與非使用 Python 的工程師。若想學習模型治理基礎並更新工作流程，進行基本風險控管，這本書適合你。若你的工作需要遵循非歧視性、透明度、隱私權或資安標準，這本書適合你。（但不保證合規性，亦不提供法律建議！）若想訓練可解釋模型，學習編輯與排除問題，這本書適合你。最後，若擔憂 ML 方面的工作可能導致社會學偏見、違反資料隱私、安全性弱點或其他明顯由自動決策引發的已知問題等意外後果，希望能做點什麼，那麼這本書適合你。

當然，或許有其他人也對本書感興趣。若從物理學、計量經濟學或心理學來到 ML，本書有助於學習如何將較新 ML 技術與確立的領域專業知識、有效性與因果論彼此融合。本書能為監管人員或政策專家，就可用於遵循法律、法規或標準的 ML 技術現況，提供一些洞見。技術風險高層或風險管理者，可能會發現本書更新概念提供適於高風險應用的新穎 ML 處理方式相當有用。專業資料科學家或 ML 工程師也可能發現本書的教育意義，同時還挑戰許多確立的資料科學實作。

讀者將學到什麼

本書讀者將知曉傳統模型風險管理，與如何將它與電腦安全性最佳實作融合，包括意外事件應變、漏洞回報獎勵計畫與紅隊演練，再將實戰測試風險管控套用到 ML 工作流程與系統上。

本書會介紹舊式與新版可解釋模型，與令 ML 系統更透明的解釋技術。建立高透明度模型的紮實基礎，就能深入挖掘測試模型的安全與可靠性。瞭解模型運作方式就輕鬆多了！本書將超越持有資料的品質量測，探索如何將殘差分析、靈敏度分析與基準校正這類知名診斷技術，套用到新型態 ML 模型上。接著以組織與技術角度，針對偏差管理、偏差測試與緩解偏差進行結構化模型。最後，會討論 ML 管線與 API 的安全性。

歐盟《AI 法》草案，將下列 ML 應用歸類為高風險：生物辨識、關鍵基礎架構管理、教育、就業、公家單位（例：公共救助）與私人機構（例：信用借貸）民生必需服務、執法機關、移民與邊境管制、刑事司法與民主程序。提到高風險應用時，應該想到這些 ML 使用案例，這也是本書選擇範例程式著眼於電腦視覺化與表狀資料的樹狀模型上之故。

讀者應該也發現，本書第一版偏重在已確立 ML 模型的判斷與決策制定上。不深入處理非監督式學習、搜尋、建議系統、強化學習與生成式 AI。理由如下：

- 這些系統仍非最常見商用產品系統。
- 在深入瞭解更先進的非監督式、建議的與強化學習或生成處理前，應先掌握基本概念。本書初版致力於讓讀者爾後能掌控更先進專案的基礎概念。
- 這些系統的風險管理，不像本書著重的監督式模型型態那樣容易理解。直接來說（一如本書不斷強調的）使用故障模式、緩解與管控還不明確的模型會增加風險。

我們希望未來能回到這個主題，也認知到這些話題正影響數百萬人口，無論正面或負面。但也發現，只要一點創意與努力，本書許多技術、風險緩解與風險管理框架應該能套用在非監督式模型、搜尋、建議與生成式 AI 上。

ChatGPT 與 GitHub Copilot 這類走在時代尖端的生成式 AI 系統，是 ML 正以令人興奮的方式影響我們的生活。這些系統看似解決困擾早期類似系統的偏差問題。不過，在處理高風險應用上它們仍有風險。若要使用它們並存有疑慮，就應該考慮以下防護措施：

不要從使用者介面複製貼上

不要直接使用生成的內容，也不要將自有內容直接貼在介面上，可限制智慧財產權與資料隱私風險。

檢查所有生成內容

這些系統持續生成錯誤的、攻擊性的或其他有問題的內容。

避免自動化自滿

整體而言，這些系統較適於內容生成而不是決策支援。應謹慎不要讓這些系統無意間為我們做決定。

與 NIST AI 風險管理框架一致

為遵循我們自己的建議，並讓本書對處理高風險應用能更實用，會強調本書推薦方式中與近期國家標準與科技機構（NIST）的 AI 風險管理框架（RMF）一致之處。外部標準應用一直都是知名風險管理戰術，NIST 在權威技術指南方面有輝煌紀錄。AI RMF 有相當多組成元件，其中最重要的兩個就是 AI 與 RMF 指南核心的可信度特性。可信度特性建立了 AI 風險管理的基本原則，而 RMF 指南核心則提供風險管控執行的建議。全書將使用 NIST 的 AI 可信度特性的相關字彙：效度、可靠性、安全、資安、復原力、透明度、問責、可解釋性、可詮釋性、偏差管理與強化隱私。在第一部分每一章開始，會利用方框解說本書內容如何與何處，與 NIST AI RMF 核心對應、衡量、管理與治理的特定面向保持一致。期望與 NIST AI RMF 保持一致，能讓這本書更有用，成為更有效的 AI 風險管理工具。

NIST 沒有審查、核准、容許，或以任何方式處理本書所有內容，包括宣稱與 AI RMF 相關的部分。所有 AI RMF 內容單純是作者意見，不代表 NIST 官方立場，或 NIST 與本書或其他作者間官方與非官方的關係。

本書大綱

本書分為三部分。第一部分從實際應用角度探討議題，必要時加上一些理論。第二部分內含具體格式的 Python 範例程式，以結構式與非結構式資料的角度處理第一部分主題。第三部分就如何在現實世界高風險使用案例中取得成功給予難得的建議。

第一部分

第 1 章從深入瞭解待定法規開始，探討產品責任與傳統模型風險管理的整體處理。由於這些實作有許多都是以稍微古板與專業的方式建立模型，與當今常見「快速行動、打破常規」口號相去甚遠，所以還會討論如何將假設失敗的電腦資安最佳實作納入模型治理。

第 2 章介紹迅速發展的可解釋模型生態系統。內容涵蓋深度瞭解廣義相加模型（GAM）系列，也探討許多其他型態的高品質高透明度估計式（estimators）。該章概述各種事後解釋技術，但著眼於負責任 ML 技術這個過度炫染分區裡嚴峻且知名的問題。

第 3 章以考量實際測試模型假設與真實世界可靠性的方式，處理模型驗證，並介紹軟體測試基礎，簡述模型除錯重點。

第 4 章概述轉換到技術偏差測量與緩解方式前，先概述公平與偏差的社交技術層面。接著詳細介紹偏差測試，包括差異影響與區分效度，還會處理已確立及舊有偏差緩解方式，與先進的雙目標、對抗式、前置處理、程序中處理與後置處理的緩解技術。

第 5 章解釋紅隊部署 ML 系統的方式，從電腦資安的基本概念開始，再探討常見 ML 攻擊、對抗式 ML 與強化 ML，結束第一部分。

第一部分各章節，皆以 Zillow 的 iBuying 災難、英國 A-level 之亂、Uber 自動駕駛致命撞毀、Twitter 首度偏差漏洞回報獎勵計畫與真實世界 ML 規避攻擊這類主題相關案例討論結束。各章都會概述內容與 NIST AI RMF 間的一致性。

第二部分

第二部分以一系列詳盡範例程式章節，延展第一部分的概念。

第 6 章將可解釋增強機（EBMs）、XGBoost 與可解釋 AI 技術，適切帶入基本消費金融範例。

第 7 章在 PyTorch 影像分類上套用事後解釋技術。

第 8 章，針對效能問題為消費金融模型除錯，並於第 9 章對影像分類做同樣的事。

第 10 章內含偏差測試與偏差緩解相關的詳盡範例，第 11 章則提供 ML 攻擊範例與樹狀模型對策。

第三部分

第 12 章用如何在高風險 ML 應用取得成功的一般性建議，結束這本書。這不是快速移動、打破常規。對一些低風險使用案例而言，臨時應急的方式或許有用。但隨著 ML 逐漸受管控且用於較高風險應用，打破常規的後果變得更嚴重。第 12 章提供的是在高風險場景上套用 ML 的可貴實作建議。

對本書第一版的期望，是為時下 ML 常見的難解與時程壓縮的工作流程，提供合法替代方案。內容提供整套詞彙、想法、工具與技術，讓從業人員在如此重要的工作上能更深思熟慮。

範例資料集

本書仰賴兩大資料集，解釋技術或闡釋方法與討論結果。這些範例資料集不適合在高風險應用中訓練資料，但大家都知道它們而且很容易取得，其缺點得以讓本書指出各種資料、建立模型與解釋陷阱。接下來的章節將多次參照這些資料集，所以務必在深入本書其餘部分前，瞭解它們。

台灣信用資料

在第 6、8、10 與 11 的結構性資料章節，使用加州大學爾灣機器學習儲存庫（*https://oreil.ly/xJ5u2*）或 Kaggle（*https://oreil.ly/DmAWe*）略為修改的台灣信用資料版本。信用卡違約資料內含 2005 年台灣信用卡用戶相關的人口統計與支付訊息。一般來說，此資料集的目標，是使用過去支付狀態 (PAY_*)、過去支付金額 (PAY_AMT*) 與帳單金額 (BILL_AMT*) 作為輸入，預測客戶是否完成下次支付 (DELINQ_NEXT = 0)。貨幣金額以台幣呈現。本書還將模擬的 SEC 與 RACE 標記加入這個資料集，以便舉例說明偏差測試與緩解方法。利用支付訊息作為輸入特徵，並依循最佳實作管理 ML 系統的偏差，不使用人口統計資訊作為模型輸入。完整資料字典見表 P-1。

表 P-1　信用卡違約資料的資料字典

名稱	模型化角色	測量程度	說明
ID	ID	Int	唯一識別碼
LIMIT_BAL	Input	Float	過去授與信用額度
SEX	Demographic information	Int	1= 男性；2= 女性
RACE	Demographic information	Int	1= 西班牙；2= 黑人（Black）；3= 白人（White）；[a]；4= 亞洲人
EDUCATION	Demographic information	Int	1= 研究所；2= 大學；3= 高中；4= 其他
MARRIAGE	Demographic information	Int	1= 已婚；2= 單身；3= 其他
AGE	Demographic information	Int	年齡
PAY_0, PAY_2-PAY_6	Input	Int	過去支付歷史；PAY_0=2005 年 9 月還款狀態；PAY_2=2005 年 8 月還款狀態；…PAY_6=2005 年 4 月還款狀態。還款狀態評估級距為：-1= 按時還款；1= 還款延遲一個月；2= 還款延遲兩個月；…8= 還款延遲八個月；9= 還款延遲九個月或九個月以上
BILL_AMT1-BILL_AMT6	Input	Float	帳單金額；BILL_AMT1=2005 年 9 月帳單金額；BILL_AMT2=2005 年 8 月帳單金額；BILL_AMT6=2005 年 4 月帳單金額

名稱	模型化角色	測量程度	說明
PAY_AMT1–PAY_AMT6	Input	Float	過去支付金額；PAY_AMT1=2005 年 9 月付款金額；PAY_AMT2=2005 年 8 月付款金額；PAY_AMT6=2005 年 4 月付款金額
DELINQ_NEXT	Target	Int	客戶下次是否延遲付款（逾期），1= 逾期；0= 按時

[a] 提及人種的人口統計族群時，「White（白人）」是否應與「Black（黑人）」一樣大寫，一直是爭議。基於認可共有歷史與文化認同，全書依循出版界與學術界眾多權威人士的看法（*https://oreil.ly/3iKFj*），以首字母大寫「Black（黑人）」表達。

接下來章節讀者會發現，這個資料集編碼略有缺陷。它太小以致於無法訓練高容量 ML 評估，而且幾乎所有 DELINQ_NEXT 訊號都編碼在 PAY_0 裡。隨著本書進行，我們會試圖處理這些議題並找出其他問題。

Kaggle 胸部 X 光資料

在深度學習章節：第 6 章與第 9 章，會使用到 Kaggle 胸部 X 光影像資料集（*https://oreil.ly/TsoGB*）。此資料集由肺炎與正常兩個類別的 5,800 張影片組合而成。這些標籤由人類領域專家決定，這些影片是去識別化的胸部 X 光，取自中國廣州婦幼醫療中心日常護理就診期間。肺炎案例影像見圖 P-1。

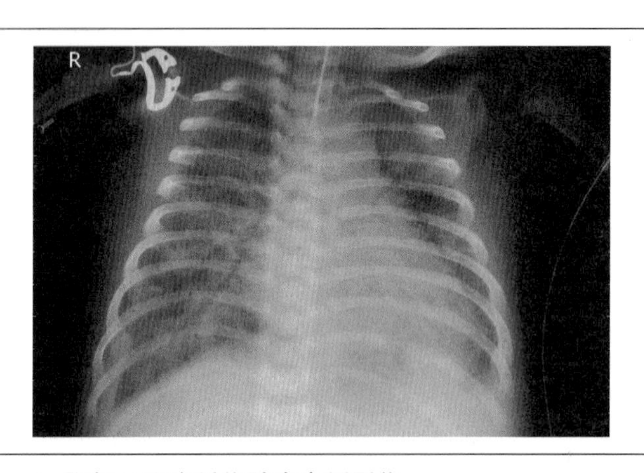

圖 P-1　取自 Kaggle 胸部 X 光資料集肺炎案例影像

這裡面臨的主要問題是資料集太小，就算轉換學習任務也一樣，還有資料集中影像間的錯位、可能出現捷徑學習的視覺假影，需要領域專家驗證模型化結果。就台灣借貸資料部分，本書稍後章節將解決並發現更多問題。

本書編排慣例

以下為本書使用印刷慣例：

斜體字

　表示新名詞或重要想法。

`定寬字`

　表示程式列表，也用於段落間指出程式元素，例如變數或函式名稱、資料庫、資料型態、環境變數、敘述與關鍵字。

表示一般說明或建議。

指出警告或警示。

線上圖片

讀者可以在 *https://oreil.ly/MLHA-figures* 找到部分圖片的大型、彩色版本。各圖片連結也會出現於它們的標題。

使用範例程式

補充資料（範例程式、練習等等）於 *https://oreil.ly/machine-learning-high-risk-apps-code* 提供下載。

範例程式可能會隨著時間改變，而與本書印刷有所不同。

如使用本書範例程式時有技術問題，歡迎與我們聯絡 *bookquestions@oreilly.com*。

本書是為了協助讀者完成工作。一般來說，讀者可以隨意在自己的程式或文件中使用本書的程式碼。但若是要重製程式碼重要部分，則需要聯絡我們取得授權許可。舉例來說，設計一個程式，其中使用數段來自本書的程式碼，不需要許可；但是販賣或散布 O'Reilly 書中的範例，則需要許可。例如引用本書並引述範例碼回答問題，並不需要許可；但是將本書大量程式碼納入自己的產品文件，則需要許可。

還有，我們會感激各位註明出處，但這並非必要舉措。註明出處時，通常包括書名、作者、出版商、ISBN。例如：「*Machine Learning for High-Risk Applications* by Patrick Hall, James Curtis, and Parul Pandey（O'Reilly）. Copyright 2023 Patrick Hall, James Curtis, and Parul Pandey, 978-1-098-10243-2。」

如果覺得自己使用程式範例的程度超出上述的許可範圍，歡迎與我們聯絡：*permissions@oreilly.com*。

感謝

作者群感謝 O'Reilly 編輯與製作同仁，尤其是 Michele Cronin 與 Gregory Hyman、審稿人員 Liz Wheeler 與採訪編輯 Rebecca Novack 與 Nicole Butterfield。還要感謝技術審閱人員 Navdeep Gill、Collin Starkweather、Hariom Tatstat 與 Laura Uzcátegui。

Patrick Hall

感謝 Lisa 與 Dylan 在漫長的起草與編輯過程中的愛與支持。還要感謝過去十年在 Institute for Advanced Analytics、SAS Institute、喬治華盛頓學院、H2O.ai、SolasAI、AI 意外事件資料庫、NIST 與 BNH.AI 的同事們。

James Curtis

致我的妻子 Lindsey，她堅忍的愛成了我生命的基礎。我的孩子 Isaac 與 Micah 雖對撰寫此書幫助不大，我還是深深感激。最後，我必須感謝 SolasAI 的前同事們，尤其是 Nick 與 Chris 那些無數次的深刻討論。

Parul Pandey

非常感謝我的丈夫 Manoj 與兒子 Agrim，在撰寫本書期間的愛與支持。他們不只鼓勵我接下這份艱鉅的任務，也相當諒解我花很多時間研究這本書。

第一部分

AI 風險管理
理論與實務應用

第一章

當代機器學習風險管理

建立最佳機器學習系統，始於文化能力與商業程序。本章介紹用以提升 ML 效能與保障企業 ML 安全，免於現實世界安全與效能問題的眾多文化與程序處理方式。內容還包括研究案例說明 ML 系統在沒有適切人為監督下使用的走向。本章探討這些處理方式的主要目的，是建立更好的 ML 系統。這或許代表電腦模擬（in silico）測試資料效能，但這實際上是建置一個一旦體內（in vivo）部署完成，就能依預期般執行的模型。這麼一來才不會虧本、不會傷人或引發其他危害。

In vivo 是拉丁文，指的是「在活體內」。我們有時用這個語詞表示「與活體互動」，就像 ML 模型在現實世界與人類使用者互動的表現。*In silico* 則指「電腦建立模型或電腦模擬之意」，此詞用以敘述測試資料專家通常在部署 ML 模型前會先在開發環境執行。

本章從 ML 現行法律與法規概況及一些新興最佳實作指南開始，讓資訊系統開發人員瞭解在安全與效能上的基本義務。也會介紹本書這個章節與 NIST AI 風險管理框架（*https://oreil.ly/Or940*）（RMF）一致的部分。無視過去犯的錯就會重蹈覆轍，所以本章接著會著重在 AI 意外事件，探討為何瞭解 AI 意外事件，對 ML 系統適切的安全與效能如此重要。

許多 ML 安全性隱憂需要的不僅是技術規格考量，本章接著融合模型風險管理（MRM）、資訊科技（IT）資安指南，以及其他方面實作，進一步介紹可提升企業組織 ML 安全性文化與程序的一些想法。本章最後將以強調安全文化、法律後果與 AI 意外事件的案例研究結束。

本章探討的風險管理方式皆非萬靈丹。若想成功管理風險，必須從各種管控的可行方案中，找出最適合企業組織的部分。大型企業通常比小型組織更有能力執行較多風險管理。處於大型企業的讀者，能夠跨部門、單位或內部職能實施許多控制。小型組織的讀者們則必須明智選擇風險管理戰術。最終，多數技術管理風險皆出於人為。無論企業實施哪種風險管控，都必須為建置與維護 ML 系統的人，配套穩健的治理與政策。

法律與法規概況

ML 不受管制是錯誤觀念。ML 系統可以、也正在打破法律。遺忘或忽略法律內容，是企業考量 ML 系統時最冒險的行為。換句話說，ML 的法律與法規現況既複雜又快速變化。本節提供重要法律與法規概覽，可供檢視與提升意識。一開始將先強調懸而未決的歐盟 AI 法案。接著探討觸及 ML 的許多美國聯邦法律與法規、美國針對資料隱私與 AI 的州及地方法，以及產品責任基本概念，最後詳述聯邦貿易委員會（FTC）近期執法行動。

作者不是律師，本書也並非法律建議。法律與 AI 交集，是極其複雜的主題，資料科學家與 ML 工程師無法獨立完成。若對處理的 ML 系統有法律疑慮，應尋求真正的法律建議。

歐盟《AI 法》草案

歐盟的全面性《AI 法》草案預計於 2023 年通過。這個知名的歐盟《AI 法》（*https://oreil.ly/x5dLT*）（AIA），將禁止曲解人類行為、社交信用評分與現實世界生物特徵偵測這類特定行為。AIA 將刑事司法、生物特徵識別、僱用調查、關鍵基礎設施管理、執法、民生必需服務、護照查驗等應用視為高風險其他用途，為它們安排要求較高的文件、治理與風險管理責任的重擔。

其他被視為有限或較低風險的應用，製造或操作者所負的合規性義務較少。許多像歐盟《一般資料保護規則（GDPR）》這類法規，改變了公司行號在美國與全球處理資料的方式，歐盟 AI 法規的設計就是盡可能大範圍影響美國與其他國際性 AI 部署。無論是否在歐盟工作，都必須開始熟悉 AIA。最佳方式之一就是查閱 Annexes（*https://oreil.ly/0k_TQ*），尤其是 Annexes 1 與 3–8，定義了術語及文件紀錄配置，以及合規要求。

美國聯邦法律與法規

我們的政府與經濟以某種型式使用演算法已數十年，許多美國聯邦法律與法規已開始提到 AI 與 ML。這些法規偏重在演算法造成的社交歧視，但也處理透明度、隱私與其他主題。1964 年與 1991 年的《公民權法案》、《美國失能法案（ADA）》、《平等信用機會法（ECOA）》、《公平信用報告法（FCRA）》與《公平住屋法（FHA）》等，都是試圖在僱用、信用借貸與住房上，防止演算法歧視的聯邦法律。ECOA 與 ECRA 徹底實作《Regulation B（平等信用機會法）》，試圖提升以 ML 為基礎的信用借貸透明度，並保障信用消費者追索權。對於拒絕信用申請，期望借貸方指出拒絕理由，例如**不利行為**，並敘述做出此決定的 ML 模型特徵。若提供的理由或資料有誤，消費者應能對此決定提出申訴。

MRM 實務，部分定義於聯邦儲備的 SR 11-7 指南（*https://oreil.ly/xpr5P*），形成監管單位審查大型銀行的一部分，並且建立組織、文化與技術程序，為使用於關鍵任務金融應用的 ML 提供優異且可靠的效能表現。本章大部分受 MRM 指南啟發，因為它是最經得起實戰考驗的 ML 風險管理框架。1966 年的《健康保險可攜性與責任法案（HIPAA）》及《家庭教育權與隱私權法案（FERPA）》這類法律，對健康醫療與學生，建立深切的資料隱私權期望。就像《GDPR》一樣，《HIPAA》和《FERPA》在 ML 的互動是實質、複雜，且持續爭論中。這些甚至還不算可能影響 ML 使用的所有美國法律，希望這個簡短清單，能讓讀者瞭解美國聯邦政府決定重要到足以規章管控的內容有哪些。

州與地方法

美國各州與地方也針對 AI 與 ML 制定法律與法規。《紐約市地方法 144》針對自動僱用決策工具要求偏差稽核，初步預計 2023 年一月生效。該法律規定，紐約市每位主要雇主都要對自動僱用軟體進行偏差測試，並將結果發佈於網站。華盛頓特區提出了《停止演算法歧視法案》，試圖複製聯邦對非歧視與透明度的期望，但能套用在更廣泛應用上，適用於在特區營運的公司，也適用於使用許多特區公民資料。

許多州也通過自有資料隱私法。不同於舊版《HIPAA》與《FERPA》聯邦法的是：這些州定資料隱私法多半是為了監管 AI 與 ML 的使用特意設計。加州、科羅拉多、維吉尼亞等其他州，都通過了自動決策制定系統中涉及增加透明度、減少偏差或兩者的資料隱私法。有些州則是將生物特徵資料或社交媒體也列入監管十字準線。例如伊利諾州的《生物特徵資訊隱私法（BIPA）》就禁止許多生物特徵資料的使用，該州監管機構已準備開始採取法律行動。聯邦資料隱私或 AI 法的不足，結合這些新的州與地方法，讓 AI 與 ML 合規性的現況變得相當複雜。使用 ML 可能會也可能不會受到監管，也可能會因為特定應用、產業與系統地理差異，受到不同程度的監管。

基本產品責任

身為消費者產品製造商，資料科學家與 ML 工程師都有責任建立安全的系統。引用近期 Brookings Institute 報告「產品責任法是解決 AI 危害的方式」（*https://oreil.ly/2K_R6*）的一句話：「製造商有責任製造在合理可預期方式下使用會安全的產品。若 AI 系統以可預期的方式使用而成為危害的來源，原告可主張製造商失職未確認這項後果的可能性。」就像汽車或電動工具製造商，ML 系統的製造者遵循過失與安全的廣泛聯邦標準。產品安全性必須歷經大量法律與經濟分析，但本節重點將放在針對過失首要且最簡單的標準：Hand 法則。以 Judge Learned Hand 命名且於 1947 年首度使用的這個法則，提供 ML 產品製造者可行框架，考量過失與盡責調查。Hand 法則認為，產品製造者有照顧之責，且花費在照顧上的資源，必大於涉及產品可能的意外事件成本。以代數表示：

$$\text{負擔} \geq \text{風險} = (\text{損失機率})(\text{損失範圍})$$

簡單來說，企業應對時間、資源或金錢方面的關注，提升到可預期風險相關成本相同水準。否則會被追究責任。圖 1-1 中，負擔呈拋物線遞增曲線，而風險或損失可能性相乘，則呈拋物線遞減曲線。這些曲線與特定測量無關，但拋物線型態反應了消除所有 ML 系統風險的最後一哩問題，也顯示超出合理門檻額外關注應用，亦導致降低風險的回報率變少。

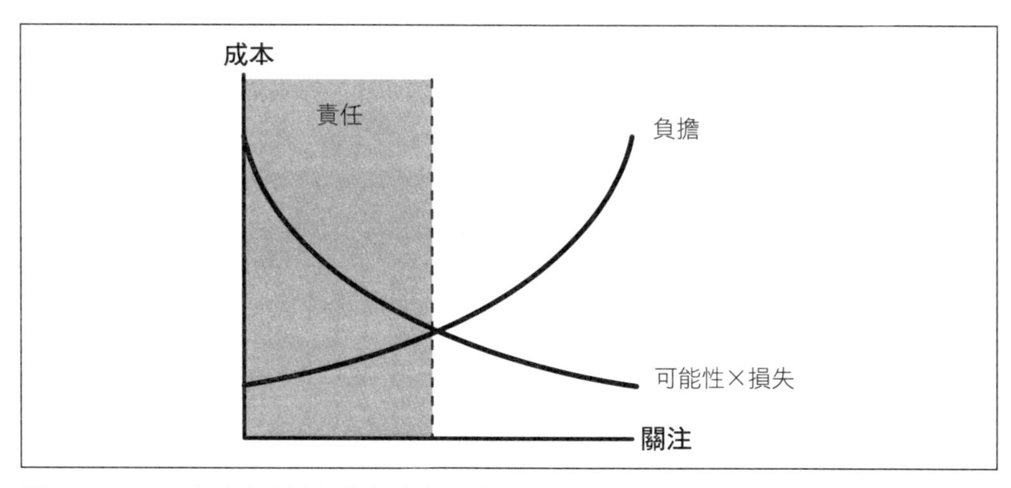

圖 1-1　Hand 法則（改編自「意外事件法責任替代標準的經濟分析」：*https://oreil.ly/9_u8H*）

技術意外事件風險的公平標準定義，是估計意外事件的可能性，乘上估計成本。廣義而言，國際組織標準（ISO）將組織風險管理內容的風險定義為「不確定性對目標的影響。」

雖然確切以 Hand 法則計算數量可能投入太多資源，但在設計 ML 系統時考量過失與責任的概念相當重要。就 ML 系統而言，若意外事件可能性過高、若系統意外事件的金錢或其他相關損失過高，甚至兩者的數量都過高，企業就必須耗費額外資源確保系統安全性。此外，企業應盡全力記錄盡職調查，超過預估失敗可能性乘上預估損失的情況。

聯邦貿易委員會執法

我們怎麼可能真的惹上麻煩？若在受監管產業工作，或許知曉自身監管單位。但若不知道工作是否受監管，或在跨越法律或監管紅線時可能由誰執法處理，那麼美國聯邦貿易委員會可能就是你該密切關注的。總的來說，FTC 進中關注不公平、欺詐或掠奪性貿易行為，三年內他們找到原因至少取消三項知名 ML 演算法。利用手上新的執法工具*演算法歸入*，FTC 能刪除演算法與資料，而且通常還可以禁止未來從這個犯罪演算法產生收入。在 2016 年選舉前後進行了欺詐性資料蒐集的 Cambridge Analytica（*https://oreil.ly/cM3V8*）是第一間面臨處罰的公司。Everalbum（*https://oreil.ly/05SO5*）與知名的 Weight Watchers（WW，*https://oreil.ly/PMOq0*）亦面臨追繳。

FTC 毫不隱藏強制執行 AI 與 ML 聯邦法律的意圖。FTC 委員會撰寫演算法與經濟正義的長篇論文（*https://oreil.ly/v8Z4y*）。也發表至少兩篇部落格文章提供高階指南，提供給想要避免執法動作爭執的公司行號。這些部落格強調許多企業應該都能採用的具體步驟。例如，在「使用人工智慧與演算法」（*https://oreil.ly/066Y-*）」中，FTC 清楚強調消費者不應被誤導與冒充人類的 ML 系統互動。問責，是「使用人工智慧與演算法」、「在公司使用 AI 時，努力追求真實、公平與平等」（*https://oreil.ly/XMqKo*）等其他相關發表文章的另一重要主題。在「在公司使用 AI 時，努力追求真實、公平與平等」中，FTC 陳述「**自己承擔責任，否則就準備讓 *FTC* 為你做這件事**」（強調是原著所添加）。這個相當直接的說法對執法單位而言很不尋常。「使用人工智慧與演算法」中，FTC 進一步表示「好好想想該如何負起責任，是否使用獨立標準或獨立專家，退一步仔細評估 AI，比較合理」。下一節將介紹可用來加強問責、讓產品更好並減少所有潛在法律責任的新興獨立標準。

權威最佳實作

時下資料科學大多缺乏專業標準與授權，但已有一些權威指南開始出現。ISO 已著手製定 AI 技術標準（*https://oreil.ly/8ZeJQ*）。確保模型遵循 ISO 標準，是讓 ML 作業合乎獨立標準的一種方式。對美國資料科學家來說，NIST AI RMF 是必須關注的重要專案。

AI RMF 第一版於 2023 年一月釋出。這個框架提出 AI 系統可信賴特徵：有效性、可依賴、安全、資安、復原力、透明度、問責、可解釋性、可詮釋性、偏差管理與提升隱私權。接著提出為達成可信賴目標，針對四大組織功能：對應、衡量、管理與治理的可操作指南。對應、衡量、管理與治理功能指南又再切割成更詳細的種類與子類別。想瞭解這些指南類別，可參考 RMF（*https://oreil.ly/kxq-G*）或 AI RMF 教戰守則（*https://oreil.ly/dn4xs*），提供更詳盡的建議。

NIST AI 風險管理框架，是為提升 AI 與 ML 系統可信賴度的自發性工具。AI RMF 不是法規，NIST 也不是監管機構。

為遵循自身與監管機構及權威指南出版商的建議，也為了讓這本書更有用，將說明何以認為第一部分各個章節內容，都遵循 AI RMF。這個段落之後，讀者可以發現本章副標題與 AI RMF 子類別的比對表示框。這是為了讓讀者利用此表格瞭解各章節探討處理方式如何有助於遵循 AI RMF。由於子類別建議有時對 ML 從業人員來說可能太抽象，這麼做有助於將 RMF 轉換到 ML 體內部署。查看此表示框，可瞭解第 1 章如何遵循 AI RMF，你會在第一部分各個章節起始看到類似表格。

NIST AI RMF 對照表

章節	NIST AI RMF 子類別
第 4 頁「法律與法規概況」	GOVERN 1.1、GOVERN 1.2、GOVERN 2.2、GOVERN 4.1、GOVERN 5.2、MAP 1.1、MAP 1.2、MAP 3.3、MAP 4.1、MEASURE 1.1、MEASURE 2.8、MEASURE 2.11
第 8 頁「權威最佳實作」	GOVERN 1.2、GOVERN 5.2、MAP 1.1、MAP 2.3
第 11 頁「AI 意外事件」	GOVERN 1.2、GOVERN 1.5、GOVERN 4.3、GOVERN 6.2、MEASURE 3.3、MANAGE 2.3、MANAGE 4.1、MANAGE 4.3
第 13 頁「組織問責」	GOVERN 1、GOVERN 2、GOVERN 3.2、GOVERN 4、GOVERN 5、GOVERN 6.2、MEASURE 2.8、MEASURE 3.3
第 14 頁「有效挑戰的文化」	GOVERN 4、MEASURE 2.8
第 15 頁「多元且經驗豐富的團隊」	GOVERN 1.2、GOVERN 1.3、GOVERN 3、GOVERN 4.1、MAP 1.1、MAP 1.2、MEASURE 4
第 15 頁「喝自己的香檳」	GOVERN 4.1、MEASURE 4.1、MEASURE 4.2
第 16 頁「快速移動、打破常規」	GOVERN 2.1、GOVERN 4.1
第 17 頁「預測故障模式」	GOVERN 1.2、GOVERN 1.3、GOVERN 4.2、MAP 1.1、MAP 2.3、MAP 3.2、MANAGE 1.4、MANAGE 2
第 18 頁「風險分級」	GOVERN 1.2、GOVERN 1.3、GOVERN 1.4、GOVERN 5.2、MAP 1.5、MAP 4、MAP 5.1、MANAGE 1.2、MANAGE 1.3、MANAGE 1.4
第 19 頁「模型文件」	GOVERN 1、GOVERN 2.1、GOVERN 4.2、MAP、MEASURE 1.1、MEASURE 2、MEASURE 3、MEASURE 4、MANAGE
第 20 頁「模型監控」	GOVERN 1.2、GOVERN 1.3、GOVERN 1.4、GOVERN 1.5、MAP 2.3、MAP 3.5、MAP 4、MAP 5.2、MEASURE 1.1、MEASURE 2.4、MEASURE 2.6、MEASURE 2.7、MEASURE 2.8、MEASURE 2.10、MEASURE 2.11、MEASURE 2.12、MEASURE 3.1、MEASURE 3.3、MEASURE 4、MANAGE 2.2、MANAGE 2.3、MANAGE 2.4、MANAGE 3、MANAGE 4

章節	NIST AI RMF 子類別
第 21 頁「模型清單」	GOVERN 1.2、GOVERN 1.3、GOVERN 1.4、GOVERN 1.6、MAP 3.5、MAP 4、MANAGE 3
第 21 頁「系統驗證與程序稽核」	GOVERN 1.2、GOVERN 1.3、GOVERN 1.4、GOVERN 2.1、GOVERN 4.1、GOVERN 4.3、GOVERN 6.1、MAP 2.3、MAP 3.5、MAP 4、MEASURE、MANAGE 1
第 22 頁「變更管理」	GOVERN 1.2、GOVERN 1.3、GOVERN 1.4、GOVERN 1.7、GOVERN 2.2、GOVERN 4.2、MAP 3.5、MAP 4、MEASURE 1.2、MEASURE 2.13、MEASURE 3.1、MANAGE 4.1、MANAGE 4.2
第 22 頁「模型稽核與評估」	GOVERN 1.2、GOVERN 1.3、GOVERN 1.4、GOVERN 2.1、GOVERN 4.1、MAP 3.5、MAP 4、MEASURE、MANAGE 1
第 23 頁「影響評估」	GOVERN 1.2、GOVERN 1.3、GOVERN 1.4、GOVERN 2.1、GOVERN 4.1、GOVERN 4.2、GOVERN 5.2、MAP 1.1、MAP 2.2、MAP 3.1、MAP 3.2、MAP 3.5、MAP 5、MEASURE 3、MANAGE 1
第 24 頁「上訴、推翻與選擇退出」	GOVERN 1.1、GOVERN 1.2、GOVERN 1.4、GOVERN 1.5、GOVERN 3.2、GOVERN 5、MAP 3.5、MAP 5.2、MEASURE 2.8、MEASURE 3.3、MANAGE 4.1
第 24 頁「結對與雙重程式設計」	GOVERN 4.1、GOVERN 5.2、MAP 3.5
第 24 頁「模型部署的安全性許可」	GOVERN 1.4、GOVERN 4.1、GOVERN 5.2、MAP 3.5、MAP 4.2
第 25 頁「漏洞回報獎勵計畫」	GOVERN 5、MAP 3.5、MAP 5.2、MEASURE 3
第 25 頁「AI 意外事件應變」	GOVERN 1.2、GOVERN 1.5、GOVERN 4.3、GOVERN 6.2、MAP 3.5、MAP 4、MAP 5、MEASURE 3.1、MANAGE 2.3、MANAGE 4.1、MANAGE 4.3

- 適當 AI 可信賴度特徵包括：有效性與可依賴、安全、管理偏差、保全與復原力、透明度與問責、可解釋性與可詮釋性、提升隱私權
- 參閱

  — NIST AI 風險管理框架（*https://oreil.ly/1YAoU*）

  — NIST AI 風險管理框架教戰守則（*https://oreil.ly/6_TUM*）

  — 完整對照表（非官方資源）（*https://oreil.ly/61TXd*）

AI 意外事件

從各方面來看，ML 安全處理程序與相關模型除錯的基本目標（第 3 章也會探討），是避免與緩解 AI 意外事件。這裡將 AI 意外事件籠統定義為系統可導致危害的任何後果。以 Hand 法則為指導方針時，顯而易見的是 AI 事件嚴重程度會隨著意外事件造成的損失而增加，且隨著操作人員緩解這些損失付出的關注而減少。

複雜的系統往往導致失敗，可提出來探討的 AI 意外事件案例不勝枚舉。AI 意外事件範疇從惱人到死亡、到商場保全機器人跌落樓梯（*https://oreil.ly/fLHU1*）、到自駕汽車撞死行人（*https://oreil.ly/vFW_-*）、再到從迫切需要的人手中大規模取走醫療資源（*https://oreil.ly/2e8WQ*）。如圖 1-2 所示，AI 意外事件可略分為三大項：

濫用

除了其他 AI 系統的特定破壞與攻擊，AI 還被用在不道德目的上。駭客利用 AI 提升一般攻擊的效率與能力的日子可能已經到來。未來會如何讓人不敢想像。自動無人機攻擊，與獨裁政權的族群剖析這些妖魔鬼怪已經出現。

攻擊

攻擊的主要型態：機密性、完整性與可用性攻擊（詳盡解說請見第 5 章），範例已有許多研究人員發表。機密性攻擊涉及 AI 系統終端訓練資料或模型邏輯的滲透。完整性攻擊包含對抗式訓練資料或模型結果的不當利用，方式可能是透過對抗式範例、規避、冒充或投毒。可用性攻擊則可透過更標準的阻斷服務的方式執行，透過過度使用系統資源的海綿樣本，或敵手阻止系統為特定使用者族群服務的演算法歧視。

故障

AI 系統故障往往涉及演算法歧視、安全與效能失效、違反資料隱私、透明度不足，或第三方系統元件問題。

AI 意外事件真的存在。AI 意外事件一如造就它的系統，可能相當複雜，肇因很多：故障、攻擊與濫用。還往往摻雜帶有資料隱私與演算法歧視這類疑慮的傳統電腦資安概念。

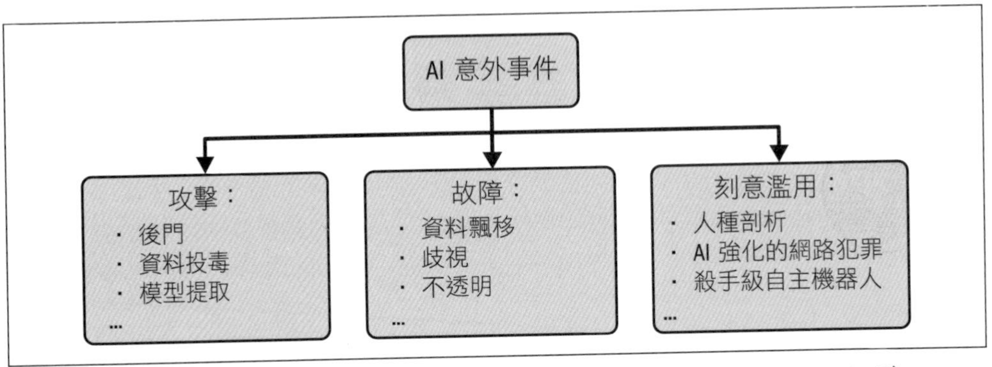

圖 1-2　AI 意外事件基本分類（改編自「AI 失敗該如何」：*https://oreil.ly/AHfmK*）

2016 年 Tay 聊天機器人意外事件（*https://oreil.ly/a-DhB*）是一個資訊豐富的範例。Tay 是由 Microsoft Research 裡世界頂尖的專家們訓練先進聊天機器人，目的是與 Twitter 上的人互動，提升 AI 意識。在釋出十六小時並產生 96,000 則推文後，Tay 開始急速惡化，並以新納粹色情文學作家的身分不斷寫作，以致不得不關閉它。這是怎麼回事？Twitter 使用者很快得知：Tay 的適應性學習系統很容易被投毒。機器人發佈的種族主義與色情內容推文被併入自身訓練資料裡，就這樣迅速產生令人不快的輸出內容。資料投毒屬於完整性攻擊，但從它帶來的前後文看，讓這個攻擊造成了演算法歧視。另外很重要的一點是，Tay 的設計者是世界級專家，身處資金充足的研究中心，似乎已設置某些防護。Tay 以設定好的應答內容，回答某些熱門議題。但這樣是不夠的，Tay 演變成 Microsoft Research 的公共安全與演算法歧視意外事件。

或許只是一次性意外事件？不。就在最近，再度由於過度吹捧與未能系統性通盤考量效能、安全、隱私與資安風險，許多 Tay 的明顯錯誤，在 Scatter Lab 釋出的自有 Lee Luda 聊天機器人身上重現（*https://oreil.ly/5OLXV*）。設計 ML 系統，規劃時應與過去已知意外事件比對，預期避免未來類似意外事件。這正是近期 AI 意外事件資料庫努力成果（*https://oreil.ly/vvLbp*）與相關出版品（*https://oreil.ly/59yaY*）要表達的觀點。

AI 意外事件也可能成為負責任技術開發的非政治動機。無論好壞，在演算法歧視與資料隱私這類主題的文化與政治觀點可能差異甚鉅。讓團隊在道德考量上達成一致或許很難。比較容易的可能是致力於避免難堪與意外事件可能的成本或危險，這應成為所有嚴謹資料科學團隊的目標底線。AI 意外事件的概念，是以瞭解 ML 安全為核心，本章中心主旨便是能用以預防與緩解 AI 事件的文化能力與商業程序。下一節將詳述這些緩解措施，接著深入瞭解真實意外事件結束本章。

機器學習風險管理的文化能力

企業組織文化，是負責任 AI 的必要層面。本節將探討問責、喝自己的香檳（內部使用自家產品）、領域專家與老調格言「快速行動、打破常規」這類文化能力。

組織問責

成功緩解 ML 風險的關鍵，在於組織對 AI 意外事件的問責。當 ML 系統故障、遭受攻擊，或濫用於不法目的上時，卻沒有人的工作會因此不保，就可能表示整個組織裡沒人真的關心 ML 安全與效能。除了考量整體風險、套用軟體品質保證（QA）技術與模型除錯方式的開發人員外，企業組織還需要驗證 ML 系統技術與稽核相關處理程序的個人或團隊。此外，還要有人負責 AI 意外事件應變規劃。這就是何以使用預測性模型建立已受監管數十年的領導性金融機構，會採用知名的模型風險管理實作之故。MRM 使用出現於 2008 金融危機之際的聯邦儲備 SR 11-7 模型風險管理指南（*https://oreil.ly/xpr5P*）為範本。值得留意的是，實施 MRM 常涉及負責的高層和身負模型與 ML 系統安全與效能之責的數個團隊。

MRM 標準的實施通常需要數個不同團隊與高層領導。MRM 文化骨幹形成的重要原則如下：

政策與程序書面形式

: 應寫下針對製作與使用 ML 的組織規則，並提供所有組織利益相關人。接近 ML 系統的人，都應該接受政策與程序的訓練。這些規則應該被稽核，才能瞭解何時應該更新。沒有人可以聲稱對規則不知情，規則應該完全透明，不該在沒有核準通過的情況下變更。政策與程序應含括提報升溫的重大風險或問題給高層管理的明確機制，最好還包括舉報處理程序與保護措施。

有效挑戰

有效挑戰指的是有能力改變系統的專家 - 但非建置這個被挑戰 ML 系統的人，執行驗證與稽核。MRM 實作通常會跨三條「防線」分散有效挑戰，盡責的系統開發人員建立第一條防線、獨立有技術且被賦能的技術驗證人員與程序稽核員成立第二條與第三條防線。

負責的領導高層

組織內部特定高層應負責確保不致發生 AI 意外事件。這個職位通常是**模型風險長**（CMRO）。CMRO 的僱用條件與薪資多與 ML 系統效能相連也不少見。CMRO 這個職位對 ML 安全與效能提供最直覺的文化檢查。若老闆真的關心 ML 系統安全與效能，我們也該開始關心。

激勵

必須激勵資料科學同仁與管理者以負責的態度實施 ML。通常，壓縮產品時程能激勵先產生最小可行產品，嚴格測試與補救隨即被拖延到產品部署前模型生命週期的尾聲。此外，ML 測試與驗證團隊，通常是以 ML 開發團隊相同準則進行評估，鼓勵測試著與驗證者加快動作而不是確保品質，造成基本錯位。遵循時程、效能評估，激勵團隊專業職能，有助於強化負責的 ML 與風險緩解文化。

當然，小型或剛成立的組織或許無法分出一個全職員工監控 ML 系統風險。但有個人或組織，能在 ML 系統導致意外事件時負起責任，並在系統運作順利時得到獎勵，非常重要。若組織假定所有人都必須對 ML 風險與 AI 意外事件負責，其實就是沒人負責。

有效挑戰的文化

無論組織是否已做好萬全準備採用成熟的 MRM 實作，都能從 MRM 的一些觀念獲益。特別是，有效挑戰的文化能力在 MRM 環境外也適用。有效挑戰的核心在於 ML 系統開發整個期間，採取主動挑戰與提問步驟。鼓勵認真提問 ML 系統設計的組織文化，比較可能開發出有效的 ML 系統或產品，還能在問題爆發為有害的意外事件之前捕獲。注意，有效挑戰並非任意謾罵，它必須平等地套用在開發 ML 系統的每個人身上，尤其是所謂的「搖滾明星」工程師與資料科學家。有效挑戰也應該定期安排，例如當下設計思維遭質詢，繼而慎重考慮替代設計選項的每週會議。

多元且經驗豐富的團隊

多元團隊可以帶來廣泛且與先前不相關的觀點，對 ML 系統的設計、開發與測試產生影響。非多元團隊不會如此。已有許多文獻說明，因資料科學家在訓練 ML 系統或 ML 系統產生的結果上，未考量人口多元化而導致不幸後果。這種疏忽可能的解決方案，便是從現有的糟糕水準（*https://oreil.ly/7M9uB*）提升 ML 團隊人口多元化。商業或其他領域的經驗，對於團隊的組成也很重要。領域專家有助於功能選擇與工程設計，以及系統輸入測試。倉促開發 ML 系統時，領域專家從業人員也有助於安全檢測。通才資料科學家通常缺乏處理特定領域資料與結果的必要經驗。誤解輸入資料或輸出結果的意義，是系統部署後導致 AI 意外事件災難的肇因之一。不幸的是，講到資料科學家忘記或忽略領域專業重要性，就不得不提到社會科學。在「科技悄稍殖民地化社會科學」（*https://oreil.ly/IcIBi*）趨勢中，幾個組織已展開令人遺憾的 ML 專案，想取代應由受過訓練的社會科學家（*https://oreil.ly/xI9Jv*）做出的決定，或單純忽略社會科學領域專家共同集結的智慧。

喝自己的香檳

喝自己的香檳，亦名為「吃自己的狗飼料」，指的是在組織內部使用自家軟體或產品。喝自己的香檳通常是以準預覽版本（prealpha）或準測試版本（prebeta）型式，可以在錯誤與故障影響客戶、使用者與一般大眾前，從複雜的體內部署環境找出問題。由於概念飄移、演算法歧視、捷徑學習與規格不足這類重大議題，若使用標準 ML 開發程序出了名的難以識別，因此喝自己的香檳提供 ML 系統有限且可控但依然真實的測試實驗平台。當然，組織若採用人口與專業的多元團隊，並在 ML 系統部署納入領域專家，喝自己的香檳還能將經典黃金法則帶進 AI。若本身或自有企業在系統使用上都不順，可能就不該部署這套系統。

考量部署環境時有個重要層面：ML 系統對生態環境與地球的影響，例如：

- ML 模型的碳足跡
- ML 系統引發的 AI 意外事件，對環境可能造成危害的可能性

若擔心模型的環保影響，就應該將在企業組織裡對環境、社會與治理上的努力，循環套用在 ML 治理上。

快速移動、打破常規

「快速移動、打破常規」這個口號，幾乎是眾多「搖滾明星」工程師與資料科學家的宗教信仰。令人難過的是，這些優異的從業人員似乎忘了當快速移動打破常規時，就會出問題。當 ML 系統做出更多涉及自駕車、信用卡、僱用行為、大學畢業與資助、醫療診斷與資源分配、抵押、預審保釋、假釋等重大影響的決策時，打破常規就不單只是有問題的應用了。可以說是一小群資料科學家與工程師某種程度上對許多人造成實際危害。設計與實施重大影響 ML 系統的從業人員，必須改變心態才能防止重大效能與安全問題，必須從他們能推動的一連串軟體功能優先順序，或測試 ML 模型資料的準確性開始改變，進而認識自身工作的影響與下游風險。

機器學習風險管理的組織程序

組織程序是確保 ML 系統安全與效能的關鍵角色。如同先前章節討論的文化能力，組織程序乃 ML 系統可靠性的非技術性關鍵決定因子。就流程部分，首先強烈要求從業人員考量、記錄並試圖緩解所有已知或可預期的 ML 系統故障模式。接著還會探討更多關於 MRM 的部分。雖然第 13 頁的「機器學習風險管理的文化能力」小節著眼於實現 MRM 目標必要的人與心態，但本節將說明在進階預測模型化與 ML 系統中，MRM 如何用不同的處理程序緩解風險。雖然 MRM 是大家都渴望達到的典範程序標準，但還有許多重要程序控制不屬於傳統 MRM。本節我們將超越傳統 MRM，將重點放在結對或雙重程式設計，與程式部署的安全性許可要求這類決定性風險控制程序上。本節將以 AI 意外事件應變的探討結束。無論在設計與實施 ML 系統時多努力最小化傷害，還是要為故障與攻擊做好準備。

預測故障模式

ML 安全與倫理專家大多同意對 ML 系統通盤考量、文件記錄與試圖緩解可預見故障模式的重要性。不幸的是，他們大多也同意這是棘手任務。幸好，這個主題的新資源與學問在近幾年紛紛出現，足以協助 ML 系統設計者以更有系統的方式預測意外事件。若能識別可能故障的整體類別，就能讓強化 ML 系統在現實世界有更好效能與安全，成為更主動與更有效率的任務。本節將探討這類策略，還會加上一些額外處理程序，以集思廣益探討 ML 系統未來的意外事件。

過去已知的失敗

一如「編目意外事件以防現實世界 AI 故障重蹈覆轍：AI 意外事件資料庫」（*https://oreil.ly/BfMJC*）中所探討的，緩解 ML 系統中潛在 AI 意外事件最有效率的方式之一，就是將我們的系統設計與過去失敗的設計比對。相當類似交通運輸專家調查與編目意外事件，再利用它的發現預防相關事件並測試新技術，已有數位 ML 研究人員、評論家與貿易組織著手蒐集與分析 AI 意外事件，期望能預防重複與相關故障。最受矚目且成熟的 AI 意外事件儲存庫可能就是 AI 意外事件儲存庫（*https://oreil.ly/H8nmd*）了。這個可搜尋、可互動的資源，允許已註冊使用者以關鍵字搜尋視覺化資料庫，找出公開記錄意外事件不同型態的資訊。在開發 ML 系統時請諮詢該項資源。若類似我們當前的設計、實作或部署的系統，過去曾導致意外事件，就是我們新系統可能發生意外事件的強力指標。若發現資料庫裡看來熟悉，就應該停止並慎審思考正在做的事。

故障假想

套用環境背景與細節想像未來向來不容易。通常是 ML 系統操作中的環境背景，伴隨著意外或難以得知的細節，導致 AI 意外事件。最近一期工作坊報告「克服注入 AI 系統開發與部署，假想失敗的困境」（*https://oreil.ly/veB5T*）一文作者提供一些結構化方法，假設那些難以想像的未來風險。除了慎重考慮 AI 意外事件相關人（例：投資人、客戶、弱勢非使用者）、**本質**（例：健康、機會、尊嚴）、**時間**（例：即刻、頻繁、持續長時間）、**狀況**（例：採取行動、改變信念），還強烈要求系統設計者考量以下內容：

- 假設系統影響只會帶來好處（當系統影響存在不確定性時也要承認）
- 問題領域與套用的系統使用案例，而不是只考量數學與技術
- 任何意外或驚人結果、使用者互動，與系統回應

導致 AI 意外事件令企業組織難以啟齒，就算沒有付出代價或違法。AI 意外事件也會傷害消費者與大眾。而且，若能深謀遠慮，許多當下已知 AI 意外事件就算不能完全避免也能緩解。也有可能，在執行 ML 故障研究與概念化的盡職調查時，會發現自己的設計或系統必須完全重做。若是這種情況，值得安慰的是延遲系統實施或部署付出的代價，很可能低於問題系統釋出時企業或大眾遭受的危害。

模型風險管理處理程序

MRM 處理程序要求模型建立系統的完整文件紀錄、系統人為檢視與持續系統監控。這些處理程序代表聯邦儲備 SR 11-7 MRM 指南的大量治理負擔，由聯邦儲備與美國貨幣監理局，為部署於重要消費者金融應用中的預測性模型所做的監督。雖然只有大型企業有能力全然擁抱 MRM 的一切，但任何嚴謹的 ML 從業人員都能從這些紀律裡學到些什麼。下面段落將 MRM 程式拆解為較小元件，作為讀者通盤考量在企業中 MRM 使用層面的起點。

風險分級

如本章開頭所述，發生危害機率與危害可能造成的損失的乘積，是普遍接受的 ML 系統部署風險鑑定方式。風險與損失乘積，在 MRM 裡有更正式的名稱：**重大性**（*materiality*）。重大性是強大的概念，能讓企業指派 ML 系統現實風險等級。更重要的是，這種風險分級能讓有限的開發、驗證與稽核資源有效率分配。當然，最高重大性應用，應接受最多人為關注與檢視，而最低重大性應用則可能由自動機器學習（AutoML）系統控制，經歷的驗證最少。由於 ML 系統的風險緩解，是持續進行、費用龐大的任務，在高、中、低風險系統之間適切地資源分配，是有效治理的必要手段。

模型文件

MRM 標準還要求系統所有層面文書記錄。首先，文件應能夠對系統利益相關人問責、持續進行系統維護，與一定程度的意外事件應變。再者，文件必須是整個系統最有效稽核與檢視程序的標準。文件就是合規性見真章的地方。下一段清單高標準說明文件模板，是資料科學家與工程師在整個標準化工作流程中，或模型開發後期所填寫的文件。文件模版應含括負責的從業人員在進行健全模型建置時應有的所有步驟。若有部分文件未填寫，則說明了訓練程序中的草率。因為多數文件模版與框架也會要求加上某人姓名與聯絡資訊才能完成模型文件，所以誰未盡本份應不難瞭解。以下清單是 MRM 文件典型與 Annexes 建議歐盟人工智慧法案（*https://oreil.ly/p_Cqt*）的簡略組合，僅供參考：

- 基本資訊
    - 開發人員與利益相關人姓名
    - 現有資料與修訂表

- 模型系統摘要
- 商業或價值辯證
- 預期用途與使用者
- 潛在危害與道德考量

• 開發資料相關資訊
  - 開發資料來源
  - 資料字典
  - 隱私影響評估
  - 假設與限制
  - 資料前置處理的軟體實作

• 模型資訊
  - 同業評鑑參考文件的訓練演算法說明
  - 模型規格
  - 效能品質
  - 假設與限制
  - 訓練演算法的軟體實作

• 測試資訊
  - 品質測試與補救
  - 歧視測試與補救
  - 安全性測試與補救
  - 假設與限制
  - 軟體實作測試

• 開發資訊
  - 監控計畫與機制

— 上下游相依性

— 上訴與推翻計畫與機制

— 稽核規劃與機制

— 變更管理規劃

— 意外事件應變規劃

- 參考文獻（若從事科學，那麼我們就是在巨人的肩膀上建置這一切，正式參考書目會提供同行評鑑過的參考資料！）

當然，這些文件可能數百頁，尤其是高重大性系統。草案階段的資料表（*https://oreil.ly/mjKjy*）與模型卡（*https://oreil.ly/DmMp4*）標準，或許也有助於小型或甫成立的企業組織完成這些目標。若讀者覺得冗長的模型文件，所處企業組織現在似乎辦不到，那也許可以試試這兩個較簡單的框架。

模型監控

ML 安全的主要特性在於 ML 系統效能在現實世界難以預料，於是必須進行效能監控。因此，已部署系統的效能應時時監控直到系統退役。系統應監控任何有問題的狀況，最常見的就是輸入飄移。儘管 ML 系統訓練資料以靜止瞬間編寫系統作業環境相關資訊程式碼，但世界完全不是靜態的。競爭者可以進入市場、可以有新法規頒布、消費者喜好可以改變，全球傳染病大流行或其他災難也會發生。它們每一個都會改變輸入到 ML 系統的即時資料，偏離系統訓練資料的特徵，導致降低表現、甚至危害系統效能。要避免這類令人不快的驚嚇，最佳 ML 系統是同時監控飄移的輸出入散布狀況與衰減品質，也就是知名的**模型衰減**。雖然效能品質是最常見的監控定量，但也能監控 ML 系統異常輸入或預測、特定攻擊與破壞，與公平性特徵飄移。

模型清單

部署 ML 的所有企業組織，都應該能夠回答這類直接問題：

- 現行部署多少 ML 系統？
- 有多少消費者或使用者受這些系統影響？
- 各個系統問責的利益相關人有哪些？

MRM 透過模型清單完成達到目標。模型清單是所有企業組織 ML 系統經過策劃與更新的資料庫。模型清單以儲存庫型式，提供決定性資訊與文件，但還應該連結監控計畫與結果、稽核規劃與結果、過去與即將到來的重要系統維護與變更，以及意外事件應變計畫。

系統驗證與程序稽核

傳統 MRM 實作下，ML 系統釋出前會經歷兩大主要檢視。第一層檢視是系統技術驗證，技術高超的驗證人員，多半是博士級資料科學家，會試圖刺探系統設計與實施的問題點，並與系統開發人員合作修正所有發現的問題。第二層檢視審查程序，稽核與合規性人員會小心分析系統設計、開發與部署，再加上文件記錄與未來規劃，確保所有法規與內部程序要求皆已滿足。不過由於 ML 系統會隨時間改變與飄移，無論系統做過重要更新或一致同意未來將終止，都應該執行檢視。

讀者或許（再度）認為其組織沒有資源進行這類多方面檢視。當然這對許多小型或剛成立的組織來說是事實。驗證與稽核的關鍵應用適於所有企業，是讓未參與開發該系統的技術人員測試它、提供部門檢視非技術性內部與外部職責的功能，以及簽核重要 ML 系統部署的監督。

變更管理

ML 系統就像所有複雜軟體應用，往往有大量不同的組成元件。從後端 ML 程式碼，到應用程式介面（APIs），再到圖形化使用者介面（GUIs），系統任何元件的改變都可能導致其他元件邊際效應。再加上資料飄移、新興資料隱私權與防歧視法規，以及複雜的第三方軟體相依性這類問題，ML 系統的變更管理必須嚴正以待。若關鍵任務 ML 系統處於規劃或設計階段，可能必須讓變更管理成為第一級程序控制。若變更管理沒有確切規劃與資源，程序或技術性失敗就會在系統演化過程中冒出來，就像未經同意使用資料或 API 不匹配，都難以預防。此外，沒有變更管理，這類問題很可能到引發意外事故前都無法偵測出來。

全書將不斷回到 MRM。它是 ML 系統治理與風險管理中最經得起考驗的框架之一。當然，MRM 並非唯一可以為改善 ML 安全與效能程序找靈感的地方，下一節會從其他實作領域吸取教訓。

研讀長達 21 頁的 SR 11-7 模型風險管理指南（*https://oreil.ly/0By87*），是 ML 風險管理自我技能提升的快速方式。研讀過程請特別留意文化與組織結構。管理技術性風險的重點多半在人身上。

超越模型風險管理

從金融稽核、資料隱私與軟體開發最佳實作與 IT 安全性上，都能得到許多 ML 風險管理的教訓。本節將由 ML 安全與效能的觀點出發，仔細分析說明傳統 MRM 範圍外的概念：模型稽核、影響評估、上訴、推翻、選擇退出、結對或雙重程式設計、最少權限、漏洞回報獎勵計畫與意外事件應變。

模型稽核與評估

稽核是 MRM 裡常見語詞，但其實代表意涵超越傳統認知：傳統 MRM 場景的第三道防線。**模型稽核**一詞近幾年相當引人注目，它是著眼於 ML 系統的官方測試與透明度演練，追蹤對部分政策、法規或法律的遵從。模型稽核多半由獨立第三方，在稽核與被稽核企業間，以有限的互動進行。

要完整瞭解模型稽核，可參考近期文獻「演算法偏差與風險評估：實務中的教訓」（*https://oreil.ly/eHxBb*）。「關閉 AI 問責缺口：為內部演算法稽核定義點對點框架」（*https://oreil.ly/vO9cH*）提供針對稽核與評估的健全框架，甚至納入成功的範例文件。相關語：模型評估，看似意謂著可由內部或外部團隊承包，偏向非正式與合作性質的測試與透明度演練。

ML 稽核與評估或許著眼於偏差問題，或含括涉及安全、資料隱私危害與資安漏洞這些其他重大風險。但它們的重點是：稽核與稽核員都必須公平且透明。這些執行的稽核處於清楚的道德或專業標準下，在 2023 年幾乎看不到。沒有這類型問責機制或有約束力的指南，稽核將淪為無效率的風險管理實作，更糟的是作為證明 ML 系統有害的技術清洗演練。儘管有瑕疵，稽核仍是時下流行最受政策制定者與研究人員歡迎的風險控制戰術，而且正被寫進法律裡，例如先前提及的《紐約市地方法 144》。

影響評估

影響評估是許多領域預測與記錄系統實施後可能導致問題的正式書面記錄方式。或許由於在資料隱私上使用（*https://oreil.ly/1OdKa*），隱私評估開始出現在組織 ML 政策與提案的法律（*https://oreil.ly/ waTek*）。影響評估是思考與紀錄 ML 系統可能造成危害的有效方式，提升 AI 系統設計者與操作者的責任。但僅影響評估本身還不夠。記得先前的風險定義與重要性曾提及，影響並非只是風險因子，它必須與可能性結合形成風險量測，接著還要主動緩解風險，而最高風險應用應該得到最多監督。影響評估只是廣泛風險管理程序的開始。就像其他風險管理程序，它也必須依循受評估系統的步調施行，若系統快速變更，就會需要更頻繁的影響評估。影響評估另一個潛在問題，是由也在受評估的 ML 團隊設計與實施所導致。這種情況，人們往往會想要縮減評估範疇，淡化所有潛在負面影響。影響評估乃廣泛風險管理與治理策略的重要環節，必須依特定系統所需執行，可能由獨立監督專業執行。

上訴、推翻、選擇退出

大部分 ML 系統都應該內建使用者或操作人員上訴與推翻必然錯誤決策的方式。它在各個專業領域有各種知名稱謂：可上訴追索權、可干預性、矯正或不利行為通知。這些可以像在 Gooogle 搜尋框裡輸入「不當行為預測報告」一樣簡單，或像呈現資料與解釋給使用者，並為明顯錯誤資料點或決策機制提供可上訴程序那樣複雜。另一個類似方式：選擇退出，是讓使用者不透過任何自動化處理，用老方法與企業交涉。有許多資料隱私法與重要美國消費者金融法案都涉及追索權、選擇退出、或兩者兼具。自動化在眾多使用者身上強制執行錯誤決策，是 ML 最明顯的道德錯誤之一。不應該落入如此顯然又知名的道德、法律與聲譽圈套，但許多系統就這麼做了。很可能由於在 ML 系統設計之初就佈局程序與技術兩者的計畫與資源，才能有上訴、推翻與選擇退出的權利。

結對與雙重程式設計

ML 多半複雜又設計精良，因此要知道特定 ML 演算法是否正確實施非常困難！這就是何以部分領導性 ML 企業組織，以 QA 機制實施 ML 演算法兩次。這類雙重實施多半在兩種方式擇一：結對或雙重程式設計。結對程式設計法中，兩位技術專家各自編寫演算法。接著彼此合作，處理實施時兩者的所有不一致。雙重程式設計，由同一位從業人員實施相同演算法兩次，但以完全不同的程式語言：例如物件導向的 Python 與程序式 SAS。之後必須調解兩者實施間的所有差異。兩種方式都想抓到各種問題，否則這些錯誤直到系統部署都無法被察覺。結對與雙重程式設計，也能與資料科學家原型演算法的標準工作流程維持一致，再由指定工程師部署時強化。不過，這種做法要可行，工程師必須能自由挑戰與測試資料科學原型，而且不應該降級為單純重新編寫原型。

模型部署的安全性許可

最低權限的概念（*https://oreil.ly/0qP9-*）來自於 IT 資安，指的是沒有系統使用者應擁有超過他們所需的更多許可。最低權限乃基本程序控制，可能由於 ML 系統觸及許多其他 IT 系統，許多 ML 建構與所謂的「搖滾明星」資料科學家往往置之不理。遺憾的是，這就是 ML 安全與效能的反面模式。過度吹捧的 ML 世界與明星資料科學外，工程師無法適切測試本身程式碼，而是由產品組織其他人：產品經理、律師或管理高層，在軟體釋出時做出最後決定，這是長期以來的認知。

基於上述種種理由，部署 ML 系統必要的 IT 許可權，應分佈在整個 IT 組織各個團隊。全力衝刺開發期間，資料科學家與工程師無疑必須保留開發環境的全然控制權。但就像重要釋出或檢視處理方式，面對使用者產品的推動除錯、提升或新功能，IT 許可權必須從資料科學家與工程師上轉移到產品經理、測試人員、律師、管理高層或其他人手中。這類程序控制提供一道閘門，防止部署未經核可的程式。

漏洞回報獎勵計畫

漏洞回報獎勵計畫，是從電腦資安借來的另一個概念。一般來說，漏洞回報獎勵計畫是企業提供獎勵尋找軟體問題，尤其是資安弱點。由於 ML 基本上來說就是軟體，所以也可以在 ML 系統套用漏洞回報獎勵計畫。雖然可以用漏洞回報獎勵計畫尋找 ML 系統的資安問題，但還可以找出可靠性、安全、透明度、可解釋性、可詮釋性或隱私相關的其他型態問題。透過漏洞回報獎勵計畫，利用金錢獎勵激勵社群以標準程序回饋。如同整個章節不斷強調的，激勵在風險管理中至關重要。風險管理的工作多半既冗長又耗費資源。若要使用者為我們在 ML 系統裡找到重大問題，就必須支付酬勞或以其他有意義的方式給予獎勵。漏洞回報獎勵計畫通常是集眾人之力。若這會讓企業組織緊張，由不同團隊尋找 ML 系統裡問題的內部駭客松，應也能有相同正面影響。當然，更多從業人員被激勵參與，最後的結果可能更好。

AI 意外事件應變

備受推崇的 SR 11-7 指南（*https://oreil.ly/E7G2R*）指出，「即便有技術高超的模型化與健全驗證，模型風險也不會消失。」若來自 ML 系統與 ML 模型的風險不能被消除，那麼類似風險終將導致意外事件。意外事件應變，在電腦資安領域已是成熟實作。NIST（*https://oreil.ly/glkOX*）與 SANS（*https://oreil.ly/gU-Vo*）這類久負盛名的機構，長期發表電腦資安意外事件應變指南。基於 ML 與一般用途企業運算相比，屬於相對不成熟又高風險技術，正式的 AI 意外事件應變計畫與實作，對高度影響與關鍵任務的 AI 系統而言有其必要。

正式的 AI 意外事件應變計畫能讓企業組織更快速且更有效率回應無可避免的意外事件。意外事件應變亦適用於本章開頭討論的 Hand 法則。排練過意外事件應變計畫的準備，企業組織或許能在意外事件演變成代價高昂或危險的公眾奇觀前，識別、控制與消滅 AI 意外事件。AI 意外事件應變規劃，是緩解 AI 相關風險最基本且全球通用的方式之一。系統部署前，應先草擬並測試意外事件應變計畫。對無法完整實施模型風險管理的剛成立或小型企業組織，AI 意外事件應變是可以考量的高成本效益且功能強大的 AI 風險管控方式。借用電腦意外事件應變的想法，AI 意外事件應變可切分為六個階段：

第一階段：前置準備

除了針對企業 AI 意外事件的明確定義外，AI 意外事件的前置作業還包括意外事件發生之際的人員、後勤與技術規劃。必須為應變留下預算、必須準備溝通策略、必須實施標準化與留存模型文件的技術防護、頻道外通訊並停用 AI 系統。準備與預演 AI 意外事件的最佳方式，就是直接在檯面上討論演練：所有關鍵組織人員在這裡逐步解決現實意外事件。下列問題是 AI 意外事件檯面討論不錯的起點：

- 誰握有組織預算與權力回應 AI 意外事件？
- 問題 AI 系統可以離線嗎？由誰來做？代價為何？哪些上游程序受影響？
- 必須聯絡哪些監管機構或執法單位？誰來聯絡？
- 要聯繫哪間外部法律公司、保險機構或公關公司？由誰聯繫？
- 誰負責溝通？內部應變人員之間的溝通誰負責？外部與消費者或使用者的溝通又是誰負責？

第二階段：識別

識別指的是企業組織發現 AI 故障、攻擊或濫用，也意謂著對 AI 相關濫用保持警惕。實作上則偏向常見攻擊識別處理，例如網路入侵偵測，與 AI 系統故障的特定監控，例如概念飄移或演算法歧視。識別階段的最後一步通常是通知管理層、意外事件應變者，與規範在意外事件應變計畫的其他人。

第三階段：封鎖

封鎖，指的是緩解意外事件的立即性危害。請記得，危害幾乎不可能僅限於意外事件發生的系統。就像常見的電腦意外事件，AI 意外事件也會有遍布企業技術與客戶技術的網路效應。實際封鎖策略取決於意外事件出自外部對手、內部故障，還是 AI 系統不當使用或濫用，有相當大的差異。如有必要，封鎖會是開始與大眾溝通不錯的起點。

第四階段：根除

根除包含補救任何受影響系統。例如封閉來自滲入或滲出媒介的受影響系統，或關閉歧視性 AI 系統並暫時以可信任規則式系統取代。根除後，應沒有任何該意外事件導致的新危害。

第五階段：復原

復原代表確保所有受影響系統回歸正常，且進行管控防止未來類似意外事件。復原通常也代表重新訓練或重新實施 AI 系統，並測試它們處於紀錄的意外事件前的水準之上，另外也需要人員進行謹慎的技術或資安協定分析，尤其是意外故障或內部攻擊。

第六階段：經驗傳承

經驗傳承指的是應變當下意外事件時，以成功及挑戰性遭遇為基礎，校正或改善 AI 意外事件應變計畫。改善應變計畫可以是程序導向，也可以技術導向。

研讀以下案例時，可以思考上述意外事件應變階段，以及是否 AI 意外事件應變規劃能成為 Zillow 有效的風險管控。

案例研究：Zillow 的 iBuying 興衰

2018 年，房地產科技公司 Zillow 參與購屋業務，迅速轉售獲取利潤，也就是知名的 iBuying。該公司深信其資產：ML 推動的 *Zestimate* 演算法，能力不僅止於吸引目光到這個極度受歡迎的網路產品上。彭博社報告指出，Zillow 聘請領域專家在一開始購屋時，驗證演算法產生的數字。首先，當地房地產經紀人會為該房產定價。數字與 Zestimate 組合，最後專家團隊在報價前逐項審核。

彭博社指出（*https://oreil.ly/LQQg3*），為了「更快地報價」，Zillow 很快就解散了這些領域專家團隊，而屬意更純粹演算法處理方式的速度與規模。當 Zestimate 不再適合於 2021 年早期快速膨脹的房地產市場時，Zillow 據稱進行了干預，以提升報價的吸引力。由於這些變化，該公司開始以每季近一萬戶房屋的方式獲得這些財產。更快意謂著更多員工與更多整建承包商，但正如彭博社所言：「Zillow 的人跟不上」。儘管增加了 45% 的員工，也帶來承包商「大軍」，iBuying 系統並未達成獲利。員工染疫結合供應上的挑戰、過熱的房市，與處理大量抵押借款的複雜度，對 iBuying 專案來說實在太難以駕馭。

2021 年十月，Zillow 宣布年底前停止報價。Zillow 對快速成長的渴求，加上勞力與供應的短缺，讓該公司有龐大房屋存貨待清。為解決存貨問題，Zillow 虧本轉售許多房屋。最後在 11 月，Zillow 宣布降低存貨帳面價值超過五億美元。Zillow 搶進自動化房屋轉售業務一役終於結束。

負面影響

除了失敗的投機行為損失鉅資，Zillow 還宣布將解僱約兩千名員工，佔該公司整整四分之一。2021 年六月，Zillow 每股交易約 120 美元。撰文此時，也就是將近一年後，每股約為 40 美元，股價掉了超過三百億（當然，整體價值跌落不能歸咎於 iBuying 意外事件，但它絕對是造成損失的因素之一）。Zillow iBuying 的垮台源自於諸多緊密交織的肇因，與無法從 2020 年膠著且顛覆整個市場的全球傳染病大流行走出來。下一節，將檢視如何將本章學到的治理與風險管理，應用在 Zillow 的災難上。

經驗傳承

關於 Zillow iBuying 的事蹟，本章教了我們什麼？據公開報告指出，Zillow 決定讓高重要性演算法的人為檢視退場，顯然是整體事故的肇因。我們也詢問是否 Zillow 已適當完整考量過承擔的財務風險、是否備妥適切的治理架構，與是否 iBuying 的損失能像 AI 意外事件一樣處理得更好。無從得知 Zillow 對這些問題的答案，我們將著眼於讀者在自有組織裡可以套用的見解：

第一課：領域專家驗證。

本章強調以多元且經驗豐富團隊作為負責任 ML 開發的核心組織能力相當重要。Zillow 無疑內外部都有方法獲得房地產世界級專業。然而由於對速度與自動化的追求——有時稱為「快速行動、打破常規」或稱「產品流速」，Zillow 將專家撤出獲取房產的程序，選擇仰賴 Zestimate 演算法。據 2022 年五月彭博社後續報導（*https://oreil.ly/boQye*）指出，「Zillow 要求訂價專家不要質疑演算法，這是出自熟悉程序人士的說法。」這個選擇證實了這場投機的失敗，尤其是在這個快速變遷、全球傳染病大流行主導的房市裡。無論如何高調吹捧，AI 還沒有人類聰明。若用 ML 制定高風險決策，請確保人類處於其中環節。

第二課：預測故障模式。

2020 年的新冠病毒全球傳染病大流行，在許多領域與市場創造了典範移轉。多半假定未來會與過去相似的 ML 模型，在上下游眾多範疇面臨困境。雖然不該預期像 Zillow 這樣的公司能預期全球傳染病大流行的出現，但就像先前討論過的，嚴格審視 ML 系統的故障模式，可建立高風險環境 ML 的關鍵能力。我們不知道 Zillow 模型治理框架的詳細狀況，但 Zillow iBuying 的衰敗突顯了有效挑戰與嚴苛發問的重要性，像是「若未來兩年進行重新修復的成本必須加倍會如何？」還有「六個月內溢付 2% 購置房屋的商業成本為何？」對這類高風險系統而言，應列舉可能的故障模型並留下紀錄，可能由董事會監督，實際的財務風險應向所有高層決策制定者釐清。在自有企業組織，必須瞭解 ML 出錯的代價，與高層能夠容忍的成本。或許 Zillow 資深高層人員已被確切告知 iBuying 的財務風險，或許沒有。我們知道的是 Zillow 冒了很大的風險，卻沒有回報。

第三課：治理的重要性。

Zillow CEO 出了名的敢於冒險，有賭贏並大獲全勝的紀錄。但不可能每個賭注都會贏。這也是為何實施自動制定決策時要管理與治理風險，尤其是高風險場景。SR 11-7 指出，「嚴謹而精密的驗證，應與銀行整體使用的模型相同等級」。Zillow 不是銀行，但彭博社 2022 年五月事後調查是朝這個方向：Zillow「試圖從銷售線上廣告轉向等同於對沖基金的操作與無計畫延展的建造業務」。Zillow 大幅提升演算法重要性，但顯然沒有以同樣程度提升這些演算法的治理。如前所述，許多公開報告指出，Zillow 降低 iBuying 程式設計期間演算法的人為監督而非加強。獨立風險部門，具有阻止模型進入生產階段的權力，也有適切預算與員工水準，直接向董事會報告，獨立於由 CEO 與 CTO 領導的業務與技術部門之外，是大型消費金融組織常見的做法。這種組織結構在如預期運作的情況下，可以做出更客觀也更基於風險考量的 ML 模型效能決策，還能避免業務與技術領導者評估自有系統風險時的利益衝突與確認性偏差。我們不知道 Zillow 是否有獨立的模型治理部門，這在今日除了消費金融外極為少見。但我們知道在損失失控前，沒有風險或監督部門能阻止 iBuying 專案。雖然對技術人員來說這是一場艱苦戰役，但協助企業對 ML 系統進行獨立稽核，是可行的風險緩解實作方式。

第四課：迅速蔓延的 *AI* 意外事件。

Zillow 的 iBuying 狂歡一點都不好玩。金錢損失。職涯中斷 —— 數千名員工遭辭退或重新安排。這看來是代價三百億的 AI 意外事件。從意外事件應變角度來看，必須為系統的失敗預做準備、需要監控系統是否故障，還需要為封鎖、根除與復原留下書面紀錄並進行重新演練規劃。從公開紀錄來看，顯然 Zillow 知曉 iBuying 的問題，但企業文化更重視贏而不是為失敗做好準備。就財務損失的程度，Zillow 的限制措施其實可以更有效。Zillow 在 2021 年十一月宣佈註銷壞帳約五億美元以根除迫在眉睫的問題。至於復原，Zillow 領導層規劃了新的房地產超級應用，但就撰文此時的股價來看，復原是一條漫長又令投資者不耐煩的路。複雜的系統飄移導向失敗。或許更有紀律的事件處理方式，能在對 ML 下重注時拯救企業。

我們能從 Zillow Offers 事蹟最後學到的也是最重要的一課，就是本書核心。新興技術永遠伴隨風險。早期汽車很危險。飛機撞山的頻率更高。ML 系統持續歧視性的做法，會帶來安全性與隱私風險與無法預期的行為。ML 與其他新興科技的基本差異，就在於這些系統會快速決定，而且影響範圍甚廣。Zillow 仰賴其 Zestimate 演算法時，可以擴增到每日採購數百間房產。這個案例裡，後果是減資五億美元、更大的股價損失，與數千份工作流失。當關注的目標是獲得資金、社會福利專案或決定誰得到新的腎臟時，這種大規模快速失敗的現象會造成更直接的毀滅。

資源

進階閱讀

- ISO standards for AI（*https://oreil.ly/N3WTp*）
- NIST AI Risk Management Framework（*https://oreil.ly/mQ8aW*）
- SR 11-7 model risk management guidance（*https://oreil.ly/AANIg*）

第二章

可詮釋性與可解釋性機器學習

科學家們持續為資料調整模型，以便對觀察到的模式瞭解更多，已持續幾個世紀。可解釋機器學習模式與 ML 模型事後解釋，在這個長期實踐過程中呈現漸進而重要的進展。由於 ML 模型學習非線性、衰退與互動訊號，比傳統線性模式更輕鬆，人們利用可解釋 ML 模型與事後解釋技術，如今也能更輕鬆學習資料裡的非線性、衰退與互動訊號。

本章將深入瞭解套用主要可解釋的模型建立與事後解釋技術前，詮釋與解釋的重要概念。也會提及事後解釋的重大陷阱：多數都能利用可解釋模型結合事後解釋克服。接著將探討可解釋模型與事後解釋的應用，例如模型文件與錯誤決策的可上訴追索權，提升 AI 系統的問責。本章最後是英國名為「A-level 之亂」的案例探討，可解釋、高度文件化模型做出無法接受的決定，導致國家級 AI 意外事件。可解釋模型與事後解釋的討論會持續到第 6、7 章，深入探索該主題的範例程式。

NIST AI RMF 對照表

章節	NIST AI RMF 子類別
第 34 頁「可詮釋性與可解釋性的重要概念」	GOVERN 1.1、GOVERN 1.2、GOVERN 1.4、GOVERN 1.5、GOVERN 3.2、GOVERN 4.1、GOVERN 5.1、GOVERN 6.1、MAP 2.3、MAP 3.1、MAP 4、MEASURE 1.1、MEASURE 2.1、MEASURE 2.8、MEASURE 2.9、MEASURE 3.3
第 39 頁「可解釋模型」	GOVERN 1.1、GOVERN 1.2、GOVERN 6.1、MAP 2.3、MAP 3.1、MEASURE 2.8、MEASURE 2.9、MANAGE 1.2、MANAGE 1.3
第 50 頁「事後解釋」	GOVERN 1.1、GOVERN 1.2、GOVERN 1.5、GOVERN 5.1、GOVERN 6.1、MAP 2.3、MAP 3.1、MEASURE 2.8、MEASURE 2.9、MANAGE 1.2、MANAGE 1.3

- 適用的 AI 可信任度特性包括：有效與可信賴、安全與復原力、透明度與問責、可解釋性與可詮釋性
- 參閱：

  —「可解釋人工智慧四大原則」（*https://oreil.ly/Ilf_J*）

  —「人工智慧可解釋性與可詮釋性的心理學基礎」（*https://oreil.ly/1Ah96*）

  —完整參照表（非官方資源）（*https://oreil.ly/61TXd*）

可詮釋性與可解釋性的重要概念

在切入訓練可解釋模型與生成事後解釋的技術前，必須先討論數學與程式碼背後的遠大理想。先鄭重聲明，透明度不等於信任，我們可以信任不瞭解的事物，也可以瞭解不信任的事物。簡而言之：透明度提供瞭解的能力，但瞭解不等同於信任。事實上，對建置不良的 ML 系統瞭解更多，信任可能更少。

由國家標準與科技機構（NIST）定義的 AI 可信任度，使用各種不同特性：效度、可信賴度、安全、管理偏差、安全性、復原力、透明度、問責、可解釋性、可詮釋性與提升隱私權。透明度讓其他想要的可信任度特性易於達成，也讓除錯更輕鬆，只是人類操作者必須採取這些額外治理步驟。可信任度多半透過測試、監控與上訴程序的實作達成（見第 1 章與第 3 章）。可解釋 ML 模型可以增加透

明度，而事後解釋則應促進此類診斷與除錯，有助於讓傳統線性模型可信賴。這也代表仰賴線性模式數十年的監管應用，由於每位消費者解釋與一般文件要求，如今可能到了用精確且透明的 ML 模型瓦解的時機。

可詮釋、可解釋，或者透明度都不能讓模型令人滿意或值得信任。可詮釋、可解釋，或者透明，可以讓人們對於模型是否令人滿意或值得信賴，做出充份知情的決策。

透過規定的上訴與推翻程序，補償受 ML 錯誤決策的對象，也許是可解釋模型與事後解釋最重要的增強信任用途。合理上訴自動化決定的能力，有時稱為*可上訴追索權*。針對自動化與無法解釋的決定上訴，對消費者、工作申請、病患、犯人或學生來說相當困難。可解釋 ML 模型與事後解釋技術，應讓決策對象瞭解 ML 自動做出的決策，這是合理上訴程序的第一步。一旦使用者能夠闡述模型輸入的資料或決策邏輯錯誤，ML 系統操作人員應能推翻最初的不當決策。

高風險 ML 系統，一定要部署能夠對自動化決策上訴與推翻的機制。

區分可詮釋性與解釋也相當重要。開創性研究「人工智慧的可解釋性與可詮釋性的心理學基礎」（*https://oreil.ly/yz6GF*）中，NIST 研究人員已能利用普遍接受的人類認知概念，區分可詮釋性與可解釋性。據 NIST 研究人員所述，類似但不完全一致的詮釋與解釋，概念定義如下：

詮釋

將刺激目標置於背景情況下考慮，並充分利用人類背景知識高階、有意義心理表徵。可詮釋模型應提供使用者資料節點或模型輸出*在前後文*代表意義的說明。

解釋

試圖說明複雜程序的低階、細節性心理表徵。ML 解釋是在說明特定模型機制或輸出*何以如此*。

可詮釋性的標準比可解釋性高很多。達成可詮釋性，代表將 ML 機制或結果置於相關環境背景，這很少經由模型或事後解釋實現。可詮釋性通常經由明白的書面解釋、具說服力的視覺化或互動圖形使用者介面做到。可詮釋性常需要與適用領域及使用者互動與體驗的相關專家共同作業，也需要其他學科專家。

現在更深入瞭解 ML 模型可詮釋或可解釋的因子。輸入資料一片混亂時，模型就很難達到透明度。從這一點出發，在考量輸入資料與透明度時，試想：

可解釋特徵工程

若目標是透明度，就應該避免過份複雜的特徵工程。雖然自動編寫程式、主成分或高階互動這些深度特徵，能讓模型在測試資料裡執行更順暢，但解釋這類特徵相當困難，就算將這些餵給其他可解釋模型也是如此。

有意義特徵

使用特徵作為部分模型函數的輸入，假定特徵與函數輸出相關，例如模型預測。使用無意義或鬆散的相關特徵，只因為能改善測試資料執行效能，會違反解釋模型運作方式的基礎假設。例如利用眼睛顏色伴隨其他特徵預測借貸違約，模型可能訓練一些收斂準則，而我們可以計算眼睛顏色的 Shapley 相加解釋（SHAP）值。但眼睛顏色在這裡的情況不具真實有效性，而且與信用違約沒有因果關係。雖然眼睛顏色或許代表了底層系統性偏差，但宣稱眼睛顏色可以解釋信貸違約是站不住腳的。用常理或因果發現法比較好，可以增加模型與相關解釋的有效性。

單調特徵

單調有助於可解釋性。如有可能，使用與目標變數相關的單調特徵。若有必要，套用分格化這類特徵工程技術誘發單調性。

若能信賴資料在可解釋與可詮釋程序中是有用的，就能利用輸入的相加獨立性、約束、線性與平滑、原型、稀疏與匯總這類概念，確保模型盡可能透明。

輸入相加性

維持 ML 模型輸入各自獨立，或將其互動限制於小群組，是透明度關鍵。傳統 ML 模型將輸入特徵結合再結合到高度交互作用難以理解的糾結裡而為人所垢病。傳統線性模型將輸入視為獨立與可加性型式與此呈現強烈對比。由線性模型輸出的決策，通常是學習模型參數與輸入特徵值的簡單線性組合。當然，與傳統不透明 ML 模型相較之下，傳統線性模型效能品質多半明顯糟糕。

現在進入廣義相加模型（GAM），它維持輸入特徵獨立、賦與透明度，但也允許各特徵行為任意建立複雜模型，大幅提升效能品質。下一節還會探討 GAM 的封閉式下一版 GA2M 與可解釋增強機（EBMs）。它們皆以保持輸入獨立的方式運作，並在視為獨立輸入之處允許偶爾複雜行為虛擬化。它們最後仍能保持高透明度，因為使用者無須解決輸入彼此間的影響，而輸出決策依然是線性模型參數與部分函數套用資料輸入值的結合。

約束

傳統無法解釋的 ML 模型因彈性而備受推崇。它們可以為訓練資料中幾乎所有訊號生成函數建立模型。不過談到透明度，對某些觀察到的反應函數處處建立模型通常不會是好主意。由於過度擬合，在看不到的資料上執行也不會是好事。有時在訓練資料裡觀察到的只是雜訊，甚或老套的錯誤。與其過度擬合不良資料，套用約束不但能增加透明度，還有助於強制模型遵循因果而非雜訊，處理看不到的資料。

訓練 ML 模型時可無限套用約束，不過最有幫助且通常有用的則有稀疏、單調與互動約束。通常由 L1 正規化（通常是減少模型參數數量或規則）實施的稀疏約束，會加重強調在較可管理的輸入參數數量與內部學習機制上。正向單調約束指的是，當模型輸入增加，其輸出必不減少。反向單調約束維持 ML 模型內部機制，組合再重新組合過多不同特徵。這些約束會鼓勵模型學習可詮釋與可解釋因果現象，而非專注在可能導致模型結果錯誤與偏差的不健全輸入、任意非線性與高度交互作用上。

線性與平滑

線性函數預設為單調，且可由單一數值係數描述。平滑函數可微分，意即可以在任何地方以導數函數或值匯總。基本上，線性與平滑函數表現較佳且通常易於匯總。相對來說，非限制與任意 ML 函數，會以人類無法理解的方式彈回或自我糾結，讓解釋所需的固有匯總近乎不可能做到。

原型

原型指的是可用於解釋部分先前看不見的資料模型輸出的知名資料點（列）或既定原型特徵（欄）。原型常見於 ML，用來解釋與詮釋幾十年來的模型決策。想想使用最近鄰解釋 *k* 最近鄰預測，或以質心位置剖析叢集，這些都是原型。原型最終也成為反事實解釋的重點，甚至以這種看似深度學習的方式（*https://oreil.ly/zO1kx*），走進傳統複雜且不透明的電腦視覺世界。

稀疏

ML 模型無論好壞，如今都能以數兆參數（*https://oreil.ly/mDwV5*）訓練之。但其人為操作者能否根據其中參數推理還有爭議。現代 ML 模型資訊量必須匯總才能透明。通常 ML 模型越少係數或規則，就越稀疏可解釋。

匯總

匯總可採用的型式很多，包括變數重要性量測、替代模型與其他事後解釋 ML 方法。視覺化可能是 ML 模型溝通匯整相關資訊最常見媒介，而壓縮資訊用的近似值則是匯總的致命弱點（*https://oreil.ly/Dzfit*）。相加性、線性、平滑與稀疏模型通常比匯總簡單，事後解釋程序在這些案例裡較有可能順利運作。

與受歡迎與商品化的無法解釋方式相比，利用 ML 達成透明度目標需要更努力。別擔心。最近的文章「設計本質上可詮釋的機器學習模型」（*https://oreil.ly/Zv6YO*） 與 InterpretML（*https://oreil.ly/rML2n*）、H2O（*https://oreil.ly/ysEHE*）與 PiML（*https://oreil.ly/Y2EFl*）這類軟體套件，提供訓練與解釋透明模型的絕佳框架，本章接下來幾個段落，將把重點放在最有效技術處理方式與常見誤解上，供下次開始設計 AI 系統時考量。

可解釋模型

數十年來，許多 ML 研究員與從業人員都在更複雜的模型更精確這個看似合乎邏輯的假設下辛勤工作。然而，就像知名教授 Cynthia Rudin 在她影響深遠的「停止為高階決策解釋黑盒子機器學習模型，用可詮釋模型來做吧」（*https://oreil.ly/i4syT*）所指出的，「精確度與可詮釋性間必須取捨是一個迷思」。本章稍後會深入可解釋模型與事後解釋之間的拉鋸。在這裡，先專注在精確與可解釋模型的強大概念上。它們提供高精準制定決策的可能，輔以提升人類從機器學習、可上訴追索權程序與法規合規性、提升資安與更妥善處理不精確與偏差等各種議題的能力。這些吸引人的特性，讓可解釋模型對從業人員與消費者代表著雙贏。

接下來將仔細審視一些受歡迎型態的可解釋 ML 模型，我們會從相加模型大類開始，內容有懲罰回歸、GAMs、GA2Ms 與 EBMs。在進一步討論事後解釋技術前，還會探討決策樹、限制樹集成與一連串其他選項。

相加模型

最廣泛使用的可解釋 ML 模型類別，可能是以傳統線性模組為基礎的：懲罰迴歸模型、GAMs 與 GA2Ms（或 EBMs）。這些技術利用現代式處理增強傳統模型建立方式，通常在效能上會產生可觀的進步。但它們以獨立並相加的方式處理輸入特徵，或僅允許少量交互作用項，所以仍能保留高度可詮釋性，此外還仰賴直覺的視覺化技巧提升可詮釋性。

懲罰回歸

這裡將從懲罰回歸開始討論可解釋模型。懲罰回歸將傳統 19 世紀的處理方式更新為 21 世紀的回歸。這些模型型態多半以全域可解釋結果產生線性、單調回應函數，就像傳統線性模型那樣，但多半能提升預測效能。

懲罰回歸模型避開充滿假設的正規方程式（*https://oreil.ly/uXdeH*）法尋找模型參數，以更複雜的限制與反覆最佳化程序取代，這麼做能掌控相關性、特徵選擇與離群值處理，這些都能在使用驗證資料自動挑選更好模型時派上用場。

圖 2-1 可以看到懲罰回歸模型如何執行超過 80 次的重複訓練，得到六個輸入特徵的最佳係數。在最佳化程序開始，可以看到所有參數值從非常小開始，隨著程序開始趨同成長。這是由於通常會以輸入特徵的大量懲罰開始訓練程序。這些懲罰通常會隨訓練程序進行而減少，讓少量輸入可以進入模型，讓模型參數保持特別小，或兩者兼具。（讀者們可能在某些場合曾聽過以「收斂」稱呼懲罰回歸係數）每次重複，有更多特徵輸入至模型，或係數值成長或變更，現有模型就會套用驗證資料。訓練持續重複預先定義的次數，或直到驗證資料的效能停止成長。

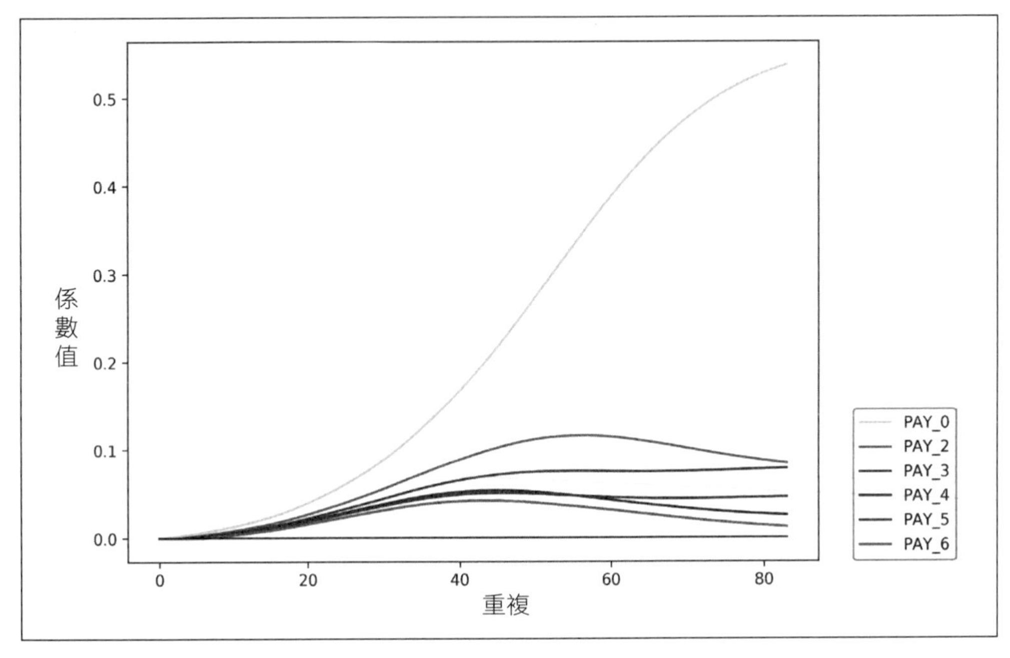

圖 2-1　彈性網路回歸模型中選定特徵正規化路徑（數位彩色版：*https://oreil.ly/dR7Ty*）

除了驗證式提早停止程序，懲罰回歸還分別透過迭代再加權最小平方（IRLS）技術、L1 與 L2 參數準則兩種懲罰與連結函數，處理離群值、特徵選擇、相關輸入與非線性：

IRLS

IRLS 是最小化離群值影響公認有效的處理方式。一開始類似舊式回歸，但在首次重複後，IRLS 程序檢查輸入資料列哪一欄導致最大失誤。繼而在接下來的重複擬合模型係數中，降低這些列的權重。IRLS 持續這樣的擬合並降低權重程序，直到模型參數值趨於穩定。

L1 準則懲罰

L1 懲罰，也就是最小絕對緊縮與選擇算子（LASSO），會讓絕對模型參數總合維持最小。這種懲罰具有讓不必要回歸參數為零，與為回歸模型選擇小的、特徵代表性子集的效果，同時也避免舊式逐步特徵選擇可能出現的多重比較問題。L1 懲罰單獨使用時最知名的是，在大量可能相關輸入特徵導致逐步特徵選擇失效的情況下，會提升效能品質。

L2 準則懲罰

L2 懲罰亦稱為脊回歸或吉洪諾夫回歸，它會最小化平方模型參數總和。L2 準則懲罰能穩定化模型參數，尤其是存在相關性的狀況下。不同於 L1 準則懲罰的是，L2 準則懲罰不選擇特徵，反而是維持所有模型參數小於在傳統解決方案裡的值，限制每個特徵對整體模型的影響。在模型訓練過程中，較小參數讓任何特徵都難以支配模型，也難因相關性引發怪異行為。

連結函數

連結函數可以讓線性模型處理常見的訓練資料分散，例如使用邏輯式連結函數，邏輯回歸以兩個不連續結果擬合輸入資料。其他常見的有用連結函數還包括計數資料的 Poisson 連結函數，或伽瑪分布輸出的反連結函數。將分散系列，與二項式分散及邏輯回歸的邏輯式連結函數這類連結函數比對結果，對訓練可部署模型絕對必要。懲罰回歸套件以外的許多 ML 模型與函式庫，都不支援必要連結函數與分散系列處理訓練資料的基本假設。

現代懲罰回歸技術通常結合：

- 利用驗證提早停止以提升普及化
- IRLS 處理離群
- 為了特徵選擇使用 L1 懲罰
- 為了穩健性使用 L2 懲罰
- 為不同目標或錯誤分散使用連結函數

讀者可以在《Elements of Statistical Learning》（統計學原理）（*https://oreil.ly/FQjuv*）（Springer）深入瞭解懲罰回歸，但這裡的目的，偏重於瞭解何時應嘗試懲罰回歸。懲罰回歸已廣泛套用於許多研究專科，但更適合有許多特徵的商業資料，甚至是特徵多於行列的資料集，與帶有許多相關變數的資料集。懲罰回歸模型還保留基本的傳統線性模型可詮釋性，因此在擁有許多相關特徵或需要最大化透明度時，可以考慮使用。另需注意的是，懲罰回歸技術不見得一定能為回歸參數創造信賴區間、*t*- 總計，或 *p*- 值。這幾種評估通常僅適用於透過自助抽樣，會需要額外運算時間。R 套件彈性網路（*https://oreil.ly/aooJV*）與 glmnet（*https://oreil.ly/lFcpJ*）是由 LASSO 與彈性網路回歸技術發明者維護，H2O 廣義線性模型（*https://oreil.ly/Oeywm*）則與原始軟體實作緊密結合，可大幅提升擴充性。

懲罰回歸有個更新更有趣的改造版：極稀疏線性整數模型，亦稱 SLIM（*https://oreil.ly/2YPmFX1*）。SLIM 同樣仰賴複雜的最佳化常規，目的是只需要簡單數學計算就能產生精確模型。SLIM 旨在訓練出可以由高風險環境（例如健康醫療）工作人員進行心理評估的線性模型。如果面對的是需要最高可詮釋性且必須由領域工作者快速評估結果的應用時，就可以考慮 SLIMs。另一方面，若尋求更好的預測效能，配對無法解釋 ML 模型的許多技術，但又要維持高度可詮釋性，可考慮接下來的主題 GAM。

廣義相加模型

GAM 是線性模型的普及化，允許係數與函數擬合每個模型輸入，而非只有每個輸入係數。以此方式訓練模型，可令各個輸入變數個別但非線性式處理。個別訓練各個輸入，可維持高透明度。容許非線性可提升效能品質。傳統 GAMs 仰賴樣條（splines）為每個輸入擬合非線性形狀函數，大部分 GAM 實作會產生方便的擬合形狀函數圖。可視法規或內部文件要求，直接使用形狀函數預測模型提升效能。若不能這麼做，也可以看看其他擬合形狀函數，將它們切換成更可解釋的多項式、對數、三角，或其他也能提升預測品質的輸入特徵簡單函數。最近神經相加模型（NAMs）（*https://oreil.ly/nnCz5*）與 GAMI-Nets（*https://oreil.ly/G_wCc*）對 GAMs 做了有趣的改造。這些模型使用人工神經網路擬合形狀函數。下一節討論可解釋增強機時，會繼續評估形狀函數主題。Rudin Group 最近還提出 GAM 改造，以單調階梯式函數作為形狀函數追求最大化可詮釋性。查閱「廣義線性與相加模型的快速稀疏歸類」（*https://oreil.ly/tCnld*）可以瞭解它們的運作。

我們將用*形狀函數*一詞，描述得知的 GAM 式模型套用至每個輸入與互動特徵的非線性關係。這些形狀函數可能是傳統樣條，或者可以由增強樹或神經網路這類機器學習評估進行擬合。

改掉部分模型以更貼近現實或人類直覺的能力，半官方名稱為*模型編輯*。可以編輯，是許多可解釋模型的另一個重要層面。模型通常從錯誤或偏差的訓練資料，學到錯誤或偏差概念。可解釋模型讓人類使用者能點出錯誤，再編輯去除。GAM 系列模型特別能夠接受模型編輯，是這些強大模型建立處理方式的另一優勢。讀者可以在《Elements of Statistical Learning》（統計學原理）（*https://oreil.ly/5S49T*）瞭解更多。如想嘗試 GAMs，可研究 R gam（*https://oreil.ly/aSAJK*）套件，或是較實驗性的 H2O（*https://oreil.ly/5yoAd*）或 pyGAM（*https://oreil.ly/1h-Y7*）實作。

GA2M 與可解釋增強機

GA2M 與 EBM 代表 GAM 直接又實質的提升。先談 GA2M，其中的「2」指的是在輸入模組時，考慮用一小群成對交互作用。選擇在 GAM 增強效能中含括少量交互作用項又無須放棄可詮釋性。交互作用項可繪製為伴隨 GAM 常見的標準二維輸入特徵圖的等高線。有些精明的讀者們可能已經熟悉 EBM，也就是 GA2M 的重要改版。在 EBM 下，每個輸入特徵的形狀函數皆以提升法重複訓練。這些回應函數可以是弧線、決策樹，甚至決策樹本身強化集成。以提升法訓練相加模型，通常就能得到比傳統 GAM 回溯配適法更準確的最終模型。

基於種種優勢，GA2Ms 與 EBMs 處理表狀資料的效能品質，如今足以與無法解釋的 ML 模型競爭，甚至已超越，並且顯然具有可詮釋性與模型編輯的優勢。若下一個專案是結構性資料，試試使用 Microsoft Research InterpretML（*https://oreil.ly/GMsbK*）套件的 EBMs，它為這裡探討的相加模型做了完美收尾。接著要討論的決策樹，是在統計、資料探勘與 ML 上記錄輝煌的另一套高品質、高可詮釋性模型。

決策樹

另一個廣受好評的預測模型是決策樹。使用單一樹而非集成模型時，它們從訓練資料學習高度可詮釋的流程圖，往往比線性模型展現更好的預測效能。使用集成，伴隨隨機森林與 GBMs，會損失可詮釋性但往往是表現更好的預測器。下面章節會討論單一樹模型，與保留某種程度可解釋性的限制決策樹集成。

單一決策樹

技術上來說，決策樹屬於有向圖，每個內部節點對應一個輸入特徵。圖形邊界，是各個子節點中，創造最高目標純度或提升預測品質的輸入特徵值。各終端點或葉節點表示目標特徵值，給定的輸入特徵值，以根到葉的路徑呈現。這些路徑可以視覺化，或以簡單的 if-then 規則解釋。

簡而言之，決策樹是資料衍生流程圖，如於圖 2-2 所示。決策樹是在結構化資料上訓練可詮釋模型好選擇。若目標是使用布林式函數「if-then」邏輯，想瞭解輸入與目標變數間的關係時，會很好用。父子關係，尤其近樹的頂端，往往指向可更加瞭解建立模型目標驅動的特徵交互作用，或可當成交互作用項為相加模型提升預測精準度。在較直覺相加模型上的主要優勢，可能是直接在字元值、漏失資料、非標準化資料與非正規化資料上訓練的能力。在這個巨量（巨量化、不良）資料的年代，決策樹可最少資料前置處理建構模型，有助於減少從 ML 模型而來的人為失誤。

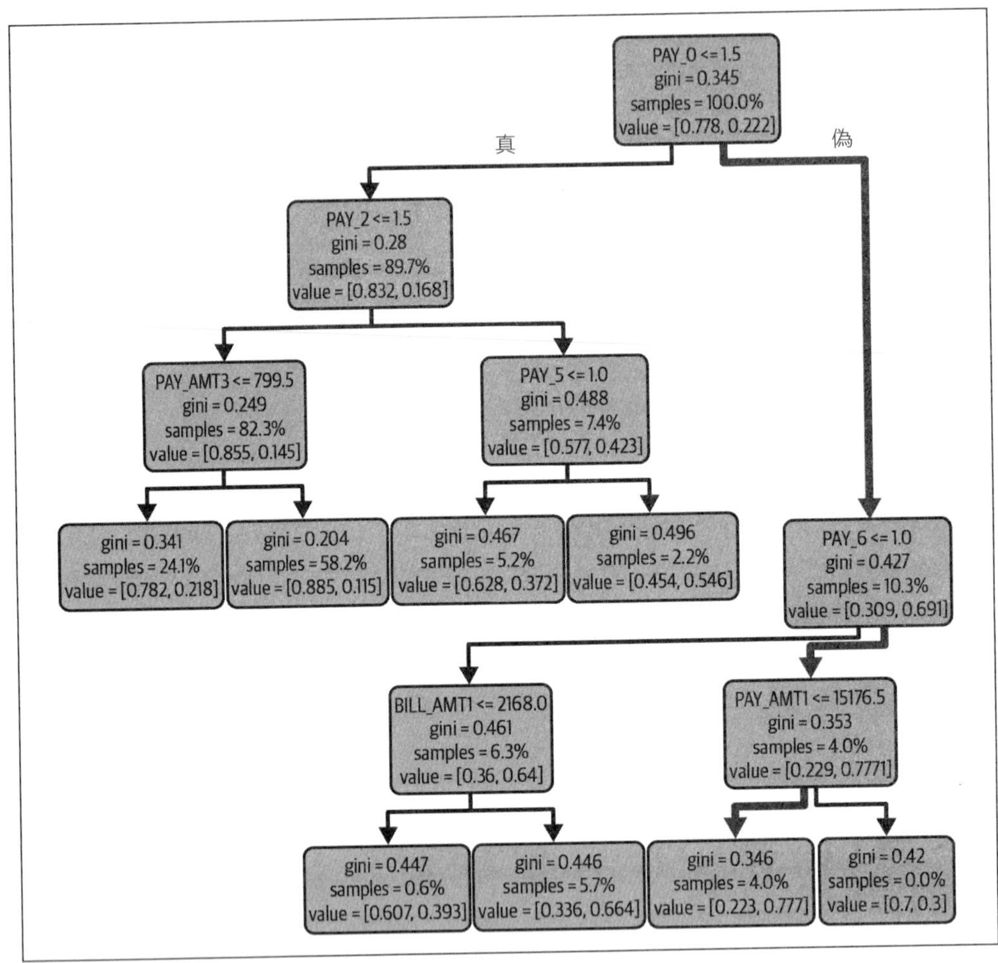

圖 2-2　形成資料衍生流程圖的簡單決策樹模型

決策樹擁有這一切，為何不應該用？首先，它們只有在淺層才具可詮釋性。決策樹在超過五層（據說）if-then 分支，就會變得難以詮釋，在聲音、影像、影片與長文這類非結構性資料往往處理不佳。非結構性資料已屬於深度學習與神經網路領域。決策樹就像許多模型一樣，需要高度調整。決策樹有許多超參數或設定，必須由人類領域知識、網格搜尋或其他超參數調整方式指定。這類方法相當耗時，更糟的是會成為偏差與過度飄移的來源。單一決策樹也不穩定，添加幾列資料進行訓練或驗證資料與取回資料，都能導致整個流程圖重新安排。這類的不穩定就是許多 ML 模型的致命弱點。

每次決策樹創造新分支或 if-then 規則，都會做出局部最佳或最貪婪決策。其他使用不同最佳化策略 ML 模型，最終得到相同結果：對資料集而言並非最佳模型，卻是眾多可能選項最佳模型中的最佳候選。任何既定資料集的眾多可能模型議題至少有兩個名稱：優良模型的多重性與羅生門效應（*https://oreil.ly/nNwFY*）。羅生門（*https://oreil.ly/wW-k5*）名稱來自於知名影片，目擊者形容相同謀殺事件有不同說法，羅生門效應還與另一個糟糕議題有關：規格不足（*https://oreil.ly/V_DaF*），超參數調整及以驗證資料為基礎模型選擇，導致模型在測試場景看起來不錯但在現實世界徹底失敗。使用決策樹該如何避免？主要是訓練看得到與檢查的單一樹，這麼一來才能在部署時確保樹的邏輯。

廣泛的決策樹議題就有許多改版。以線性樹模型為例，會在決策樹每個終端結點擬合線性模型，在標準決策樹上添加預測的可能性，但又原封不動保留所有可解釋性。Rudin 教授研究小組曾引進最佳稀疏決策樹（*https://oreil.ly/4kGpW*）來反應不穩定與規格不足的問題。這些問題的另一個答案就是手動約束人類領域知識的資訊。接下來將處理限制決策樹集成，若讀者已準備試試標準決策樹，也有許多套件可供嘗試，R package rpart（*https://oreil.ly/XLE1H*）是最佳選擇之一。

限制 XGBoost 模型

流行的梯度提升套件 XGBoost 現已支援單調約束（*https://oreil.ly/39PhO*）與交互作用約束（*https://oreil.ly/yVAtK*）。如先前所述，使用者提供的單調約束讓 XGBoost 模型保留更多模型輸入與模型間可解釋的單調關係。交互作用約束能預防 XGBoost 無止盡重新組合特徵。這些軟體特徵，將帶有規格不足問題的不透明樹集成模型，正規化轉為能從資料學習，並接受來自人類專家使用者因果動機約束的高穩健模型。這些新的訓練選項，讓人類領域專家能使用因果知識設定建立模型關係的方向，並指定哪些輸入特徵不應互動，再結合 XGBoost 在可擴充性與效能上的良好紀錄，在談到可解釋 ML 時很難忽略它。即便不像 EBMs 那樣直覺可詮釋，但由於梯度增強機（GBMs）將特徵結合又重新組合到巢狀 if-then 規則的混亂裡，限制的 XGBoost 模型會依循各類事後可解釋與視覺化技術。解釋技術通常能讓從業人員確認注入模型裡的因果知識，瞭解這個複雜集成的內部運作。

可解釋機器學習模型生態系統

相加模型與樹狀模型之外，另有一個可解釋 ML 模型完整生態系統。這些模型有些已風行數十年，有些是老方法微調，此外就是全新。無論新舊，都是在挑戰無法解釋 ML 的現狀，這是好事。若讀者對所有全然不同的可解釋模型選項感到驚訝，想像當我們能解釋 AI 系統決策的驅動因素，協助客戶確定或拒絕生意上的假設時他們的驚喜，還有向使用者解釋，這些都能達到高水準的預測品質。可解釋模型的確有相當多選項，其中必有適合接下來專案使用的。與其要求同事、客戶或商業夥伴盲目信任不透明的 ML 工作流，下次不如考慮可解釋神經網路、*k* 最近鄰、以規則為基礎、因果關係，或圖型模型，甚或稀疏矩陣因子分解：

因果模型

在因果模型下，因果現象會以可證明的方式連結到一些相關預測結果，通常被視為可詮釋性的黃金標準。有鑑於我們能經常查看定義模型運作方式的圖表，且它們是使用人類領域或因果推論技術組合而成，因此幾乎是自動化可詮釋。在訓練資料時，也不像傳統無法解釋 ML 模型那樣糟糕地擬合雜訊。因果模型唯一困難點在於尋找訓練所需，或訓練過程本身的資料。然而，因果模型訓練能力一直在進步，貝氏模型的 pyMC3（*https://oreil.ly/XY448*）與因果推論的 dowhy（*https://oreil.ly/yacTr*）這類套件，都是從業人員用以建立並訓練因果模型多年的選項。

微軟與 Uber 近期雙雙出版因果推論（*https://oreil.ly/wQu72*）教戰守則，內容附有使用該公司模型建立函式庫的真實使用案例，函式庫分別為 EconML（*https://oreil.ly/Q448j*）與 causalml（*https://oreil.ly/Tx12a*）。若在意穩定、可詮釋的模型，請拭目以待，因果模型曾被認為幾乎不可能訓練，如今正依自己的步調逐漸成為主流。

可解釋神經網路

由富國銀行風險管理發行（*https://oreil.ly/xiKH_*）並完善（*https://oreil.ly/jgu71*）的可解釋神經網路（XNNs），證實只需要一點巧思與不斷努力，即便最無法解釋的模型都能變得可解釋並且保留高度執行效能。可解釋神經網路使用與 GAMs、GA2Ms 與 EBMs 相同主體，同時達成高可詮釋性與高預測效能，不過有點轉折。XNNs 就像 GAMs 一樣單純是形狀函數的相加結合。然而，它們增加額外的索引結構給 GAMs。XNNs 是廣義相加索引模型

（GAIMs）的範例，後者 GAM 式的形狀函數由可學習相關高階交互作用的較低投影層供給。

在 XNN 下，反向傳播是用來學習變數最佳組合（見線上 XNN 圖片 *https://oreil.ly/kBy92* 中的 c），作為透過子網路（見線上圖片的 b）得知形狀函數的輸入，這些之後會在相加形式裡以最佳權重結合，形成網路輸出（見線上圖片的 a）。XNNs 或許不是最簡單的可解釋模型，但經過完善處理後更能擴充，可以自動識別訓練資料中的重要交互作用，且事後解釋還能將預測分解為局部精確的特徵貢獻。近期發表的「神經相加模型（NAMs）：使用神經網路的可詮釋機器學習」（*https://oreil.ly/ge-fk*）是另一種有趣的透明神經網路。NAM 顯然與 XNNs 類似，只是前者放棄試圖尋找交互作用項的底層。

k 最近鄰（*k-NN*）

k-NN 法使用原型或類似資料點產生預測。以這種方式論證不需要訓練，且這種簡化很吸引人類使用者。若 *k* 設為 3，新點推論即為尋找三個指向新點的最近點，再從這三個點取平均或模型標籤作為新點預測結果。這種邏輯在日常生活中相當常見。以住宅區房地產估價為例。每戶的每平方英尺價格，通常以三間類似房屋的每平方英尺平均價格評定。

當我們說「聽起來像…」或「感覺像…」或「看來像…」，可能就是在使用原型資料點進行生活事物的推論。比對原型的可詮釋概念，促使 Rudin Group 主張在無法解釋電腦視覺模型上採用 this-looks-like-that（*https://oreil.ly/qG7yT*）：一種使用比較原型，解釋影像歸類預測的新型態深度學習。

規則式模型

從資料集提取預測 if-then 規則，是另一種長期以來運作的 ML 模型建立型態。if-then 規則的簡單的布林邏輯是可詮釋的，前提是限制規則數、規則分支數，與規則實體數受歡迎的兩項技術 RuleFit（*https://oreil.ly/xc3-B*）與 skope-rules（*https://oreil.ly/3w2BK*）會從訓練資料中探索預測與可解釋規則。規則式模型也屬於 Rudin Group 領域。它們對可詮釋與高品質規則式預測器最大貢獻，就是可驗證最佳規則表（CORELS）（*https://oreil.ly/BgWCt*）與可擴充貝式法則表（*https://oreil.ly/RCu74*）。Rudin Group 相關程式碼與其他寶貴貢獻，皆可自公開程式碼頁面取得（*https://oreil.ly/aYDTE*）。

稀疏矩陣因子分解

將大型資料矩陣因子分解成兩個小型矩陣，是常見的維度縮減與非監督式學習技術。大部分舊式矩陣因子分解技術，會將眾多衍生特徵的原始資料欄位重新歸因，致使這些技術產生的結果無法解釋。然而，將 L1 懲罰導入矩陣因子分解，就有可能從大型資料矩陣提取新特徵，僅少數原始欄位在所有新特徵擁有高權重。例如，使用稀疏主成分分析（SPCA）（*https://oreil.ly/xqWFw*）會發現自客戶財務資料提取新特徵時，新特徵僅由原始資料集的債務收入與循環帳戶餘額組成。接著可以透過此特徵進行客戶負債相關的推論。或者發現其他在收入、支出與支付方面具高權重的新特徵，便能詮釋該特徵與現金流相關。非負矩陣分解（NMF）（*https://oreil.ly/CKydA*）給了類似結果，但假定訓練資料僅採用正值。針對詞彙數量與像素強度這類非結構性資料，這樣的假定絕對成立。因此，NMF 可用以尋找文件中的可解釋主題匯整，或將影像分解為可解釋的子元件字典。

無論使用 SPCA 或 NMF，產生的提取特徵用於可解釋摘要：可解釋比較原型、視覺化軸，或模型特徵。事實證明，就像許多可解釋監督式學習模型是 GAMs 的特殊實例，許多非監督式學習技術也是廣義低度模型（*https://oreil.ly/YKUDa*）的實例，這部分可以用 H2O 試試。

介紹過可解釋模型基本概念後，接下來要探索事後解釋技術。在進行前，請記得同時使用可解釋模型與事後解釋完全沒問題。可解釋模型通常用於將領域知識併入學習機制，處理訓練資料時的固有假設或限制，或建立人類有機會理解的功能型式。事後解釋通常用在視覺化與匯總。雖然事後解釋常見於增加透明度或傳統不透明 ML 模型方面的討論，不過很多理由可以質疑這個應用，這部分將於下一節介紹。同時使用可解釋模型與事後解釋，彼此改善與驗證，或許是這兩項技術的最佳應用。

事後解釋

這裡會從處理全域與局部特徵歸因評估開始，接著替代模型與敘述模型行為的繪圖熱門型式，以及非監督式學習的幾種事後解釋技術。還會探討事後解釋的缺點，大致歸結以下三點，讀者在形成解釋的自有印象與實作時應謹記在心：

- 若模型不合理，解釋也不會合理。（不能解釋無意義的事）

- ML 模型可以輕輕鬆鬆就複雜到無法精確匯總。
- 向廣泛使用者群組與利益相關者傳達 ML 系統的解釋訊息相當不容易。

儘管有這些難題，事後解釋幾乎是可詮釋性與透明度的必要手段。即便邏輯回歸這類被認為高度透明的模型，也必須匯總滿足透明度相關法規義務。無論好壞，都擺脫不了事後解釋與匯總。那麼就試著盡可能好好處理。

許多模型必須事後匯總才可詮釋。然而，ML 解釋多半不正確，必須以底層可解釋模型嚴格測試與比較才能檢查。

特徵歸因與重要性

特徵歸因是解釋 ML 模型重要核心概念之一。特徵歸因方法會提供輸入特徵貢獻給模型預測的程度，無論全域性（整個資料集）或局部性（資料的一或多列）。特徵歸因值通常正負值皆可。

探討特徵重要性時，指的是每個特徵貢獻予模型預測程度的全域評估。不同於特徵歸因的是，特徵重要性值多半必為正。意思就是，特徵重要性值評估特徵在資料集上貢獻予模型整體行為的重大程度。從另一方面來看，特徵歸因提供了特徵貢獻的詳細內容。

雖然有些公認全域特徵重要性指標並非來自於局部評估的聚合，但局部特徵歸因平均（或聚合）為全域特徵重要性是時下常見做法。這裡將從較新的局部特徵歸因方式開始，接著再談全域性方式。

全域解釋匯總模型機制，或是預測整個資料集或大型資料範本。局部解釋執行同類型匯總，但針對更小的資料區段，可以小到單一列或資料格（cell）。

「特徵重要性」容易被名稱誤導，它只是接近模型重要性的概念。試想仰賴梯度方式偵測視訊框「重要」層面的電腦視覺資安系統。沒有適切訓練與部署規格，這類系統會很難挑出個人穿戴偽裝，因為新式數位偽裝穿著，就是為了融入各種背景設計，保持偽裝織品與各種背景間視覺梯度平滑且無法被偵測。但穿戴偽裝的人，不就是資安應用偵測的要務之一嗎？進入下一節前，請記得：「特徵重要性」高度仰賴模型的理解與訓練。

局部解釋與特徵歸因

部分應用中，決定哪個輸入特徵影響特定預測相當重要，這是評估局部特徵歸因。見圖 2-3 瞭解局部特徵歸因運作。

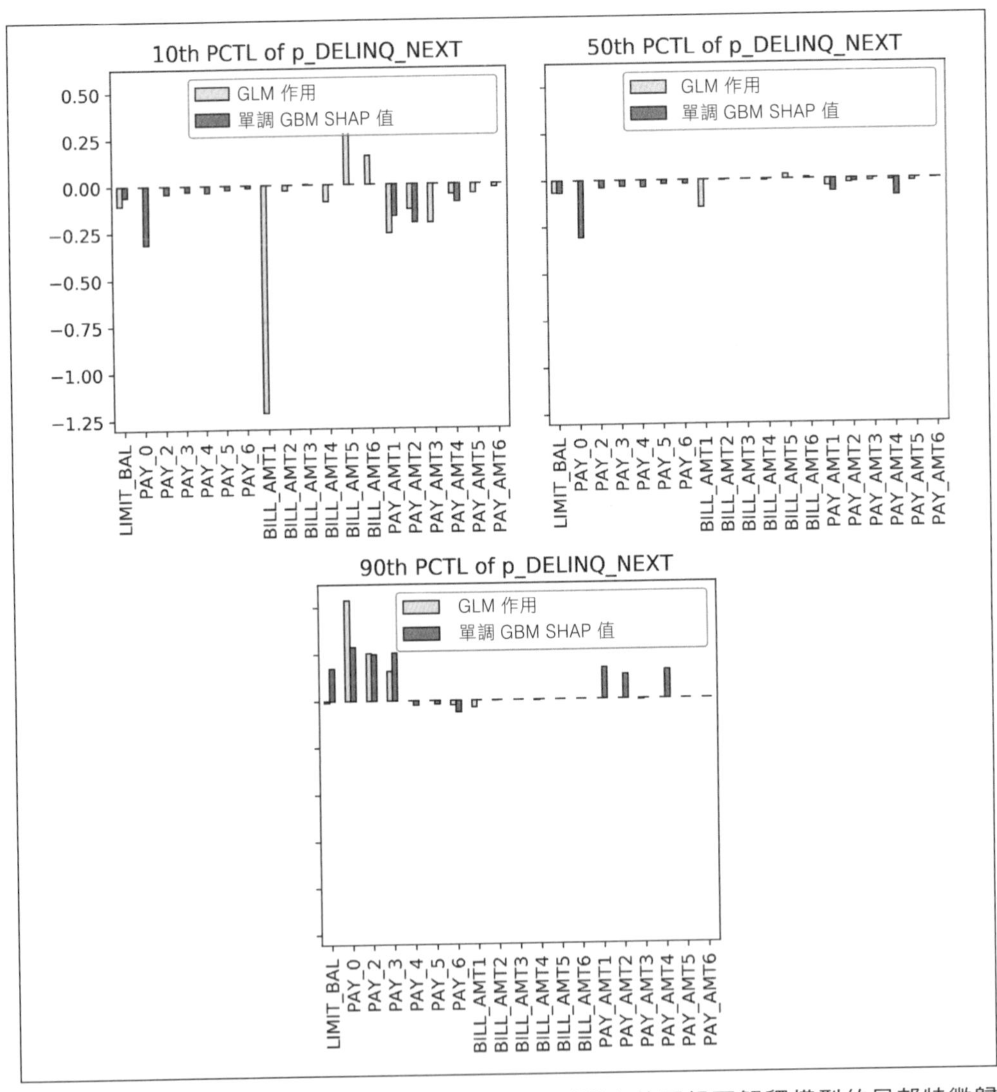

圖 2-3　針對三個個體：10、50 與 90 百分位預測機率的兩組可解釋模型的局部特徵歸因。（數位、彩色版：*https://oreil.ly/4Y__H*）

圖 2-3 以信用貸款為例，說明兩種不同模型、三位不同客戶的兩種局部特徵歸因值。第一位客戶座落在違約機率 10 百分位，它們可能收到信用產品的報價。第二位客戶座落在 50 百分位，不太可能收到產品報價。第三位客戶座落在違約機率 90 百分位，提供極高風險申請者案例。這兩個模型皆匯總為懲罰廣義線性模型（GLM）與單調限制 GBM。由於兩個模型皆具相對簡單結構，對正在處理的問題有合理解釋，完美解決事後解釋一開始評論提出的警告。這些解釋應可信且夠簡單足以精確匯總。

讓解釋更易於詮釋的實用方式就是將它們與一些有意義的基準比較。這正是將特徵歸因值與 Pearson 相關比較，以及部分相依與個體條件期望值（ICE）均值模型預測比較之故。這麼做應能讓圖形檢視者，將更抽象的解釋值與更易於理解的基準值比較。

該如何匯總模型局部行為模式？以懲罰 GLM 而言，將模型係數與每位申請者輸入特徵值相乘。而 GBM 則是套用 SHAP。這兩種局部特徵歸因技術皆為相加式且局部精確，意即總結為模型預測。兩種皆以偏移量、GLM 截取或 SHAP 截取計算，值相似卻不相等。（圖 2-3 未納入考量）兩者值皆可於同一空間生成：對數概率或預測機率，依計算方式而定。

繪製值告訴我們什麼？處於違約機率 10 百分位的低風險申請人，可以發現其最近帳單金額 `BILL_AMT1` 高度有利，促使預測向下。同一客戶 SHAP 值給了不同說法，但 GBM 是以不同特徵集合訓練。SHAP 值表示該申請者在所有考量屬性下皆為低風險。處於 50 百分位的申請者，我們發現大部分局部特徵歸因值相當接近個別截距，而高風險申請者近乎所有局部特徵歸因值皆為正，讓預測偏高。兩種模型似乎都同意申請者最近的支付狀態（`PAY_0`、`PAY_2` 與 `PAY_3`）帶有風險，GBM 與 SHAP 也關注支付金額的訊息。

這只是其中兩種局部特徵歸因，接下來還會探討許多其他型態。不過上述小案例可能有些問題，在往下進行前若不處理可能會讓讀者們陷入膠著。首先最重要的是，產生解釋的動作無法建立這些優良模型，它只代表我們得到更充份的資訊，決定這個模型是好的或者不是。再者，兩種不同模型對相同資料列提供不同解釋並不少見。不過常見不代表正確。不應該接受然後讓它過去。雖然圖 2-3 的模型在操作相同特徵時顯示適切一致性，但不幸的是，這是事後解釋的最佳案例場景，會如此完美是因為我們挑了相對簡單的模型，並確保 GLM 係數正負號與 GBM 單調約束方向與領域專家一致。

這種不同模型，對相同資料列應產生類似解釋的概念稱之為**一致性**。一致性乃高風險應用，強化多個重要決策系統間結果與協議信任度的合理目標。

讀者可能開始發現：事後解釋既複雜又令人焦慮，這正是建議將這些技術與可解釋模型配對之故，這麼一來模型可以用來檢查解釋，反之亦然。接著將概述幾個主流局部解釋技術：反事實、梯度式、遮擋、原型、SHAP 值等等：

反事實

反事實解釋，告訴我們必須如何改變輸入特徵值，才會改變模型預測結果。依某標準量改變輸入變數，預測擺動幅度越大，該特徵（從反事實觀點來看）就越重要。Christoph Molnar 的《Interpretable Machine Learning》（可詮釋機器學習）一書中，第 9.3 節的「反事實解釋」（*https://oreil.ly/9SNML*）提供進一步說明。如欲嘗試反事實解釋，可由 Microsoft Research 的「DiCE: Diverse Counterfactual Explanations for Machine Learning Classifiers」（*https://oreil.ly/s_QaL*）著手。

梯度式特徵歸因

將梯度視為複雜機器學習函數各小單位的回歸係數。就深度學習而言，梯度式處理局部解釋相當常見。就影像或文字資料而言，梯度通常會疊加在輸入影像與文字上，產生高度視覺化，解釋描述輸入的哪些部分若有更動，會對模型輸入產生最大改變。針對這個構想的各種微調據稱可改進解釋，像是積分梯度（*https://oreil.ly/is_C-*）、相關性逐層傳播（*https://oreil.ly/XKJ4B*）、deeplift（*https://oreil.ly/6rhO0*）與 Grad-CAM（*https://oreil.ly/Zkfeh*）。梯度式解釋的高優質技術評論，可參考 Ancona 等人所著「深入瞭解深度神經網路的梯度屬性處理方式」（*https://oreil.ly/h7Lde*）。要瞭解這些技術可能的問題，請參考「顯著圖的完整性測試」（*https://oreil.ly/a9fQA*）。第九章訓練深度學習模式與比較各種屬性技術時，將回顧這些概念。

遮擋

遮擋，這套簡單又功能強大的概念，是指從模型預測移除特徵，再追蹤預測結果的變動。巨大變化意謂著該特徵很重要，變化不大可能表示重要性較低。遮擋是 SHAP、去除單項特徵（LOFO）與許多解釋處理方式的基礎，包括許多電腦視覺與神經語言處理。遮擋可用於在梯度不可行的狀況下，產生複雜模型的解釋。當然，絕對不是從模型移除輸入這樣的簡單數學，它非常謹慎從特徵移除結果中產生相關解釋。遮擋與特徵移除技術的權威評論，可參考 Covert、Lundberg 與 Lee 所著「透過移除解釋：模型解釋的統一框架」（*https://oreil.ly/662aS*），該文章涉及可串接回遮擋與特徵移除的 25 種解釋方法。

原型

原型是大量資料充份代表性的資料實例。原型被用來透過匯總與比較進行解釋。常見原型為 *k*-means（或 *k* 其他）叢集質心。這些原型乃類似資料群組的平均代表性。可與自有叢集其他點比較、與以距離為基礎在其他叢集中比較，與現實世界相似項目比較。現實世界資料多半異質性很高，難以找出代表整體資料集的原型。**批判**是資料點資料點無法透過原型充份表現。原型與批判，造就了可充份利用於匯總與比較性目的一連串特點，更能深入瞭解資料集與 ML 模型。此外還有一些以原型概念為基礎，像 *k*-NN 與 this-looks-like-that 深度學習這類 ML 模型型態，可以強化整體可詮釋性。欲瞭解更多原型資訊，可以查閱 Molnar 的原型與批判章節（*https://oreil.ly/2IQYd*）。

還有更多其他局部解釋技巧多。讀者或許聽過 treeinterpreter（*https://oreil.ly/VECj5*）或 eli5（*https://oreil.ly/xOkSX*），它們可以產生決策樹集成的局部精確、相加屬性值。Alethia（*https://oreil.ly/ZauV8*）則提供整流線性單位（ReLU）神經網路的模型總結與局部推論。

接下來，將花整個小節探討 Shapley 值：資料科學家間最受歡迎且最嚴謹的局部解釋型態。進行前，必須再次提醒讀者，這些事後解釋技術，包括 SHAP，都不是魔術。理解哪個特徵影響 ML 模型決策的能力是一項驚人突破，有大量文獻指出使用這些技術帶來的問題。想充份利用它們，請以沉著且科學的心態。進行實驗、使用可解釋模型並模擬資料評估解釋品質與有效性。這裡選擇的解釋技術是否為隨機資料提供強而有力的解釋？（若是，並不好。）資料受到輕微擾動時，該技術是否提供可靠的解釋？（這「通常」是好事。）生活與 ML 都不完美，尤其涉及局部事後解釋。

Shapley 值。　Shapley 值乃由諾貝爾獲獎經濟學家與數學家 Lloyd Shapley 創造。LIME、LOFO、treeinterpreter、deeplift 這類 Shapley 相加解釋（SHAP）統合（*https://oreil.ly/ilEXW*）方法，可產生精確的局部特徵重要性值，且可以聚合或視覺化產生一致的全域解釋。除了自有的 Python 套件：SHAP（*https://oreil.ly/LP4zm*）與各種 R 套件，H2O、LIghtGBM 與 XGBoost 這類受歡迎的機器學習軟體框架也支援 SHAP。

SHAP 的起源如同許多解釋技術，提出一個直覺問題：若沒有這個特徵，這列的模型預測會是什麼？ SHAP 何以與其他型態局部解釋不同？為求精準，在一個與傳統 ML 模型同樣具有許多複雜交互作用的系統中，那個簡單問題必須以不含括相關特徵的所有可能輸入集合的平均作答。那些不同的輸入群組被稱為聯盟。以二十欄的簡單資料集來說，就代表了平均考量五十萬個相異聯盟上的不同模型預測。現在，重複這個對資料集所有預測丟棄再平均的過程，便能瞭解何以 SHAP 比大部分局部特徵歸因方法考量更多資訊。

SHAP 有許多不同派系，最受歡迎的包括 Kernel SHAP、Deep SHAP 與 Tree SHAP。在這之中，Tree SHAP 比較不同，Kernel 與 Deep SHAP 較相似。Kernel SHAP 具有在任何模型型態下都能用的優勢，意即它是*模型無關*。就像局部可詮釋模型無關解釋（LIME）結合聯盟賽局理論方法。然而，使用超出一定數量的輸入，Kernel SHAP 通常就會需要離譜的近似值才能達到可容忍運行時間的要求。Kernel SHAP 還需要*背景資料*規格，或計算解釋處理期間用於解釋技術的資料，這對於最終解釋值會有相當大的影響。Deep SHAP 也仰賴近似值，可能比易於計算的梯度式解釋更不適合，需視手邊模型與資料集而定。另一方面，Tree SHAP 快速且較準確。但一如名稱上的暗示，僅適於樹狀模型。

許多解釋技術仰賴「背景資料」，這是將資料從要解釋的觀測值隔離，支援解釋的計算。例如，在計算 SHAP 值時，從資料移除特徵形成聯盟。當必須評估這個聯盟裡的模型時，以來自背景資料的樣本替代漏失值。背景資料對解釋有很大影響，必須僅慎選擇，才能避免與解釋技術的統計假設衝突，並為解釋提供正確上下文。

資料科學家使用 Tree SHAP 時，最容易出錯的兩個地方就是 SHAP 本身的詮釋與未能理解不同技術參數化固有的假設。就詮釋來說，我們從將 SHAP 視為來自平均模型預測的偏移開始。SHAP 值參照該偏移計算，而大的 SHAP 值，意謂著特徵導致模型預測以某種顯而易見的方式背離平均預測。小的 SHAP 值代表特徵未從平均預測偏離模型預測太遠。我們經常以為 SHAP 帶有比實際更多的意涵，試圖從 SHAP 值尋找因果或反事實邏輯，這是不可能的。SHAP 值乃貢獻給整個大量聯盟的模型預測特徵加權平均。不提供因果或反事實解釋，若想讓它們有意義，底層模型必須也有意義。

SHAP 值可以被理解為模型結果脫離歸屬於某輸入特徵值平均預測的差異。

Tree SHAP 還要求使用者取捨。以如何填滿從每個聯盟遺失的特徵為基礎（干擾式），在不同的解釋哲學與不同的缺陷間抉擇。

若沒有確切背景資料輸入，Tree SHAP 預設設定會使用 `tree_path_dependent` 干擾，它是使用樹傳下去的每個路徑的訓練樣本數，粗略估計背景資料的分佈。若為 Tree SHAP 提供背景資料，該資料就被從中取樣，填滿遺漏特徵值，這就是所謂的 `interventional` 特徵干擾。選擇背景資料集這種額外的彈性，讓解釋更有目的性，但選擇適切的背景資料集是相當複雜的作業，對經驗豐富的從業人員也是如此。第 6 章，將進一步討論選擇適切背景資料集與這麼做的效果。

除了增添複雜度，`interventional` 特徵干擾的主要缺點在於會建立不切實際的資料實例。意即在評估特徵歸因時，會對一堆實際上永遠不會被觀察的假觀察值這麼做。另一方面，介入讓我們無須擔憂相關特徵。相對之下，`tree_path_dependent` 特徵干擾對相關特徵更敏感，但它們試著只考量切合現實的資料點。

有鑑於相關性與資訊過載這種常見問題，好的解釋，通常需要以模型建立的目標直接相關的少量、非相關特徵訓練的底層模型。一如傑出文獻「忠於模型還是忠於資料？」（*https://oreil.ly/ze8_z*）作者群——包括 SHAP 創造者 Scott Lundberg 所述：「當今特徵歸因最佳案例，是從獨立被干擾特徵開始。」

這張假設與限制的網，代表我們依然必須謹慎通盤考量，即便是使用 Tree SHAP。不過可以讓事情輕鬆一點。相關性是眾多可解釋模型與事後解釋技術的敵人，SHAP 也一樣。創造者喜歡從合理數量的輸入特徵開始，不要有嚴重的多重共線性問題。運氣好的話，我們會發現這些特徵使用因果發現法也不錯。接著套用領域知識，在 XGBoost 輸入特徵上套用單調約束。若為了一般特徵重要性，我們會使用 `tree_path_dependent` 特徵干擾的 Tree SHAP。就信用評分這類應用，因為是由法規評析定義適切上下文，所以可能會用 `interventional` SHAP 值與背景資料。以美國建議的信貸拒絕通用解釋的某條法規評析為例：「確認哪些因素，讓總分位於或略高於最低合格分數的申請人，其分數遠低於各項因子平均分數。」意即背景資料集應結合剛好高於截止接收信用產品預期的申請者。

局部解釋與特徵重要性的關鍵應用。　局部特徵歸因值最關鍵任務應用，可能是滿足法規要求。現今美國主要要求是以不利行為通知解釋拒絕信貸。不利行為報告處理的關鍵技術元件是理由代碼。理由代碼乃模型中輸入特徵項敘述的模型預測純文字解釋。它們超越局部特徵歸因，以原始局部特徵歸因值，比對產品拒絕的原因。消費者之後應被允許針對負面預測檢閱理由代碼，若資料輸入或決定因素可證明有誤，可依循前述上訴程序處理。

不利行為報告是偏高階概念的特殊實例，稱為可上訴追索權，透明的模型決策，是以使用者擁有控制權的因子為基礎，且可由模型使用者上訴及由模型操作者推翻。許多即將成立或正在草擬的法規，例如加州（*https://oreil.ly/Wc25G*）、華盛頓特區（*https://oreil.ly/jh5xG*）與歐盟（*https://oreil.ly/kuoEI*）那些，都可能採用針對解釋或追索權的類似要求。在法規稽查下作業，或只是想為其他人類進行重要決策時做對的事，會希望自己的解釋盡可能精確、一致且可詮釋。雖然我們期望局部特徵歸因成為產生合規所需原始資料最方便技術工具之一，但在局部特徵歸因結合可解釋模型與其他型態解釋時，我們做出最佳解釋，如本章後續段落所述。

全域特徵重要性

全域特徵重要性方法，量化各個輸入特徵在整個資料集上對複雜 ML 模型的全域貢獻，而不僅是單一個體或資料列。全域特徵重要性測量，有時能提供變數推動訓練的 ML 函數平均方向的見解，有時則否。最基本程度，它們只能指出與其他輸入特徵相比，該特徵與回應關係的重要程度。知道這些絕對不算壞事，再加上大部分全域特徵重要性測量屬於老方法，很多模型驗證團隊相當期待。圖 2-4 為特徵重要性圖的範例，內容是比較兩個模型的全域特徵重要性。

這類圖表有助於回答下列問題：

- 一種特徵重要性排序是否比另一個更合理？
- 此圖是否反映我們的認知模式，模型應從訓練資料學習？
- 模型是否太強調一兩個特徵？

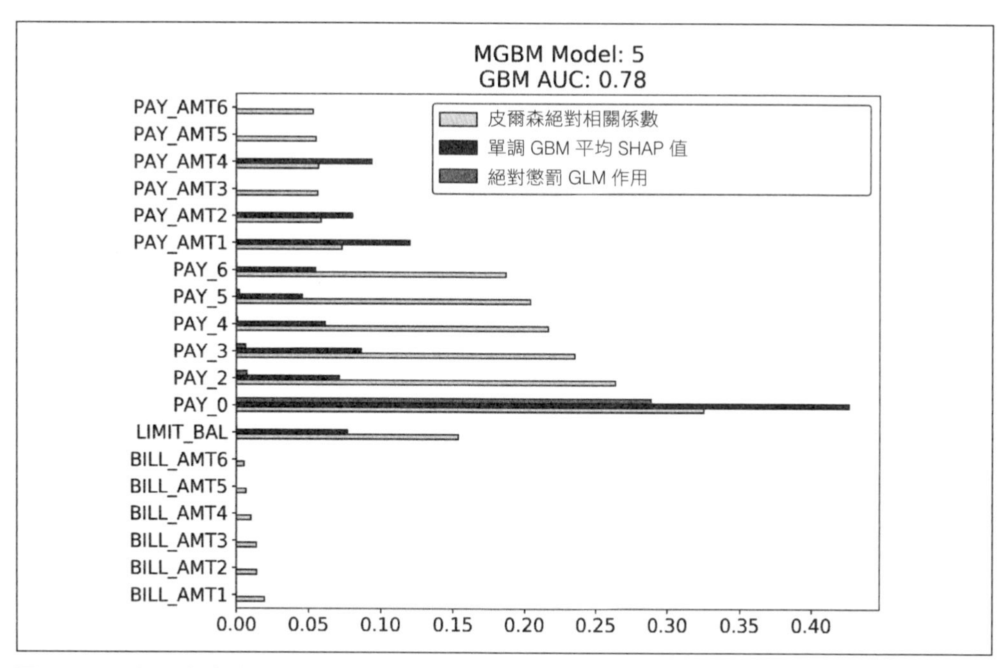

圖 2-4　兩個可解釋模型與 Pearson 相關比較的全域特徵重要性（數位、彩色版：*https://oreil.ly/C2dF0*）

全域特徵重要性是處理這類基本檢查的直覺方式。圖 2-4 比較了特徵重要性與 Pearson 相關，以便知道哪個特徵應該比較重要。在 Pearson 相關與兩個模型間，可以看到大家都同意 `PAY_0` 是最重要特徵。然而，GLM 幾乎將其所有制定決策重要性放在 `PAY_0`，而 GBM 將重要性分散於大型輸入集。當模型太強調一個特徵，像 GLM 在圖 2-4 那樣，若最重要特徵分佈飄移，就會讓新資料不穩定，也容易讓模型容易被對抗式操控。就圖 2-4 裡的 GLM 而言，歹徒只要變更單一特徵值 `PAY_0`，便能大幅改變模型預測。

全域特徵重要性指標有多種計算方式。許多資料科學家在學習決策樹時會首推特徵重要性。決策樹常見的特徵重要性法是以特定特徵為基礎，為樹的每個分枝分裂基準變化進行匯總。例如，訓練決策樹（或樹的集成）最大化每個分枝的資訊增益，指派給部分輸入特徵的特徵重要性，即為每次在樹裡使用特徵相關的總資訊增益。干擾式特徵重要性，是另一個常見特徵重要性測量方式，它是模型無關的技術，意即幾乎所有型態的 ML 模型都能用。干擾特徵重要性下，相關輸入特徵會被重新組合（隨機排序），再建立預測。部分原始分數的差異——通常是模型預測或均方誤差（MSE）這類，會在前後重新組合相關特徵，即為特徵重要性。另一個類似方式是知名的去除單項特徵（LOFO，或去除單項共變量，LOCO）。在 LOFO 方法下，以某種方式從模型訓練或預測排除特徵，可能未含該特徵訓練再做出預測，也可能設定特徵遺漏再進行預測。具相關特徵與未具相關特徵模型間的相關分數差異，被採納為 LOFO 重要性。

雖然置換排列與 LOFO 通常用來測量預測間差異，或準確與錯誤分數間的差異，但它們還具有幾乎能估算所有模型相關一切的特徵影響這項優勢。舉例來說，得有可能計算排列（或 LOFO 式貢獻的公平指標），能讓我們瞭解特定特徵是否貢獻了任何已偵測到的社會學偏差。相同動機可重複套用在無數模型相關測量上：錯誤函數、安全性、隱私等等。

干擾特徵重要性與 LOFO 這類技術，可用來估算除了模型預測之外許多量化的貢獻。

由於這些技術行之有年，可以找到許多相關資訊與軟體套件。關於分支式特徵重要性的探討，可參考資料探勘介紹第 3 章（*https://oreil.ly/P2gEb*）。《Elements of Statistical Learning》（統計學原理）第 10.13.1 節（*https://oreil.ly/jQOX6*）介紹了分支式特徵重要性，第 15.13.2 節則提供隨機森林的干擾特徵重要性簡介。R package vip（*https://oreil.ly/7Jo9s*）提供大量變數重要性繪圖，可以用 Python 套件 lofo-importance（*https://oreil.ly/jP5jV*）嘗試 LOFO。

當然，許多全域特徵重要性技術都有缺點與弱點。分支式特徵重要性有嚴重的一致性問題，就像這麼多的事後解釋 AI（XAI）一樣，相關性讓我們迷失在干擾式與 LOFO 的方法裡。「不存在自由的變數重要性」（*https://oreil.ly/bx6QA*）詳述了關於全域特徵重要性有時會不合格的問題。但一如本章不斷重複的，帶合理數量的非相關限制模型與邏輯輸入，有助於避免全域特徵重要性帶來的最糟問題。

SHAP 在全域特徵重要性裡還有其他任務，它本質上屬於局部特徵歸因法，但能夠被聚集與視覺化，產生全域特徵重要性資訊。在 SHAP 眾多領先傳統特徵重要性測量的優勢中，它的詮釋性可能是最重要的。使用分支式、干擾式與 LOFO 特徵重要性，多數時候只會看到輸入特徵重要性的相關排序，或許還有特徵實際上如何為模型預測提出貢獻的一些定量概念。但利用 SHAP 值，就能計算整個資料集特徵歸因平均絕對值，而這個特徵重要性的測量，與個別觀察結果的模型預測具有明確而定量的關係。SHAP 還為特徵重要性提供多等級粒度。雖然 SHAP 可以直接聚合為特徵重要性值，但過程中可以均化重要的局部資訊。SHAP 開啟了檢查最局部等級——單一列到全域等級，所有特徵重要性值的選擇。例如聚集橫跨整個重要區段的 SHAP，像是美國各州與不同性別，或使用 SHAP 套件裡的眾多視覺化，可提供比單一平均絕對值還多的豐富資訊與更多象徵的特徵重要性檢視。SHAP 就像排列置換與 LOFO 特徵重要性，也能用來估算模型預測外的定量重要性。它可以估算對模型錯誤（*https://oreil.ly/oYG5d*）與對公平指標的貢獻，例如人口統計平價（*https://oreil.ly/4aHtK*）。

特徵重要性的探討到此結束。無論全域或局部，特徵重要性可能是建立模型時的第一個事後 XAI 技術。如本節所述，許多特徵重要性不只是條碼圖形或 SHAP 運作。要用特徵重要性得到最佳結果，必須熟悉眾多處理方式的優缺點。接下來要談的替代模型，是另一套有趣的解釋方式，同樣也需要深思熟慮並謹慎處理。

替代模型

替代模型可以說是複雜模型裡的簡單模型。若能建置一個較複雜模型的簡易、可詮釋模型，就能利用替代模型的可解釋特性，為較複雜模型進行解釋、匯總、敘述或除錯。替代模型通常適用各種模型。在所有 ML 模型上幾乎都適用。替代模型的問題在於幾乎是行業訣竅技術，少有數學能確保它們如實呈現試圖匯總的較複雜模型。意即在使用替代模型時必須謹慎，至少要檢查它們是準確且穩定呈現尋求匯總的較複雜模型。實務上，這通常表示著眼於眾多不同資料分割上各種型態的準確與錯誤測量，確保較複雜模型預測具高保真度，在新資料中維持高保真度並在交叉驗證過程保持穩定。替代模型也有許多名稱。讀者或許聽過模型壓縮、模型提煉或模型提取。這些就算不是替代模型建立技巧，也相當接近。一如特徵重要性，替代模型也有許多不同的型態。接下來小節，將從決策樹的替代模型開始，它們通常用於建構全域解釋，接著再轉往通常用來產生局部解釋的 LIME 與定錨。

決策樹替代

決策樹替代模型通常由原始輸入與複雜模型預測訓練決策樹建立。替代模型中的特徵重要性、趨勢與交互作用，之後會被假定為複雜模型內部機制的指標。沒有理論能保證簡單替代模型就是複雜模型的高度展現。但基於決策樹結構，這些替代模型建立了較複雜模型決策制定過程的極度可詮釋流程圖，如圖 2-5 所示。訓練決策樹替代模型有指定方式，例如「提取訓練網路的樹狀結構展現」（*https://oreil.ly/ewW3O*）與「經由模型提取實現可詮釋性」（*https://oreil.ly/RnFep*）探討的那些。

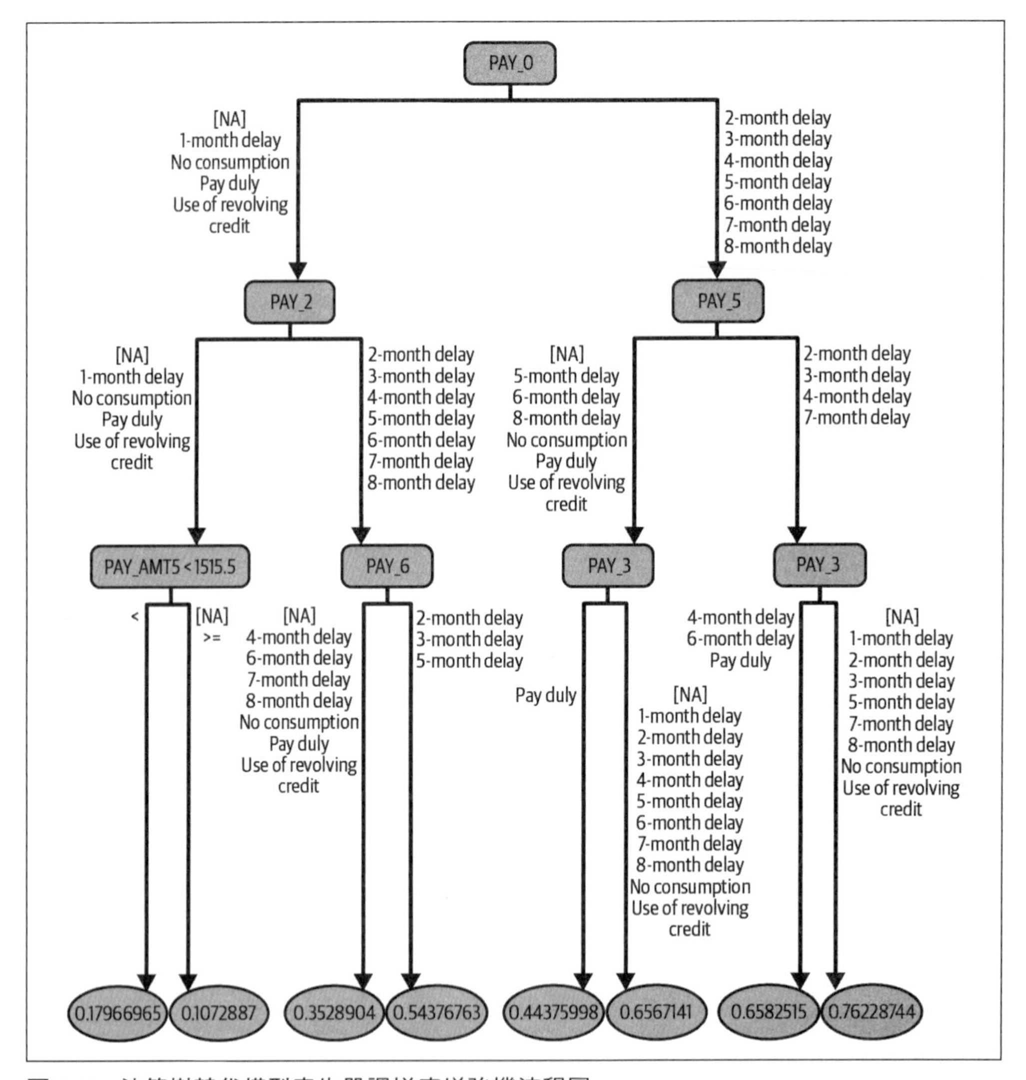

圖 2-5　決策樹替代模型產生單調梯度增強機流程圖

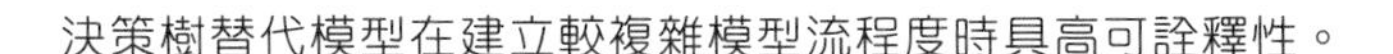
決策樹替代模型在建立較複雜模型流程度時具高可詮釋性。

實務上，使用 logloss、均方根誤差（RMSE）或 R^2 這類指標，通常足以測量替代樹預測，對相關資料分割中複雜模型預測的保真度，與使用交叉驗證測量這些預測的穩定性。若替代決策樹無法提供較複雜模型方面的高保真度，可考慮用 EBMs 或 XNNs 這類較複雜的可解釋模型替代。

圖 2-5 的替代模型以尋求匯總的較複雜 GBM 相同的輸入訓練，但不是在指出支付拖欠的原始目標上訓練，而是以 GBM 的預測訓練。在詮釋這棵樹時，較高或使用較頻繁的特徵在解釋型 GBM 下會被認為比較重要。上下一個特徵在 GBM 裡會有強烈交互作用，本章探討的其他技術，例如可解釋增強機，以及部分相依與 ICE 間的比較，都能用來確認訓練資料中或 GBM 模型中這些互動的存在。

決策樹替代可用以尋找線性模型或 LIMEs 使用的交互作用。EBMs 及部分相依與 ICE 間的差異，也能用來尋找資料與模型裡的交互作用。

樹裡的決策路徑，能用來瞭解較複雜 GBM 進行決策的方式。圖 2-5 從根節點開始追蹤決策路徑，直達樹底部的平均預測，會發現那些近期（`PAY_0`）與第二近期還款（`PAY_2`）的人擁有良好狀態，且第五最近支付金額（`PAY_AMT5`）偏高，很可能未來不會拖欠，這是根據原始模型的說法。那些近期與第五近期償還狀態擁有不良紀錄的客戶，顯然可能未來有支付問題。（`PAY_3` 分支顯現大量雜訊這裡不作詮釋）兩種案例下，GBM 都顯示近期與過去償還行為，會納入未來支付的決策考量。這種預測行為模式合乎邏輯，但應盡可能以其他方式確認。決策樹替代一如多數替代模式：有用且具高可詮釋性，但不應該在重要解釋或詮釋任務上單獨使用。

線性模型與局部可詮釋模型無關解釋

LIME 是最早、最有名也最受批評的事後解釋技術。如名稱所示，它通常用來產生局部解釋，透過將線性模型擬合較複雜模型預測中部分小型區域的預測。雖然這是最常見用法，但也是這項技術的縮影。

LIME 首度出現在 2016 年文章「為什麼我該信任你？解釋所有歸類預測」（*https://oreil.ly/e9WL2*）中，就以帶有多項極佳品質的框架出現，其中最吸引人的就是局部解釋的稀疏要求。若模型有一千筆特徵且套用 SHAP，就會取回想要解釋的每筆預測一千筆 SHAP 值。即便 SHAP 對我們的資料與模型很完美，每次想要解釋預測時，依然必須排序整整一千筆值。LIME 框架，透過要求產生的解釋稀疏，繞過這個問題，意即針對一小筆局部重要特徵，而非被解釋模型含括的所有特徵。

LIME 值可被詮釋為 LIME 預測與相關 LIME 截距歸因為特定輸入特徵值間的差異。

LIME 框架其餘部分明確將可詮釋替代模型擬合另一個模型預測的部分加權局部區域。對 LIME 框架更精確的說法應該是：使用懲罰導入稀疏，適於偏隨機、較複雜模型預測的局部加權可詮釋替代模型。這些構想很有用又相當合理。

始終確保 LIME 以適合統計與視覺化的方式完美擬合底層反應函數，且局部模型截距不能解釋驅動既定預測的顯著現象。

這是讓無經驗使用者陷入麻煩且存在資安問題的 LIME 最受歡迎的實作。針對表狀資料，軟體套件 lime（*https://oreil.ly/dKYHV*）要求使用者選擇要解釋的列，以指定輸入資料集為基礎產生相當簡化的資料樣本，以使用者選定列加權樣本，擬合加權樣本與樣本中較複雜模型預測間的 LASSO 回歸，最後利用 LASSO 回歸係數，產生使用者指定列的解釋。在這樣的實作，潛在問題很多：

- 取樣對即時解釋是個問題，因為需要在計分工作流之中資料生成並擬合模型，並且由於能夠更改解釋也開啟了使用者資料投毒攻擊之門。
- 產生的 LIME 樣本會包含高比例超出範圍的資料，引發不切實際的局部特徵重要性值。
- 局部特徵重要性值為局部 GLM 截距的偏移，而此截距有時可說明最重要局部現象。
- 預測選定局部區域的極度非線性與高度交互作用會導致 LIME 完全失敗。

由於 LIME 幾乎在所有型態模型下都能用來產生稀疏解釋，若願意耐心並通透考量 LIME 程序，它依然是好用工具。若需要使用 LIME，應該為 LIME 預測相對於偏複雜模型預測繪圖，用 RMSE、R^2 等分析之。對 LIME 截距應謹慎處理，確保並非自行解釋預測，讓實際的 LIME 值無效。要增加 LIME 保真度，試著在離散輸入特徵上嘗試 LIME 並手動建構交互作用。（可使用決策樹替代，猜測這些交互作用。）使用交叉驗證預估標準誤差，甚至局部特徵貢獻值的信賴區間。切記局部線性模式的不良擬合或不準確就是自行提供資訊，這通常指向該預測區域裡的極度非線性或高度交互作用。

定錨與規則

可能是得到一些教訓，緊接著 LIME 之後，同一組研究人員釋出另一套模型無關局部事後解釋技術，稱之為定錨。定錨產生高保真度的純語言規則集，描述機器學習模型預測，特別偏重在尋找手邊預測最重要特徵。讀者可以在「定錨：高精確模型無關解釋」（*https://oreil.ly/V1rFJ*）一文與軟體套件 anchor（*https://oreil.ly/KNGF3*）瞭解更多關於定錨的資訊。雖然定錨是已有文件紀錄優缺點的指定技術，但它只是使用以規則為基礎的模型作為替代模型的特殊實例。如本章第一部分探討，以規則為基礎的模型對非線性與交互作用擁有良好學習能力，同時依然具備一般可詮釋性。先前強調許多以規則為基礎的模型，都可以評估作為替代模型。

模型效能圖

除了特徵重要性與替代模型外，部分相依、個體條件期望與累積局部效應（ALE）圖，也逐漸被大家用來以考量輸入特徵的方式敘述訓練模型行為模式。本節將帶大家看一遍部分相依與 ICE、何以部分相依其實只能與 ICE 一起使用，並討論以 ALE 作為部分相依更現代的替代品。

部分相依與個體條件期望

部分相依圖可說明該機器學習反應函數以一兩個相關輸入特徵值為基礎變化的預估平均方式，同時均化所有其他輸入特徵影響。記住均化部分，接下來會反覆提到。部分相依圖可說明複雜 ML 模型裡的非線性、非單調與雙向交互作用，還能用以檢驗在單調約束下訓練的反應函數單調性。《Elements of Statistical Learning》（統計學原理）（*https://oreil.ly/35vig*）的第 10.13 節，同時提出部分相依與樹的集成。ICE 圖是較新、偏局部且鮮為人知的部分相依圖改版，描寫以單一列作為被改變的單一特徵時的模型行為方式。ICE 在同一圖中與部分相依配對，提供偏局部資訊增強部分相依提供的全域資訊。ICE 圖出自「黑盒子探密：以個體條件期望圖視覺化統計學習」（*https://oreil.ly/Vuraz*）。可供嘗試部分相依與 ICE 的軟體套件很多，Python 使用者可以試試 PDPbox（*https://oreil.ly/RbzII*）與 PyCEbox（*https://oreil.ly/KcdET*）；R 使用者可以看看 pdp（*https://oreil.ly/pE0Ue*）與 ICEbox（*https://oreil.ly/QbsDA*）套件。此外，還有許多無須使用額外套件，支援部分相依的模型建立函式庫。

部分相依應與 ICE 圖配對，因為 ICE 圖可揭露部分相依中因均化強烈交互作用或存在相關性而不準確的部分。當 ICE 曲線偏離部分相依曲線，可指出輸入特徵間的強烈交互作用，這是將它們合併使用的另一項優勢。接著可利用 EBMs 或替代決策樹，確認訓練資料中，或被解釋模型交互作用的存在。另一個技術是用相關特徵直方圖繪製部分相依與 ICE。這可以為瞭解繪製的任何預測是否值得訓練資料信任或支持。圖 2-6 中，部分相依、ICE 與 `PAY_0` 直方圖，匯總了單調 GBM 的行為模式。

基於眾多已知弱點，部分相依使用時應該搭配 ICE，或以 ALE 替換部分相依。

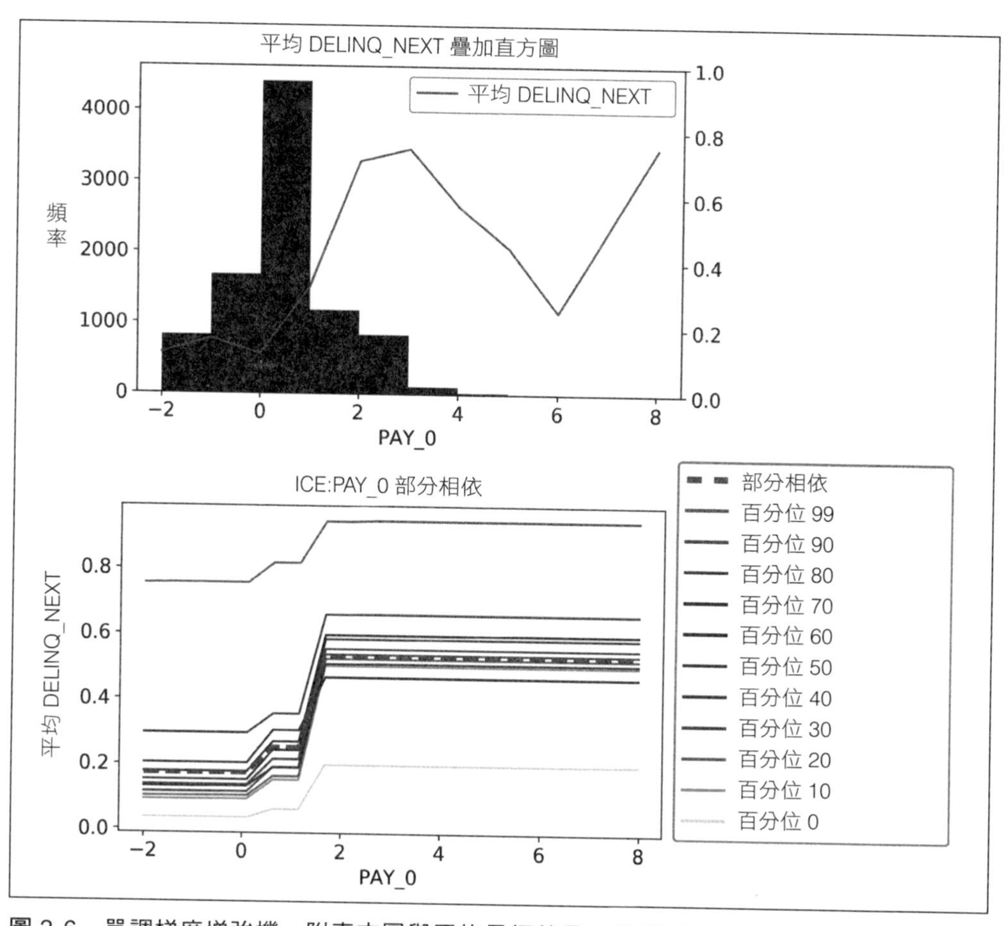

圖 2-6　單調梯度增強機，附直方圖與平均目標值疊加的重要輸入變數部分相依與 ICE。（數位、彩色版：*https://oreil.ly/zFr70*）

上半部，可以看到 `PAY_0` 直方圖，近期支付遲兩個月的客戶資料並不多。下半部，可以看到客戶部分相依與 ICE 曲線位於預設的預測可能性十分位處。部分相依與 ICE 協助確認限制 GBM 反應函數 `PAY_0` 的單調性。即便沒有從 PAY_0 較高值得知太多資料，這個模型的表現看來合理。

隨著消費者近期越來越晚支付，違約可能性以單調型式增加，違約可能性對較高 `PAY_0` 值而言是穩定的，即便在這個區域幾乎沒有資料支持這樣的分類。我們可能認為，當訓練資料不夠學習時，每次使用單調約束都能保障 ML 模型免於學習愚蠢行為，事實並非如此。沒錯，單調約束有助於穩定與解決規格不足問題，部分相依與 ICE 有助於在問題發生之際指出，但這裡只是好運。事實是必須檢查所有模型在訓練資料的稀疏區域是否有不穩定行為，並備妥專門處理的模型——甚至工作人員，準備對這些困難的資料列作出良好預測。

以直方圖比較可解釋模型形狀函數、部分相依、ICE 或 ALE 圖，藉由啟動僅以少量訓練資料為基礎的預測視覺化探索，可提供模型結果不確定性的基本定性量測。

在進到 ALE 圖之前還有一點建議：就像特徵重要性、SHAP、LIME 與所有在背景資料集操作的其他解釋技術，必須慎重考量使用部分相依與 ICE 的上下文議題。它們都使用隱晦不明的背景資料。部分相依將任何正在處理的資料集，皆以所有特徵值繪製設為某值。這會改變交互作用與相關性模式，雖然這個憂慮很奇特，但它的確開啟了「透過資料投毒愚化部分相依」（*https://oreil.ly/SVFmU*）所述的資料投毒攻擊之門。 而 ICE 不明背景資料集，則是將關係特徵資料單一列設為某個值。密切留意繪製的 ICE 值，在與該列觀察資料其餘部分結合時變得太不切實際。

累積局部效應

「視覺化黑盒子監督式學習模型之預測變數影響」（*https://oreil.ly/TFFTK*）中介紹的 ALE，是展現 ML 模型針對整個輸入特徵值的行為模式較新且高度嚴謹的方法。ALE 圖就像部分相依圖一樣顯示預測與輸入特徵值間相關性的形狀——例如非線性或非單調。ALE 圖在訓練資料中存在強相關時尤其重要，這也是部分相依已知無效的狀況。ALE 的計算也比部分相依快。建議試試 R 的 ALEPlot（*https://oreil.ly/4o0wH*），與 Python 版 ALEPython（*https://oreil.ly/_qKs8*）。

叢集剖析

雖然大部分焦點都在解釋監督式學習模型，但有時也會需要使用非監督式技術。特徵提取與叢集是兩個最常見的非監督式學習任務。在可解釋模型內容中，曾探討如何使用 SPCA 與 NMF 這類稀疏方式，讓特徵提取更易於解釋。透過許多已確立事後剖析法應用，叢集多半也能更透明。最簡單的方式就是使用平均與中位數描述叢集質心，或以叢集為基礎建立資料集原型成員。在此，可利用原型相關概念，例如匯總、比較與批判，進一部瞭解叢集解決方案。另一個技術則是套用特徵提取，部分稀疏方法，將高維度叢集解決方案投射為二或三維度進行繪製。

一旦繪製於稀疏可解釋主軸上，就能輕鬆以領域知識解讀，並檢查一群叢集。特徵的分佈也能用來理解與敘述叢集。叢集裡的特徵密度，與自己的其他叢集密度比較，或與其整體分佈比較。擁有與其他叢集或整體訓練資料分佈差異最大的特徵，可視為對叢集解決方案更重要。最後，可套用替代模型解釋叢集。以叢集演算法相同輸入及叢集標籤為標的，將決策樹這類可詮釋歸類方式擬合叢集並利用替代模型的可詮釋特性，可以更深入瞭解我們的叢集解決方案。

事後解釋實作上的難處

除非格外謹慎，否則會被事後解釋推入模糊地帶。雖然已探討這項技術的技術性缺陷，但在現實世界高風險應用上處理這些技術時還有更多必須考量。用教授 Rudin 的「停止解釋高風險決策黑盒子機器學習模式並以可詮釋模型取代」（*https://oreil.ly/vR4Xl*）作為複習，該文清楚說明對不透明 ML 模型與高風險使用的事後解釋主要批判。據 Rudin 說法，傳統 ML 模型的解釋是：

- 以無法解釋模型較可解釋模型更精確的錯誤假設為前提
- 不夠忠於複雜模型實際內部運作
- 多半無意義
- 難以用外部資料校正
- 過度複雜

這就是本章提倡事後解釋搭配可詮釋模型使用的原因，如此一來模型與解釋可成為彼此的流程控制。即便在這樣風險警覺下使用解釋，依然有許多嚴重問題待處理。本節將重點放在實作上最多的疑慮，並以強調使用可解釋模型與事後解釋結合的優勢作為總結。不過一如即將介紹的透明度案例，即便在透明度的技術面大都做對，人為因素依然對高風險 ML 應用最後的成敗至關重要。

Christoph Molnar 不僅在教導如何使用解釋上作品豐富，他與合著者亦忙於研究其缺點。讀者若想深入瞭解一般解釋方式的詳細內容，我們建議**機器學習模型的模型無關詮釋方式常見陷阱**（*https://oreil.ly/DeZ0J*）與早期的可詮釋機器學習模型的限制（*https://oreil.ly/HYgJ6*）可以一併參考。接著將概述實作時最常見問題：確認偏差、上下文、相關性與局部相依、駭客、人為詮釋、不一致與解釋保真度：

確認偏差

本章絕大部分，皆論述增加透明度是好事。雖然的確如此，但增加 ML 模型的人類理解，與干預這些模型作用的能力，也開啟確認偏差悄悄潛入 ML 工作流的裂縫。例如，基於類似專案的過去經驗，我們深信模型中應展現某種交互作用。然而這個交互作用就是沒有出現在我們的可解釋模型或事後解釋結果裡。很難知道是否訓練資料偏誤，遺漏知名的重要交互作用，還是我們有偏見。若介入模型機制，以某種方式注入此交互作用，就只是在屈從自有確認偏差。

當然，完全缺乏透明度也會讓確認偏差任意茲長，因為用想要的任何方式編織模型行為模式。避免確認偏差唯一實際方式就是堅持科學方式，與透明度、驗證及再現性這類經過實戰測試的科學原則。

上下文

Dr. Przemys aw Biecek 及其團隊表示：「不做沒有上下文的解釋」（*https://oreil.ly/A-GxX*）。實作上，這表示使用邏輯與實際的背景資料產生解釋，並確保背景資料無法被敵手操控。

即便有堅定的背景資料可供解釋，依然必須確保底層 ML 模型也是以有邏輯的上下文處理。對我們而言，這表示合理數量的不相關輸入特徵，皆與模型建立目標直接相關。

相關與相依性

雖然相關性在許多案例下可能不妨礙訓練與產生精確的電腦模擬預測，但它會讓解釋與詮釋非常困難。大型資料集下，通常有很多相關特徵。相關性違反了獨立原則，意即無法根據自有狀況如實詮釋特徵。當試圖移除特徵，像許多解釋技巧那樣做，另一個相關特徵就會立即切入模型取而代之，讓試圖移除與解釋工具裡刻意移除的意義全然失效。在解釋中也會仰賴擾動特徵，若特徵相關，為獲得解釋僅擾動其一意義不大。更糟的是，在處理 ML 模型時，它們可以學習局部相依，意即逐行相異的類相關關係。這種做法幾乎不可能考量相關性如何破壞解釋的複雜狀況，更別說複雜的局部相依可能也這麼做。

破壞

使用背景資料的解釋技術會被對手變更，例如「愚弄 LIME 與 SHAP：事後解釋法的對手攻擊」（*https://oreil.ly/ljDkp*）探討的 LIMKE 與 SHAP，以及「透過資料投毒愚弄部分相依」（*https://oreil.ly/MJUz7*）所述的部分相依。雖然這些攻擊現在看來可能算奇特疑慮，但誰都不想成為 ML 解釋上首波重大攻擊的一部分。確保用以產生背景資料的程式碼是安全的，且背景資料在解釋計算期間不能有不當操作。無論針對訓練資料或背景資料資料投毒，對內部攻擊者來說都相當容易。即便背景資料安全，解釋依然以惡意方式曲解。在知名的**公平洗白**（*https://oreil.ly/RBwSb*）裡，以 ML 模型為基礎的社會學解釋看來公平，實則濫用解釋清洗偏差，同時仍讓模型使用者遭受真正的傷害。

人為詮釋

ML 不好瞭解，有時對經驗豐富的從業人員與研究人員來說也是如此。但 ML 解釋的受眾更廣，不僅止於業界專家。ML 高風險應用多半涉及其他人為重要決策，即便這些所謂的其他人受過高等教育，也無法預期他們瞭解部分相依與 ICE 圖或 SHAP 值陣列。

要在高風險狀況取得適切透明度，必須與心理學家、領域專家、設計師、使用者互動專家等其他人合作。這會多花很多時間與產品迭代，以及技術人員、領域專家與使用者間的大量溝通。不做這些額外工作，就算達成技術透明度目標，也可能導致慘敗，就像第 71 頁的「案例研究：依演算法分級」小節探討的那樣。

不一致

一致性指的是對所有相異模型或資料樣本的穩定解釋。對高風險 ML 應用來說，一致性難以達成又非常重要。像信用或預審釋放決定這類狀況，人們可能受多重自動決策與相關解釋所支配，在更自動化的未來尤其如此。若解釋對相同產出決策提供不同理由，會令已相當艱難的狀況惡化。為提升一致性，解釋需針對訓練資料與應用領域的現實與普及化現象調整。要達到一致性，就必須以合理數量的獨立特徵訓練模型。模型本身也必須做到極簡，也就是約束服從現實世界關係。反之，一致性解釋，對數量眾多且具相關性輸入的複雜、規格不足、不可詮釋的模型來說是不可能的。

衡量解釋品質

想像訓練模型、觀察結果，接著假設適切運作就部署。這可能不是好主意。但這就是處理事後解釋的方式。基於前一節所提的所有技術疑慮，測試解釋並看看它在既定資料來源與應用下的運作方式，絕對有其必要，就像使用所有其他 ML 技術那樣。部署應用前努力測量模型品質，也應該努力測量解釋品質。此類量測與常識測試技術已發表提供使用。「以自解釋神經網路強化可詮釋性」（*https://oreil.ly/t4322*）提出明確性：是否解釋能立即瞭解、忠誠度：對已知重要因素的解釋是否為真、穩定度：是否解釋與鄰近資料點一致。「關於解釋的保真度 / 不忠實與敏感度」（*https://oreil.ly/kSiSS*）介紹了相關的同名測試。除了正式量測的這些提案，若同時使用可解釋模型與解釋，還可以檢查可解釋模型機制與事後解釋確認另一方。若舊式可信賴解釋可行，可以此為基礎測試新解釋的保真度。此外，穩定度測試中，資料或模型小規模擾動，應不致導致事後解釋產生重大變更。

在將它們部署於高風險使用案例前測試解釋。雖然缺乏認定事實對解釋來說是困難阻礙，但解釋應與可詮釋模型機制比較。比對基準解釋、明確度與保真度測量、擾動、與最近鄰比較，以及模擬資料，也能測試解釋的品質。

能解釋所有模型的確吸引人，無論多複雜，只要套用一些事後處理就行。有鑑於剛經歷的所有技術與世俗問題，願我們已說服讀者，傳統 ML 模型解釋其實是白日夢。解釋無法解釋的一切或許不是不可能，但今日有技術上的困難，一旦將達成現實世界透明度所需的所有人為因素納入考量，就更難了。

比對可解釋模型與事後解釋

隨著本章將以偏技術探討結束，我們想強調有助於闡明解釋傳統 ML 模型何以如此困難的新研究，並留給讀者一個結合可解釋模型與事後解釋的範例。近期有兩份文獻將傳統 ML 模型既有複雜度與透明度的難題串連。首先，「機器學習模型局部可詮釋性評估」（*https://oreil.ly/FQQd_*）以 ML 模型決策相關運行期間操作數量代表複雜度，顯示隨著操作數增加，可詮釋性會減少。再者，「透過功能分解，為理想的事後可詮釋性量化模型複雜度」（*https://oreil.ly/DWTRF*）使用了特徵數、交互作用強度與主效應複雜度，測量整體 ML 模型複雜度，並說明最小化這些條件的模型具有更可靠的可詮釋性。總而言之，複雜模型難以解釋，簡單模型容易解釋，但肯定不是輕鬆任務。圖 2-7 為帶有解釋的簡單模型擴充範例，說明何以即便如此還是很難。

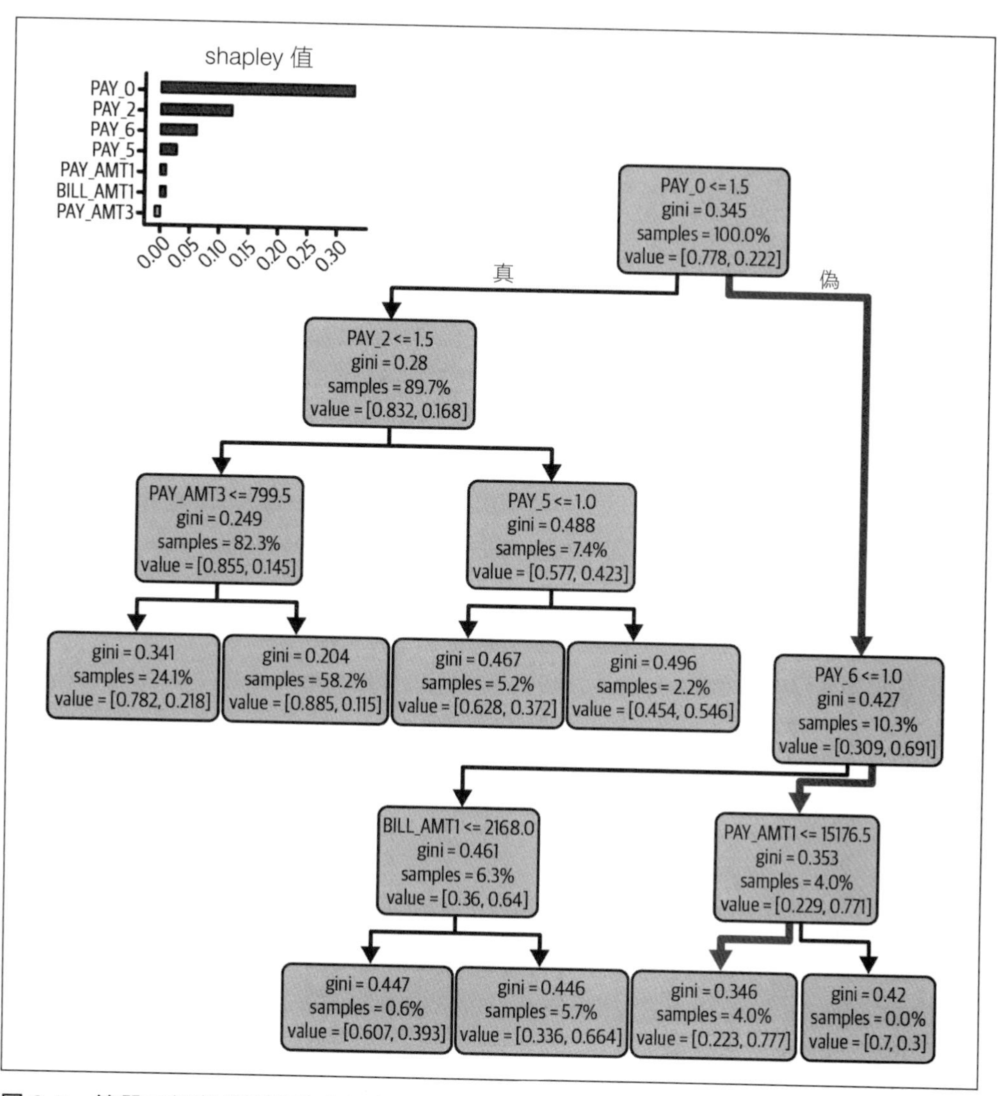

圖 2-7　簡單可解釋模型與事後解釋資訊配對

圖 2-7 內容為以強調決策路徑訓練的三層決策樹，與依循決策路徑的單一資料列 Tree SHAP 值。圖 2-7 看似簡單，其實解說了 ML 與 ML 解釋的幾個基本問題。在深入圖 2-7 呈現的困難前，必須先贊許預測模型整體全域決策制定機制展現的成就，據說可以生成輸入特徵對所有模型預測的數值化貢獻。透明程度過去是為了線性模式保留，但本章提及的所有新方法，讓這種透明程度在各類高容量模型成為現實。

意即，若謹慎處理便能訓練更複雜的模型，讓它從資料中學到更多且依然能詮釋並從結果本身學習。我們可以從資料學得更多，可靠的進行，就能像人類從結果中學習更多那樣。這是重大突破。

可解釋模型與事後解釋共同使用彼此檢查，最大化 ML 模型透明度。

現在要深入圖 2-7 的難題，但切記這些問題只在使用 ML 模型與事後 XAI 時才存在。（可以在這個簡單案例中瞭解並全面考量）注意選定個體考量 `PAY_0`、`PAY_6` 與 `PAY_AMT1` 的決策路徑。現在檢查 Tree SHAP 值。它們給 `PAY_2` 的權重高於 `PAY_6`、給 `PAY_5` 的權重高於 `PAY_AMT1`，但 `PAY_2` 與 `PAY_5` 不在決策路徑。會發生這樣狀況乃由於 SHAP 計算，採用了考量 `PAY_0`、`PAY_AMT1` 與 `PAY_6` 差異的人工觀察，這些觀察沿著不同決策路徑傳下來。我們發現無論是否使用 `tree_path_dependent` 或 `interventional` 特徵擾動都會出現這種行為。

這個現象非直覺卻正確，且非近似誤差的結果。可利用不同套件或方法，生成圖 2-7 強調的單一決策路徑為真的局部解釋，但這樣就不能得到附有 Shapley 值與 SHAP 的深層理論支持。使用 SHAP 至少可以知道解釋何以顯示這樣的效果。一般來說，解釋 ML 模型非常困難，而且原因各有不同。永遠記得在將它們部署於高風險環境前測試解釋，並確保瞭解正在套用的事後技術。

第 6 章會深入 SHAP 如何以不同設定為基礎，使用背景資料與計算特徵歸因的詳細內容。在高風險應用上使用 SHAP 這類特徵歸因方法前，都必須瞭解這些小細節。解釋，光技術面要考量的就如此之多。接下來案例將深入解釋的人為因素，這部分要做對就更難了。

案例研究：依演算法分級

為 ML 模型增加透明度不容易。即便在可解釋模型與事後解釋的技術增面都做對了，依然有許多人為因素必須審慎處理。英國的 *A-level 之亂*（*https://oreil.ly/s54hO*），便是疏於瞭解高風險 ML 基礎決策的人為因素所帶來的實際教訓。2020 年春天因 COVID 英國採取全面封鎖，學生、老師與政府官員體認到，標準化測試已無法如常舉行。作為補救國家標準測試問題的首度嘗試，老師們被要求評估決定大學入學與影響其他重要生活成果的關鍵 A-level 考試的學生表現。不幸的是，老師的評估看起來出奇正向，正向到使用該評估的學生表現對過去與未來的學生不公平的程度。

為處理老師的正向偏差，政府資格考試條例管理局（Ofqual）決定實施演算法調整老師預測。由專家實施調整演算法的統計學方法論，學生收到成績後釋出模型文件（*https://oreil.ly/0gM6i*）。演算法設計為產生近似前年結果成績的最終分佈。它保留了老師評定的等級，但用過去學校表現向下調整成績。蘇格蘭學生首先看到結果。就英國部分，據 ZDNet 指出：「35.6% 的成績被調整降一級，3.3% 降兩級，有 0.2% 降了三級。」（*https://oreil.ly/h47XJ*）

接下來幾個月，學生們強烈抗議針對較貧窮學校，與該國地區可能的偏見，引發大規模、逐漸延燒的 AI 意外事件。即便官員已經知道蘇格蘭的問題，他們仍在英格蘭套用相同處理程序，但賦與學生免費上訴程序與之後重新測試的權利。最終，對已無法挽回大眾信任的傷害無法重來，依過去學校表現調整個人分數透明但偏差的概念太多人無法接受。最終，英國政府決定使用原始老師的評估。據 Wired 指出（*https://oreil.ly/DoV4O*）：「政府基本上將行政管理的責任推給了大學，大學如今不得不考慮接受數千份以上申請書，它們表示，即便徹底改變政策，也不可能接受所有的原始申請書。」同一篇文章還指出，老師的學生表現評估顯示過去的種族偏見。簡直一團糟。

令人震驚的是，其他機構也對改變一生的大學入學考試採用演算法評分的概念。國際文憑（IB）是一項精英教育專案，為世界各地中學學生提供進階統一課程。2020 年春天，IB 使用一種學生分數演算法，據報導指出（*https://oreil.ly/OT05d*）「在因 COVID-19 取消其常態春季考試後倉促部署。該系統使用的信號包含學生作業成績與過去自學校畢業的成績」。時機因素，意料之外的負分嚴重傷害申請美國學院與大學的學生，這些大學依過去表現為 IB 學生保留名額，但可以因最終表現取消。「粉碎了他們整個秋季與之後的規劃。」，有些學生的演算法分數過低，可能失去在美國享有盛譽的大學與家鄉保證錄取學校的就讀機會。更糟的是，不同於 Ofqual 演算法，IB 不打算公佈其演算法處理方式，而上訴價位也高達 800 美元。

先不談 IB 缺乏透明度，這起意外事件看來受三大議題影響。規模是 ML 固有風險，而這些演算法用在全球許多學生上。大規模轉變成高重要性，光透明度本身不足以抵消信任與偏差問題。瞭解並不是信任。Ofqual 的技術報告與其他公開分析（*https://oreil.ly/QAB8R*）已超越許多學生與家長能理解的程度。但可以理解的是貧窮地區擁有最糟的公立學校，這在 2020 年影響了學生兩次：一次在每年這種整體做法，接著在他們分數被調降時又一次。第二影響因素是決策的嚴重性。學院入學在許多人的餘生中扮演重要角色。決策的嚴重性將重要性提升到更高等級：幾乎不可能達到的程度，從而注定失敗。ML 本質上就是機率性。它就是會出錯，而當賭注如此之高，大眾可能就無法接受。

第三主要問題是差別影響的明顯性質。例如，非常小型的班級不會以演算法計分。哪裡有非常小的班級？私立學校。Verge 文章（*https://oreil.ly/eySQu*）聲稱「付費私立學校（亦為知名的獨立學校）不成比例地自使用的演算法中獲益。這些學校發現相較於去年，A 級別及以上數量增加了 4.7%。」ZDNet（*https://oreil.ly/7mnEd*）報導「在全蘇格蘭貧困地區接受高級課程的學生通過率降低了 15.2%，相較之下富裕區域為 6.9%。」，透過郵政編號或過去學校表現調整就植入了系統偏差，學生與家長情感上理解這一點。如 BBC 所引述（*https://oreil.ly/vPQq1*），「蘇格蘭教育部長最終體認到，這場災難留下的只有「年輕學子感覺他們的未來由統計建立模型決定，而不是自已的能力。」，我們應該想想，當這樣的意外事件影響我們或我們的孩子，會有什麼感受。儘管滿是言過其實的自動決策制定報導，幾乎沒人會想要自己的未來是由演算法決定。

雖然可能注定失敗，極度困難的 ML 高重要性應用從一開始，可以做更多事提升公眾信任。例如，Ofqual 可以在演算法套用到學生身上前先行公開。或許也可以在演算法使用前採納大眾的回饋。英國開放資料倡導者 Jeni Tennison 提醒（*https://oreil.ly/4Unct*）：「部分問題在於這些議題只在將分數提供給學生之後才出現，那時我們可以探討並審查演算法，更早瞭解它的意涵。」從這裡學到的教訓就是，技術透明度不等同於廣泛社會理解，就算可以達到這種理解程度，也不保證信任。

即便依循本章內容將技術透明度的工作做好，依然還有大量作業必須完成才能確保 ML 系統運作一如使用者或主題的預期。最後，這只是 AI 意外事件之一，雖然很嚴重，但不應該導致忽視如今正在傷害人們的小議題，未來會有更多人因為 AI 系統受傷害，這點必須牢記。如 Tennison 所說：「這件事會上頭條，是因為影響全國太多人，而且影響的人可以發聲。還有其他持續進行中的自動決策制定，例如社會福利，受它影響的眾人沒有這種強而有力的發言權。」

資源

進階閱讀

- *An Introduction to Machine Learning Interpretability*（*O'Reilly*）（*https://oreil.ly/iyz08*）
- 「Designing Inherently Interpretable Machine Learning Models」（*https://oreil.ly/jbGNt*）
- *Explanatory Model Analysis*（CRC Press）（*https://oreil.ly/Yt_Xm*）
- 「General Pitfalls of Model-Agnostic Interpretation Methods for Machine Learning Models」（*https://oreil.ly/On9uS*）
- *Interpretable Machine Learning*（*https://oreil.ly/BHy1L*）
- *Limitations of Interpretable Machine Learning Methods*（*https://oreil.ly/VHMWh*）
- 「On the Art and Science of Explainable Machine Learning」（*https://oreil.ly/myVr8*）
- 「Psychological Foundations of Explainability and Interpretability in Artificial Intelligence」（*https://oreil.ly/HUomp*）
- 「When Not to Trust Your Explanations」（*https://oreil.ly/9Oxa6*）

第三章

機器學習系統的安全與效能除錯

數十年來，錯誤率與準確度一直是機器學習模型判斷測試資料的標準。不幸的是，隨著 ML 模型嵌入廣泛部署且供偏敏感應用的 AI 系統，ML 模型評估標準方法已證實不適用。舉例來說，曲線下面積（AUC）的整體測試資料，幾乎無法告訴我們偏差與演算法歧視、缺乏透明度、隱私傷害或安全性漏洞相關問題。而這些問題通常就是 AI 系統部署即失敗的原因。為了可接受的體內效能，必須超越以研究原型為宗旨設計的傳統電腦模擬評估。此外，安全與效能的最佳結果，是企業組織能自由搭配第 1 章所述適切文化能力和流程控制，以及促進信任的 ML 技術。本章介紹訓練、除錯與部署 ML 系統，探究測試與改善體內 AI 安全性、效能與信任的各種技術方法。第 8、9 章會詳細介紹模型除錯的範例程式碼。

NIST AI RMF 對照表

章節	NIST AI RMF 子類別
第 83 頁「再現性」	GOVERN 1.2、GOVERN 1.4、MAP 2.3、MEASURE 1、MEASURE 2.1、MEASURE 2.3
第 85 頁「資料品質」	GOVERN 1.2、MAP 2.3、MAP 4、MEASURE 1.1、MEASURE 2.1
第 88 頁「基準與替代方案」	GOVERN 1.1、GOVERN 1.2、GOVERN 1.4、MAP 2.3、MEASURE 2.13、MANAGE 2.1
第 89 頁「校準」	GOVERN 1.2、GOVERN 1.4、MAP 2.3、MEASURE 1、MEASURE 2.1、MEASURE 2.3
第 89 頁「建構效度」	GOVERN 1.1、MAP 2.1、MAP 2.3、MAP 3.3
第 90 頁「假設與限制」	GOVERN 1.2、GOVERN 1.4、GOVERN 6.1、MAP 2
第 91 頁「預設損失函數」	MAP 2.3、MEASURE 1、MEASURE 2.1、MEASURE 2.3
第 91 頁「多重比較」	MAP 2.3、MEASURE 1、MEASURE 2.1、MEASURE 2.3
第 91 頁「安全與穩健機器學習的未來」	MAP 2.3、MEASURE 2.6
第 92 頁「軟體測試」	GOVERN 1.1、GOVERN 1.2、GOVERN 4.3、GOVERN 6.1、MAP 2.3、MAP 4、MEASURE 1.3
第 93 頁「傳統模型評估」	GOVERN 1.1、GOVERN 1.2、GOVERN 1.4、MAP 2.3、MAP 4、MEASURE 1、MEASURE 2.1、MEASURE 2.3
第 95 頁「分佈移位」	ERN 1.5、MAP 2.3、MEASURE 1、MEASURE 2.1、MEASURE 2.3、MEASURE 2.4、MANAGE 2.2、MANAGE 2.3、MANAGE 2.4、MANAGE 3、MANAGE 4.1
第 96 頁「認知不確定性與資料稀疏性」	MAP 2.3、MEASURE 1、MEASURE 2.1、MEASURE 2.3
第 97 頁「不穩定性」	MAP 2.3、MEASURE 1、MEASURE 2.1、MEASURE 2.3、MEASURE 2.4、MANAGE 2.2、MANAGE 2.3、MANAGE 2.4、MANAGE 3、MANAGE 4.1
第 98 頁「洩漏」	MAP 2.3、MEASURE 1、MEASURE 2.1、MEASURE 2.3
第 99 頁「迴圈輸入」	MAP 2.3、MEASURE 1、MEASURE 2.1、MEASURE 2.3
第 99 頁「過度擬合」	MAP 2.3、MEASURE 1、MEASURE 2.1、MEASURE 2.3
第 100 頁「捷徑學習」	MAP 2.3、MEASURE 1、MEASURE 2.1、MEASURE 2.3
第 100 頁「擬合不足」	MAP 2.3、MEASURE 1、MEASURE 2.1、MEASURE 2.3
第 101 頁「規格不足」	MAP 2.3、MEASURE 1、MEASURE 2.1、MEASURE 2.3

章節	NIST AI RMF 子類別
第 103 頁「殘差分析」	GOVERN 1.2、MAP 2.3、MAP 3.2、MAP 5.1、MEASURE 1、MEASURE 2.1、MEASURE 2.3
第 107 頁「靈敏度分析」	GOVERN 1.2、MAP 2.3、MAP 3.2、MAP 5.1、MEASURE 1、MEASURE 2.1、MEASURE 2.3
第 110 頁「基準模型」	GOVERN 1.1、GOVERN 1.2、GOVERN 1.4、MAP 2.3、MEASURE 2.13、MANAGE 2.1
第 112 頁「補救：修正錯誤」	GOVERN、MAP、MANAGE
第 114 頁「領域安全」	GOVERN 1.2、GOVERN 1.7、GOVERN 3、GOVERN 4.1、GOVERN 4.3、GOVERN 5、MAP 1.2、MAP 1.6、MAP 2.3、MAP 3.1、MAP 5、MEASURE 1、MEASURE 2.5、MEASURE 2.6、MEASURE 3、MEASURE 4、MANAGE 1、MANAGE 4.3
第 116 頁「模型監控」	GOVERN 1.2、GOVERN 1.3、GOVERN 1.4、GOVERN 1.5、MAP 2.3、MAP 3.5、MAP 4、MAP 5.2、MEASURE 1.1、MEASURE 2.4、MEASURE 2.6、MEASURE 2.7、MEASURE 2.8、MEASURE 2.10、MEASURE 2.11、MEASURE 2.12、MEASURE 3.1、MEASURE 3.3、MEASURE 4、MANAGE 2.2、MANAGE 2.3、MANAGE 2.4、MANAGE 3、MANAGE 4

- 可接受的 AI 信任度特性：安穩、安全與復原力、有效與可靠
- 參閱：
  — 完整對照表（非官方資源）（*https://oreil.ly/61TXd*）

訓練

訓練 ML 演算法的探討從再現性開始，因為若沒有它就不可能知道 ML 系統任何版本是否真的比另一版好。在簡述資料與特徵工程後，接著的訓練部分會以概述模型規格要點結束。

再現性

沒有再現性，無疑是在沙上建置。再現性是所有科學任務的基礎，包括人工智慧。無法再現結果，很難知曉日復一日的工作是否有所改善，甚至是否改變 ML 系統。再現性有助於確保適切的執行與測試，有些客戶可能就是需要它。以下是資料科學家與 ML 工程師為其 ML 系統建置穩定、可再現基礎的一些常見技巧：

基準模型

基準模型是重要的訓練、除錯與部署 ML 系統的安全與效能工具，在本章會不斷重複提到。以模型訓練與再現性為前提，應由可重現基準模型開始建立。若失去再現性，便能由檢查點回推，它也代表實質進展。若昨日基準也能重現，即為真實且可測量的進展。若系統效能指標在變更完成前起伏不定，那麼在改變完成後依然會繼續不穩定，便無從得知變動是幫助還是傷害。

硬體

ML 系統通常會透過圖型處理器（GPUs）與其他特殊系統元件充份利用硬體加速，因此對保留再現性而言硬體還是有特殊意義。在可以的情況下，試著在整個開發、測試與部署系統上，讓硬體盡可能保持相似。

環境

ML 系統一定在某種運算環境下運作，特定的系統硬體、系統軟體，以及資料與 ML 軟體堆疊。這些項目任何變動都會影響 ML 結果的再現性。幸好有 Python 虛擬環境與 Docker 容器這類工具，讓資料科學實作中的保留軟體環境變得很常見。其他特殊環境管理軟體 Domino（*https://oreil.ly/USwuG*）、gigantum（*https://oreil.ly/1cE7-*）、TensorFlow TFX（*https://oreil.ly/kHKvx*）與 Kubeflow（*https://oreil.ly/F9ZaL*）也能為運算環境提供更廣泛的控制。

詮釋資料

資料的資料對再現性不可或缺。追蹤模型相關所有人為產物，例如資料集、前置處理步驟、資料與模型驗證結果、人為簽收與部署詳細內容。不只因為這麼做可以回推到資料集或模型特定版本，也因為能對 AI 意外事件進行更詳盡的除錯與鑑定調查。追蹤詮釋資料工具的開放源碼範例，可參考 TensorFlow ML Metadata（*https://oreil.ly/gmHkg*）。

隨機種子

由資料科學家與工程師在特定程式碼區塊裡設定的隨機種子，就是 ML 再現性的全天候工作者。不幸的是它們多半屬於語言特定套件的指令。種子需要在不同軟體多次學習，但當結合審慎的測試，隨機種子便能建構精細難解的區塊，讓複雜的 ML 系統仍保留再現性。此乃整體再現性的先決條件。

版本控制

少量程式碼變更就能導致 ML 結果激烈變動。想要保留再現性，自有程式碼及其相依性變更必須以專業版本控制工具追蹤。除了自由免費隨處可見的軟體版本控制 Git 與 GitHub 外，還有許多其他選項可以探索。更重要的是，資料也能用 Pachyderm（*https://oreil.ly/DvMCo*）與 DVC（*https://oreil.ly/S59Qv*）這類工具進行版本控制，讓資料資源的變動可以追蹤。

儘管可能還要進行一些實驗，這些處理方式與技術某種程度的結合，應能確保 ML 系統的再現性程度。一旦實施基本安全與效能控制，便能開始考慮資料品質與特徵工程這類其他基礎因素。

基準、異常偵測與監控這類主題，在模型除錯與 ML 安全性上不可或缺，在本章各節會陸續談到。

資料品質

整本書討論的都是 ML 與 ML 系統的資料品質與特徵工程。這段強調的是安全與效能觀點這個浩瀚實作領域的幾個重要層面。首先，開發資料中的偏差、混淆特徵、不完整與雜訊，形成重要假設並定義資料限制。其他基本要素，例如資料集大小與定型，也是重要考量。ML 演算法非常需要資料。小型而廣泛、稀疏的資料能導致現實世界災難性的效能故障，因為兩者都有可能出現測試資料下系統效能顯示正常，但與現實世界現象完全無關。小型資料會難以偵測擬合不足、規格不足與過度擬合或其他基本效能問題。稀疏資料則會導致對特定輸入值過度自信預測。若 ML 演算法因稀疏問題，在訓練時不看特定資料範圍，大部分 ML 演算法就不會警告該預測沒有任何依據，直接發出該區間資料的預測。快轉到案例討論章節，世上幾乎沒有足夠的訓練影片，讓自駕車必須學習的安全導航範例狀況補充完備。舉例來說，晚上騎腳踏車過馬路的人，是人們都能認知的危險，但沒有這類少見事件的標籤影片片段，深度學習系統處理這類狀況的能力，可能就會因為訓練資料的稀疏性受到影響。

還有許多其他資料問題會導致安全疑慮，像是糟糕的資料品質導致重要資訊錯亂或不實陳述與過度擬合，或是 ML 資料與模型工作流問題。以本章內容而言，錯亂意指訓練資料中的特徵、實體或現象，代理了與目標有更直接關係的其他資訊

（例如物件識別中用雪代替哈士奇）。過度擬合指的是訓練資料中的雜訊記憶，導致樂觀錯估，工作流議題則是資料前置處理不同階段與建立模型元件，結合成預測生成的可執行項目問題。表 3-1 可套用在大部分標準 ML 資料上，協助識別安全與效能相關的一般資料品質問題。

表 3-1　常見資料品質問題，其徵兆與建議解決方案。經許可改編自喬治華盛頓大學 DNSC 6314（Machine Learning I）課堂筆記。

問題	常見徵兆	可能解決方案
偏差資料：資料集內含相關現象資訊，但該資訊始終有系統地出錯。（見第 4 章瞭解更多）	偏差模型與偏差、危險或不準確結果。長期存在的過往社會偏見與歧視。	諮詢領域專家與利益相關人。套用科學方法與實驗設計（DOE）（*https://oreil.ly/0kDC9*）方法。（更多資料、更好的資料）
字元資料：以字元字串展現而非數值的某些行列、特徵或實例。	資訊漏失。偏差模型與偏差、危險或不準確結果。冗長、無法忍受的訓練時間。	各種數字編碼處理（例如標籤編碼、目標或特徵編碼）。適切選擇演算法，例如樹狀模型、單純貝氏分類法。
資料洩漏：來自驗證或測試分割區訊息，外洩至訓練資料時。	不可靠或危險的域外預測。過度擬合模型與不準確結果。電腦模擬效能預估過度樂觀。	資料治理。確保所有訓練中資料早於驗證與測試。確保不會發生跨分割區相同識別符的狀況。謹慎處理特徵工程應用：應於分割區之後策劃工程，而非之前。
髒資料：本表所有議題的結合，現實世界資料集相當常見。	資訊漏失。偏差模型與偏差、不準確結果。冗長、無法忍受的訓練時間。產生不穩定且不可靠的參數預估與規則。不可靠或危險的域外預測。	本表所列解決方案策略組合。
不對稱特徵比例：年齡與收入這類特徵，以不同比例尺記錄。	不可靠參數預估、偏差模型與偏差、不準確結果。	標準化。適切選擇演算法，例如樹狀模型。
重複資料：出現超出預期的列、實例或實體。	訓練期間，同一實體無意間超出權重導致的偏差結果。偏差模型與偏差、不準確結果。	諮詢領域專家審慎清理資料。
錯亂：訓練資料中的資料、實體或現象，代理了與目標有更直接關係的其他資訊（例如物件識別中用雪代替哈士奇）。	不可靠或危險的域外預測。捷徑學習。	套用科學方法與實驗設計方式。套用可詮釋模型與事後解釋。域內測試。
假的或有毒的資料：資料、特徵、屬性、現象或實體，在訓練資料期間遭注入或巧妙操控，推導出人為模型結果。	不可靠或危險的域外預測。偏差模型與偏差、不準確結果。	資料治理。資料安全性。穩健 ML 處理方法的應用。

問題	常見徵兆	可能解決方案
高基數分類特徵：同一屬性代表許多分類等級的特徵，例如郵遞區號或產品識別碼。	過度擬合模型與不準確結果。冗長、無法忍受的計算時間。不可靠或危險的域外預測。	目標或特徵編碼改版：依級別平均（或類似的中位數、BLUP）。離散化。嵌入處理，例如實體嵌入神經網路、分解機。
失衡目標：一個目標類別或值，比其他更常見。	單一類別模型預測。偏差模型預測。	某種程度過度採樣或欠缺採樣。逆先前機率加權。混合模型，例如零值膨脹回歸法。事後調整預測或決策門檻。
不完全資料：資料集未編碼相關現象資訊。未蒐集的資訊混淆模型結果。	無用模型、無意義或危險結果。	諮詢領域專家與利益相關人。套用科學方法與實驗設計方式（更多資料。更好的資料）
遺漏值：特定列或實例為遺漏資訊。	資訊漏失。偏差模型與偏差、不準確結果。	插補。離散化（即分格化）。適切選擇演算法，例如樹狀模型、單純貝氏分類。
雜訊：無法編碼清楚訊號建立模型的資料。擁有相同輸入值但不同目標值的資訊。	不可靠或危險的域外預測。訓練期間糟糕的執行效能。	諮詢領域專家與利益相關人。套用科學方法與實驗設計方式。（更多資料。更好的資料）
非正規化資料：相同實體值以不同方式呈現的資料。	不可靠的域外預測。冗長、無法忍受的訓練時間。產生不穩定且不可靠的參數預估與規則。	諮詢領域專家審慎清理資料。
離群值：奇怪或不同於其他的資料列或實例。	偏差模型與偏差、不準確結果。不穩定且不可靠的參數預估與規則產生。不可靠或危險的域外預測。	離散化（即分格化）。winsor 極值調整（Winsorizing）。穩健損失函數，例如 Huber 損失函數。
稀疏資料：擁有許多零值或漏失值的資料、未對相關現象編碼充份資訊的資料。	冗長、無法忍受的訓練時間。因缺乏資訊、維度的詛咒或模型設定錯誤，導致的無意義或危險結果。	特徵提取或矩陣分解法。適切資料表示（COO、CSR）。商業規則應用、模型斷定與約束，彌補在訓練資料稀疏區域學到的不合邏輯模型行為。
強多元共線性（相關）：當特徵間具有強線性相依時。	不穩定的參數預估、不穩定的規則產生，以及危險或不穩定的預測。	特徵選擇。特徵提取。L2 正規化。
無法識別的時間與資料格式：時間與資料格式（相當多）遭資料處理或模型建立軟體不正確編碼。	不可靠或危險的域外預測。不可靠參數預估與規則產生。過度擬合模型與不準確結果。過度樂觀的電腦模型效能預估。	諮詢領域專家審慎清理資料。
寬資料格式：擁有比列、實例、影像或文件更多欄位、特徵、像素或符記（tokens）的資料。$P >> N$	冗長、無法忍受的訓練時間。因維度的詛咒或模型設定錯誤導致的無意義或危險結果。	特徵選擇、特徵提取、L1 正規化、不假定 $N >> P$ 的模型。

資料能出錯的環節很多，導致高風險應用不可靠或危險的模型效能。或許會想用自己的方式進行特徵工程解決資料品質問題。但特徵工程好壞，取決於執行思維的程式碼。若不謹慎處理特徵工程，可能只會製造更多錯誤與複雜難題。ML 工作流中的特徵工程常見問題如下：

- 資料清理、前置處理與推理套件間的 API 或版本錯配
- 推理期間無法套用所有資料清理與轉換步驟
- 推理期間無法修正過度採樣或欠缺採樣
- 無法於推理期間優雅或安全地處理訓練期間未察覺的值。

當然，資料前置準備、特徵工程與相關工作流期間，會產生很多其他問題，尤其是 ML 演算法可接受訓練的資料型態變得更多樣化。偵測與處理這類問題的工具，也成為資料科學工具組合的要件。對 Python Pandas 使用者而言，視覺化輔助工具 ydata-profiling（*https://oreil.ly/EDNSC*）（前身為 pandas-profiler）有助於偵測許多基本資料品質問題。R 使用者也有選擇，Mateusz Staniak 與 Przemys aw Biecek 的「自動探索資料分析的 R 套件概況」（*https://oreil.ly/1cBlv*）有這方面的探討。

現實世界結果的模型規格

一旦資料前置準備與特徵工程工作流強化，就可以開始思考 ML 模型規格。考量現實世界效能與安全，全然不同於 ML 爭奪排行榜獲得發表或最大化效能那些任務。驗證與錯誤的量測固然重要，但更大問題在於準確呈現資料與常識性真實世界現象具最高優先權。本小節強調基準與替代模型、校準、建構效度、假設與限制、適切損失函數與避免多重比較的重要性，解決安全與效能的模型規格，接著預告穩健 ML 與 ML 安全與可靠性的新興專業領域。

基準與替代方案

開始 ML 模型建立任務時，最佳起點是同業評鑑訓練演算法，理想上還要複製與該演算法相關的所有基準。雖然學術性演算法很難滿足複雜商業問題所有需求，但從知名演算法與基準開始，可提供確保訓練演算法正確實施的基準線。解決這部分查核，接著可考慮微調該複雜演算法，處理指定問題的特異之處。

除了基準比較外，評估多個替代演算法的方式，是另一種提升安全與效能結果的最佳實作。訓練多個不同演算法並精明判斷，從多個選項選出最好的做最終部署，這種練習往往能帶來高品質模型，因為它會增加模型評估數量，迫使使用者瞭解之間的差異。而且，替代處理方式的評估，對遵守廣泛的美國非歧視與過失標準相當重要。一般而言，這些標準要求評估不同技術選項與消費者保護與商業需求在部署前已適切取捨的證據。

校準

僅因為 0 與 1 間的數字從複雜 ML 工作流最後跳出來不代表能成為機率。多數 ML 歸類產生的未校準機率，常必須事後處理成為有任何實際意義的機率。我們通常使用縮放處理，甚至其他模型，確保工作流輸出 0.5 時，討論的事件確實發生在過去紀錄資料中 50% 的類似實體上。scikit-learn（*https://oreil.ly/LxJbX*）提供一些 ML 歸類校準的基本診斷與功能。當模型輸出分佈與已知結果分佈不相符時，校準議題也會影響回歸模型。例如，保險有許多數值數量並非常態分佈。使用預設平方損失函數，而非 gamma 或 Tweedie 系列的損失函數，可能導致預測不同於從已知基礎資料產生程序而來的值那樣分佈。無論如何考量校準，根本問題在於受到影響的 ML 模型預測與事實不符。這麼做永遠不會做出好的預測與決策。我們需要機率與過去結果比例保持一致、需要回歸模型產生與已建立模型資料生成程序相同分佈的預測。

建構效度

建構效度來自社會科學的構想（尤其是計量心理與測試）。建構效度指的是一套合理科學根據，相信測試效能為意圖建構的指標。換個說法，問題與積分出自於預測大學或工作效能的標準化測試，是否有任何科學證據？何以要在 ML 的書裡帶進這個議題？因為 ML 模型通常與時下心理測試具相同目的，就我們來看，ML 模型通常缺乏建構效度。更糟的是，與訓練資料或現實世界領域基礎架構不一致的 ML 演算法，會導致重大意外事件。

想想在 ML 模型與線性模型間做選擇，很多人直接預設使用 ML 模型。為模型建立問題選擇 ML 演算法，伴隨許多基本假設，基本上輸入特徵的高度互動與非線性，都是預測現象的重要驅動因子。反之，選擇使用線性模型往往低估交互作用與非線性。若這些品質對良好預測很重要，就必須為線型模型明確指定。無論哪種情況，仔細評估模型建立演算法如何處理訓練資料或現實世界的主要效應、相關性與局部相依、交互作用、非線性、叢集、離群值與層次，並測試這些機制，非常重要。為了部署後的理想安全與效能，在時間、地理位置或實體與各種型態網路間連結的相依性，也必須在 ML 模型中呈現。未與現實清楚連結，ML 模型缺乏建構效度就不可能體內效能表現良好。特徵工程、約束、損失函數、模型架構與其他機制皆可比對模型與任務。

假設與限制

訓練資料的偏差、錯亂、不完整、雜訊、範圍、稀疏與其他基本特性，是定義模型假設與限制的開始。我們討論過，建立模型演算法與架構，也帶有假設與限制。例如，樹狀模型多半不會外推超出訓練資料範圍。ML 演算法的超參數是另一個隱式假設，會導致安全與效能問題。超參數可以領域知識為基礎選定，或透過網格搜尋與貝氏最佳化這類技術處理方式。關鍵在於不要預設立場，有系統的選擇設定，而不要因為多重比較議題欺騙自已。在訓練資料的行列與特徵間測試錯誤的獨立性，或繪製模型殘差尋找強模式，都是通用且經時間考驗確保部分基本假設已進行處理的方式。不可能迴避資料與模型的所有假設與限制。所以必須將模型所有未處理與可疑的假設與限制文件記錄下來，並確保使用者瞭解哪些模型用途會違反假設與限制。那些被視為超出範圍或標籤外的使用方式，就像不當使用處方籤藥物一樣。順帶一提，建構效度與著重模型限制與假設的模型文件與風險管理框架有關。監察人員希望從業人員以書面紀錄中模型背後的假設執行作業，並確保支撐的基礎是透過效度建構而不是假設。

預設損失函數

另一個伴隨許多學習演算法的未言假設與平方損失函數有關。許多 ML 演算法預設使用平方損失函數。大部分（平方損失函數）實例中，對整個觀測值累積並擁有線性導數，多是為了數學便利性。使用 autograd（*https://oreil.ly/8icjS*）這類現代工具，就不太需要這種便利性。應將選擇的損失函數，與問題領域進行比對。

多重比較

ML 中的模型選擇通常代表嘗試多種不同輸入特徵集、模型超參數，與機率截止門檻這類其他模型設定。通常使用逐步特徵選擇、網格搜尋，或其他方法，在同一組驗證或保留資料上，嘗試許多不同設定。統計學家或許稱此為**多重比較**問題，並可能認定所作的比較越多，遇到某些設定在驗證或保留集合裡看起來不錯的機會越大。這是一種鬼祟的過度擬合，重複使用相同保留資料太多次，選擇特徵、超參數或其他設定看起來在那運作得不錯，接著會經歷糟糕的體內效能。因此，可重複使用的保留方式（*https://oreil.ly/QJlUV*），變更或重新取樣驗證或保留資料，讓特徵、超參數或其他設定更普及化，相當有用。

安全與穩健機器學習的未來

穩健 ML 新領域（*https://oreil.ly/1G1Wp*）正大量生產帶有改良穩定性與安全性特性的新演算法。各家研究人員都在建立保證最佳化的新學習演算法，像是最佳平方決策樹（*https://oreil.ly/gOmtg*）。研究人員匯整了 ML 安全與可靠性方面的最佳指導教材（*https://oreil.ly/wC5M1*）。如今，這些處理方式需要客製化實施與額外作業，但這些安全與效能的推動有望很快廣泛提供使用。

模型除錯

模型確切指定並訓練後，技術安全與效能保證程序的下一步就是測試與除錯。過去幾年，這類評估著重在保留資料的聚合品質與錯誤率。當 ML 模型納入面對大眾的 ML 系統，公開回報 AI 意外事件的數量便急劇上升，顯然需要更嚴苛的驗證。模型除錯新領域（*https://oreil.ly/IY0gU*）隨之興起，滿足這類需求。模型除錯認為 ML 模型比較像程式碼而非抽象數學。它會套用許多測試方法尋找 ML 模型中與 ML 系統工作流的軟體缺陷、邏輯錯誤、不準確性與安全性弱點。當然，這些問題被發現就必須修復。本節深入探索模型除錯，從基本與傳統處理方式開始，再概述試圖發現的常見問題，接著是專業測試技巧，最後則為錯誤修復方式的探討。

除了許多可解釋 ML 模型外，開放源碼套件 PiML（*https://oreil.ly/1O3hi*）也提供完整的除錯工具組，供 ML 模型訓練結構性資料。即便不見得確切適合既定使用案例，但也是學習更多與得到模型除錯靈感的好地方。

軟體測試

當我們不再將好看的數字與令人讚嘆的結果表單視為 ML 模型訓練任務終極目標，基本軟體測試就更加重要了。ML 系統部署後，必須在各種環境下正確運作。讓軟體作業是一門精確科學，可以說是 ML 系統相關的重要之最。軟體測試最佳實作眾所周知且在許多案例下都能自動化。至少，關鍵任務的 ML 系統應經歷以下過程：

單元測試

所有功能、方法、副常式或其他程式碼區段皆應受相關測試，確保行為一如預期、精確且可再現。此舉可確保建立的 ML 系統區塊穩固。

整合測試

模組、層級或其他子系統間所有 APIs 與介面皆應測試，確保正常通訊。後端程式碼變更後的 APIs 錯配，乃 ML 系統典型故障模式。使用整合測試可以抓出這類問題與其他整合失敗。

功能性測試

ML 系統使用者介面與終端應套用功能性測試，確保部署後其行為模式一如預期。

混沌測試

混亂與敵對條件下的測試，可以在 ML 系統面對複雜與意外體內狀況時，帶出更好的結果。因為難以預期 ML 可能失敗的所有方式，混亂測試有助於探測更廣泛的失敗模式類型，與所謂「不知之不知」的涵蓋範圍。

另有兩個 ML 專屬測試亦應一併加入提升品質：

隨機攻擊

隨機攻擊是 ML 混沌測試的方式之一。隨機攻擊讓 ML 模型承受大量亂數資料，捕捉軟體與數位雙方問題。現實世界就是一片混亂。我們的 ML 系統會遇見還沒準備好處理的資料。亂數攻擊能減少這些事的發生，與任何相關干擾及意外事件。

基準校正

利用基準追蹤系統與時俱進的改善。ML 系統可以極其複雜。要如何知曉工程師今日改變的這三行程式，能讓系統整體效能有所不同？若系統效能可再現，且在之前與之後變更皆執行基準校正，就能輕鬆回答這類問題。

ML 是軟體。因此，傳統企業軟體資產完成的測試，重要的 ML 系統也要做。若不知從何著手模型除錯，就從隨機攻擊開始。讀者可能會對亂數資料在 ML 系統裡能揭露出來的數學或軟體問題感到震驚。若能將基準加入企業持續整合 / 持續開發（CI / CD）工作流程中，會是走向確保 ML 系統安全與效能的一大進步。

隨機攻擊可能是開始著手模型除錯最簡單也最有效率的方式。若除錯勢在必行，或不知從何著手，就從隨機攻擊開始。

傳統模型評估

覺得有信心 ML 系統程式碼功能一如預期，就能專心於測試 ML 演算法數學。檢查標準效能指標很重要，但不是驗證與除錯程序的結束，而是開始。雖然準確值與小數點很重要，但從安全與效能角度來看，其重要性在 ML 競爭排名裡相當低。考量域內效能時，很少會是評估統計學裡的確切數值，反而偏向電腦模擬效能與體內效能的比對。

如有可能，試著選擇具邏輯詮釋與實作性或統計性門檻的評估統計。例如可計算多種預測問題的 RMSE，更重要的是，能夠以目標為單位詮釋。歸類任務的曲線下面積，介於最低 0.5 與最高 1.0 之間。這類評估計算能常識性詮釋 ML 模型效能，以及與決定品質的廣泛可接受門檻比較。使用一種以上的指標並分析資料所有重要區段，以及整個訓練、驗證與測試資料分割區的效能指標，也很重要。在比較訓練資料所有區段效能時，重要的是所有區段皆呈現大致相同的高品質效能。某個大客戶的區間驚人效能，加上其餘所有人的極差效能，在 RMSE 這類平均評估統計值上看來沒問題。但若因為許多不滿的客戶所導致的公開品牌受損時就不好了。整體區段不同效能也是規格不足的指標，是本章將深入探究的 ML 重大問題。整個訓練、驗證與測試資料集的效能，通常也會針對擬合不足與過度擬合分析。一如模型效能，也可以針對整個資料分割區或整個區段，尋找過度擬合與擬合不足。

另一個與傳統模型評估相關的實作考量，是選擇機率截止門檻。大部分分類 ML 模型是產生數字機率，而非分散的決策。選擇與實際決定相關的數字機率截止值方式很多。雖然總是想最大化設計精良的評估量測，但考量現實世界影響也是不錯的主意。來看看經典的借貸案例。假設預測模型門檻機率原始設定為 0.15，意即所有分數低於 0.15 預設機率的人被准予貸款，而分數在門檻上或超過的人則遭拒絕。想想以下問題：

- 該門檻預期金錢回報為何？財務風險為何？
- 此門檻讓多少人得到貸款？
- 有多少女人？少數族群成員有多少？

機率截止門檻之外，評估域內效能永遠沒錯，因為那就是我們真正在意的。評估量測很不錯，但重要的是賺錢或賠錢，甚至是拯救生命或奪取生命。我們可以經由貨幣分配瞭解現實世界價值，或者是經由歸類問題每單位的混淆矩陣或回歸問題的每殘差單位。來個餐巾紙背面的小計算。我們的模型看起來會賺錢還是賠錢？抓到這種評估要訣，甚至能夠將不同模型結果的價值等級直接納入 ML 損失函數，再朝現實世界部署的最適模型邁進。

錯誤率與準確度指標對 ML 來說永遠重要。只是一旦 ML 演算法套用到部署的 ML 系統上，數值與比較的重要性就不如它們在發表論文與資料科學競爭裡重要了。所以，繼續使用傳統評估量測，但試著與域內安全與效能比對。

常見機器學習問題

我們已討論過缺乏再現性、資料品質問題、適切模型規格、軟體問題與傳統評估。但複雜的 ML 系統能出錯的地方依然很多。關於 ML 的數學，就有一些新出現的詭計與眾多知名陷井。本小節會繼續探討的問題，包括分佈移位、認知不確定、薄弱環節、不穩定性、洩漏、迴圈輸入、過度擬合、捷徑學習、擬合不足與規格不足。

可靠性、穩健性與復原力相關詞彙

NIST AI 風險管理框架下，*復原力*是*安全性*同義詞，而*穩健性*與*可靠性*則某種程度上同義。根據 ISO/IEC TS 5723:2022（*https://oreil.ly/U6T_b*），一般來說可靠性指的是關於「項目依需求執行，在一定時間區間內、一定的狀況下不會失敗的能力。」，在 ML 與統計學裡，可靠性通常與執行不確定性相關，且能夠以信賴區間、控制限制或正形預測技術量測。ISO/IEC TS 5723:2022 將穩健性敘述為一般化，並定義為「項目在各種環境下維持效能等級的能力。」，在 ML 與統計學裡，模型穩健性可以在共變數擾動（或*分佈移位*）下測試。穩健性亦與穩健 ML（*https://oreil.ly/vlIOB*）有關，或在防止敵手以對抗式樣本與資料投毒方式操控模型的研究裡也找得到。

缺乏穩健性與可靠性可能引發許多本書討論過的問題。本章會使用不穩定性、分佈移位這類專有名詞與相關 ML 詞彙（例如資料外洩、認知不確定、規格不足），描述缺乏穩健性與可靠性相關議題。第 5 章再處理 ML 系統安全性。

分佈移位

不同訓練資料分割區與模型部署後底層資料的改變，是 ML 系統常見故障模式。無論是新進入市場的競爭者，還是毀滅性的全球大規模傳染病，這世界不斷在變化。不幸的是，時下大部分 ML 系統從訓練資料的靜態快照中學習模式，再試圖將這些模式套用到新資料上。有時，資料是保留給驗證，或測試分割區。有時它是產生評分佇列裡的即時資料。無論如何，輸入特徵的飄移分佈都是必須抓出來消滅的嚴重問題。

以適應性、線上或強化學習，或者最少人為干預自我更新為基礎的系統，都處於嚴重對抗式操控、錯誤傳播、回饋迴圈、可靠性與穩健性的風險。雖然這些系統呈現的是最新理念與方法，但它們需要高規格的風險管理。

訓練 ML 模型時，留意訓練、交叉驗證、驗證間，或使用群體穩定性指標（PSI）、科摩哥洛夫 - 史密諾夫檢定（KS）檢定、t 檢定或其他適切量測方式測試集的分佈移位。若來自一個訓練分割區的特徵與其他分佈不同，丟棄它否則對它高度正規化。另一個除錯期間針對分佈移位的聰明測試，是對可能的部署狀況模擬分佈移位，再重新量測模型品質，特別留意效能不佳的行列。若擔心模型在經濟衰退時間的執行方式，可以模擬更延遲支付、更低現金流與更高貸方餘額模擬分佈移位，再看模型如何執行。記錄訓練資料的分佈資訊也很重要，這麼一來部署後的移位才能輕鬆偵測到。

認知不確定性與資料稀疏性

認知不確定性，是表達因缺乏知識導致的不穩定性與錯誤的奇特手法。就 ML 來說，模型一般從訓練資料取得知識。若大型多維度訓練資料有部分稀疏，很可能模型在該區域就會有高度不確定性。聽起來偏理論又離奇？並不會。想像基礎信用借貸模型，手上擁有大量已有信用卡並支付帳單者的資料，缺乏沒有信用卡

（他們過去信用卡資料不存在）或不付帳單者（因為絕大多數客戶會付）的資料。很容易知道要擴充信用卡給支付帳單具有高信用積分的人。難以決定的是對那些信用歷史紀錄較短或較坎苛的人。缺乏資料的對象正是實際必須知道可能導致認知不確定性問題的人。若數百萬個客戶裡，僅少數人晚四或五個月支付近期帳單，ML 模型就無法學習到太多處理這些客戶的最佳方式。

這種現象已於「規格不足」小節（從第 93 頁開始）說明，該範例模型對超過兩個月遲繳最近帳單的人而言無意義。這個貧乏區間也可能不穩定，效能有時被稱為*薄弱環節*。檢查聚合錯誤或效能量測很難發現這些薄弱環節。這只是在訓練或保留資料所有區段審慎測試模型的眾多理由之一。也是何以用第 2 章直方圖比對部分相依與個體條件期望圖的理由。這些圖可以看到，訓練資料是否支援模型行為。一旦發現導致認知不確定性或薄弱環節的資料稀疏區間，通常就必須回到人類知識：透過約束模型型式，讓依領域經驗讓行為合乎邏輯、以商業規則強化模型，或將落入稀疏區間的案例交給人類工作者做艱難的決定。

不穩定性

訓練過程中，或對即時資料做出預測時，ML 模型會出現不穩定性或缺乏穩健性或可靠性。訓練中的不穩定性，通常發生在小型訓練資料、訓練資料稀疏區間、訓練資料裡高相關特徵，或深度單一決策樹這類高方差模型型式。交叉驗證是偵測訓練期間不穩定性的傳統工具。若模型在整個交叉驗證折疊中表現明顯不同的誤差或精確屬性，就有不穩定性問題了，訓練中的不穩定性多半能用更好的資料與決策樹集成這類低方差模型型式補救。ALE 或 ICE 圖往往揭露出訓練資料稀疏區間預測的不穩定性，而干擾、模擬、壓力測試與對抗式樣本搜尋這類機敏分析，則可以分析出預測的不穩定性。

考慮 ML 不穩定性有兩種簡單方式：

- 當輸入資料小變動導致輸出資料大變動
- 當額外少量訓練資料導致再訓練時模型有極大差異

若用這些技術探測反應曲面或決策邊界，發現預測飄忽不定，或是 ALE 或 ICE 曲線上下波動，尤其在高或低區段特徵值，也有不穩定問題。此類不穩定性，通常混合約束與正規化。第 8 章範例程式碼可瞭解這些補救做法。

洩漏

訓練、驗證與測試資料分割區間的資訊洩漏，發生在資訊從驗證與測試區間外洩至訓練區間時，會導致過度樂觀的錯誤率與準確度量測。會發生洩漏的理由很多，包括：

特徵工程

　插補或主成分分析這類特徵工程技術若使用不當，可能會用來自驗證與測試資料的資訊，污染訓練資料。為避免這類洩漏，對整個訓練資料分割區執行特徵工程要始終如一，但各自獨立。或確保插補的平均數與眾數這類資訊在訓練資料裡計算，再套用至驗證與測試資料上，反之不然。

不當處理時序資料

　不要用未來預測過去。多數資料或多或少與時間有關，無論是時間序列資料這樣的顯性或其他隱性相關。以隨機樣本不當處理或破壞這種關係，是常見的洩露原因。若處理時間為主的資料，就必須在建構模型驗證規劃時把時間用上。多數基礎規則是最早期資料應在訓練分割區裡，而後期資料應依時間分割到驗證與測試分割區。可靠又免費的時序預測最佳實作資源是教科書《Forecasting:Principles and Practice》（OTexts）（*https://oreil.ly/R2y6N*）。

多恆等實體

　有時相同的人、財務或計算交易，或是其他已建立模型實體，會處於多重訓練資料分割區。發生這狀況時，必須留意確保 ML 模型不要記憶這些個體的特性，接著將這些特定個體模式套用到新資料的不同實體上。

保持一個未變更、具時間意識的保留資料集給現實世界效能誠實評估，有助於解決這些相異的洩漏問題。若在這類保留資料集裡的錯誤率或準確度看起來比資料開發的分割區還糟糕太多，就可能有洩漏問題。涉及堆疊、閘道或拉霸的更複雜模型建立規劃，讓洩漏更難以預防與偵測。不過，基本經驗法則依然適用：不要使用涉及學習或模型選擇的資料，進行實際效能評估。使用堆疊、閘道或拉霸意即需要更多保留資料，以便這些複雜模型不同階段猜測體內品質的精準度。更常見的控制則像是仔細記錄資料驗證規劃，而部署中的模型控制也是所有 ML 系統的必要手段。

迴圈輸入

隨著 ML 系統廣泛併入數位成果，或成為大型決策支援成果的一部分實作，多個資料驅動系統常會相互影響。這種狀況下，就會發生誤差傳播與回饋迴路問題。誤差傳播發生時機在一個系統的少量錯誤導致或放大另一系統的錯誤。回饋迴路則是 ML 系統方式對了但失敗。回饋迴路的例子有預測性警務導致特定鄰里的過度警務，或是就業演算法持續推薦正確但非多元性的候選人，惡化就業多樣性問題。系統間的相依性必須記錄且部署模型必須被監控，如此一來除錯任務才能偵測誤差傳播或回饋迴路問題。

過度擬合

複雜 ML 演算法記住太多來自訓練資料的特定資訊，但沒有學到能用於部署後的充份可概括概念就會發生過度擬合，這多半是由高變異模型導致，或是模型對手邊資料來說太複雜。過度擬合通常表現方式是訓練資料效能極度優於驗證、交叉驗證與測試資料分割區。由於過度擬合無所不在，有太多可能解決方案可用，不過大多涉及減少所選模型的變異數。解決方案舉例如下：

集成模型

集成技術，尤其是自助重抽總合法（bagging）與梯度提升法，是降低單一高變異數模型誤差的知名方法。所以面臨過度擬合時，可以嘗試在這些集成法擇一。必須謹記，從一個模型轉換成許多模型時，可以降低過度擬合與不穩定性，但還是有可能損失可詮釋性。

降低架構複雜度

神經網路擁有太多隱藏層或隱藏單位。集成模型有太多基礎學習者。樹狀太深。若覺得觀察到過度擬合，就會降低模型架構複雜度。

正規化

正規化，指的是降低 ML 模型中強度、複雜度或學習法則或參數數量的眾多設計精良的數學方法。事實上，多數模型型態如今已整合許多正規化選項，所以確保套用這些選項降低過度擬合的可能性。

簡化假設模型系列

有些 ML 模型會比其他開箱即用的模型複雜很多。若神經網路或 GBM 看起來過度擬合，可以嘗試較不複雜的決策樹或線性模型。

過度擬合通常被視為 ML 的致命弱點。雖然這是最常遇到的問題之一，但它也正是從安全與效能觀點考量的眾多可能技術性風險之一。隨著 ML 系統日趨複雜，過度擬合就像洩漏一樣更難偵測。永遠維持一份未變更的保留資料集給部署前的現實世界效能評估。也必須套用驗證規劃紀錄、模型監控與即時資料模型 A / B 測試這類一般控制，防止過度擬合。

捷徑學習

當複雜 ML 系統認為正在學習針對某主題做出決策時，例如肺部異常掃描或反常工作面試表現，就會發生捷徑學習，但它其實是學習一些簡化的相關概念，像是機器識別編號或 Zoom 視訊電話的背景。捷徑學習往往受到訓練資料的錯亂概念、缺乏建構效度與無法適當考量與記錄假設與限制所引發。利用可解釋模型與可解釋 AI 技巧，可以瞭解學習導入模型決策的機制，確保瞭解 ML 系統做出合乎科學有效決策的方法。

擬合不足

若告訴我們一組資料的統計，或許會好奇這個統計建立在多少資料基礎上，與是否這些資料品質足以信任。若說擁有數百萬、好幾十億甚至幾兆的統計可供考量呢？它們需要非常多資料，讓案例所有統計變得有意義。就像平均值與其他統計資料，ML 模型裡每個參數或規則都是從資料學習。大型 ML 模型需要非常多資料，才能學到足以讓百萬、數十億或兆學到的機制有意義。

擬合不足會出現在複雜 ML 演算法沒有足夠的訓練資料、約束或其他輸入資訊的狀況，只會從訓練資料學到少數可概括概念，但規格不足以部署。可透過訓練與驗證資料的糟糕效能診斷出來。另一個擬合不足證據，是模型殘差是否顯然比隨機雜訊更結構化。這表示資料裡有意義的模式沒有被模型偵測出來，這也是檢查殘差進行模型除錯的另一個理由。我們可以降低模型複雜度緩解擬合不足，若提供更多訓練資料就更完美。還有其他方式可提供更多輸入資訊，像是新特徵、貝氏先驗套用到模型參數分佈，或各種架構性或最佳化約束。

規格不足

四十位研究人員最近發表了「規格不足為現代機器學習可信度帶來的挑戰」（*https://oreil.ly/Da9g0*）。這份文獻為這個存在數十年的問題定下名稱：**規格不足**。規格不足起源於優良模式多重性的核心 ML 概念，有時也稱為羅生門效應。對任何既定資料集而言，有許多精準 ML 模型。有多少？多到超越人類技術人員在多數案例能理解的程度。即便試圖在訓練期間使用驗證資料從眾多模型中選擇最優模型，但以驗證為基礎做的選擇，不夠強到足以掌控確保挑選的是可部署的最佳模型，甚至是可提供服務的模型。假設對某些資料來說，有一百萬筆以訓練資料為基礎完全良好的 ML 模型，與大量可能的假設模型。以驗證資料做選擇，可能將資料數量切除到總共一百個模型池。就算是這樣的極簡場景，依然只有百分之一的機會挑到對的模型部署。要怎麼增加機率？將領域知識注入 ML 模型。將驗證為基礎的模型選擇，結合以領域為根據的限制，為手邊任務挑選可用模型時就有更多更好的選擇。

幸好，有直接方式測試規格不足。規格不足的主要症狀就是依賴計算超參數的模型效能，與領域、資料或模型結構無關。若模型效能因隨機種子、執行緒或 GPUs 數量，還是其他計算設定而呈現差異，模型就可能規格不足。另一種規格不足測試說明見圖 3-1。

圖 3-1 針對樣本訓練資料與模型整個重要區段的幾個錯誤率與準確度量測。由重要特徵 PAY_0 較高值定義的區段，在效能上明顯移位，指出潛在規格不足的問題，可能是由於訓練資料領域的資料稀疏導致。（由 SEX 定義的整體區段效能更均等，從偏差測試觀點來看是不錯的徵兆，但絕非偏差問題考量的唯一測試）修正規格不足問題多半會將現實世界知識套用到 ML 演算法裡。這類以領域為根據的機制，包括圖形連通、單調約束、交互作用約束、beta 約束，或其他架構性約束。

本段、本章、本書探討過的錯誤，都對特定資料影響甚於其他。為了最佳化效能，針對訓練、驗證與測試或保留資料的各個不同種類區間，測試薄弱環節（效能品質）、過度擬合與擬合不足、不穩定性、分佈移位等其他議題相當重要。

本段探討的各個 ML 錯誤都會影響現實世界安全與效能。這裡所有錯誤的一致核心，是都會造成系統在體內部署時或經過一段時日後執行不如預期。無法預料的效能，導致意外失敗與 AI 意外事件。透過在此討論的潛在錯誤知識與錯誤偵測方式，確保驗證與測試效能的預估，相應於部署後效能的長期走向，預防現實世界意外事件。現在知道要找的是軟體方面、傳統評估與 ML 數學方面的問題，接下來將介紹如何透過殘差分析、機敏分析、基準模型與其他測試及監控方式，發現這些錯誤。

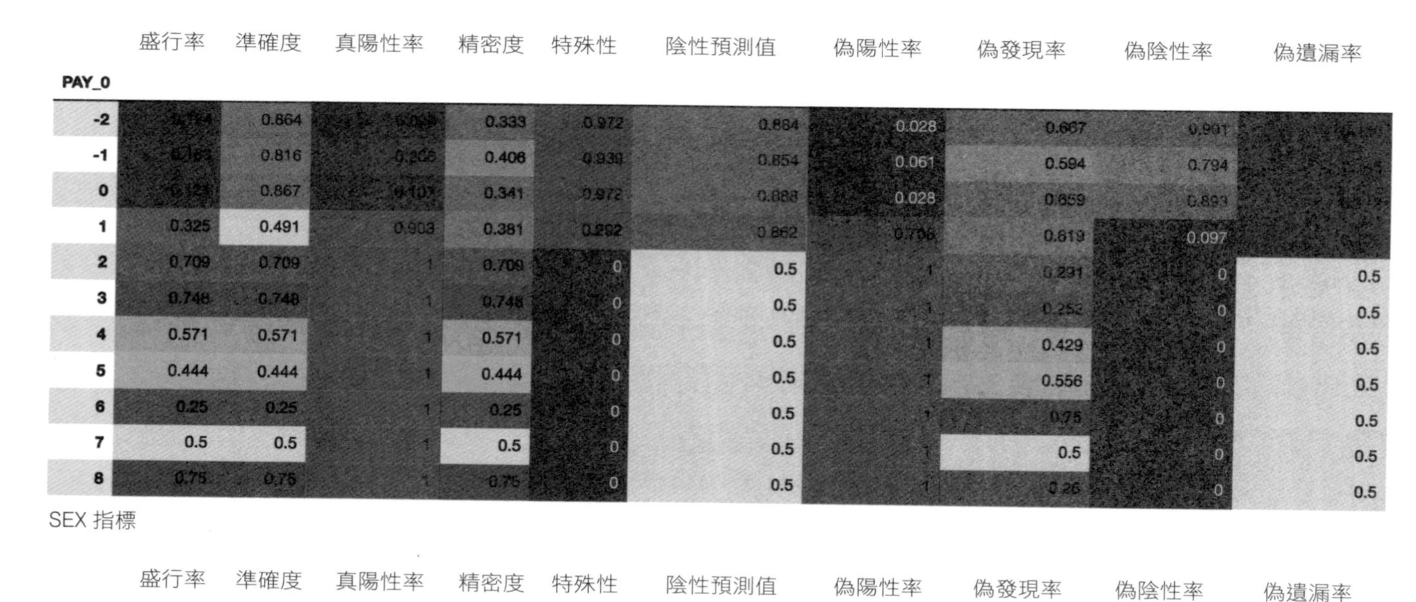

PAY_0 指標

PAY_0	盛行率	準確度	真陽性率	精密度	特殊性	陰性預測值	偽陽性率	偽發現率	偽陰性率	偽遺漏率
-2	[illegible]	0.864	[illegible]	0.333	0.972	0.884	0.028	0.667	0.901	[illegible]
-1	[illegible]	0.816	[illegible]	0.406	0.939	0.854	0.061	0.594	0.794	[illegible]
0	[illegible]	0.867	[illegible]	0.341	0.972	0.888	0.028	0.659	0.893	[illegible]
1	0.325	0.491	0.903	0.381	0.292	0.862	0.708	0.619	0.097	[illegible]
2	0.709	0.709	1	0.709	0	0.5	1	0.291	0	0.5
3	0.748	0.748	1	0.748	0	0.5	1	0.252	0	0.5
4	0.571	0.571	1	0.571	0	0.5	1	0.429	0	0.5
5	0.444	0.444	1	0.444	0	0.5	1	0.556	0	0.5
6	0.25	0.25	1	0.25	0	0.5	1	0.75	0	0.5
7	0.5	0.5	1	0.5	0	0.5	1	0.5	0	0.5
8	0.75	0.75	1	0.75	0	0.5	1	0.25	0	0.5

SEX 指標

SEX	盛行率	準確度	真陽性率	精密度	特殊性	陰性預測值	偽陽性率	偽發現率	偽陰性率	偽遺漏率
Male	[illegible]	0.782	0.626	0.531	0.63	0.879	[illegible]	0.469	0.374	0.121
Female	[illegible]	0.797	0.552	0.514	0.662	0.878	[illegible]	0.486	0.448	0.121

圖 3-1 分析整個關鍵區段的準確度與錯誤率，是偵測偏差、規格不足與其他重大 ML 錯誤的重要除錯方式。（數位、彩色版：*https://oreil.ly/URzZG*）

殘差分析

殘差分析是對 ML 模型與 ML 系統相當有效的另一種傳統模型評估。最基本，殘差分析意即從犯錯學習。這在生活中很重要，對企業 ML 系統也是。而且，殘差分析乃反覆驗證過的模型診斷技巧。本節利用範例與三種普遍適用的殘差分析技巧，將這個已被認可的專科套用到 ML 上。

我們用殘差這個字表示適當誤差量測，某種程度上算模型損失量測的同義字。我們很清楚並不是要追究 $\hat{y}_i - y_i$ 語感的嚴格定義，用這個字是為了強化重要性與殘差分析在回歸診斷的長期歷史，並強調它在一般 ML 工作流上基本不存在 。

注意，下面段落讀者會看到偏差測試使用資料集中的人口統計特徵，像是 SEX。本章大致上將範例信用借貸問題視為一般預測性模型建立的練習，不考量適用公平借貸法規。第 4 與第 10 章，深度探討 ML 偏差管理的相關問題，一併處理部分法律與法規疑慮。

殘差分析與視覺化

繪製整體與區段殘差並檢查它們是否有各種問題的示警模式，是一直以來的模型診斷技術。殘差分析可套用到 ML 演算法上，只要一點創意與努力就能大大受益。為整體資料集簡單繪製殘差會很有幫助，尤其可以指出導致極大數字誤差的偏離行列，或分析誤差的整體趨勢。然而，透過特徵與分層，分解殘差值與殘差圖可能得到更多資訊。即便擁有很多特徵，或特徵擁有許多類別等級，都無法擺脫困境。從最重要特徵，與最常見等級開始。在殘差裡尋找違反模型假設的強模式。許多殘差類型是隨機分佈，顯示模型從資料學習了所有重要資訊，除了無法分解的雜訊。若點出殘差裡可被特徵或層級分解的強模式或其他異常，就能先決定這些誤差是否因資料而起，可以利用 XAI 技術追蹤模式裡的問題。殘差分析被認為是重要線性回歸模型的標準實作。ML 模型可以說風險更高且更容易失敗，所以需要更多殘差分析。

模型化殘差

使用可詮釋模型的模型化殘差，是瞭解 ML 系統可能犯下錯誤的另一種絕佳方式。圖 3-2 中，從漏失信用卡付款消費者的較複雜模型殘差，訓練了單一、淺決策樹。

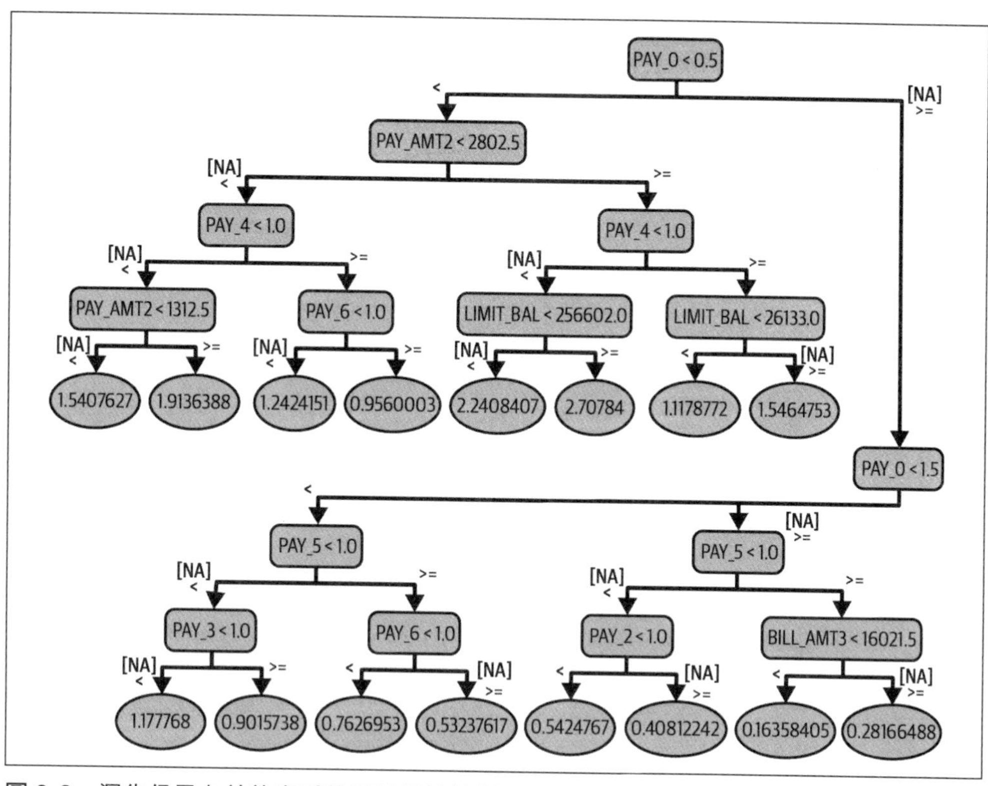

圖 3-2　漏失信用卡付款客戶的可詮釋決策樹模型

這個決策樹，編碼敘述偏複雜模型如何出錯的規則。例如，可以看到某人漏失信用卡付款，模型差生最大數值殘差，但看起來是不錯的客戶。當某個人最近償還狀態（`PAY_0`）低於 0.5、第二近期支付額（`PAY_AMT2`）大於或等於 2,802.50、第四近期償還狀態（`PAY_4`）低於 1，且信用額度大於等於 256,602，則會看到平均 2.71 的對數殘差。這是會拖垮整體效能的極大誤差率，若對已有利人口統計族群做出太多偽陰性猜測，就會衍生偏差後果。

這個決策樹的另一個有趣用法是建立模型斷定，關於模型預測的即時商業規則，可用以標記錯誤決定發生的當下。部分案例中，斷言會簡單警告模型監控者可能做出錯誤決策，或模型斷言可能涉及矯正動作，像是將此列資料派發給更特定模型或人類的案例工作者。

殘差局部貢獻

殘差繪圖與建立模型是有經驗從業人員都知道的老技巧。最近的一項突破，讓計算準確 Shapley 值貢獻給模型誤差成為可能。意即任何特徵或任何資料集行列，都能知曉哪個特徵驅動模型預測、哪個特徵驅動模型誤差。這種進展對 ML 的實質意義尚未明確，但可能性絕對令人期待。這個新 Shapley 值技術的顯然應用方式，就是比較預測的特徵重要性與殘差的特徵重要性，如圖 3-3。

圖 3-3，預測的特徵重要性顯示在上半部，以對數損失計算的模型誤差特徵重要性顯示在下半部。可以看到 PAY_0 在預測與誤差皆佔優勢，證實此模型整體上過於仰賴 PAY_0。也可以看到貢獻給誤差的 PAY_2 與 PAY_3 排名比貢獻給預測的還高。基於此，實驗丟下、置換或破壞這些特徵可能比較合理。注意，圖 3-3 聚合了 Shapley 對整體驗證資料集貢獻的對數損失。然而，這些數量是一個一個特徵一列一列計算。也可以對資料區段或人口統計群組套用此分析，為模型各類子族群偵測與補救非穩健特徵，開啟有趣的可能。

如圖 3-3 這樣的特徵重要性繪圖，只有一個特徵比重遠遠超出其他所有，對體內可靠度與安全性是相當糟糕的預兆。若單一重要性特徵分佈飄移，模型效能就會受影響。若駭客發現修改該特徵值的方式，就可以輕鬆操控預測。單一特徵支配模型，可能就需要特徵相關商業規則，而不是 ML 模型。

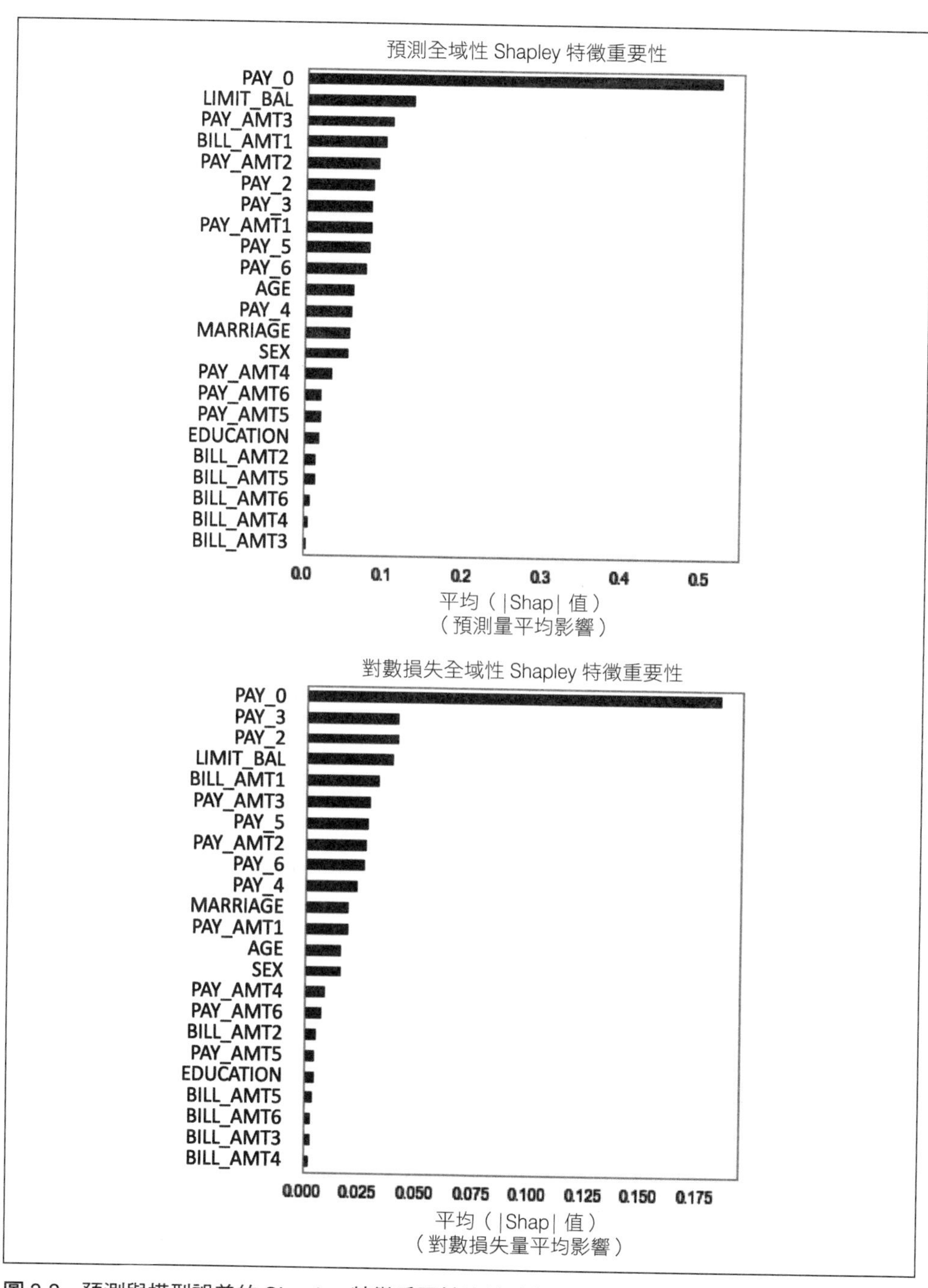

圖 3-3 預測與模型誤差的 Shapley 特徵重要性比較（數位、彩色版：*https://oreil.ly/k6nDo*）

殘差分析的短暫介紹到此結束。研究 ML 模型誤差的方式當然還有很多。若讀者偏好其他方法，就放手去做！最重要的是要為所有高風險 ML 系統進行某種程度的殘差分析。就像接下來要討論的機敏分析一樣，殘差分析也是 ML 模型除錯組合的必要工具。

靈敏度分析

不同於線性模型的是，沒有確切測試新資料，很難瞭解 ML 模型如何推斷或執行。靈敏度分析背後的構想既簡單又強大。對有興趣的場景尋找或模擬資料，再看我們的模型如何處理。事實上難以得知 ML 系統在這些場景下如何執行，除非進行基本靈敏度分析。有很多結構性且有效率的靈敏度分析改版，像是 Microsoft Research 的 InterpretML（*https://oreil.ly/zdzxX*）。靈敏度分析另一個不錯的方向，也是進階模型除錯技術不錯的起點，就是隨機攻擊，這在第 85 頁的「軟體測試」小節已討論過。壓力測試、虛擬化與對抗式樣本搜尋這類方式，也提供進行靈敏度分析的標準方式：

壓力測試

壓力測試指的是模擬代表現實對立場景的資料，像是經濟衰退或全球傳染病大流行，再確保 ML 模型與所有下游企業流程能承受這樣對立場景的壓力。

視覺化

累積局部效應圖、個體條件期望與部分相依曲線這類視覺化，是觀察 ML 演算法在所有現實或模擬輸入特徵值上的效能，知名且高度結構化的方式。這些圖也能揭露會造成模型效能薄弱環節的資料稀疏區域。

對抗式樣本搜尋

對抗式樣本指的是會引發 ML 模型意外回應的資料列。深度學習處理方式可用以產生非結構性資料的對抗式樣本，ICE 與基因演算法可用於產生結構性資料的對抗式樣本。對抗式樣本（與搜尋它們），是尋找 ML 反應函數或決策邊界，可能在部署後導致意外事件的不穩定性局部區域的好方法。讀者在圖 3-4 可以看到，對抗式樣本搜尋是讓模型充份展現效能的好方法。

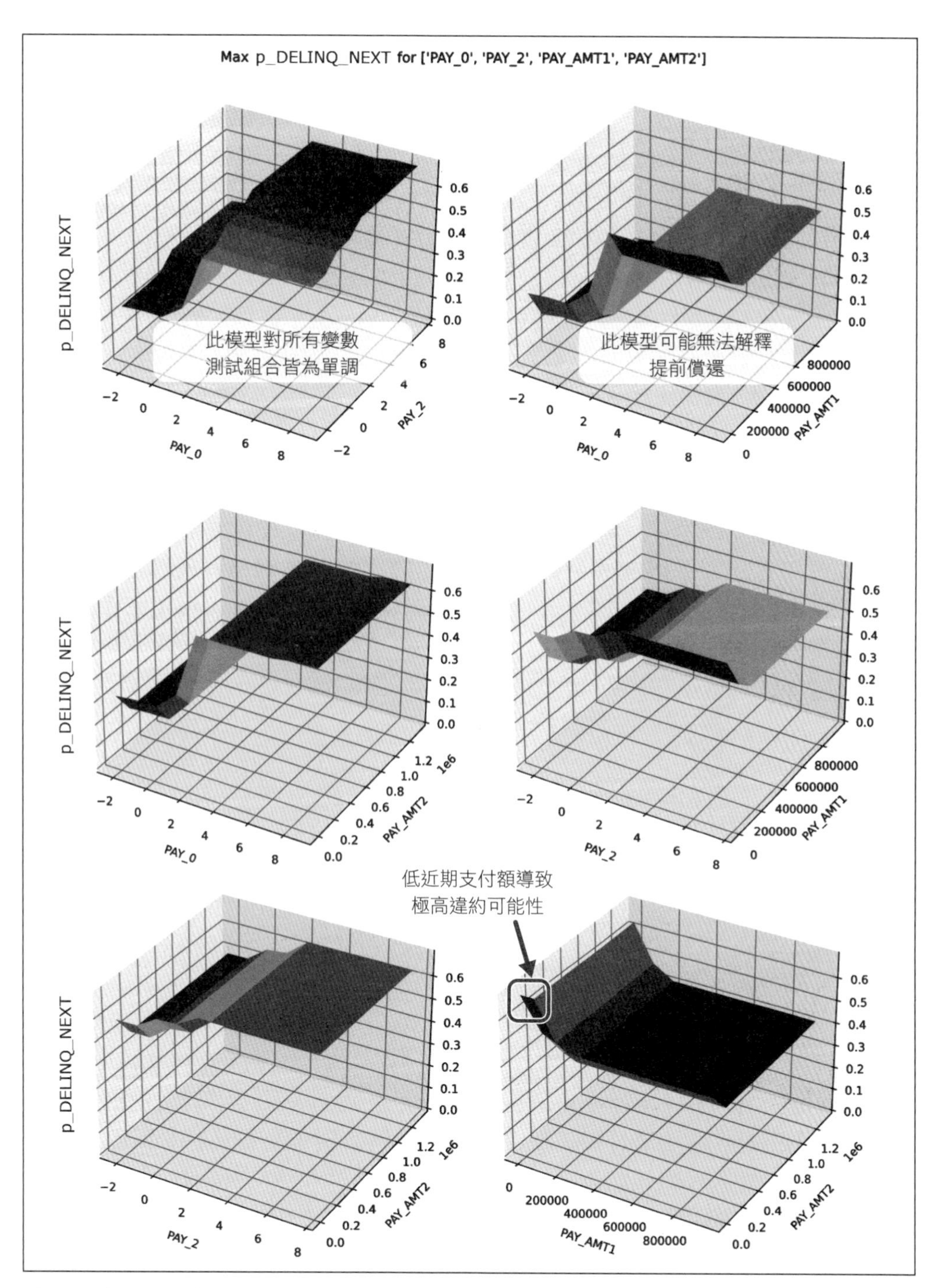

圖 3-4　揭露相關模型行為的對抗式樣本搜尋結果（數位、彩色版：*https://oreil.ly/_vTJW*）

正形處理

正形處理（*https://oreil.ly/f_Vrf*）試圖計算模型預測的經驗範圍，有助於經由模型輸出預期所建立的上下限，瞭解模型可靠度。

干擾測試

隨機干擾驗證、測試或保留的資料，模擬各種型態的雜訊與飄移，再重新量測模型效能，亦有助於建立模型穩健性的大致範圍。使用此類干擾測試，可以瞭解與記錄我們知曉會破壞模型的雜訊或飄移量。必須記得的是，干擾測試下劣質效能列通常會比平均列更快拖垮效能。仔細留意劣質效能列，瞭解它們是否以及何時會拖累整體模型效能。

圖 3-4 由首先發現的 ICE 曲線呈現預測大幅搖擺所產生。利用負責產生 ICE 曲線的資料列為種子，在該列擾動四個最重要特徵值數千次，再產生相關預測，導出圖 3-4 的眾多繪圖。對抗式樣本搜尋的第一個發現，是這個以 ICE 曲線為基礎的啟動式技術，能產生從模型引發的幾乎所有回應的對抗式樣本。我們發現許多列可靠地產生了極高與極低預測，還有之間的一切。若透過預測式 API 使用這個模型，就能巧妙操控它。

尋找所有對抗式樣本的過程中，也能從模型學習。首先，這可能多半是單調的，至少對於對抗式樣本搜尋模擬的所有行列來說絕對單調。再者，該模型對支付極端金額的人做出違約預測，即便這個人最近支付金額為一百萬美元，超出信用額度，一旦此人付款兩個月遲繳這個模型就會做出違約預測。此舉曝露出提前償還的問題。我們真的要對某人做出違約或不良行為的決定，只因為他預付了一百萬而如今最近兩個月遲繳？或許吧，但這或許不該像這個模型這樣快速或自動化做出決定。第三點，看來可能發現真正對抗式樣本搜尋的途徑。較低的近期提前償還金額，導致違約可能性急劇提升。若駭客想要從這個模型引發高可能性的違約預測，做法可能是將 `PAY_AMT1` 與 `PAY_AMT2` 值設得很低。

就像在殘差分析提到的，讀者們心裡可能有其他靈敏度分析的技術，這是好事。只要確保在 ML 模型裡套用某些型式的實際模擬測試。本章案例研究，是部署 ML 系統前疏於建構實際模型測試最糟結果的例子。在此結束靈敏度分析的簡短討論。想深入瞭解的讀者，我們推薦第 19 章 Kevin Murphy 免費開放的《Probabilistic Machine Learning: Advanced Topics》（*https://oreil.ly/mHWno*）（MIT Press）。接下來，將討論不同背景環境的基準模型，另一套通過時間考驗且常識性的模型除錯處理。

基準模型

基準模型本章已討論多次。它們是相當重要的安全與效能工具，整個 ML 生命週期都能使用。本節將討論模型除錯環境下的基準模型，也會概述其他重要用法。

在可行情況下，將 ML 模型效能與線性模型或 GLM 效能基準比較。若線性模型打敗 ML 模型，就用線性模型。

利用基準模型除錯的第一種方式，就是比較基準與討論標的 ML 系統的效能。若 ML 系統沒有勝過簡單基準——有很多不會，就回到製圖板。假定系統通過這個初始底線測試，之後就可以用基準模型作為詢問機制的比較工具，找出 ML 系統的錯誤。例如，資料科學家會問：「哪個預測是我的基準做對而 ML 系統做錯的？」對基準應有充份理解，所以應該清楚它何以正確，且這份理解應該也能提供一些線索，知道 ML 系統何以做錯。基準還能用於再現性與模型監控：

再現性基準

變更複雜 ML 系統前，一定要具備量測效能得失的再現性基準。再現性基準模型是此類量測任務的理想工作。若這個模型可成為 CI/CD 程序的一部分更好，因為如此便能自動化再現性測試，比將新系統變更與既定基準比較。

除錯基準

將複雜 ML 模型機制與預測，與受信任且廣為人知的基準模型機制及預測做比較，是有效率點出 ML 問題的方式。

監控基準

比較受信任基準模型與複雜 ML 系統的即時預測，是即時抓出 ML 錯誤的方式。若受信任基準模型與複雜 ML 系統，對新資料相同實例給出顯然不同的預測，可能就是 ML 遭駭、資料飄移，甚至偏差與演算法歧視的信號。這種情況下，可發出基準預測取代 ML 系統預測，或者扣留預測直到人為分析決定 ML 系統預測是否有效。

切記，除錯技術常是不可靠的統計或 ML 處理方式，可能必須再自行調整。

若基準設置得當，有可能這三種任務能使用相同模型。基準可於工作開始前執行，建立提升效能的基準線，而相同模型可用於除錯與模型監控的比較。新版本系統的再現性處理優於舊版本時，處於系統核心的 ML 模型便能成為新基準。若企業組織能建置此類工作流程，就能基準化並重複執行提升 ML 安全與效能的方式。

補救：修正錯誤

除錯最後一步就是修正錯誤。上一節已概述測試策略、需留意錯誤與幾個特殊修正方式。本小節將概述常見 ML 錯誤修正處理方式，並討論如何套用在樣本除錯場景上。ML 模型除錯期間可考慮的常見策略如下：

異常偵測

奇怪的輸入與輸出，對 ML 系統來說通常不是好事。這些可能是即時安全性、偏差或安全與效能問題的證據。監控 ML 系統資料佇列與預測是否異常，記錄異常的發生，在必要時警告利益相關人這些狀況的存在。

有許多規則主導、統計與 ML 的技術，可用來偵測看不見的資料佇列裡的異常。這些技術包括資料一致性約束、信賴限制、控制限制、自動編碼與孤立森林。

實驗設計與資料增強

蒐集較佳資料，通常能解決 ML 錯誤，而且，資料蒐集不見得要以試誤的方式，或讓資料科學家為了選擇訓練資料，必須仰賴耗盡其他組織流程副產品的資料。資料從業人員數十年來使用成熟的實驗設計（DOE）科學，確保蒐集正確資料種類與數量進行模型訓練。認為「巨量」資料無所不能的傲慢，與過度壓縮部署時間線，是資料科學家不實行 DOE 最常見的原因。很遺憾，這些都不是忽略 DOE 的科學理由。

模型斷定

模型斷定是將商業規則套用到 ML 模型預測中，修正學習型 ML 模型的缺點。利用商業規則改善預測模型是歷史悠久的補救技術，可能還會用上好幾十年。若有一個簡單、有邏輯的規則，套用後可修正可預見的 ML 模型失誤，那就用它。預測分析領域最佳從業人員與企業組織數十年來都使用這個技巧。

模型編輯

由於 ML 模型屬於軟體，軟體產物可以編輯，修正任何發現的錯誤。某些模型，像是 GA2Ms 或可解釋增加機（EBMs）就是設計成可以為了模型除錯進行編輯。其他型態模型可能需要發揮創意編輯。無論哪種方式，都必須合乎領域專業考量進行編輯，因為很有可能讓訓練資料的效能更糟。ML 模型是朝著更低錯誤率的方向最佳化。若編輯這個高度最佳化結構，讓領域內效能更好，可能會惡化傳統評估統計。這沒問題，比起電腦模擬測試錯誤率，我們更關心體內安全性、穩健性與可靠度。

模型管理與監控

ML 模型與安置它們的 ML 系統都是動態實體，必須在資源允許範圍內監控。所有關鍵任務 ML 系統皆應完整記錄、詳列清單，以及對安全性、偏差與安全及效能問題即時監控。一旦事情開始出錯，利益相關人必須儘快收到警告。第 106 頁的「部署」小節詳述了模型監控處理。

單調與交互作用約束

許多 ML 錯誤的發生是由於 ML 模型太有彈性，因為從有偏差的與不準確的訓練資料學習而變得不受現實控制。以現實世界知識約束模型，是幾種 ML 問題型態的常見解決方案。像 XGBoost 這類受歡迎的單調與交互作用約束工具，有助於 ML 從業人員強化複雜 ML 模型的邏輯性領域假設。

雜訊注入與強正規化

許多 ML 演算法附有正規化選項。然而，若 ML 模型過份強調某個特徵，可能就必須套用強化或延伸正規化。L0 正規化可以用來直接限制模型規則或參數數量，必要時，手動雜訊注入也可以用來破壞來自某個特徵的信號，弱化它們在 ML 模型裡的任何過度重要性。

科學方法

資料科學家、ML 工程師、他們的管理者與商業夥伴間的確認偏差，通常以電腦模擬測測試資料評估假設與限制為基礎，合力將仍未成熟的展示品推出成為產品。若能遵循科學方法，記錄現實世界結果的假設，並客觀地以設計過的實驗測試這些假設。比較有機會實現體內成功的目標。第 12 章有更多在 ML 裡套用科學方式的想法。

普遍而言，ML 更偏向經驗科學而非工程紀律。我們尚未通盤瞭解 ML 何時運作得當與可能失敗的所有方式，尤其是在體內部署的時候。意即必須套用科學方法，並避免確認性偏差這類問題，才能在現實世界獲得好結果。單使用正確軟體與平台，且依循工程最佳實作，不代表模型就會順利運作。

關於模型除錯詳細內容，以及樣本資料與模型，都在第 113 頁的「資源」小節。目前對模型除錯的瞭解暫時足夠，是時候將重點轉向已部署 ML 系統的安全與效能了。

部署

當找到問題並修正後，就可以部署 ML 系統，讓它進行現實世界的決策。ML 系統較大部分傳統軟體系統更加動態。即便系統操作人員未變更任何程式碼或系統設定，結果依然會變。一旦部署，ML 系統必須檢查域內安全與效能，它們必須被監控，且必須能夠快速關閉操作。本節將含括 ML 系統部署後，如何提升安全與效能的內容：領域安全、模型監控與緊急終止開關。

領域安全

領域安全指的是現實世界的安全。此點與標準模型評估，甚或強化模型除錯全然不同。從業人員如何朝現實世界安全的目標努力？ A/B 測試與冠軍挑戰者的方法論，允許即時操作環境下某程度數量的測試。列舉可預期意外事件、實施控制處理這些潛在意外事件，以及在實際或壓力條件下測試這些控制，對體內效能的健全也相當重要。為補償無法預測的意外事件，我們對 ML 系統輸出結果套用混沌測試、隨機攻擊與手動預測限制。這裡將意外事件切割成可預測與無法預測，再深入考量兩種情況：

可預測的現實世界意外事件

模型以即時資料流，或在其他現實條件下彼此測試的 A/B 測試與冠軍挑戰者處理方式，是邁向健全域內測試的第一步。除了這些較標準的實作外，資源還應該用在領域專家與徹底考量可能的意外事件上。舉例來說，信用借貸常見故障模式就包括偏差與演算法歧視、缺乏透明度與經濟衰退時期的不良效能。其他應用——以自動駕駛車為例，就有很多意外或刻意導致的傷害。當潛在意外事件被記錄下來，便可針對最可能或最嚴重的潛在意外事件，採用安全控制。在信用借貸裡，測試模型是否偏差、透過不良行為通知向客戶解釋，以及監控模型，都能第一時間抓出效能遞減。就自動駕駛車而言，還有許多要學習，第 111 頁的「案例研究：自動駕駛車導致的死亡」小節將會說明。除了應用、安全控制也要測試，而這些測試應合乎現實，並與領域專家合作執行。談到人類安全，由資料科學家執行模擬還不夠。安全控制必須被測試並體內強化，且與深度瞭解應用領域安全性的人協同處理。

無法預測的現實世界意外事件

ML 系統與其環境間的交互作用可以很複雜又驚喜。以高風險 ML 系統而言，最好接受無法預測的意外可能發生的現實。可以試著在意外發生前，以混沌測試與隨機攻擊，補捉一部分可能的驚喜。重要的 ML 系統應該以陌生及混亂的使用案例，曝露大量隨機輸入資料測試。雖然這些測試耗時又耗資源，但它們是所謂「不知之不知」可用測試的少數工具之一。有鑑於沒有測試機制能補捉所有問題，對系統套用常識預測限制也是理想做法。舉例來說，高額貸款或利率，不應該在毫無人為監督下發放。也不應該允許自動駕駛車以極高速度遊走而沒有人為干預。有些動作現在就是不該純自動，而預測限制是實行這類控制的方式之一。

領域安全另一個關鍵層面，是瞭解是否發生問題。有時小問題可以在發展成有害的意外事件前發現。要儘快補捉問題，就必須監控 ML 系統。若偵測到意外事件，就必須啟動事件應變計畫或緊急終止開關。

安全機器學習系統的特性

為確保 ML 系統與實體世界以安全的方式互動，可採取的一些重要手段：

避開過去已無效的設計

導致對人類或環境造成傷害的 ML 系統，不應再度實施，而是應該研究它們的失敗，改善未來相關系統的安全條件。

意外事件應變計畫

人類操作者應知曉安全意外事件發生時該做什麼。

域內測試

由資料科學家執行測試資料評估、模擬與除錯仍不足以確保安全。系統應由領域與安全專家在現實的體內條件下測試。

緊急終止開關

監控發現有風險或危險的狀況時，系統應能夠快速遠端關閉。

手動預測限制

操作人員應在適當之處設定系統行為限制。

即時監控

當系統進入有風險或危險狀態時，應對人類發出警告，且緊急終止開關或冗餘功能性應快速（或自動）實施。

冗餘

執行安全或關鍵任務活動的系統，應在意外事件發生或監控指出系統進入風險或危險狀態之際，備妥冗餘功能。

模型監控

這個主題本章已提及多次，重要的 ML 系統一旦部署就必須監控。本節著眼於模型監控的技術層面，概述模型衰減、穩健性與概念飄移問題、如何偵測並處理飄移，以及監控期間量測多個關鍵效能指標的重要性，還會簡短強調幾個重要的模型監控概念。

模型衰減與概念飄移

無論名稱為何，資料進入 ML 系統就有可能飄離被訓練系統裡的資料。輸入值分佈經過一段時間的改變，有時被稱為*資料飄移*。試圖預測的統計性質也會飄移，有時特指為*概念飄移*。COVID-19 危機可能是這種現象的歷史性絕佳樣本之一。疫情最嚴重時期，消費者行為可能急速轉為更加謹慎，緊接著的就是延遲付款與信用違約分佈的整體變化。經歷這種移轉相當痛苦，會反撲嚴重破壞 ML 系統準確度。值得留意的一點是，有時我們會因為忍不住*標籤外使用* ML 模型，而自行造成概念飄移問題。

輸入資料與預測都可以飄移。兩種飄移都能監控，也都可能是也不是直接相關。當效能降級而沒有顯著的輸入飄移，就可能是因現實世界概念漂移而起。

偵測與處理飄移

偵測飄移的最佳方式是監控即時資料（包括輸入變數與預測）的統計性質。適切將機制安放在適當位置監控統計性質後，就可以設定警示或警報，在發生值得留意的飄移時通知利益相關人。測試輸入通常是開始偵測飄移最簡單的方式。因為有時真實資料標籤，例如與 ML 系統預測相關的真實輸出值，一直都無法得知。相對來說，每當 ML 系統必須產生預測還是輸出時，輸入資料值都能馬上使用。因此，若當下輸入資料屬性不同於訓練資料屬性，可能就有問題。檢視 ML 系統輸出是否飄移會更難，因為無法立即得到當下必須比較的資訊與訓練品質。（想想抵押貸款違約與線上廣告：違約發生的速度不會像點擊線上廣告。）監控預測的基本概念是即時檢視預測，尋找飄移與異常，可能使用統計測試、控制限制，以及規則或 ML 演算法這類方法論捕捉異常值。當已知結果可用，測試模型效能是否降級，並快速且頻繁持續偏差管理。

處理難以避免的飄移與模型衰減，知名策略如下：

- 使用含一定數量新資料的延伸訓練資料，更新 ML 系統
- 頻繁更新或重新訓練 ML 系統
- 偵測出飄移時更新或重新訓練 ML 系統

應特別注意，以任何型式重新訓練已上線 ML 模型，都應該取決於本章與本書探討過的風險緩解技術，就像套用在初始的 ML 系統訓練應該做的那樣。

監控多個關鍵效能指標

很多模型監控的探討，都將重點放在以模型準確度為主要關鍵效能指標（KPI）。然而，偏差、安全性弱點與隱私危害可以也應該被監控。得到新的已知結果時，可以套用在訓練時期完成的相同偏差測試。第 5 章與第 11 章探討許多可用以偵測破壞系統安全或隱私惡意活動的其他策略。如果做得到，或許必須量測的關鍵 KPI 是 ML 系統的實際影響。無論是儲蓄或創造收入，還是拯救生命，量測想要

的結果與 ML 系統實際值，都能帶來重要的組織性見解。賦與貨幣或其他價值給分類問題中的混淆矩陣單位，與回歸問題的殘差單位，是邁向評估實際商業價值的第一步。參考第 8 章評估商業價值的基本範例。

超出範圍的值

訓練資料不可能涵蓋 ML 系統部署後可能遭遇的所有資料。大部分 ML 演算法與預測功能無法妥善處理超出範圍的資料，可能只是簡單發出均值預測或直接崩潰，而且這麼做的同時不會通知應用軟體或系統操作人員。ML 系統操作人員應具體安排如何處理訓練期間不曾遭遇的超額數位值、罕見分類值或漏失值這類資料，如此 ML 系統才能在遇到超出範圍的資料時正常操作並警告使用者。

異常偵測與基準模型

異常偵測與基準模型結束本節模型監控的技術探討。這些主題除了本章他處已有討論，也在這裡以監控為前提簡單說明：

異常偵測

ML 系統裡的陌生輸入或輸出值，可指出穩定性問題或安全與隱私弱點。使用統計、ML 與商業規則，監控輸入 / 輸出與整個 ML 系統的異常行為是做得到的。記錄所有這類偵測到的異常，向利益相關人回報，接著準備好必要時候採取更激烈的行動。

基準模型

讓較簡基準模型與 ML 系統預測比較成為模型監控的一部分，有助於幾乎即時捕捉穩定性、公平性或安全性異常。基準模型應該更穩定，容易確認極細微歧視且應更難破壞。為新資料計分時，一併使用高透明度基準模型與較複雜 ML 系統，再針對即時可信任基準預測比較 ML 系統預測。若 ML 系統與基準間存在差異高於合理門檻，就回到發出基準模型預測，或傳送資料列再檢視。

無論是新資料超出範圍值、令人失望的 KPI、飄移或異常，這些即時問題決定了 AI 意外事件的發展。若監控偵測到這些問題，下意識動作就是關掉系統。下一節處理的正是這個議題：ML 系統的緊急終止開關。

緊急終止開關

緊急終止開關很少是單一開關或 scripts，比較會是綁在一起的整套商業與技術程序，將 ML 系統關閉到可能的程度。按下所謂的緊急終止開關前有很多需要考量。ML 系統輸出通常會餵給下游商業程序，有時還包括其他 ML 系統。這些系統與商業程序可能是關鍵任務，例如用於信貸承保或電子零售支付驗證的 ML 系統。要關掉 ML 系統，不只需要正確的技術專業與個人能力，還需要瞭解系統在浩瀚企業程序內部所處定位。AI 意外事件存續期間，絕不是開始考慮關掉致命錯誤 ML 系統的好時機。緊急終止程序與緊急終止開關是 ML 系統文件紀錄與 AI 意外事件應變計畫的重要補充（見第 1 章）。以此行事，到了需要緊急關閉系統的時機，企業就能準備好做出快速又充分知情的決策。希望我們永遠不要處於必須按下 ML 系統緊急終止開關的形勢，只是不幸地 AI 意外事件近幾年越來越常見。當技術補救方式伴隨文化能力與商業程序一起進行風險緩解，ML 系統的安全性與效能就會提升。不套用這些控制，就可能發生憾事。

案例研究：自動駕駛車導致的死亡

2018 年三月 18 日的夜晚，Elaine Herzberg 牽著自行車橫越亞歷桑那坦佩的十字路口。在這個已然成為最受矚目的 AI 意外事件中，她被時速約 40 英哩的自動 Uber 測試車撞到。根據美國國家運輸安全委員會（NTSB）的說法，該測試車駕駛有義務在緊急狀況下對汽車採取控制，但被智慧手機分心了。自動駕駛的 ML 系統無法拯救 Ms. Herzberg。這個系統直到撞擊前 1.2 秒才認出她，但為時已晚無法阻止這個猛烈的衝撞。

不良影響

自動駕駛車被認為比時下人類操作的汽車更安全。雖然涉及自動駕駛車的不幸事件不多，但 ML 自動化駕駛，尚未實現讓道路更安全的最初諾言。NTSB 的報告指出（*https://oreil.ly/2nEOv*），Uber「系統設計沒有考量到不遵守交通規則的行人。」報告還批評該公司鬆散的風險評估與粗糙的安全性文化。此外，就在坦佩意外事件前幾天，Uber 員工對於之前 18 個月內的 37 起撞車事件與測試汽車常見問題提出重大隱憂。因坦佩撞車之故，Uber 的自動駕駛車測試在四個其他城市被叫停，美國與加拿大當地政府開始重新審查自動駕駛車測試的安全性協定。駕駛被指控過失殺人。Uber 被免除刑事責任，但與死者家屬達成金錢和解。坦佩市與亞歷桑納州也遭 Ms. Herzberg 家人起訴，各索賠 1,000 萬美元。

毫無準備法律制度

要留意的一點是，美國的法律制度對 AI 意外事件的實際情況措手不及，可能讓員工、消費者與一般大眾，對身邊運作的 ML 系統所帶來的特殊危害毫無防備。歐盟議會提出 ML 系統責任制，主要是為了預防大型科技企業逃脫未來意外事意應承擔的後果。在美國，聯邦 AI 產品安全性法規的所有規劃都還處於初步階段。過渡時期，AI 安全意外事件個案可能由缺乏 AI 意外事件教育與處理經驗的下級法庭裁決，讓手握無限法律資源的科技巨擘與其他 ML 系統操作者，可以欺壓捲入複雜 ML 系統相關意外事件的個人。即便對公司企業與 ML 系統操作者來說，這樣懸而未決的法律仍不盡理想。雖然缺乏法規，似乎對擁有多數資源與專業的一方有利，但這讓 AI 意外事件結果的風險管理與預測更加困難。

無論如何，未來世代的人都會批評我們，粗糙地允許涉及許多資料科學家及其他高薪專業人員與高層、首例 AI 意外事件的刑事責任，僅由所謂自動駕駛車的安全駕駛獨自承擔。

經驗傳承

從本章與先前章節，哪些經驗傳承可以套用到這個案例上？

第一課：文化很重要。

> 成熟的安全文化是廣泛風險控制，將安全性帶到設計與實施作業最前線，挑出程序與技術遺漏的冷僻狀況裡疏漏之處。從上一代改變生活的航空與核能這類商業技術學到許多的 Uber，應該有更成熟的安全文化能預防這種意外事件，更何況就在撞車前幾天，還有員工提出重大隱憂。

第二課：減少可預見的故障模式。

> NTSB 的結論是，Uber 軟體未明確將違反交通規則的行人視為故障模式。任何駕駛車輛周圍有行人的駕駛，應能輕鬆預見這樣的問題，所有自動駕駛車皆應對此做好準備。ML 系統通常沒有準備好面對意外事件，除非人類工程師要求準備。這個意外事件告訴我們，沒有進一步做好這些準備會發生什麼事。

第三課：在運作領域測試 *ML* 系統

> 撞車事故後，Uber 停止並重設其自駕車專案。經過改善，現在已能透過模擬顯示，新軟體會在撞擊前四秒開始切斷電路。為何 2018 年三月撞車前，不用這種相同域內模擬，進行可如此輕鬆預見的違規行人現實測試？大眾可能永遠無法知道。但列舉故障模式並在現實場景測試，可以讓企業組織免於回答這種討厭的問題。

另一個可能的收穫是，不僅要考量 Uber 撞車這種意外故障，還要思考針對 ML 系統的惡意攻擊與 ML 系統濫用於暴力行為。恐怖份子之前曾將摩托車改成死亡武器，這就是已知故障模式。自動駕駛車，及駕駛輔助功能必須採取預防措施，預防駭客攻擊與暴力引發的後果。無論是意外事件還是惡意攻擊，AI 意外事件無疑會殺害更多人。期望政府與其他企業組織能謹慎處理 ML 安全，讓未來這類令人傷心的意外事件降到最低。

資源

進階閱讀

- 「A Comprehensive Study on Deep Learning Bug Characteristics」（*https://oreil.ly/89R6O*）
- 「Debugging Machine Learning Models」（*https://oreil.ly/685C3*）
- 「Real-World Strategies for Model Debugging」（*https://oreil.ly/LvrLk*）
- 「Safe and Reliable Machine Learning」（*https://oreil.ly/mLU8l*）
- 「Overview of Debugging ML Models」（*https://oreil.ly/xZGoN*）
- 「DQI: Measuring Data Quality in NLP」（*https://oreil.ly/aa7rv*）
- 「Identifying and Overcoming Common Data Mining Mistakes」（*https://oreil.ly/w19Qm*）

範例程式碼

- Basic sensitivity and residual analysis example（*https://oreil.ly/Tcu65*）
- Advanced sensitivity analysis example（*https://oreil.ly/QPFFx*）
- Advanced residual analysis example（*https://oreil.ly/Poe20*）

第四章

機器學習偏差管理

管理機器學習系統中偏差造成的危害，指的不只是資料、程式碼和模型。模型平均效能品質，也就是資料科學家被教導評估模型好壞的主要方式，與是否造成現實世界偏差危害關係不大。完全準確的模型可能引發偏差危害。更糟的是，所有 ML 系統都會呈現某種程度的偏差，偏差意外事件會出現在一些最常見的 AI 意外事件中（見圖 4-1），商業程序中的偏差多半會有法律責任，ML 模型偏差會傷害現實世界的人。

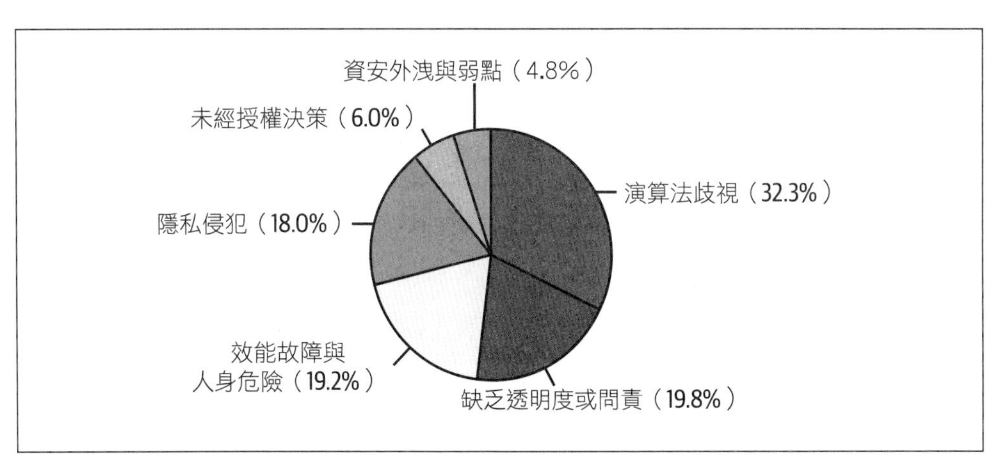

圖 4-1　以 1988 年至 2021 年 1 月 1 日期間，169 份公開報告的意外事件品質分析為基礎，各類型 AI 意外事件的發生率。

本章將介紹偵測與緩解社交技術型式偏差的處理方式，至少盡實作技術人員的最大能力。意即將試圖理解在廣泛社會背景環境下何以存在 ML 系統偏差。為何這麼做？所有 ML 系統都是社交技術。我們知道一開始很難相信，所以來想想一個範例：用來預測物聯網（IoT）應用感應器失敗的模型，僅使用來自其他自動感應器的資訊。這個模型可能已接受人類訓練，或由人類決定模型需要訓練。模型產生的結果可用於通知新感應器下單，此舉會影響相關製造廠，或修復與置換故障感應器的就業狀況。最後，若預防性維護模型故障，會危及與該系統互動的人。對於每個能想像得到、看似純粹的技術性例子，顯然像 ML 這類決策制定技術，若不以某種方式與人類互動就不存在。

這代表對 ML 系統的偏差而言，沒有純然技術的解決方案。若讀者想直接跳到偏差測試與偏差補救的程式碼，請見第 10 章。不過我們不建議這麼做，因為會錯過許多何謂偏差與如何以生產力的方式考量偏差等重要資訊。本章一開始將以幾個不同的權威來源定義偏差，接著是如何識別自有認知偏差會影響建置的 ML 系統，或使用者詮釋的結果。之後，本章廣泛概述 AI 偏差意外事件裡會受傷害的人，以及他們會經歷哪種危害。在此，將說明測試 ML 系統偏差的方法，並討論使用技術與社交技術方式兩種方式緩解偏差。最後，將以 Twitter 影像裁切演算法案例研討，結束本章。

雖然偏差管理某些層面必須針對模型特定架構調整，但大部分偏差管理並非模型專屬。本章許多想法，尤其是參考 NIST SP1270 偏差指南與 Twitter Bias Bounty 的部分，都能套用在各種設計精良的 AI 系統上，像是 ChatGPT 或 RoBERTa 語言模型。若讀者想瞭解這方面實作，可參考 IQT Labs 的 RoBERTa 稽核（*https://oreil.ly/3hs_6*）。

NIST AI RMF 對照表

章節	NIST AI RMF 子類別
第 126 頁「系統偏差」	MAP 1.6、MAP 2.3、MEASURE 2.11
第 126 頁「統計偏差」	MAP 2.3、MEASURE 2.6、MEASURE 2.11
第 127 頁「人類偏見與資料科學文化」	GOVERN 3.2、MAP 1.1、MAP 2.3、MEASURE 2.11

章節	NIST AI RMF 子類別
第 128 頁「美國 ML 偏差的法律觀念」	GOVERN 1.1、GOVERN 1.2、GOVERN 1.4、GOVERN 2.2、GOVERN 4.1、MAP 1.1、MAP 1.2、MEASURE 2.11
第 131 頁「誰容易遭受 ML 系統偏差對待」	GOVERN 1.2、GOVERN 1.4、GOVERN 5、MAP 1.1、MAP 1.2、MAP 1.6、MAP 2.2、MAP 3、MAP 5、MEASURE 1.3、MEASURE 4、MANAGE 2、MANAGE 4
第 133 頁「人們經歷的傷害」	GOVERN 1.2、GOVERN 1.4、GOVERN 5、MAP 1.1、MAP 1.2、MAP 1.6、MAP 2.2、MAP 3、MAP 5、MEASURE 1.3、MEASURE 4、MANAGE 1.4、MANAGE 2、MANAGE 4
第 135 頁「測試資料」	MEASURE 1.1、MEASURE 2.1
第 137 頁「傳統處理方式：等效結果測試」	GOVERN 1.1、GOVERN 1.2、GOVERN 1.4、GOVERN 4.3、GOVERN 6.1、MAP 2.3、MAP 4、MEASURE 1、MEASURE 2.1、MEASURE 2.6、MEASURE 2.11、MEASURE 4.2
第 141 頁「新思維：等效執行效能品質測試」	GOVERN 1.2、GOVERN 1.4、GOVERN 4.3、GOVERN 6.1、MAP 2.3、MAP 4、MEASURE 1、MEASURE 2.1、MEASURE 2.6、MEASURE 2.11、MEASURE 4.2
第 143 頁「即將發生：廣泛 ML 生態系統測試」	GOVERN 1.2、GOVERN 1.4、GOVERN 4.3、GOVERN 6.1、MAP 2.3、MAP 4、MEASURE 1、MEASURE 2.1、MEASURE 2.6、MEASURE 2.11、MEASURE 4.2、MANAGE 3.2
第 148 頁「緩解偏差中的技術因素」	MAP 2.3、MANAGE
第 148 頁「科學方法與實驗設計」	MAP 1.1、MAP 2.3
第 153 頁「緩解偏差中的人類因素」	GOVERN 2.1、GOVERN 3、MAP 1.1、MAP 1.6、MAP 2.2、MAP 2.3、MEASURE 3.2、MEASURE 3.3、MANAGE 1、MANAGE 2.1、MANAGE 2.2、MANAGE 3、MANAGE 4.2、MANAGE 4.3

適用的 AI 可信任度特性包括：可管理偏義、透明度與問責、有效與可靠

- 參閱：
  - 「識別與管理 AI 偏差的相關標準」（*https://oreil.ly/8kpf5*）
  - 完整對照表（非官方資源）（*https://oreil.ly/61TXd*）

ISO 與 NIST 的偏差定義

國際標準組織（ISO）在「統計學：字彙與符號 - 第一部分」將偏差定義為「參考值偏離事實的程度」（*https://oreil.ly/YYv4W*）。這是偏差的常見概念，但偏差其實是一種既複雜又非均質的現象。而且，所有實例多少都帶有點系統性偏離事實。就決策制定任務而言，偏差的型式很多。因膚色黑色素程度而拒絕僱用在實質與道德上都是錯誤。只因為這個想法一開始就飄進腦海就認為它正確，這事實上就是錯誤。在不完整且無代表性資料上訓練 ML 模型也是實質上與道德上的錯誤。NIST 近期成果「為人工智慧裡的偏差識別與管理制定標準」（SP1270）（*https://oreil.ly/pkm4f*），將偏差主題依這些偏差樣本分為三大類：系統性、統計性與人類偏見。

系統性偏差

提到 ML 裡的偏差時，指的就是系統性偏差。這些歷史悠久的社會與制度偏見，不幸地融入我們的生活，以致於預設情況下會出現在 ML 訓練資料與設計選項。ML 模型裡的系統性偏差常見結果是將人口統計資訊併入系統機制。這種合併可以是公然而明確，像是語言模型（LMs）重新改變用途，產生針對特定人口統計族群的有害與攻擊性內容（*https://oreil.ly/bWf4E*）。不過，實作上人口統計資訊合併至決策制定程序，往往是無意間且不明確，導致整個人口統計族群有不同的結果率與結果盛行率，例如從系統互動中，將更多男性履歷表與高報酬工作說明比較，或排除特定使用者族群（例如肢體障礙人士）的設計問題。

統計性偏差

統計性偏差可以想成人類在 ML 系統規格犯下的錯，或像概念飄移這種自然出現的現象，影響 ML 模型且人類難以緩解。其他統計性偏差常見型態包括以無代表性訓練資料為基礎的預測，或錯誤傳播與回饋迴路。ML 模型裡統計性偏差的一項可能指標，是整個不同資料截面的效能品質差異，像是人口統計族群。ML 模型的差異效度是特定型態偏差，不同於人類偏見所述的不同結果率與結果盛行率。

事實上，已有文件記錄最大化人口統計族群中的模型效能，與維護正結果率品質間的緊張情勢（*https://oreil.ly/cJy7F*）。統計性偏差也可能導致重大 AI 意外事件，例如新資料致使系統決策錯誤高過正確的概念飄移，或者回饋迴路或錯誤傳播導致短時間內不良預測越來越多。

人類偏見與資料科學文化

設計、實施與維護 ML 系統的個人與團隊都可能投入許多人類偏見或認知偏見。NIST SP1270 指南有更完整人類偏見清單。下列人類偏見最常影響 ML 系統資料科學家與使用者：

定錨

當特定參考點或錨，對人們的決策造成不當影響。這就像最新深度學習模型長期停留在 0.4 AUC，而有人出現得到 0.403 AUC。我們不該覺得這很重要，而是繼續定錨在 0.4。

可得性經驗法則

決策制定過程中，人們往往過份看重輕鬆或快速想到的那些。另一方面來看，我們常將*容易記住*與*正確*混淆。

確認性偏差

認知偏差是人們傾向相信與自己既定信仰一致或確認的資訊。欺騙自己認為我們的 ML 模型運作的比實際上好，確認偏差即為 ML 系統的嚴重問題。

鄧寧 - 克魯格效應

既定領域或任務裡，能力低下者高估自我評定能力的傾向。只因為能 `import sklearn` 並執行 `model.fit()` 就自認為在某些事上是專家，就會發生這種效應。

資金偏見

強調或推廣支援的資方 / 專案資助者或令其滿意的結果。我們做讓老闆開心的事、讓投資者開心的事，然後增加收入。真正的科學需要防護措施，預防不被有偏見的金融利益左右發展。

團體迷思

群體中的人傾向於順應團體或害怕與群體意見不同，而做出非最佳決策。與所處團體持不同意見很難，就算自信自己是對的。

麥納馬拉謬誤

深信應單由量化資訊做出決策，無法輕鬆量測的量化資訊或資料點可以犧牲。

科技沙文主義

深信技術永遠是解決方案。

這裡所有偏差都能夠且確實會導致不適切與過度樂觀的設計選擇，繼而在系統部署後帶來糟糕的效能，最後引發對系統使用者與操作者的傷害。我們很快會切入可能發生的危害與針對這些問題能做些什麼。現在，要強調的是常識性緩解，亦即本章主題。沒有從眾多不同觀點找出問題就無法適切處理偏差。對抗 ML 偏差第 0 步，就是在制定系統重要決策時，會議室（或視訊會議裡）擁有多元化利益相關人群體。要避免允許有偏差的 ML 模型引發危害的盲點，會需要多種不同角度的情報系統設計、實施與維護的決策。是的，這裡說的就是從不同人口統計觀點蒐集輸入，包括那些身心障礙人士的觀點，還有教育背景，像是社會科學家、律師與領域專家。

而且，要考量*數位落差*。仍然無法取得良好網際網路連線品質、新電腦與本書這類資訊的人口比例相當高。若要對使用者做出結論，就必須記得有一大群人被排除在使用者統計之外。忽略潛在使用者，是 ML 生命週期中系統設計、偏差測試與其他關鍵接合上，偏差與傷害的大部分來源。今日 ML 要取得成功，還是需要對正試圖解決的現實世界問題有敏銳瞭解，及哪些潛在使用者可能被我們的設計、資料與測試排除在外。

美國 ML 偏差的法律觀念

我們要瞭解許多重要的偏差法律觀念。不過，知道法律系統極其複雜且與背景環境有關也很重要。只知道一些定義，還是得花上好幾年才能成為這些問題真正的專家。身為資料科學家，法律事務是不應該任由過於自信（鄧寧 - 克魯格效應）接管的領域。知道這些注意事項，就可以開始進入基本概念。

若對 ML 模型偏差有任何問題或疑慮，請馬上聯繫你的法律團隊。處理 ML 模型偏差，是資訊經濟中最困難與最嚴重的問題。資料科學家需要律師協助，確切處理偏差風險。

在美國，影響大眾決策制定程序裡的偏差數十年來一直受到監管。美國早期法律與法規主要重點在於就業事務。受保護族群、差別對待與差別影響的概念，如今已散布到廣泛的消費金融與住宅法律之中，甚至被全新地方法引述。像是紐約市僱用過程中使用 AI 的稽核需求。《歐盟基本權利憲章》（Charter of Fundamental Rights）、《歐盟人權公約》（European Convention on Human Rights）與歐盟運作條約（Treaty on the Functioning）皆闡述了歐盟的非歧視性，對我們來說最重要的是擬議的歐盟《AI 法》。雖然無法概括這些法律與法規，即便只有美國，但以下定義，是我們認為資料科學家日常作業最直接面對的。它們是從《民權法》（Civil Rights Act）這類法律、《公平住屋法》（Fair Housing Act）、公平就業機會委員會（Equal Employment Opportunity Commission）法規、《公平信貸機會法》（Equal Credit Opportunity Act）與《美國身心障礙法》（Disabilities Act）中，非常概略性提取。下列定義含括哪些特徵受法律保護，與這些法律想保護我們免於什麼傷害的法律觀念：

受保護族群

美國，許多法律與法規禁止對於種族、生理性別（某些情況下，或稱社會性別）、年齡、宗教信仰、國籍與失能狀態等其他型式的歧視。FHA（公平住屋法）禁止的決策依據，包括種族、膚色、宗教、國際與生理性別、家族狀態與失能。非美國法規的例子：歐盟的《GDPR》，禁止人種或民族血統、政治傾向與其他與美國受保護族群相似類別的個人資料利用。這是何以傳統偏差測試，要比較受保護族群，與所謂*參考*族群的非受保護族群相關結果之故。

差別對待

差別對待是歧視的特殊型態，諸多產業中皆屬違法。由於種族、生理性別或其他特徵這類受保護特性，決定對某人的待遇不如情況相似的其他人。就資料科學家處理就業、住屋或信貸申請而言，這代表使用 ML 模型裡、甚至在偏差補救技術上的人口統計資料時，應尤其謹慎。將人口統計資料當成模型輸入，就代表針對某人的決策可能會因為人口統計而有所不同，以及部分情況下可能導致差別對待。

對差別對待與更常見系統偏差的疑慮，就是傳統上不以人口統計標記作為 ML 模型直接輸入的原因。保守起見，人口統計標記不應作為大部分常見場景的模型輸入，但應該用在偏差測試或監控程序。

差別影響

差別影響是另一種法律性歧視。基本上是關於整體人口統計族群的不同結果率或盛行率。較正式的定義是，差別影響是看似中立的政策或實作結果，大大傷害受保護族群。就資料科學家來說，差別影響往往發生在不使用人口統計資料作為輸入，而是使用人口統計資料相關產物為輸入。以違約的公正的準確預測項信用積分為例：它們準確預測違約，因此在消費者借貸的預測模型中通常視為有效。但它們與種族有關，例如有些少數族群信用積分低於平均值。若在模型裡使用信用積分，常導致特定少數族群正向結果比例偏低，這就是差別影響的常見例子。（這也是何以某些州已開始禁止在某些保險相關決策上使用信用積分。）

差異效度

差異效度有時是就業市場造成。差別影響通常指整體人口統計族群有不同結果率，而差異效度則偏向於整個族群不同的*效能品質*。當就業測試對部分族群來說是比其他族群更好的工作效能指標時就會發生這種狀況。差異效度的重要性是由於數學基礎會概括近乎所有 ML 模型，法律結構不會。使用無代表性訓練資料，建構一個在某些族群表現優於其他的模型相當常見，近期許多偏差測試方式將重點放在這類偏差上。

篩選

篩選是非常重要的歧視型態，突顯 ML 系統社交技術性質，且證明了測試與權衡模型積分完全不足以防止偏差。當視力有限或精細動作技能困難這類失能者，無法與就業評估互動，預設會遭工作或升職排除時，就會發生篩選。篩選是嚴重議題，EEOC 與勞工部（Department of Labor）已特別關注（*https://oreil.ly/c0y9i*）這方面 ML 的使用狀況。注意，篩選不一定能夠透過數學偏差測試或偏差補救修復，通常必須在系統設計階段處理，設計師確保失能者可以操作最終產品介面。篩選也凸顯了何以建置 ML 系統時，希望有律師觀點與失能者角度。沒有這些觀點，太容易在建置 ML 系統時忘記失能者這群人，有時還會引發法律責任。

對偏差的一般定義討論到此告一段落。如讀者所見，這是影響所有人種、科學與法律方面，複雜且多面向的主題。本章稍後討論偏差測試，將在這些定義中，加入更具體但更令人憂心的偏差數學定義。接下來，將概述哪些人較可能遭受 ML 系統偏差與相關危害。

容易遭受 ML 系統偏差對待的對象

任何人口統計族群與 ML 系統互動都會遭受偏差與相關危害的對待，但歷史告訴我們，特定族群更可能、更經常遭受偏見與危害對待。事實上，這是監督式學習的本質：只從過去記錄學習並重複模式，這麼做往往導致年長者、失能者、移民、有色人種、女人與非常規性別個體，面臨更多來自 ML 系統的偏差。另一方面，在現實世界或數位世界經歷歧視的這些人，與 ML 系統交手時可能也會經歷這一切，因為所有歧視皆記錄在資料裡並用於訓練 ML 模型。本節所列族群多半受各種不同的法律保護，但並非一定如此。他們通常（但不一定）是兩個人口統計族群間，積分或結果的統計均等對照組。

很多人屬於多個受保護或邊緣化族群。歧視交叉性的重要概念告訴我們，社交傷害集中在處於多重受保護族群的人，偏差不應該只依單一族群維護的受影響邊緣化族群分析（*https://oreil.ly/3ZaPy*）。舉例來說，AI 道德調查人員近期表示（*https://oreil.ly/DMu8o*），部分臉部識別系統商品存有重大性別歸類準確度差異，膚色較深的女人是最容易歸類錯誤的族群。最後，在定義這些族群前，考量麥納馬拉謬誤也相當重要。將細微差別的人類置入這類生硬的分類學是對的嗎？

答案可能是否定，而且可能指派這些簡化的族群，通常是因為這些類別很容易在資料庫裡以二進制標記欄表示，而這也是偏差與可能危害的來源。考量到管理 ML 系統偏差總有一堆警告，請謹慎定義簡化的人口統計族群，它們往往面臨更多歧視，且多半用來當成傳統偏差測試的對照組：

年齡

年長者（多半 40 歲以上），較有可能在線上內容遭到歧視。在就業、住屋或消費金融這類傳統應用上，年齡截止值可能較高。不過，參與醫療保險或終生金融財富累積，可能讓年長者比較容易受到青睞。

失能

具有生理、心理或情感障礙者，或許是最有可能遭受 ML 系統偏見的人。篩選的想法在就業行為外相當普遍，即便法律觀念並非如此。身心障礙人士常在 ML 系統設計時被遺忘，再多的數學偏差測試或補救都無法彌補。

移民身分或國籍

生活在非出生國家具移民身分的人，包括入籍公民，面對重大偏見挑戰是眾所周知的事。

語言

尤其是 ML 系統重要領域：線上內容，對那些使用英文以外語言，或以非拉丁字母撰寫的人，更容易體驗 ML 系統偏差對待。

種族與民族

白人以外種族與族群，包括被認定為一個種族以上的人，通常與 ML 系統互動時會遭到偏差對待與傷害。有些還偏好皮膚色調而不是傳統種族或族群標籤，尤其是電腦視覺任務。Fitzpatrick 量表（https://oreil.ly/NJfBP）即為膚色等級的範例。

生理性別與社會性別

順性別以外的生理性別與社會性別男性，更容易遭受 ML 系統掌控的偏差對待與傷害。就線上內容領域，女性較容易受到喜歡，只是以有害方式。名為**男性凝視**的現象，指的是女性相關媒體可能較受歡迎且收到正面對待（例如在社交媒體提要中宣傳），尤以內容導向物化、征服或性感化女性為甚。

多元族群

屬於兩個或以上前述族群的人，遭受偏差或危害遠大於單純屬於兩個廣泛族群的總合。本章所述所有偏差測試與緩解做法皆應考量多元族群。

會遭受 ML 模型偏差對待的當然不只這些族群，無論動機為何，將人們分組都有問題。然而，重點在於知道從哪裡開始尋找偏差，然後期望這份清單足以實現目標。現在知道 ML 偏差從何找起，就要進一步討論應密切留意的最常見危害。

人們遭受的傷害

發生在線上或數位內容的常見傷害型態很多。這些不但經常發生，而且可能就是太常發生所以視而不見。以上重點列出常見傷害，並提供案例，下次看見就容易識別。這些傷害和 Abagayle Lee Blank 的「電腦視覺機器學習與未來導向的道德規範」（*https://oreil.ly/-JmJA*）非常相似，該文敘述電腦視覺發生危害的案例：

誹謗

　積極貶損或攻擊的內容，例如由 Tay（*https://oreil.ly/2938n*）或 Lee Luda（*https://oreil.ly/nRzs1*）這類聊天機器人生成的攻擊性內容。

抹除

　抹除挑戰主流社會典型或過去邊緣化族群承受傷害的內容，例如查禁討論種族主義或呼籲白人至上的內容（*https://oreil.ly/FZdDB*）。

除名

　將白人、男性或異性戀視為主要人類常態，例如線上搜尋「CEO」結果回傳首位女性為芭比娃娃（*https://oreil.ly/m-zR-*）。

錯誤識別

　誤認人的身分或無法識別某個人類，例如在自動影像標記中錯誤識別黑人（*https://oreil.ly/GjyTI*）。

刻板印象

　指派特性給一個族群所有成員的傾向，例如 LM 會自動將穆斯林與暴力建立關聯（*https://oreil.ly/eqAgw*）。

代表性不足

　模型輸出中，缺乏公平或充份人品統計族群代表性，例如生成式模型認為所有醫生都是白人男性，而所有護士皆為白人女性（*https://oreil.ly/V64lj*）。

有時這些傷害影響僅限於線上或數位空間，但隨著數位生活與生活各方面開始大量重疊，傷害也開始波及現實世界。不當拒絕人們存取所需資源，健康醫療、就業、教育或其他高風險領域的 ML 系統可能造成直接傷害。顯然由 ML 系統造成現實世界傷害的型態包括：

經濟損害

ML 系統降低經濟機會或部分活動價值，例如男性看到好工作的廣告（*https://oreil.ly/BT-cI*）比女性更多。

實質傷害

ML 系統傷害或殺害某人，例如人們過度依賴自動駕駛車（*https://oreil.ly/BxH5Y*）。

心理傷害

ML 系統引發心理或情感上的憂慮，例如向兒童推薦令人不安的內容（*https://oreil.ly/pQRYE*）。

名譽損害

ML 系統損害個人或企業組織的聲譽，例如消費信貸產品推出，因遭歧視指控（*https://oreil.ly/Wbvq5*）而受害。

遺憾的是，ML 系統使用者或受支配對象可能還有額外傷害，或奇特方式表現的危害組合。在深入下一節各種不同的偏差測試前，記得與使用者一起檢查，確保他們不會遭受這裡探討的傷害，或其他型式危害，這或許是追蹤 ML 系統偏差最直接方式之一。事實上，基本觀念在於，人們是否遭受傷害，遠比積分組合是否通過必有問題的數學測試來得重要。在設計系統時，必須考量這些傷害，與使用者聊聊確保他們不會受到傷害，再尋求減輕傷害。

偏差測試

若 ML 系統有傷害人類的可能，就應該測試偏差。本節旨在涵蓋測試 ML 模型偏差最普遍的處理方式，讓讀者能從這個最重要的風險管理任務開始。測試既非簡單明瞭也非決定性。如同效能測試，系統在測試資料上可能看起來很好，但部署後就故障或引發危害。或系統在測試與部署時出現少量偏差，但經過一段時間後變成做出偏差或有害的預測。甚至，許多測試與影響程度量測帶有已知缺陷且彼此衝突。要進一步瞭解這些議題，可以看看普林斯頓大學教授 Arvind Narayanan 在 ACM 的 ML 公平、問責與透明度會議的演說「21 個公平定義及其政治」YouTube 影片（*https://oreil.ly/4QnqM*）。想知道何以不能一次簡單最小化所有偏差指標的深度數學分析，請參考「風險評分公平測定的固有取捨」（*https://*

oreil.ly/WvBOg）。記住這些提醒與警告，就可以開始進入現代偏差測試方法的旅程。

測試資料

本節內容涵蓋訓練資料時測試偏差需要什麼，以及如何在模型訓練前測試資料是否偏差。ML 模型從資料學習，但沒有資料是完美或無偏差。若系統偏差出現在訓練資料裡，就有可能出現在模型輸出上。在訓練資料裡開始測試偏差是合理的，但要這麼做必須假定可以使用某些資料欄位。至少，需要每個資料列的人口統計標記、已知結果（y、相依變數、目標特徵等），之後還會需要模型結果——回歸模型預測，以及決策與信賴積分或歸類模型的事後機率。雖然有許多測試方式不需要人口統計標記，但大部分公認方式都需要這類資料。沒有這樣的資料？測試會變得更困難，不過這裡也會提供一些推斷人口統計標記的指南。

我們的模型與資料離完美很遠，所以不要讓完美成為盡力偏差測試的敵人。資料永遠不會完美，也永遠找不到完美測試。要讓事情做對，測試相當重要，但在現實世界實現偏差緩解目標，只是廣泛 ML 管理與治理程序的一部分。

知道或推斷人口統計標記是絕佳範例，說明處理 ML 偏差需要整體性設計思維，而不是突然將另一個 Python 套件置入工作流程尾聲。人口統計標記與個人級別資料，從隱私觀點來看也偏機敏性，有時企業組織不蒐集這類資訊，理由就是資料隱私。雖然資料隱私與反歧視法的互動相當複雜，但資料隱私的義務還不致於凌駕於反歧視義務之上。但身為資料科學家，不能自行回答這類問題。資料隱私與反歧視需求間意識到的任何衝突，都應該由律師與合規性專家處理。這類複雜法律考量，就是處理 ML 偏見，必須廣泛利益相關人參與之故絕佳範例。

在就業、消費金融或其他禁止差別對待的領域，在將資料變更為以受保護類別成員資訊為基礎前，必須與法律同仁確認，即便本意是緩解偏差。

至此，讀者可能已開始意識到偏差測試的挑戰程度有多複雜。身為技術人員，處理這類複雜議題不是唯一責任，但必須有意識，並與廣泛團隊協同處理 ML 系統偏差。現在，進入技術人員角色，負責準備資料並測試資料偏差。若擁有所需資料，會傾向尋找三大問題——代表性、結果分佈與代理：

代表性

這裡的基本檢查，是計算訓練資料中各統計族群的行列比例，概念在於模型很難瞭解訓練資料列僅少量成員的族群。一般來說，訓練資料中不同人口統計族群的比例，應該反應即將部署模型的人口。若否，則應該適切蒐集更多具代表性資料。或許會重新採樣或重新加權資料集，達到更好的（樣本）代表性。然而，若處理的是就業、消費金融或其他禁止差別對待的領域，在將資料變更為直接以受保護類別成員資訊為基礎前，確實必須與法律同仁確認。若遇到差異效度（本章稍後說明），那麼重新平衡訓練資料，取得整體族群大於或等於代表性或許可行。不同類別間的平衡，可能提升整體族群預測品質，但或許對預測結果的失衡分佈沒有幫助，甚至可能惡化。

結果分佈

我們必須知道結果（y 變數值）在整個人口統計族群分佈狀況，因為若模型知曉某些族群接收到比其他族群更多正面結果，可能導致差別影響。我們必須計算每個人口統計族群的 y 二元分布。若發現整體族群結果失衡，可以在某些法律警告前提下，試著針對訓練資料重新採樣或重新加權。更有可能的狀況是，最終知曉了這個模型的偏差風險相當嚴重，在測試結果時，就會特別留意，可能還會規劃某些方式補救。

代理

多數 ML 商業應用中，都不應該在人口統計標記上訓練模型。不過就算不直接使用人口統計標記，姓名、地址、教育程度或臉部影像這類資訊，可能也已經編碼大量人口統計資訊。其他型態資訊也可能代理人口統計標記。尋找代理的方式之一，就是以各輸入欄為基礎，建立對抗式模型，看這些模型是否能預測任何人口統計標記，若可以，表示這些輸入欄編碼人口統計資訊，也有可能是人口統計代理。如可能，應從訓練資料移除這類代理。代理更有可能隱於訓練資料。沒有標準技術可測試這些潛伏性代理，但可以套用直接代理所述相同的對抗式模型建立技術，只是不要使用特徵本身，而是工程化與疑似代理的特徵互動。我們也建議讓專業法律或合規性利益相關人，從代理歧視風險的角度診斷模型每一個輸入特徵。若代理無法移除，或懷疑潛伏性代理存在，應該更留意系統產生的偏差測試結果，並準備在稍後的偏差緩解處理程序中採取補救措施。

這裡概述的訓練資料測試與檢查代表性、結果分佈與代理，皆仰賴人口統計族群標記的存在，許多模型結果的測試亦是如此。若沒有這些人口統計標籤，公認的處理方式就是推斷。貝氏改進姓氏地理編碼（BISG）（*https://oreil.ly/cJn-M*）方式，從姓名與郵遞區號資料推斷種族與民族。美國社會依然存在這樣種族隔離政策，用郵政編碼與姓名就能預測種族與民族，而且通常有 90% 以上的準確度，這令人難過但卻真實存在。這個由 RAND Corporation 與消費者金融保護局（CFPB）開發的方式，在消費金融偏差測試上有極高可信度。CFPB 甚至在自己的 GitHub 有 BISG 的程式碼（*https://oreil.ly/hkvMD*）！如有必要，類似處理方式也可從姓名、社會安全編號或生日年份，推論社會性別（*https://oreil.ly/eLTqM*）。

傳統處理方式：等效結果測試

完成資料偏差評估，確保擁有執行偏差測試與訓練模型所需資訊後，就可以測試結果偏差了。這裡將透過處理一些既定測試開始探討偏差測試。這些測試多半在法律、法規或法律註解上已有先例，且往往著眼於整體人口統計族群結果的平均差異。傳統偏差測試指南的理想摘要，可參考聯邦合同遵循項目辦公室（Office of Federal Contract Compliance Programs）用於測試就業選擇程序的簡明指南（*https://oreil.ly/_bcVD*）。就這類測試而言，分析是否來自多重選擇就業測試的積分，還是從先進 AI 式推薦系統分析數值計分，並不重要。

在這個小節的測試，皆遵循統計均等概念，或模型對所有人口統計族群生成大致相等概率或有利預測。

表 4-1 突顯這些測試如何切割統計與實際測試類別，及持續與二元結果。這些測試極度仰賴受保護族群概念，意即受保護族群（例如女人或黑人）以簡單、直接、成對的方式，與部分控制組（例如：分別與男人或白人）平均結果比較。這表示對資料裡每個受保護族群都至少必須測試一次。若覺得這樣很老派，它就是。但因為這些是數十年來在法規與訴訟環境下使用最多的測試，在使用新方法發揮創意前，從這些測試開始會是比較謹慎的做法。許多既定測試往往有已知門檻，可在值有問題時指出。這些門檻列於表 4-1，在接下來章節會再深入探討。

表 4-1　用於量測 ML 模型偏差的部分常見指標與適用門檻 [a]

測試型態	離散結果 / 歸類測試	連續結果 / 回歸測試
統計顯著性	邏輯回歸係數	線性回歸係數
統計顯著性	x^2 測試	*t*-test
統計顯著性	費雪精確檢定	
統計顯著性	二項式 -*z*	
實務顯著性	族群均值比較	族群均值比較
實務顯著性	族群均值 / 邊際效應間百分點差異	族群均值百分點差異
實務顯著性	不良影響率（AIR）（可接受值：0.8-1.25）	標準平均差（SMD，Cohen's *d*）（小誤差：0.2，中度誤差：0.5，大誤差：0.8）
實務顯著性	優勢率	
實務顯著性	均等損失	
差異效度	準確度或 AUC 比（可接受值：0.8-1.25）	R^2 比（可接受值：0.8-1.25）
差異效度	TPR、TNR、FPR、FNR 比（可接受值：0.8-1.25）	MSE、RMSE 比（可接受值：0.8-1.25）
差異效度	差別等式（[控制組 TPR ≈ 受保護 TPR ｜ y = 1] 與 [控制組 FPR ≈ 受保護 FPR ｜ y = 0]）	
差異效度	機會等式（[控制組 TPR ≈ 受保護 TPR ｜ y = 1]）	

[a] TPR= 真陽性率；TNR= 真陰性率；FPR= 偽陽性率；FNR= 偽陰性率

統計顯著性測試

統計顯著性測試可能是所有學科與法律管轄權最受認可的，所以這裡先集中討論。統計顯著性測試用於確定是否可能在新資料裡看到整個受保護族群模型結果的平均或比例性差異，或是否結果上的差異是現行測試資料集的隨機屬性。就連續結果而言，通常仰賴跨兩個人口統計族群平均模型輸出間的 *t*- 檢定。就二元結果而言，通常使用跨兩個相異人口統計族群平均模型輸出結果間的二項式 *z* 測試、模型輸出關聯表的卡方檢定，與當關聯測試格少於 30 個體的費雪精確檢定。

若認為太多成對測試已偏離重要資訊，很好！我們可利用傳統線性或邏輯回歸模型配適 ML 模型分數、已知結果或預測結果，瞭解是否部分人口統計標記變數，在其他重要因素存在情況下具統計顯著性係數。當然，評估統計顯著性也很難。因為這些測試是幾十年前訂定，許多法律註解指出 5% 等級的顯著性，即為模型結果偏見不被允許存在的程度。但擁有成千上百萬或更多行列的同期資料集，結果的任何小誤差都會產生 5% 顯著性。我們建議分析系統統計偏差處於 5% 顯著程度測試結果，再使用適於資料集規模的顯著性程度調整。將精力集中在調整後的結果上，但記得最糟情況下可能面臨由外部專家為企業組織進行法律審查與偏差測試，要求維持 5% 顯著性門檻。這是開始與法律部門同仁多聊聊的好時機。

實務顯著性測試

不良影響率（AIR）與相關的五分之四規則門檻，可能是美國最著名也最被濫用的偏差測試工具。先瞭解它是什麼，再來看看如何遭從業人員濫用。AIR 用於測試二元結果，是部分受保護族群除以相關控制組結果的比例，通常是像得到工作或貸款這類正向結果比例。這個比例與五分之四或 0.8 的門檻有關。這個五分之四規則是 EEOC 在 1970 年代後期強調的實務性界線，在五分之四以上的結果相當可取。它在就業問題上依舊佔有相當重要的法律地位，部分聯邦巡迴法院仍認為 AIR 與五分之四規則相當重要，其他聯邦巡迴法院則認為這種量測方式缺陷太多或過於簡化而不重要。大部分案例下，AIR 與五分之四規則在就業議題外都沒有官方法律地位，但仍偶爾被消費金融這類垂直管制行業當成內部偏差測試工具使用。而且，遇到任何偏差相關議題，AIR 總會出現在訴訟中的專家證詞中。

AIR 是一種簡單又受歡迎的偏差測試。用 AIR 有什麼不對？很多。技術人員往往錯誤詮釋。超過 0.8 的 AIR 不見得是好事。若 AIR 測試低於 0.8 可能就不好了。但若它高於五分之四，也不代表一切沒問題。另一個問題是 AIR 指標及 0.8 門檻，與差別影響法律結構間的混淆。我們無法解釋為什麼，但有部分廠商直接稱 AIR 為「差別影響」。它們不一樣。資料科學家無法確認結果的部分差異是否真的是差別影響。差別影響是由律師、法官或陪審團做出的複雜法律決定。對五分之四規則的關注，也干擾了處理偏差的社交技術本質。五分之四在部分就業案例中僅具法律意義。一如所有數值結果，僅 AIR 測試結果，不足以找出複雜 ML 系統裡的偏差。

儘管如此，觀察 AIR 結果與其他實務顯著性結果仍是不錯的想法。另一種常見量測為標準平均差（SMD 或稱 Cohen's *d*）。SMD 可用於回歸或歸類輸出，所以比 AIR 更模型無關（model-agnostic）。SMD 為部分受保護族群的平均結果或分數減去控制組平均結果或分數，再將該數量除以結果標準差的量測。SMD 幅度為 0.2、0.5 與 0.8，分別與權威社會科學文獻中的小、中、大誤差有關。其他常見實務顯著性量測為百分點差異（PPD），或說百分比表達跨兩個族群的平均結果差異，以及短缺，意即令受保護與控制組結果相等所需的人數或金額。

傳統結果測試最糟狀況，就是統計與實務測試結果顯示一或多對或受保護與控制組整體結果顯示重大誤差。例如，在比較黑人與白人的僱用建議時，發現明顯的二項式 *z* 測試與 AIR 低於 0.8 很糟，若發現這是針對多重受保護與控制組結果時，就更糟。傳統偏差測試最佳狀況是發現沒有統計顯著性，或實務顯著性測試裡的重大差異。但就算在這種狀況下，依然無法保證系統不會在部署後就出現偏差，或不會出現這些測試未偵測到的偏差方式，像是透過篩選。當然，傳統測試中最可能的狀況是，看見部分結果的混合，而且會需要直屬資料科學團隊之外的利益相關人族群的協助詮釋，並修正偵測到的問題。即便有這些所有的努力與溝通，傳統偏差測試也只是整個偏差測試演練的第一步。接下來要換討偏差測試的新概念。

新思維：等效執行效能品質測試

近幾年，許多研究人員提出針對人口統計族群差異效能品質的測試方式。雖然這些測試不似實務與統計顯著性的傳統測試那樣具法律先例，但某種程度上與差異效度有關。這種新技術希望能瞭解常見 ML 預測的錯誤對少數族群的影響，確保與 ML 系統互動的人，擁有平等機會接收正向結果。

重要文獻「超越差別對待與差異影響的公平：學習不具差別苛待的歸類方式」（*https://oreil.ly/NkTBF*）清楚解釋何以在公平環境背景下通盤考量 ML 模型的錯誤非常重要。若少數族群收到比其他族群更多偽陽性或偽陰性決策，就會依應用程式不同受到各種程度的傷害。在開創性文獻「機器學習的機會平等」（*https://oreil.ly/_w-c3*）中，Hardt、Price 與 Srebro 的公平概念定義，修正了廣泛認可的均衡概率觀念。過去的均衡概率場景是，當已知結果發生（例：`y = 1`），相關兩個人口統計族群會擁有大致相等的真陽性率。當已知結果沒有發生（例：`y = 0`），均衡概率代表兩個人口統計族群整個偽陽性率大略相等。機會

均等放寬了 `y = 0` 的均衡概率約束，並主張當 `y = 1` 時等同於正向結果，例如獲得貸款或取得工作，尋求均衡真陽性率是比較簡單也比較實用的方式。

若曾花時間研究混淆矩陣，就會知道能用來分析二元分類錯誤的方法非常多。可以考慮真陽性、真陰性、偽陽性、偽陰性誤差率，以及許多跨人口統計族群的其他歸類效能量測。此外還可以將這些量測升級為較正式結構，例如均衡機率或補償概率。表 4-2 為有助於測試偏差的跨人口統計族群效能品質與誤差指標範例。

表 4-2　計算跨兩個人口統計族群的歸類品質與誤差率 [a]

指標型態 ...	準確度或 AUC 比	機敏性（TPR）	特異性（TNR）	FPR	FNR ...
女性值 ...	0.808	0.528 ...	0.881 ...	0.119	0.472 ...
男性值 ...	0.781	0.520 ...	0.868 ...	0.132	0.480 ...
女男比例 ...	1.035	1.016 ...	1.016 ...	1.069	0.983 ...

[a] 對照組女性值除以控制組男性值。

表 4-2 的第一步，是計算跨兩個或多個相關人口統計族群的一組效能與誤差量測。接著，以 AIR 與五分之四規則作為準則，形成比較組值與控制組值的比例，再套用五分之四（0.8）與四分之五（1.25）門檻，突顯所有可能的偏差問題。值得一提的是，0.8 與 1.25 門檻在這裡只是準則，沒有任何法律意義，只是較常識性標記而已。理想上，這些值應接近 1，表示兩個人口統計族群在這個模型大致具有相同的效能品質或誤差率。可以使用任何對我們有意義的值標記這些門檻，但我們主張 0.8–1.25 為可接受值的最大區間。

某些指標在某些應用程式裡可能比其他指標更重要。例如在醫學測試應用中，偽陰性可能造成極大危害。若一個人口統計族群，在醫學診斷中經歷比其他族群更多的偽陰性，很容易發現如何導致偏差危害。「AI / ML / 資料科學系統偏差與公平的處理」（*https://oreil.ly/Es2d1*）第 40 張投影片的公平指標決策樹，是有助於決定各種公平指標哪個可能最適合我們應用的優質工具。

你是否在想「用回歸如何？二元分類外 ML 的一切該怎麼辦？！」沒錯，偏差測試是最成熟的二元分類，這有點令人沮喪，但可以將 *t*- 檢定與 SMD 套用在回歸模型，也可以套用本節效能品質與誤差率的概念。就像形成分類指標率一樣，也可以跨比較組與控制組比率形成 R^2、平均絕對百分比誤差（MAPE），或正規化均方根誤差（RMSE），接著再度以五分之四規則為準則，當這些比例可能在告知預測中有偏差問題時突顯出來。ML 其餘部分，除了二元分類與回歸外，就是接下來要探討的。準備好發揮創意埋頭苦幹吧。

即將問世：廣泛 ML 生態系統測試

大量研究與法律評論都假設使用二元分類。理由之一就是，無論 ML 系統多複雜，通常都能簡化做出或支持某種最後是或否的二元決策。若這個決策會影響人們而我們手上的資料會這麼做，就應該利用討論過的整套工具測試這些結果。部分情況下，ML 系統輸出不會有最終二元決策的情報，或可能是想深入瞭解系統偏差的驅動因素，還是哪個子族群可能遭受最多偏見。又或許使用的是 LM 或影響生成系統這類生成模型。在這些情況下，AIR、*t*- 檢定與真陽性率的比例都不會刪除它。本節探索測試 ML 生態系統其餘部分還能做什麼，並深入挖掘獲得資料中更多偏差驅動因素資訊的方式。這裡將從多數 ML 系統型態適用的通用策略開始，接著簡短概述對付個人與小族群、LMs、多項式分類、推薦系統與無監督模型偏差的技巧：

常見策略

偏差測試最普遍的處理方式之一就是建立對抗式模型。可以系統數字結果為基礎，無論是排名、叢集標籤、提取特徵、術語嵌入或其他分數型態，以此分數作為另一個預測人口統計類別標記 ML 模型的輸入。若該對抗式模型，可以從我們的模型預測，預測出人口統計標記，意即我們的模型預測在編碼人口統計資訊。這通常不是好事。另一個常見技術處理方式是套用可解釋 AI 技術，揭露模型預測的主要驅動因素。若這些特徵、像素、術語或其他輸入資料看起來可能有偏差，或與人口統計資訊相關聯，那就是另一個壞徵兆。現在甚至已經有特定方法（*https://oreil.ly/CcS_9*），可以瞭解哪個特徵導致模型結果偏差。利用 XAI 偵測偏差驅動因素相當令人振奮，因為它能直接提供如何修正偏差問題的資訊。最簡單的做法，可能是將驅動偏差的特徵從系統移除。

就全面性測試規劃而言，並非所有偵測偏差的策略都應該技術化。利用 AI 意外事件資料庫（*https://oreil.ly/Jc2vm*）這類資源，瞭解過去的偏差意外事件如何發生，並設計測試或使用者回饋機制，確認是否重蹈覆轍。若團隊或企業組織不與使用者溝通他們遭受的偏差，就會是最大盲點。我們必須與使用者交談、應該將使用者回饋機制設計在系統或產品生命週期裡，才能知曉使用者經歷了什麼、追蹤所有危害，並在可能之處緩解傷害。而且，考慮激勵使用者提供偏差危害的回饋機制。Twitter 演算法偏差事件（*https://oreil.ly/RnPHy*）就是偏差相關的結構化與激勵性資訊眾包令人讚嘆的例子。本章結尾的案例探討，會強調這個獨特事件的過程與學到的教訓。

語言模型

生成式模型帶來許多偏差問題。儘管缺乏針對 LMs 成熟的偏差測試處理方式，這仍是個活躍的研究領域，有許多重要文獻或多或少向這個議題表達敬意。「語言模型是少量樣本學習者」（*https://oreil.ly/ZvBRL*）的第 6.2 節，就是通盤考量偏差危害並進行部分基本測試的絕佳範例。概括來說，測試 LMs 裡的偏差，結合對抗式提示工程：允許 LMs 完成「穆斯林是…」或「女醫生是…」這類提示，再檢查生成內容是否有攻擊性（哇！這樣會冒犯嗎？）。

為注入隨機元素，提示亦可由其他 LMs 生成。檢查攻擊性內容可由人類手動分析，或使用較自動化的情感分析處理。例如，將被認為是男性的名稱，交換成被認為是女性的名稱，再測試名稱實體識別這類任務的效能品質，建構爭議性翻轉，是另一種常見處理方式。也能利用 XAI，它有助於指出哪個術語或實體驅動預測或其他結果，人們可以判定從偏差角度來看這些驅動因素是否應該擔心。

個體公平

我們提出的許多技術，針對的都是大型族群的偏差。但少量族群或特定個體該怎麼做？ML 模型可以輕鬆隔離一小群人，以人口統計資訊或代理為基礎，再分別處理。極相似的個人，也很容易最終處於複雜決策邊界的相異端。對抗式模型又派上用場了，它的預測可以逐行局部量測偏差。從對抗式模型得到高可信度預測的人，可能會因人口統計或代理資訊受到不公平對待。可以利用反事實測試，或測試人們部分資料屬性的變更，移動跨決策邊界，瞭解是否人們確切屬於決策邊界的某邊，或者是否某種偏差驅動了這個預測結果。這類技術的實作範例，可參考第 10 章。

多項式分類

有很多方式可以在多項式分類下建構偏差測試。例如利用維度縮減技術，將各種可能性輸出欄限縮為單一欄，接著使用 *t*- 檢定與 SMD 回歸模型這類方式測試此單一欄，計算跨不同人口統計族群提取特徵的平均值與變異數，再套用先前所述統計與實務顯著性的門檻。

套用更廣為接受的量測方式也比較謹慎，這些方式同時適用卡方測試或機會均等這類多項式結果。或許更保守的方式是：將每個輸出類別視為一對多方法下的自有二元結果。若有許多類別要測試，就從常見的開始，逐步套用 AIR、二項式 *z* 與誤差指標率等所有標準。

無監督模型

叢集標籤可視為類似多項式分類輸出或以對抗式模型測試。提取特徵可以像回歸結果這樣測試，也可以用對抗式模型測試。

推薦者系統

推薦者系統是商用 ML 技術最重要的型態之一。通常擔任存取每日所需資訊或產品守門人角色。當然也因各種重大偏差問題而遭點名。許多常見處理方式，像是對抗式模型、使用者回饋與 XAI，皆有助於解決推薦的偏差。不過，現已有推薦方面偏差測試的特定處理方式。可參考「公平排名指標的比較」（*https://oreil.ly/gTFQq*）這類出版品，或「推薦與檢索的公平與歧視」（*https://oreil.ly/fz8Ya*）這類研討會簡報，進一步瞭解。

ML 世界既廣又深。或許你的模型類型在這裡沒有提到。我們已展現許多選項可供偏差測試，但肯定無法涵蓋所有！或許還需要我們套用常識、創造力與足智多謀才能測試系統。只要記得，數字不是一切。在腦力激盪新偏差測試技術前，先檢視同業審查過的出版品。某人在某處之前可能已處理過我們遭遇的類似問題。並且，檢視過去的錯誤，可以是測試方式的靈感，更重要的是要與使用者與利益相關人溝通。他們的知識與經驗可能比所有數字性測試結果還重要。

總結測試規劃

繼續往偏差緩解處理前，先試著將偏差測試學到的總結，納入最常見場景適用的規劃裡。我們的規劃會著重數字測試也會看重人類回饋，接著在 ML 系統有效期間持續下去。我們提出的規劃相當全面徹底。或許無法完成所有步驟，特別是當企業組織先前未嘗試過 ML 系統偏差測試。只要記得，所有的好規劃，都會納入技術與社交技術處理，持續並行：

1. 系統認知階段，應邀請潛在使用者、領域專家與企業管理階層這類利益相關人，共同參與通盤考量系統帶來的風險與機會。依系統性質而定，或許也會需要來自律師、社會科學家、心理學家等其他人投入。利益相關人應始終為不同人口統計族群、教育背景與生活和專業經歷提出異議。我們會留意團隊迷思、資金偏見、鄧寧 - 克魯格效應與確認性偏差這類有礙取得技術性成就機會的人類偏見。

2. 系統設計階段，應開始規劃監控與可上訴追索權機制，並確保擁有偏差測試所需資料（或搜集該資料的能力）。這個能力關乎技術、法律與道德。必須有搜集與處理資料的技術能力、必須有使用者同意或其他法律基礎進行搜集與使用（並且部分情況不會差別對待），還有不應該仰賴欺騙人們拿到資料。還應該開始諮詢使用者介面與體驗（UI / UX）專家，完整考量如何實施錯誤決策的可追索上訴權機制，並節制定錨這類人為偏見在系統結果詮釋的作用。其他重要考量還包括失能者或網路受限下存取系統的互動方式，檢查過去失敗的設計避免之。

3. 一旦有了訓練資料，就該移除所有直接人口統計標記，儲存僅供測試。（當然，部分應用下，將這些資訊保留在模型裡很重要，例如某些醫學治療。）應該測試訓練資料的代表性、結果的公平分佈，以及人口統計代理，才知道面對的是什麼。考量從訓練資料卸下代理，考量重新平衡與重新加權資料，使跨人口統計族群的代表性或正向結果均等。不過，若處於消費金融、人力資源、健康保險或其他高度監管垂直產業，就必須與法律部門確認重新平衡資料相關所有差別對待的疑慮。

4. 模型經過訓練，就可以開始測試。若模型為傳統回歸或分類推估，會想套用適切傳統測試瞭解跨族群結果的任何不利差異，也會想測試跨人口統計族群的效能品質，檢查所有使用者的效能是否大致相等。若模型非傳統回歸或分類推估，依舊要考慮以邏輯方式將輸出轉換成單一數字欄或二進制 1/0 欄位，才能套用整組測試。若無法可論證轉換輸出，或就是想知道更多關於模型的偏差，應嘗試對抗式模型與 XAI，找出結果中任何局部歧視，或瞭解模型偏差的驅動因素。若系統屬於 LM、推薦系統或其他較專業的 ML，也應該針對這類型系統套用測試策略。

5. 模型部署後，必須針對故障性能、駭客破壞與偏差這類議題進行監控。但監控不只是技術演練。需要激勵、接受並結合使用者回饋、必須確保可上訴追索權機制，在現實世界條件下適切運作，還必須追蹤系統引發的所有危害。除了含括標準統計偏差測試的效能監控都要。監控與蒐集回饋，在系統生命週期必須持續進行。

若在測試或監控期間發現不好的事怎麼辦？這很常見，正是下一節要討論的。有技術方式可以緩解偏差，但偏差測試結果必須合併在組織整體 ML 治理專案上，才能實現想要的透明度與問責優勢。下一節也會討論偏差緩解的治理與人為因素。

緩解偏差

若測試 ML 模型結果是否偏差，可能很多案例都有。當它出現，就必須解決（若未發現偏差，重複檢查方法與結果，並且規劃系統部署後的緊急偏差問題監控。）本章節起於偏差緩解方式的技術探討，接著轉向現實世界設置一段時間後可能更廣泛有效緩解偏差的人為因素。人本設計（HCD）這類實作與 ML 從業人員的治理，比時間點技術緩解處理方式，更可能減少整體 ML 系統生命週期的危害。我們需要各種不同的利益相關人參與 ML 使用的所有重大決策，包括初期治理建置與各類舉措。雖然這裡提出的技術方法，在讓組織 ML 更公平上可能發揮某種程度作用，但實作上若沒有持續與使用者互動以及 ML 從業人員適切監督，就沒有用。

緩解偏差的技術因素

這裡引用 NIST SP1270 AI 偏差指南（*https://oreil.ly/pkm4f*）開始探討技術性偏差緩解。將可用而選用的觀測資料倒進無法解釋的模型，再調整超參數直到最大化部分執行指標，可能是在做網際網路上所謂的資料科學，但其實不是科科學（*science* science）[1]：

1 作者承認在此引用語言有幾個術語可能具有攻擊性。來源資料 NIST SP1270 AI 已審查並證實，忽略 AI 的科學嚴謹性可能帶來極度危害。

物理學家理查費曼將表面看似科學但未遵循科學方法的實作，稱之為貨物崇拜（cargo cult）科學。科學方法的核心宗旨是假設應可以驗證的，實驗應可以被詮釋，而模型應該可證偽或至少可證實。評論家比較 AI 與貨物崇拜科學間的相似之處，舉出黑盒子的可解釋性、再現性問題與試誤處理程序。

科學方法與實驗設計

避免 ML 系統偏差的最佳技術解決方案之一就是堅持科學方法。應該為模型對現實世界影響形成一個假設，寫下來而且不要改變。蒐集假設相關資料，並在假設背景下選擇可詮釋且具某種程度結構性意義的模型架構，多數情況下，這完全不是 ML 模型。我們應該用準確度、MAPE 或其他適當傳統評估量測評估，但接著要找到方法測試模型在現實世界作業環境下，是否正在做假設該作的事，例如使用 A/B 測試（*https://oreil.ly/d_5jB*）。這個經過時間考驗的處理方式，切斷模型設計、開發與實施的人為偏見，尤其是確認偏差，且有助於偵測與緩解 ML 系統輸出的系統性偏差，因為這些偏差很可能呈現為系統未依預期運作。第 12 章將探究科學方法與資料科學在這方面的貢獻。

另一個基本偏差緩解是實驗設計（*https://oreil.ly/A4Dzf*）。無須使用那些訓練 ML 模型用的垃圾資料，可以查閱實驗設計的實作，蒐集為處理我們假設特別設計的資料。使用企業組織隨意擱置那些資料的常見問題，包括這類資料可能不準確、策劃不良、冗餘與帶有系統偏差。採用實驗設計，可以蒐集並選擇小型的、更有策劃的一組訓練資料，會與實驗假設確切相關。

更白話的說法是，徹底考量實驗設計，有助於避免其實愚蠢卻傷人的錯誤。據說沒有問題是愚蠢的，不幸的是在 ML 偏差裡不是如此。舉例來說，詢問面容是否可以預測可信賴或犯罪傾向。這些有缺陷實驗前提，是建立在已被揭穿與種族主義的理論上，像是顱相學（*https://oreil.ly/dEmE9*）。查驗實驗性方法的基本方式之一，就是檢查目標特徵的名稱結尾是否「表示性質或狀態（-iness）」或「狀態或特性（-ality）」，因為會突顯出正以某種高階結構的方式建立模型，而不是具體可量測。可信賴或犯罪傾向這類高階結構通常是人類與系統性偏差灌輸，而系統會學習的。應該也要查核 AI 意外事件資料庫（*https://oreil.ly/s88Bt*），確保不致重複過去失敗的設計。

若不通盤考量實驗模型必然發生的一切，重蹈覆轍就是 ML 容易犯下的另一個大錯。這類基本實驗設計出錯最糟案例之一就是健康保險，「Science」（*https://oreil.ly/D-wXE*）與「Nature」（*https://oreil.ly/sKVYC*）皆有詳載。「Science」文獻研究的演算法目的，是干預健康保險中病情最嚴重患者的治療。這對保險與患者應該是雙贏，疾病早期找出那些最需要的病患，讓他們得到更好的照護降低保險成本。但最基本也最大的設計失誤，導致演算法將健康醫療從那些最需要的人轉移它處！哪裡出錯了？建立模型者沒有試圖預測哪個病人未來病得最重，而是決定預測誰是最昂貴的病人。建立模型者假定最昂貴的病人病得最重。事實上，最昂貴的病人是擁有高額健康醫療規劃且可以得到較好照護的老年人。演算法直接將更多照護轉移給已經擁有好的健康醫療者，切斷最迫切需要那些人的資源。讀者們可以想像，這兩組人口其實也依種族界線高度切割。在建立模型者選擇擁有健康醫療成本作為目標，而不是一些健康與疾病指標，這個模型注定就會有危險偏差。若想緩解 ML 偏差，必須在編寫程式碼前深思。試著在建立模型專案時使用科學方法與實驗設計，應有助於通透思考，更清楚正在做的事，也能帶來更多技術成就。

偏差緩解方法

即便套用科學方法與實驗設計，ML 系統仍可能有偏差。測試有助於偵測偏差，也需要一些技術方式處理。一旦偵測出偏差，可用許多方式處理，或者訓練試圖學習較少偏差的 ML 模型。

近期文獻「高風險政策環境下現實世界問題的偏差減少方式實證比較」（*https://oreil.ly/TSAvx*）對最廣泛使用的偏差緩解技術進行嚴謹的比較，同一組研究人員的另一份文獻「公用政策機器學習不考慮公平與準確度取捨實證觀察」（*https://oreil.ly/gitq4*），解決處理偏差時必須犧牲準確度的錯誤想法。其實我們並未讓模型減少偏差而降低效能，這是常見的資料科學誤解。針對技術偏差緩解的另一個不錯資源是 IBM 的 AIF360 套件（*https://oreil.ly/G8kCw*），內含最多主流緩解技術。除了模型選擇、LM 解毒作用與其他偏差緩解技術外，這裡還會強調著名的前置處理、程序進行中處理與後置處理方法。

前置處理的偏差緩解技術作用於模型訓練資料上，而非模型本身。前置處理傾向於重新採樣或重新加權訓練資料，平衡或改變各人口統計族群的行列數，或在整體人口統計族群上更均衡重新分配結果。若面臨整個不同人口統計族群不均等效能品質，提高效能不佳族群的代表性或許有幫助。若面對的是不公平的正向或負面結果的分佈（通常由統計與實務顯著性測試偵測出來），重新平衡訓練資料結果或許有助於平衡模型結果。

程序進行中處理，指的是試圖令結果減少偏差，而改變模型訓練演算法的許多技術。程序進行中處理的方法很多，比較受歡迎的處理方式有約束、對偶目標函數與對抗式模型：

約束

ML 模型最大問題在於不穩定性。輸入的微小改變可能導致結果重大變化。從偏差角度來看這點尤其令人擔憂：若相似輸入的人們處於不同人口統計族群，而相異結果是這些人的薪資或工作推薦。開創性的「透過意識實現公平」（*https://oreil.ly/iYLS9*）中，Cynthia Dwork 等人將減少偏見視為訓練期間的一種約束，有助於讓模型以相似方式對待相似的人。ML 模型還會自動發現交互作用。若模型跨不同行列與不同人的輸入特徵，學習到人口統計族群成員眾多不同代理，從偏差角度來看令人擔憂。因為我們無法找到所有代理。要預防模型製造自有代理，可嘗試 XGBoost 的交互作用約束（*https://oreil.ly/4uIGl*）。

對偶目標

對偶最佳化是指一部分模型損失函數量測建立模型誤差，另一部分量測偏差，再最小化損失函數找到高效能且低偏差的模型。「FairXGBoost：XGBoost 的公平意識分類」（*https://oreil.ly/fq9Jw*），介紹了可導出良好效能與公平權衡模型的 XGBoost 目標函數偏差正規化項目[2]。

對抗式模型

對抗式模型亦有助於訓練時減少偏差。建立對抗式模型的步驟之一，就是訓練之後部署的主要模型，對抗式模型再試圖從主要模型預測中，預測人口統計成員。如果可以，對抗式訓練繼續（訓練主要模型，再訓練對抗模型），直到對抗模型無法再從主模型預測中，預測人口統計族群成員，接著對抗模型與主模型，在每次重新訓練的重複過程，分享梯度這類部分資訊。

2 更新 XGBoost 損失函數（*https://oreil.ly/0gEwg*）非常簡單。

研究中，前置處理與程序進行中處理都能減少結果的量測偏差，但後置處理方式已被證實是最有效果的技術性偏差緩解。後置處理是直接改變模型預測，讓偏差變少。補償概率或均衡機率都是重新平衡預測的常見門檻，例如改變分類決策，直到結果大致符合均衡概率或機率的標準。當然，連續性或其他類型結果也能改變令其減少偏差。不幸的是，後置處理可能是最具法律疑慮的技術性偏差緩解型態。後置處理常被簡化成將控制組成員的正面預測切換為負面預測，讓受保護或邊緣族群可以有更正面的預測。雖然這種修改在許多不同型態場景出現，但在消費金融或就業環境中使用後置處理時請特別小心。若有人有任何疑慮，應該與法律同仁討論差別對待或反歧視議題。

由於前置、處理中與後置程序處理技術常改變建立模型結果，尤其是以人口統計族群成員為基礎的狀況，它們可能帶來差別對待、反歧視，或平權法案相關疑慮。在高風險場景下使用這些方式前請諮詢法律專家，尤其在就業、教育、住屋或消費金融的應用上。

法律上最保守的偏見緩解方法之一，就是選擇以效能與公平為基礎的模型，基本上是以網格搜尋眾多相異超參數設定與輸入特徵集，且人口統計資訊僅用於測試偏差候選模型。圖 4-2 顯示跨 200 組候選神經網路的隨機網格搜尋結果。Y 象限為準確度，此象限最高模型為通常會選擇的最佳模型，然而在 X 象限對這些模型加入偏差測試時，會看到有幾組模型接近相同準確度，且偏差測試結果改善許多。將偏差測試加進超參數搜尋，增加整體訓練時間幾分之一秒，開啟有助於選擇模型的整體新維度。

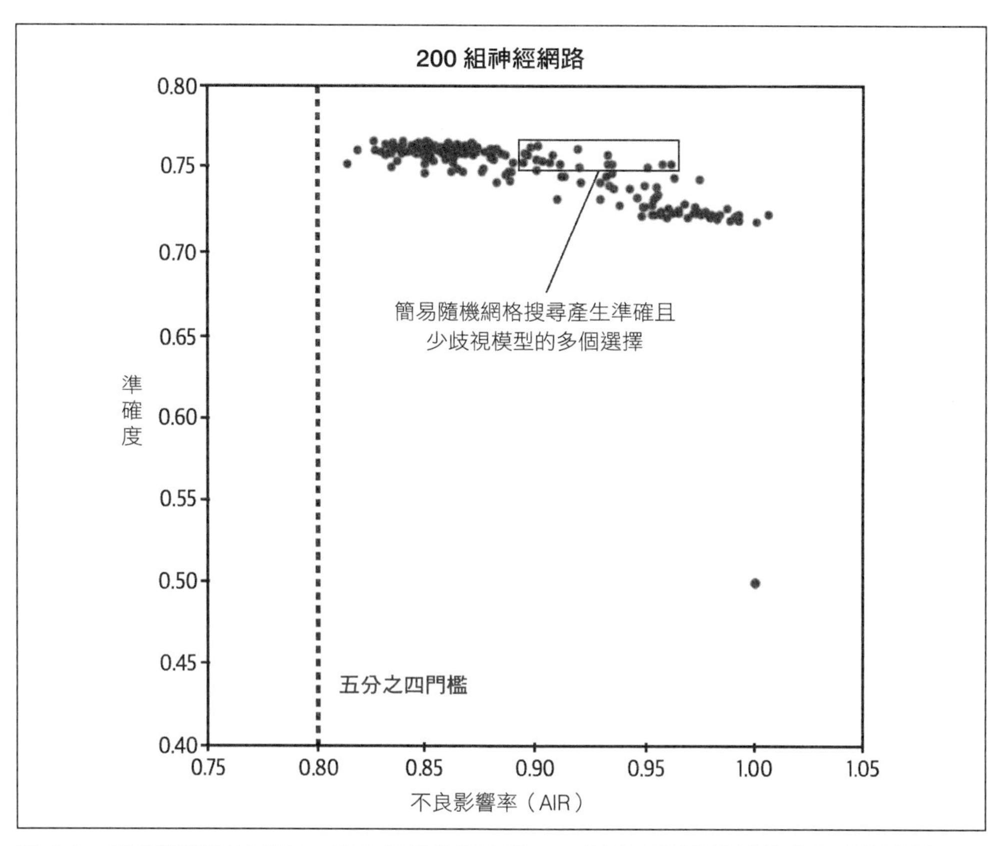

圖 4-2　簡易隨機網格搜尋，產生提供準確度與 AIR 間良好平衡模型的幾個相關選擇

還有許多其他技術性偏差緩解方式。最重要的其中一個（已經在本書討論多次）就是可以上訴並推翻 ML 決策錯誤與不良後果的可追索權機制。每次建立影響人們的模型時，都應該確保也建立並測試讓人們識別與上訴錯誤決策的機制。這通常意謂著提供額外介面，向使用者解釋資料輸入與預測，並允許他們要求改變預測。

解毒作用，或預防 LM 生成有害語言：包括仇恨演說、侮辱、褻瀆與威脅的處理程序，是偏差緩解研究另一個重要領域。「解毒作用語言模型的挑戰」（*https://oreil.ly/gfVaZ*）中，對解毒作用與其既有挑戰的一些現有處理方式有不錯的論述。由於偏差被視為由模型系統性歪曲現實所引發，因此尋求保障模型呈現現實世界因果現象的因果推理與發現技術，也被視為偏差緩解方法。雖然自觀察資料進行因果推論一直以來都是挑戰，但尋求輸入特徵與預測目標帶有部分因果關係的 LiNGAM（*https://oreil.ly/985wC*）這類因果發現方法，絕於值得下一個 ML 專案納入考慮。

偏差緩解任務必須受監控。偏差緩解可能失敗或惡化結果。

我們將用警告結束這一節。技術性偏差緩解無法在沒有接著要討論的人為因子下自行運作。事實上，偏差測試與偏差緩解已證實（*https://oreil.ly/RnES9*）會導致毫無改善甚至惡化偏差結果。一如 ML 模型本身，偏差緩解必須受監控與調整一段時間，確保有所幫助而不是傷害。最後，若偏差測試揭露問題而偏差緩解無法修復，系統就不該部署。有太多 ML 系統被要求成為工程解決方案，成功部署勢在必行，要怎麼阻止部署這些系統？藉由鼓吹風險意識文化的良好治理，讓對的一群人做出最後決定！

緩解偏差中的人為因素

要確保模型在部署前最小化偏差，需要許多人為努力。首先，需要人口上與專業上的多元從業人員與利益相關人族群，進行建置、檢察與監控系統。再者，需要將使用者整合到系統建置、檢查與監控過程中。最後，必須治理，確保我們能對本身偏差問題負責。

我們不會自稱已解決科技領域這個一直令人惱火的問題。但我們知道：有太多模型與 ML 系統，是由對應用範疇僅有少許領域專業的無經驗與同質人口結構開發團隊所訓練。這會讓系統與其操作人員存有巨大盲點，通常這些盲點只是浪費時間與金錢，但也可能導致醫療照護資源大量移轉、拘捕錯誤的人、媒體與法規稽查、法律糾紛或更糟情況。若在 AI 系統相關第一次設計討論，放眼四周只看到類似臉孔，就必須非常努力才能確保系統性偏差與人為偏見不致讓專案脫軌。這有點變質，但重點在於指出，就算老經驗的技術同仁訂定應參與系統人員的規則依舊有問題。那些非常初期的討論，是試著帶進不同型態的人、不同專家、領域專業人員與利益相關代表觀點的時機。需要讓他們保持參與。這是否會拖慢產品進度？絕對會。這是否讓「快速行動、打破常規」變得更難？絕對是。試著讓所有人參與是否讓技術高層與資深工程人員生氣？是啊。所以該怎麼做？必須賦與使用者發聲的權利，那些在眾多案例下具有不同的想要與需要的多元族群。接著必須治理 ML 系統專案。不幸的是，沒有廣泛的組織性支持，要讓擁有特權的科技高層與資深工程人員，為一個易怒的人甚至一組認真負責的從業人員關心 ML 偏差是相當困難的。

開始 ML 偏差方面的組織變革之一，就是與使用者互動。使用者不喜歡不順暢的系統、不喜歡侵略性系統，也不喜歡自動大規模遭歧視。從使用者身上得到回饋不僅是件好事，還有助於點出設計上的問題，與追蹤統計偏差測試可能漏失的危害。還是要再次強調，統計偏差測試不太可能揭露失能者或居住在數位落差另一邊的人們如何與何時受到危害，因為他們無法使用系統，或者對他們而言系統運作方式奇特。如何追蹤這類危害？透過與使用者交談的方式。這裡不是建議一線工程人員跑去使用者家裡，而是建議在建立與部署 ML 系統時，組織可以採用使用者敘述（user story）、UI / UX 研究調查、以人為本設計與漏洞回報獎勵計畫機制這類標準機制，與使用者以結構性方式互動，再將使用者回饋整合到系統改良。本章結尾案例將強調，結構性與獎勵使用者回饋如何形成獎勵機制，為大型而複雜的 ML 系統問題提供線索。

改變組織文化的另一個重要方式是治理。這也是何以本書第 1 章以治理開始之故。在此，將簡短解釋何以治理對偏差緩解而言很重要。從很多方面來看，ML 偏差是關於粗心，有時是關於惡意。治理有助於解決這兩個問題。

若組織紀錄的政策與程序，命令所有 ML 模型在部署前皆需徹底進行偏差與其他議題測試，就可能測試更多模型，提升 ML 模型商業效能，並有望降低無意間造成偏差危害的機會。文件紀錄，尤其是引導從業人員作業的政策性強制工作流程步驟的模型文件模版，是治理的另一大關鍵。身為從業人員的我們，要不就是完整填寫模型文件，詳實記下滿足企業組織定義最佳實作所採取的正確步驟，要不完全不做。有文件就有書面紀錄，有書面紀錄就有望問責。

管理者應在模型文件看到處理得當的部分，也應該能看到沒那麼好的地方。就後者而言，管理可以介入並訓練那些從業人員，若問題持續存在，可採取懲戒動作。所有關於公平的法律定義可能是使用 ML 企業組織真正的問題點：政策有助於讓每個人遵循法律，而模型文件的管理性審查則有助於發現從業人員不遵循。可能毀損 ML 模型的所有人為偏見，政策可以定義最佳實作協助避免，而模型文件的管理性審查則有助於在模型部署前點出它們。

雖然記錄政策與程序，並強制模型文件紀錄對塑造模型建置相關企業文化大有幫助，但治理也屬於組織性架構。一個易怒的資料科學家無法處理所有大型企業組織的 ML 模型誤用與濫用。我們需要組織支援影響變革。ML 治理亦應確保模型驗證與其他監督同仁的獨立。若測試人員向開發或 ML 管理者報告，也要評估他們部署的眾多模型，測試人員做的也不會比錯誤太多的橡皮圖章模型還多。這便是何以美國政府監管機構定義的模型風險管理（MRM）堅持模型測試人員要完全與模型開發人員區隔，要具備與模型開發人員相同的教育程序與技能，且得到與模型開發人員相同報酬。若負責 ML 的主管向資料科學 VP 與技術長（CTO）報告，就無法向老闆說「不」。他們很可能淪為傀儡，花時間專案小組討論只為了讓組織對這個有問題的模型感覺良好。這就是何以 MRM 定義著眼於 ML 風險的資深高層職務，並規定該資深高層不向 CTO 或 CEO 回報，而是直接向董事會（或也向董事會報告的風險長）報告。

許多治理可歸結為一個更多資料科學家應該意識到的關鍵語詞：**有效挑戰**。有效挑戰是必要的一組組織結構、商業程序與文化能力，賦與 ML 系統技術性、客觀性與監督及治理的能力。從各方面來看，有效挑戰支持組織中的某人，能停止已部署的系統，不受懲罰，也沒有其他負面的職涯或個人後果。

資深工程師、科學家與技術高層太常過度左右 ML 系統所有層面，包括驗證、所謂的治理與關鍵部署或除役決定。這違背了有效挑戰的概念，也有違客觀專家審核的基本科學原則。如本章先前所述，這些型態的確認偏差、資金偏差與技術沙文主義，可能導致開發出持續系統偏差的偽科學 ML。

雖然沒有針對 ML 系統偏差的單一解決方案，但本章要特別提出兩大主題。首先，所有偏差緩解程序的初步措施，就是讓多樣化人口與專業的利益相關人參與。ML 專案第 0 步就是制定重要決策時，讓多元化利益相關人處於會議室（或視訊會議）！再者，以人為本的設計、漏洞回報獎勵計畫，與確保技術滿足人類利益相關人需求的其他標準化程序，皆為今日最有效率的偏差緩解處理。現在，將透過 Twitter 影像裁切演算法，與如何利用漏洞回報獎勵計畫，從使用者身上瞭解更多的這些偏差案例研討來結束本章。

案例研究：偏差漏洞回報獎勵計畫

這是一個關於問題模型與得體應對的故事。2020 年 10 月，Twitter 收到回饋，表示它們的影像裁切演算法可能用偏差方式執行。影像裁切演算法用的是 XAI 技術（顯著圖），決定使用者上傳的圖片哪部分最有趣，而且不讓使用者推翻選擇。上傳相片作為 tweet 附圖時，有些使用者覺得 ML 為基礎的影像裁切偏好影像中的白人，而且重點放在女人的胸部與大腿上（男性凝視偏差），當這些問題發生時，使用者沒有任何求助機制改變自動裁切。由 Rumman Chowdhury 領導的 ML 倫理、透明度與問責（META）專隊，發表了部落格文章（*https://oreil.ly/6Qx_H*）、程式碼（*https://oreil.ly/S8E-L*）與文獻（*https://oreil.ly/rwr5h*），描述這些議題與他們為了瞭解使用者偏差議題採取的測試。

這種程度的透明度值得贊許，但接著 Twitter 採取更特別的動作。它關掉這個演算法，單純讓使用者發表自己的照片、大多情況下未裁切。在轉向漏洞回報獎勵計畫前（它們之後為了進一步瞭解使用者影像而用的計畫），重要的是 Twitter 選擇關閉演算法。炒作、商業壓力、資金偏差、團體思維、沉沒成本謬論與本身職涯疑慮，在在讓備受矚目的 ML 系統的除役變得極度困難。但 Twitter 做到了，建立了一個優良典範。*我們不必部署已毀損或不必要的模型，若發現問題可以關掉模型。*

除了對問題保持透明並取消演算法外，Twitter 接著決定主辦偏差漏洞回報獎勵計畫（*https://oreil.ly/eBT18*），取得該演算法的結構化使用者回饋。鼓勵使用者參與，就像一般漏洞回報獎勵計畫，透過金錢上的獎勵，給那些發現最糟漏洞的人。結構化與激勵，是瞭解用漏洞回報獎勵計畫作為使用者回饋機制獨特價值的關鍵。結構化相當重要，因為大型企業組織很難在非結構化、臨時安排下採取行動。當回饋來自這裡的電子郵件、那裡的 tweet，偶爾又以不正確的科技媒體文章方式出現，會很難立案變革。META 團隊投入心力，為提供回饋的使用者建置一套結構化指示（*https://oreil.ly/N3-gc*）。在這種方式下，收到回饋時可以輕鬆檢閱，也能讓所有廣泛的利益相關人檢視，甚至還有數字積分協助不同利益相關人瞭解問題的嚴重性。當實務與統計顯著性量測，與差異效能無法說明偏差完整狀況時，這種指示對想要追蹤電腦視覺或神經語言處理系統危害的所有人都很有用。激勵也是關鍵。雖然我們關心 ML 負責任的使用，但大部分人甚至 ML 系統使用者都有更重要的事要擔心，或者不瞭解 ML 系統會造成嚴重危害。若想要使用者停下日常生活，告訴我們關於 ML 系統的狀況，就必須付費或提供其他有意義的鼓勵。

根據專注在自動化制定決策社會影響的歐盟智庫 AlgorithmWatch（*https://oreil.ly/8B3dr*）所述，漏洞回報獎勵計畫為「史無前例的公開實驗」。將影像裁切程式碼開放給偏差回報獎勵計畫的參與者，讓使用者發現許多新問題。據 Wired（*https://oreil.ly/UvNMh*）所述，漏洞回報獎勵計畫參與者還發現針對白髮，甚至以非拉丁語系撰寫迷因（memes；網路爆紅事物）的偏差，意即若想以中文、西里爾字母、希伯來文或任何使用非拉丁字母眾多語言，撰寫迷因，裁切演算法就對我們不利。

AlgorithmWatch 還強調這場競賽中一項最奇特的發現。影像裁切通常會選擇連環漫畫最後一格，破壞了連環漫畫格式使用者試圖分享媒體的樂趣。最終，$3,500 與第一名給了瑞士研究生 Bogdan Kulynych。Kulynych 的解決方案（*https://oreil.ly/xOkz6*）使用深度偽造，產生各種形狀、膚色與年齡的臉孔。有了這些臉孔與存取裁切演算法的能力，便能依經驗證明用於選擇上傳影像最有趣區域的演算法裡的顯著函數，重複顯示偏愛年輕的、較瘦的、較白的與偏女性的臉孔。

偏差回報獎勵計畫不是沒受到批評。有些民間社會活動人士表示憂心，科技公司與科技會議的備受矚目性質，會轉移對演算法偏差底層社會因素的注意。AlgorithmWatch 精明點出，提供的 $7,000 獎金遠低於資安漏洞提供的獎勵計畫，後者平均大約每個漏洞 $10,000。還強調 $7,000 約為矽谷工程師一至兩週的薪資，Twitter 自有倫理團隊表示為期一週的漏洞回報獎勵計畫，約為一年的測試花費。無疑 Twitter 受益於偏差回報獎勵計畫，且支付的價格遠低於使用者提供的資訊。使用漏洞回報獎勵計畫作為偏差風險緩解措施還有其他問題嗎？當然有，Kulynych 總結這一點與線上技術其他迫切問題。據 Guardian（*https://oreil.ly/5FdnH*）所述，Kulynych 對偏差回報獎勵計畫的感受很複雜，表示「演算法危害不僅在於漏洞。更重要的是，許多有害的科技之所以有害，不是因為意外事件、無意間犯的錯，而是在於設計。這來自於參與最大化，且通常成本外化為給他人的利益。舉例來說，擴大中產階級化、壓低工資、散播點擊誘餌與錯誤訊息，都不見得是由於偏差的演算法」。簡而言之，ML 偏差與其相關危害，多半與人與金錢有關而非科技。

資源

進階閱讀

- 「50 Years of Test (Un)fairness: Lessons for Machine Learning」(*https://oreil.ly/fTlda*)
- 「An Empirical Comparison of Bias Reduction Methods on Real-World Problems in High-Stakes Policy Settings」(*https://oreil.ly/vmxPz*)
- 「Discrimination in Online Ad Delivery」(*https://oreil.ly/kuo9h*)
- 「Fairness in Information Access Systems」(*https://oreil.ly/1RAPJ*)
- NIST SP1270:「Towards a Standard for Identifying and Managing Bias in Artificial Intelligence」(*https://oreil.ly/3_Qrd*)
- Fairness and Machine Learning (*https://oreil.ly/D07t-*)

第五章

機器學習安全性

若像 Bruce Schneier 宣稱的：「安全性最大敵人是複雜度」（*https://oreil.ly/jfFU3*），那麼過度複雜的機器學習系統本質就是不安全。其他研究人員也發表眾多研究，說明並確認 ML 系統的特殊安全性漏洞。現在開始已陸續看見現實世界發生的攻擊，像是伊斯蘭國特工人員模糊線上內容的標誌（*https://oreil.ly/8mSPC*），規避社交媒體過濾機制。由於企業組織通常會對寶貴軟體與資料資產採取保護措施，ML 系統也不該例外。除了特定意外事件應變計畫，還應該在 ML 系統上套用一些額外資訊安全處理程序。包括特定專業模型除錯、安全性稽核、漏洞回報獎勵計畫與紅隊演練。

時下 ML 系統的主要資安威脅包括：

- 內部操控 ML 系統訓練資料或軟體，修改系統結果
- 外部對手操控 ML 系統功能與結果
- 外部對手提取專利 ML 系統邏輯或訓練資料
- 隱於第三方 ML 軟體、模型、資料或其他人為產物的特洛伊木馬或惡意軟體

關鍵任務或其他高風險的 AI 部署，系統至少應該針對這些已知弱點測試與稽核。教科書式 ML 系統評估無法偵測出它們，但較新模型除錯技術可以派上用場，尤其是在微調處理特定資安弱點的時候。稽核可內部實施，或像 Meta（*https://oreil.ly/nCqSa*）那樣由知名的「紅隊演練」專家團隊執行。

漏洞回報獎勵計畫（*https://oreil.ly/rnZ9o*），或企業組織為尋找弱點公開提供資金獎勵，皆屬於取材一般資訊安全，套用在 ML 系統上的另一種實作。而且，測試、稽核、紅隊演練與漏洞回報獎勵計畫不能僅限於資安疑慮。這幾種處理程序也能點出其他 ML 系統問題，像是與偏差、不穩定或缺乏穩健性、可靠性或復原力，在爆發成 AI 意外事件前找出來。

稽核、紅隊演練與漏洞回報獎勵計畫不僅限於資安疑慮。漏洞回報獎勵計畫可尋找面對大眾的 ML 系統的所有問題型態，除了資安與隱私議題外，還包括偏差、未授權決策與產品安全性或過失問題。

本章在探究 ML 安全性前，先瞭解安全性基本概念，像是 CIA 鐵三角與資料科學家的最佳實作。ML 攻擊會詳細討論，包括針對 ML 的攻擊與可能影響 ML 系統的一般攻擊。接著提出對策，例如專屬的強化 ML 防禦與隱私加強技術（PETs）、安全意識模型除錯與監控方式，以及一些常見解決方案。本章最後會以在社交媒體上規避攻擊與現實世界後果的案例討論結束。讀過本章，讀者們應能在 ML 系統上建構基本資安稽核（或「紅隊演練」），找出問題並在必要之處制定明確對策。第 11 章會有 ML 安全性範例程式碼。

NIST AI RMF 對照表

章節	NIST AI RMF 子類別
第 161 頁「資安基本概念」	GOVERN 1.1、GOVERN 1.2、GOVERN 1.4、GOVERN 1.5、GOVERN 4.1、GOVERN 4.3、GOVERN 5、GOVERN 6、MAP 1.1、MAP 2.3、MAP 4、MAP 5.1、MEASURE 1.3
第 166 頁「機器學習攻擊」	GOVERN 1.2、GOVERN 1.4、GOVERN 1.5、MAP 2.3、MAP 4、MAP 5.1、MEASURE 1、MEASURE 2.1、MEASURE 2.6、MEASURE 2.7、MEASURE 2.9、MEASURE 2.10、MEASURE 2.11
第 173 頁「一般 ML 資安概念」	GOVERN 1.1、GOVERN 1.2、GOVERN 1.4、GOVERN 1.5、GOVERN 4.1、GOVERN 4.3、GOVERN 5、GOVERN 6、MAP 1.1、MAP 2.3、MAP 3.1、MAP 4、MAP 5.1、MEASURE 1.3、MEASURE 2.1、MEASURE 2.4、MEASURE 2.6、MEASURE 2.7、MEASURE 2.8、MEASURE 2.9、MEASURE 2.10、MEASURE 2.11、MANAGE 3

章節	NIST AI RMF 子類別
第 175 頁「對策」	GOVERN 1.2、GOVERN 1.4、GOVERN 1.5、GOVERN 4.3、GOVERN 5.1、GOVERN 6、MAP 2.3、MAP 3.1、MAP 4、MAP 5.1、MEASURE 2.6、MEASURE 2.7、MEASURE 2.8、MEASURE 2.9、MEASURE 2.10、MEASURE 2.11、MANAGE 1.2、MANAGE 1.3、MANAGE 2.2、MANAGE 2.3、MANAGE 2.4、MANAGE 3、MANAGE 4.1

- 適用的 AI 可信任度特性包括：保障、安全與復原力、有效且可靠、可解釋與可詮釋
- 參閱：

  — NIST Cybersecurity Framework（*https://oreil.ly/uLlYV*）

  — NIST Privacy Framework（*https://oreil.ly/7guqT*）

  — 完整對照表（非官方資源）（*https://oreil.ly/61TXd*）

資安基本概念

許多值得學習的基本課程，來自於協助強化 ML 系統的廣大電腦資安範疇。在進入 ML 破壞與對策前，必須先將瞭解對抗式心態的重要性，探討識別資安意外事件的 CIA 鐵三角，並將重點放在應該在所有 IT 族群與電腦系統上（包括資料科學家與 ML 系統）套用的一些確切資安最佳實作。

對抗式心態

就像炒作的科技領域裡許多從業人員一樣，ML 系統的製造者與使用者，往往將重點放在正向方面：自動化、增加收入與天花亂墜的新科技。然而，有另一群從業人員透過不同的與對抗式稜鏡看待電腦系統。這些從業人員之中有些可能與我們想法一致，協助保護企業組織 IT 系統，免於刻意誤用、攻擊、破壞與濫用 ML 系統，獲取本身利益或傷害他人。學習 ML 資安的第一步，就是採用這類對抗式心態，或至少阻止過度正向的 ML 炒作，繼而將刻意濫用與誤用 ML 系統納入考量。是的，包括現在正處理的這個。

不要將高風險 ML 系統想得太美好。它們可能傷人。人們也會攻擊它們、會濫用它們傷害別人。

或許心懷不滿的同事會對訓練資料投毒、或許有惡意軟體藏於使用的第三方 ML 軟體相關二進制程式碼、或許模型或訓練資料透過未受保護的終端提取，也或許殭屍網路使用分散式組斷服務（DDOS）攻擊，打擊企業組織面對大眾的 IT 服務，癱瘓 ML 系統造成附帶傷害。雖然對我們而言這類攻擊不會每天發生，但經常發生在某人身上、某些地方。當然，瞭解特定資安威脅的細節很重要，但必須考量資安弱點與意外事件的多元現實，這種對抗式心態可能更重要，因為攻擊與攻擊者往往出人意料又巧妙。

CIA 鐵三角

從資料安全角度來看，達標與失敗多半由機密性、完整性與可用性（CIA）鐵三角定義（圖 5-1）。簡單說明鐵三角：資料應只有經過授權的使用者能用（機密性）、資料應該是正確而且最新（完整性），而且資料應在需要時馬上能用（可用性）。若這些宗旨之一遭破壞，通常就是資安意外事件。CIA 鐵三角可以直接套用在 ML 系統訓練資料的惡意存取、變更或破壞。但要知道 CIA 鐵三角如何套用在 ML 系統議題決策或預測上就有點困難，而 ML 攻擊往往用一種難以理解的方式，混合傳統資料隱私與電腦資安疑慮。所以這裡會將每個例子看一遍。

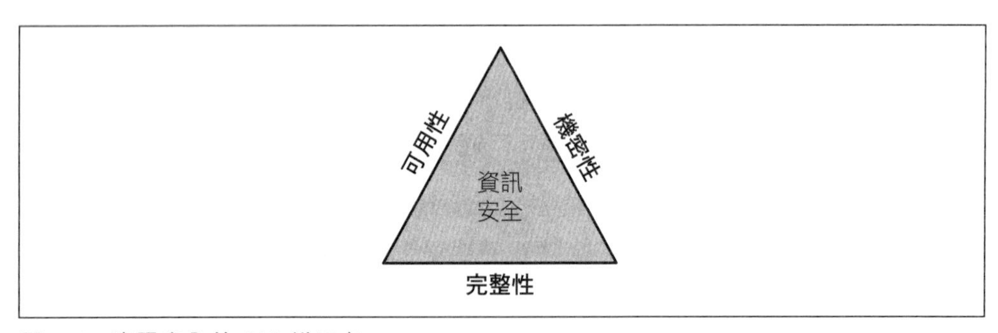

圖 5-1　資訊安全的 CIA 鐵三角

ML 系統機密性會遭逆向攻擊破壞（見第 163 頁的「模型提取與逆向攻擊」小節），歹徒與 API 以竊用方式互動，但使用可解釋人工智慧技術，可以從他們提交的輸入資料與我們的系統預測，提取模型與訓練資料相關資訊。更危險並更複雜的成員推理攻擊（見第 164 頁的「成員推理攻擊」小節）中，訓練資料的個別行列，到整個訓練資料集，都能從 ML 系統 API 或其他端點提取。請注意，這些攻擊的發生無須未經授權存取訓練檔案或資料庫，但會為使用者與企業組織帶來同等資安與隱私危害，可能還有嚴重法律責任。

有很多方法可以破壞 ML 系統完整性，例如資料投毒攻擊或對抗式樣本攻擊。資料投毒攻擊中（第 160 頁的「資料投毒攻擊」小節），企業組織內部巧妙變更系統訓練資料，以想要的方式變更系統預測。只有少數人口的訓練資料必須處理以改變系統結果，主動學習與其他領域的專業技術有助於攻擊者用更有效率的方式這麼做。ML 系統套用數百萬筆規則或參數，到數千筆互動的輸入特徵時，要瞭解 ML 系統做出的各種不同預測幾乎不可能。在對抗式樣本攻擊（第 159 頁的「對抗式樣本攻擊」小節）中，外部攻擊者透過尋找資料特異行列（對抗式樣本），引發 ML 系統意外與不適切結果，襲擊這類過度複雜機制，我們付出代價他們獲益。

使用者無法存取想要的服務，就是 ML 系統可用性遭到侵犯。這可能是前述攻擊導致系統停擺的後果，可能是來自標準阻斷服務攻擊、來自**海綿樣本**攻擊，或來自偏差。在日常生活中仰賴 ML 系統的人越來越多，當這些模型與政府、金融或就業方面高影響力決策相關，ML 系統停擺就會拒絕使用者存取必要服務。近期一份研究（*https://oreil.ly/D8KWt*）揭露了海綿樣本威脅，或者可以說它是一個輸入資料的特殊設計型態，可迫使神經網路拖慢其預測速度並過度消耗能量。很可惜，許多 ML 系統也持續對由來已久的邊緣人口族群結果與準確度存有系統性偏差。少數族群或許難以體會自動信貸優惠或履歷掃描系統相同等級的可用性。可怕的是，這些人更可能遭受臉部識別系統的錯誤預測，包括那些用於資安或執法單位環境下的系統。（第 4 章與第 10 章有更詳盡的 ML 系統偏差與偏差測試處理說明。）

這只是幾種 ML 系統可能經歷的資安問題。此外還有相當多。若讀者開始感到憂心，繼續看下去！接著將直接探討資安概念與最佳實作。這些小技巧對保護任何電腦系統都大有幫助。

資料科學家的最佳實作

安全化較複雜的 ML 系統，從基礎開始會很有幫助。以下列出這些基礎摘要，以資料科學工作流程為背景：

存取控制

越少人存取機敏性資源越好。ML 系統裡有許多機敏元件，但限制訓練資料、訓練程式碼與部署程式碼只讓必要人員存取，可緩解資料滲透、資料投毒、後門攻擊與其他攻擊等資安風險。

漏洞回報獎勵計畫

漏洞回報獎勵計畫，或當企業組織為尋找弱點向大眾提供資金獎勵，也是能套用在 ML 系統上的常見資訊安全實作方式。漏洞回報獎勵計畫的重要觀點在於激勵使用者參與。使用者很忙，有時需要獎勵讓他們提供回饋。

意外事件應變計畫

針對關鍵任務 IT 基礎架構備有意外事件應變計畫快速處理所有故障與攻擊是常見實作。確保這些計畫涵蓋 ML 系統，並具備在 ML 系統故障或面臨攻擊之際有所幫助的必要細節。必須明確到當 AI 意外事件發生時誰做什麼事，尤其是營運管理當局、技術專門知識、預算與內外部溝通。有許多絕佳資源有助於企業組織開始準備意外事件應變，像是 NIST（*https://oreil.ly/u967-*）與 SANS Institute（*https://oreil.ly/dS6oW*）。讀者們若想瞭解 ML 系統意外事件應變計畫範例，可查看 BNH.AI 的 GitHub（*https://oreil.ly/xN4Cs*）。

例行備份

惡意駭客凍結企業組織 IT 系統存取，若不支付贖金還會刪除先前資源這種勒索軟體攻擊不算少見。確保例行性定期備份重要檔案，保障免於意外與惡性資料遺失。讓實體備份與所有連接網路的機器隔離（或「實體隔離（air-gapped）」）也是最佳實作。

最少特權

最少特權概念的嚴格應用，亦即確保所有個人，即便是「搖滾明星」資料科學家與 ML 工程師，只得到最少所需 IT 系統權限，這是保障免於內部 ML 攻擊的最佳方式之一。特別留意限制 root、admin 或超級使用者的數量。

密碼與驗證

使用隨機且獨一無二的密碼、多因驗證與其他驗證方式，確保維持存取控制與權限。強制執行高階密碼衛教，例如讓機敏專案所屬人員使用密碼管理程式也是不錯的主意。硬體金鑰（Yubikeys）（*https://oreil.ly/oGT49*）這類實體金鑰，是最強驗證措施之一。基於密碼網路釣魚攻擊日益普遍，除了繞過電話驗證的 SIM 切換這類攻擊外，高風險應用應考量納入實體金鑰。

實體介質

盡可能避免在機敏性專案上使用實體儲存介質，除非需要備份。列印出來的文件、隨身硬碟、備份媒體與其他可攜式資料來源，常會被忙碌的資料科學家與工程師遺失或錯放。最糟情況當然還是被有動機的對手竊取。較不具機敏性的任務，則可以考量針對實體介質的使用訂定政策與教育。

產品安全

若身為製造軟體的企業組織，可能會在這些產品上套用無數資安功能與測試。在面對大眾或面對消費者的 ML 系統上沒理由不套用相同標準。應該聯繫企業組織裡的資安專家，討論在 ML 系統上套用標準產品安全措施。

紅隊

針對關鍵任務或其他高風險 ML 的部署，應在對抗式條件下測試系統。所謂的紅隊演練，是由技術高超的從業人員團隊，試圖攻擊 ML 系統並將發現結果回報給產品擁有者。

第三方

建置 ML 系統常會需要企業外部的程式碼、資料與人員。不幸的是，每個參與建置的新成員都會增加風險。必須密切留意第三方資料或由第三方個人實施的資料投毒。掃描所有第三方套件與模型是否有惡意軟體，並控制所有部署程式碼，預防後門或其他惡意負載插入。

版本與環境控制

要確保基本安全性，必須知曉哪些檔案、何時、由誰、做了哪些變更。除了原始程式碼版本控制，還有無數可自動追蹤大型資料科學專案的商用或開放源碼環境管理程式。作為 ML 環境管理起點可參考的開放源碼有：DVC（*https://oreil.ly/O6_6l*）、gigantum（*https://oreil.ly/80VT7*）、mlflow（*https://oreil.ly/pDjDF*）、ml-metadata（*https://oreil.ly/p6EUA*）與 modeldb（*https://oreil.ly/KhM3o*）。

資料科學家對下一節要探討的 ML 安全性，可能比這裡談的常見戰術更感興趣。然而，就因為這裡考量的資安措施如此簡單，不遵守這些措施除了帶來麻煩或代價高昂的外洩與破壞外，還可能導致企業組織背負法律責任。即便仍有爭議且有些雜亂，但違反美國聯邦貿易委員會（FTC）（*https://oreil.ly/XfCYP*）與其他監管單位強制執行的資安標準，將引發令人討厭的徹底審查與執法動作。強化 ML 系統安全性的工作相當多，但在建置附有許多子系統與相依性的更複雜 ML 系統時，沒有在基礎就做對會帶來很大麻煩。

機器學習攻擊

各類 ML 軟體人為產物、ML 預測 APIs 與其他 AI 系統終端，如今都成為網路與內部攻擊的媒介。此類 ML 攻擊會推翻資料科學團隊對緩解其他風險的所有努力，因為一旦 ML 系統受到攻擊，就不再是我們的了。攻擊者通常針對準確度、偏差、隱私權、可靠性、穩健性、復原力與未經授權的決定自有一套規章。防禦這類攻擊的第一步，就是瞭解它們。接下來，將概述最知名的 ML 攻擊。

ML 系統多數攻擊與漏洞皆出於不透明又過度複雜的傳統 ML 演算法性質。若系統太複雜讓操作人員無法理解，攻擊者就能在操作人員不知道發生了什麼的情況下巧妙操控。

完整性攻擊：操控機器學習輸出

ML 攻擊的旅程，將從 ML 模型完整性攻擊開始，例如修改系統輸出的攻擊。首先要探討的對抗式樣本攻擊可能是最知名的攻擊型態，接著討論後門、資料投毒與冒充 / 規避攻擊。深思這些攻擊時，請記得它們通常使用兩大模式：一、授與攻擊者想要的 ML 結果，或二、否絕第三方合法結果。

對抗式樣本攻擊

目的性攻擊者可以使用預測 API（即「探索」或「機敏分析」），透過逆向攻擊（見第 163 頁的「模型提取與逆向攻擊」小節）或社交工程試誤學習，瞭解 ML 模型如何運作得到想要的預測結果，或如何改變他人結果。針對這種目的，透過資料列特殊工程實施的攻擊就是所謂的對抗式樣本攻擊。攻擊者使用對抗式樣本攻擊授權自己貸款、得到更低的適切保險費，或免去以犯罪風險積分為基礎的審前拘留。見圖 5-2 假想攻擊者利用特異資料列在信用借貸模型執行對抗式樣本攻擊。

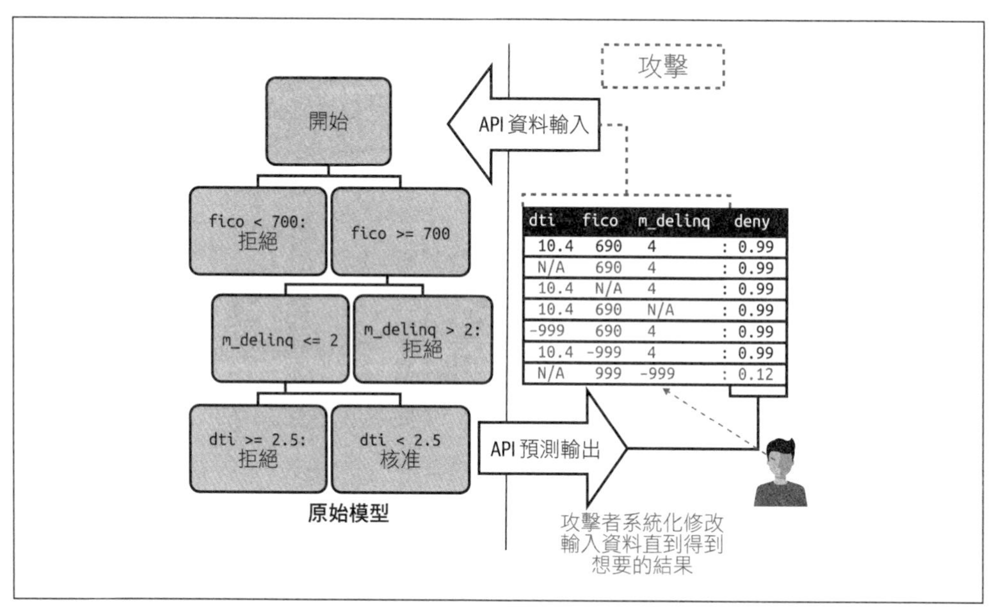

圖 5-2　對抗式樣本攻擊（數位、彩色版：*https://oreil.ly/04ycs*）

後門攻擊

想像這種狀況：員工、顧問、合約廠商或惡意外部行動者可以存取模型產品程式碼：做出即時預測的程式碼。這個個體可以變更識別特異或不可能的輸入變數值組合的程式碼，觸發想要的預測結果。一如操控結果的其他攻擊，後門攻擊可用以觸發攻擊者想要的模型輸出結果，或是第三方不想要的結果。如圖 5-3 所述，攻擊者可注入惡意程式碼到模型預測積分引擎，認可實際年齡但負工作年資（yoj）組合，為自己或同伙觸發不適切的正向結果。為了更改第三方結果，攻擊者可將人為規則注入模型積分程式碼，防止模型對特定人群產生正向結果。

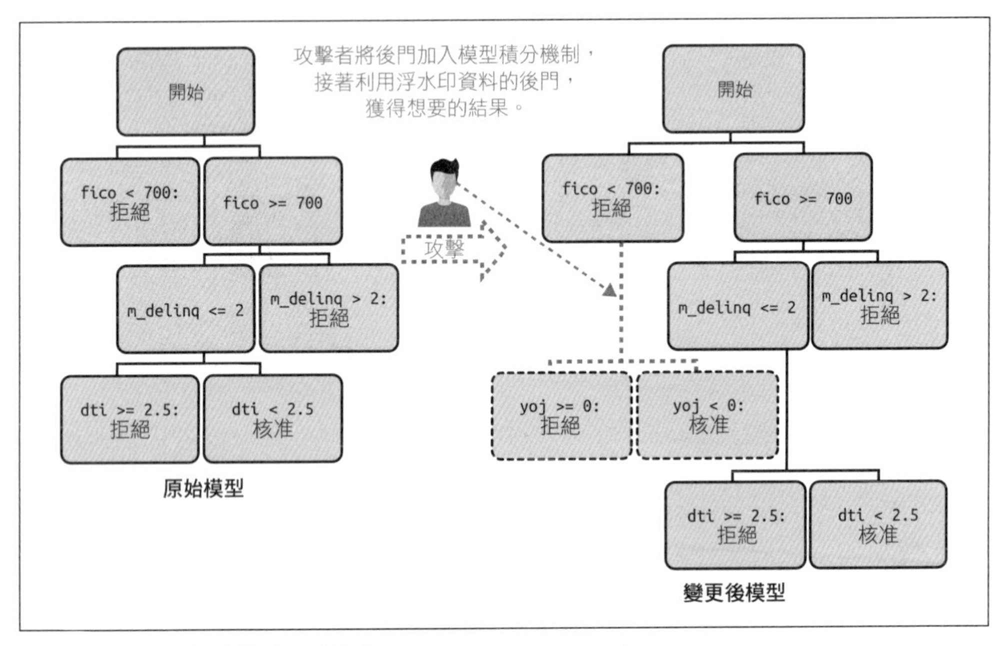

圖 5-3 後門攻擊（數位、彩色版：*https://oreil.ly/04ycs*）

資料投毒攻擊

資料投毒指的是某人系統性變更訓練資料，操控模型預測。要毒害資料，攻擊者必須存取部分或全部的訓練資料。許多公司、許多不同的員工、顧問諮詢與合約廠商都可以這麼做，幾乎無人監督。也有可能惡意的外部行動者能未經授權存取部分或全部訓練資料，進行投毒。資料投毒攻擊最直接的型態可能就是變更訓練資料集標籤。圖 5-4，攻擊者變更少量訓練資料標籤，這麼一來具有此類信用紀錄的人就會錯誤地獲得信用衍生品。另一種可能是，惡意行動者利用資料投毒訓練模型，刻意歧視某群人，剝奪他們合法應得的大筆貸款、大量折扣或較低保費。

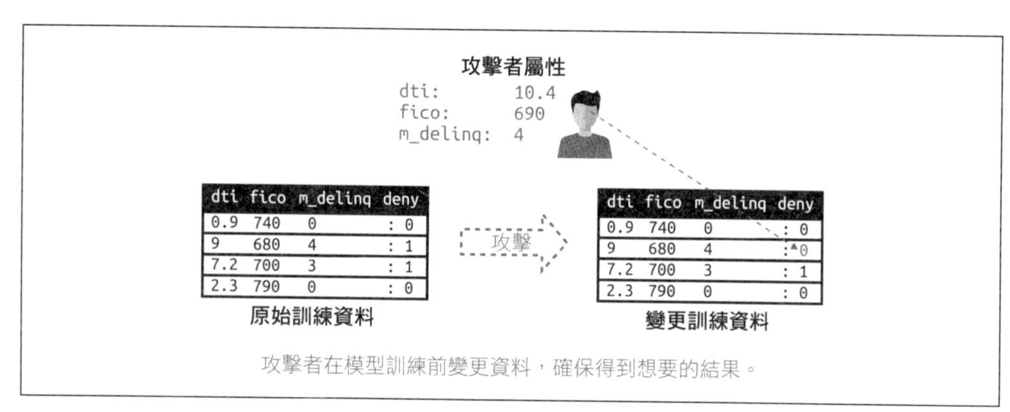

圖 5-4　資料投毒攻擊（數位、彩色版：*https://oreil.ly/04ycs*）

雖然將資料投毒想成改變資料集現有行列的值最簡單，但其實資料投毒還可以在資料集與 ML 模型裡加入看似無害或多餘的行列執行。變更這些行列的值，會繼而觸發變更後的模型預測。這是避免倒入大量行列到無法解釋的 ML 模型裡的眾多理由之一。

冒充與規避攻擊

利用試誤、模型逆向攻擊（見第 163 頁的「模型提取與逆向攻擊」小節），或社交工程，攻擊者可以得知從 ML 系統獲取想要預測結果的個體型態。攻擊者接著冒充這類輸入或個體，得到想要的預測結果，或規避不想要的結果。這類冒充與規避攻擊，從 ML 模型觀點來看有點類似身分竊取。它們和對抗式樣本攻擊（見第 159 頁的「對抗式樣本攻擊」小節）也相當類似。

冒充攻擊就類似對抗式樣本攻擊，與人為變更模型的輸入資料值有關。不同於可能隨機搜尋可愚弄模型的輸入資料值組合的對抗式樣本攻擊，冒充利用的是與其他模型實體相關的資訊（例如：消費者、員工、金融交易、病患、產品等等），獲取模型與實體型態相關的預測。規避則相反：改變自有資料，避免得到不利預測。

圖 5-5，攻擊者得知獎勵信用衍生品的模型特性，接著偽造自身資訊得到信用衍生品。他們可與其他人分享自身策略，可能導致公司巨大損失。聽起來像科幻小說？其實不然。相當接近規避攻擊的做法在人臉辯識支付與資安系統上已經實現（*https://oreil.ly/69u8J*），第 176 頁的「案例研究：現實世界的規避攻擊」將處理幾個已證實的 ML 資安系統規避案例。

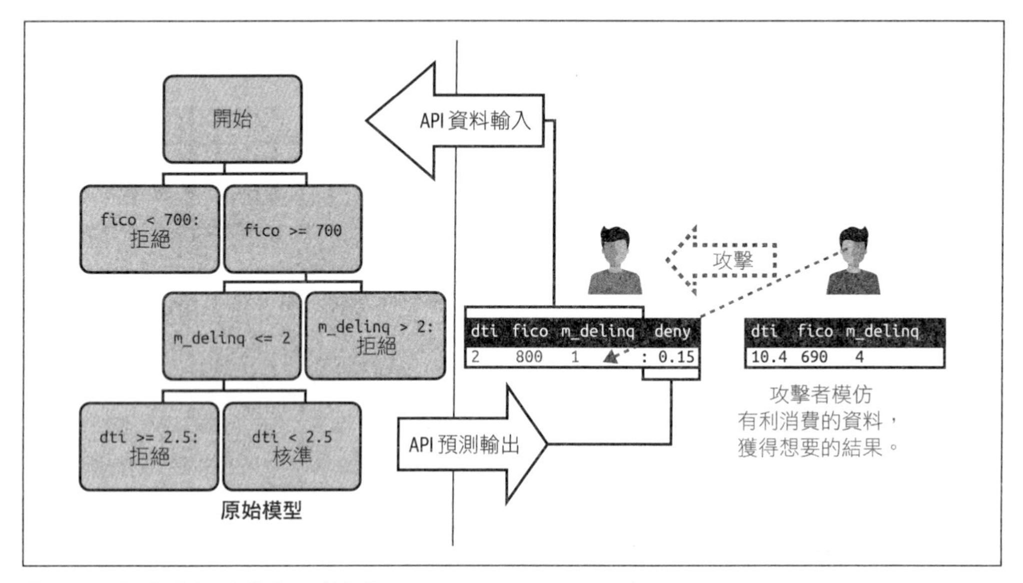

圖 5-5　冒充攻擊（數位、彩色版：*https://oreil.ly/04ycs*）

機器學習解釋的攻擊

所謂的「鷹架」攻擊中——見「愚弄 LIME 與 SHAP：事後解釋方法的對抗式攻擊」（*https://oreil.ly/xx9dH*），敵人可以投毒事後解釋，例如局部可詮釋模型無關的解釋與 Shapley 相加解釋。最近還有部分相依的發表——也就是另一種常見事後解釋技術上的攻擊，見「透過資料投毒愚弄部分相依」（*https://oreil.ly/KMNmt*）。在解釋上的攻擊可用以改變 ML 系統操作者與消費者的感知，例如在工作流中製造另一場更難以發現的破壞，或讓偏差的模型顯示公平，也就是知名的公平洗白（*https://oreil.ly/YD-QJ*）。這些攻擊在 ML 工作流與 AI 系統變得更複雜時會更清晰，歹徒可以查看系統各個不同部分，從訓練資料的所有方式到事後解釋都可以，繼而改變系統輸出。

機密性攻擊：提取資訊

沒有適當對策，歹徒就能存取模型與資料的機敏資訊。模型提取與逆向攻擊，指的是駭客重新建置模型，再從模型複本提取資訊。成員推理攻擊允許歹徒知曉資料哪個行列處於訓練資料，甚至可以重新建構訓練資料。兩種攻擊都只需要存取毫無防備的 ML 系統預測 API 或其他系統終端。

模型提取、模型逆轉、成員推理與其他 ML 攻擊，都可以想成舊式與更常見智慧財產權與資安議題（逆向工程）的新手法。機密性攻擊與其他 ML 攻擊可用於*逆向工程*，重新建構可能的機敏性模型與資料。

模型提取與逆向攻擊

逆向（見圖 5-6）基本上代表從模型取得未經授權的資訊，而非將資訊放進模型的正常使用模式。若攻擊者可以從模型 API 或其他端點（網站、app 等等）獲取許多預測，就能訓練介於輸入與系統預測之間的替代模型。提取的替代模型，在攻擊者用於生成接收預測的輸入，與接受的預測本身之間訓練。視攻擊者可接收到的預測數量而定，替代模型有可能變成相當準確的模型模擬。不幸的是，一旦替代模型訓練完成，我們就面臨幾個重大問題了：

- 模型其實只是訓練資料的壓縮版。有了替代模型，攻擊者就能開始學習有關我們潛在機敏訓練資料的一切。
- 模型是寶貴智慧財產。攻擊者如今可以販售模型複本存取，奪取我們的投資報酬。
- 攻擊者如今擁有沙箱可供規劃冒充、對抗式樣本、成員推理與其他對付我們模型的攻擊。

這類替代模型還可以利用略為符合我們預測的外部資料資源訓練，就像 ProPublica 使用專利 COMPAS 犯罪風險評估工具的創舉（*https://oreil.ly/FvMDm*）。

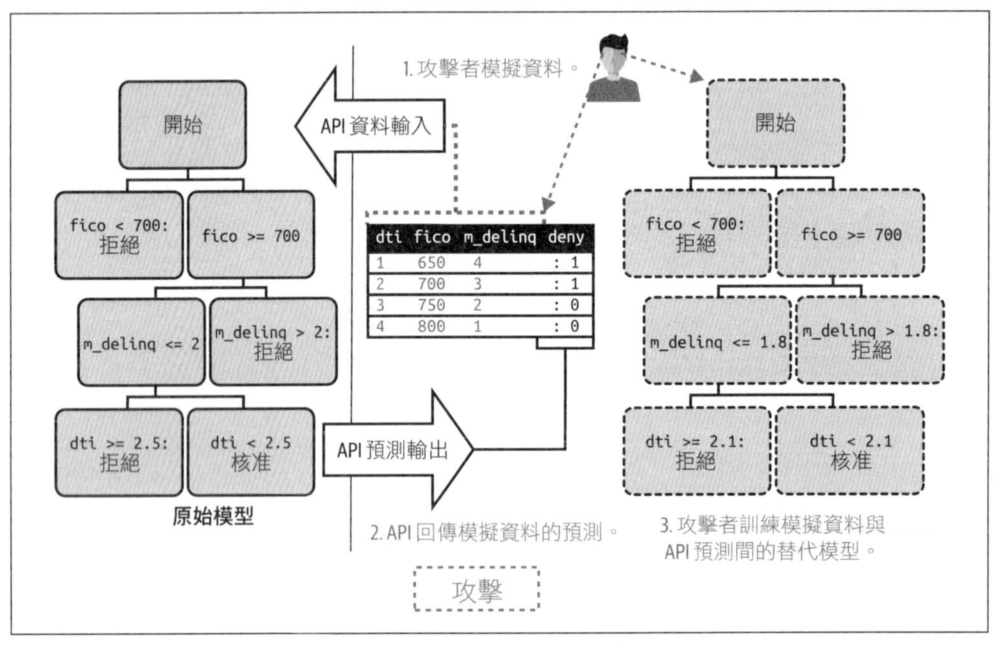

圖 5-6　逆向攻擊（數位、彩色版：*https://oreil.ly/04ycs*）

成員推理攻擊

由模型提取開始，並由替代模型執行的攻擊中，惡意行為者可以確認特定的人或產品是不是處於我們的模型訓練資料。所謂成員推理攻擊（見圖 5-7）這種攻擊，就是由兩層模型執行的破壞。首先，攻擊者將資料傳進公開預測 API 或其他端點，把預測接收回來，接著訓練替代模型，或介於傳遞資料與預測間的模型。一旦替代模弄（或模型們）訓練完成取代我們的模型，攻擊者就能接著訓練第二層分類器，區別用於第一個替代模型訓練的資料，以及未用於該替代品的資料。當第二模型被用來攻擊我們的模型時，就能實質提供指示：是否給定的任何資料行列處資我們的訓練資料。

當模型與資料與破產或疾病這類不受歡迎的結果有關，或是高收入或淨值這類令人嚮往的結果，訓練資料中的成員是具有機敏性的。而且，若攻擊者可以輕鬆概括單一列與模型目標間彼此關係的明顯關聯，例如種族、社會性別或年齡等不受歡迎的結果，這種攻擊就會侵犯所有人種的隱私權。令人害怕的是，當這樣的攻擊火力全開，成員推理攻擊還能讓惡意行動者在僅能存取未受保護的公開預測 API 或其他模型端點的情況下，對絕大部分機敏性或寶貴的訓練資料集進行逆向工程。

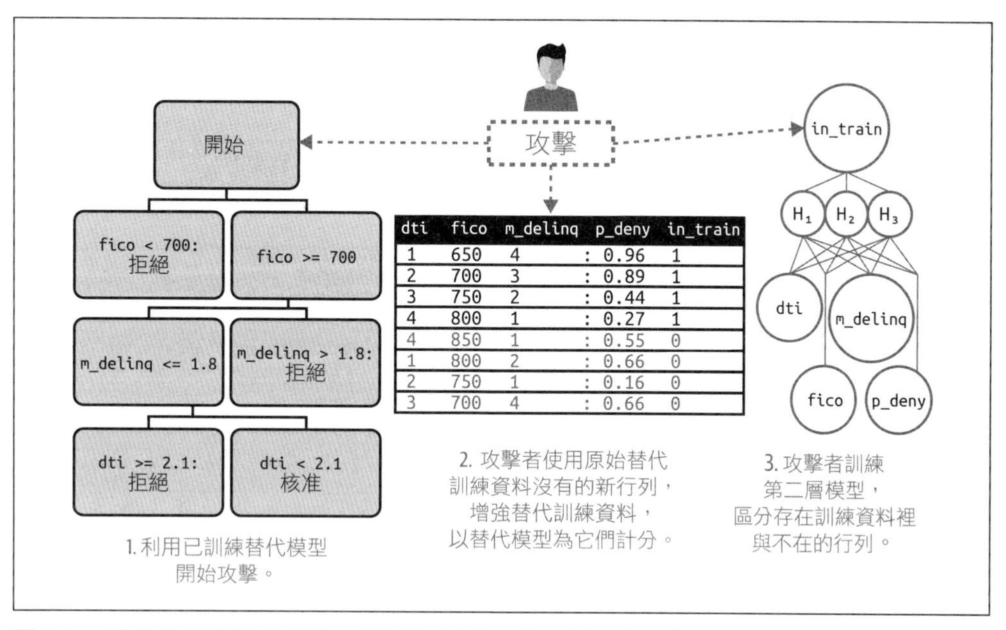

圖 5-7　成員推理攻擊（數位、彩色版：*https://oreil.ly/04ycs*）

我們討論的是一些最知名的攻擊變化，但必須記得，這些並非唯有的 ML 破壞類型，新的攻擊很快就會出現。因此，在繼續說明保護 ML 系統的對策前，還必須處理一些常見隱憂，協助我們應對更廣泛的威脅環境。

常見 ML 安全性隱憂

本書共同主軸就是 ML 系統基本上就是軟體系統，將軟體最佳實作的常識套用到 ML 系統上多半是不錯的主意，同樣也適用於安全性。作為軟體系統與服務的 ML 系統，會呈現與一般軟體系統類似的故障模式並遭受相同攻擊。還有哪些常見疑慮？內部濫用 AI 技術、可用性攻擊、特洛伊木馬與惡意軟體、中間人攻擊、過於複雜無法解釋的系統，以及分散式運算災難，這類討厭的事：

濫用機器學習

所有工具也都是武器，ML 模型與 AI 系統有無數方式可以被濫用。這裡從深度偽造開始考量，它是深度學習的應用，若謹慎處理，可以將影像與音效片段無縫融合成讓人信服的新媒體。雖然深度偽造可用來讓電影明星起死回生，像最近《星際大戰》電影那樣，但深度偽造也能被用來傷害與勒索人們。

當然，據 BBC（*https://oreil.ly/05QCB*）與其他新聞媒體報導，未獲參與者同意的色情內容中，受害者臉孔被融合到成人影片上，是最受歡迎的深度偽造用途。深度偽造也被用於金融犯罪，例如攻擊者使用 CEO 聲音（*https://oreil.ly/A0a8_*），下令將錢轉入攻擊者的帳號。演算法歧視是另一項濫用 AI 的常見應用。「公平洗白」攻擊中，事後解釋可被變更藏有偏差模型的歧視。人臉辯識則是直接用於種族剖析（*https://oreil.ly/KBvXa*）。這裡點到的只是 ML 系統可遭濫用的少數方式，這個重要主題的廣泛的處理方式，請見「AI 賦能的未來犯罪」（*https://oreil.ly/8L3ax*）。

常見可用性攻擊

ML 系統可能成為更常見的阻斷服務攻擊（DOS）受害者，就像其他面對大眾的服務。若面對大眾的 ML 系統對企業組織至關重要，就要確保已使用防火牆與過濾程式、反轉網域名稱服務系統（DNS）查找，與 DOS 攻擊期間可增加可用性的其他對策強化。不過，還必須通盤考量 ML 系統另一種可用性故障：因演算法歧視所導致的那些。演算法歧視若夠嚴重，無論內部故障還是對抗式攻擊引發，很可能讓多數使用者無法使用 ML 系統。請確保在訓練與系統部署整個生命週期都進行偏差測試。

特洛伊木馬與惡意軟體

研究與開發環境下的 ML，仰賴開放源碼軟體套件的各種生態系統。這些套件有些具有眾多貢獻者與使用者。部分屬於極度特殊且僅對少部分研究人員或從業人員有意義。大家都知道許多套件是由非凡的統計學家與 ML 研究人員維護，主要重點在數學或演算法，而不是軟體工程或安全性。ML 工作流仰賴多個甚至數百個外部套件並不算少見，其中任何一個都可能被破壞隱匿攻擊負載。使用大量二進制資訊儲存與預先訓練的 ML 模型的第三方套件，似乎特別適合處理這類問題。若有可能，掃描 ML 系統相關的所有軟體人為產物是否有惡意軟體與特洛伊木馬。

中間人攻擊

由於許多 ML 系統預測與決策會在網際網路或企業網路上傳遞，在這樣的旅程中可能遭歹徒操控。在可能之處，使用加密、認證、相互驗證或其他對策，確保網路上傳遞的 ML 系統結果的完整性。

無法解釋機器學習

雖然可詮釋模型與模型解釋的最新發展，提供使用準確亦具透明度模型的機會，但有許多機器學習工作流程仍以無法解釋模型為主。這類模型是商用 ML 工作流程中經常存有過份複雜度的常見型態。專注而有目的的攻擊者，在經過一段時日後可以學習到比自有團隊知道還多的過份複雜無法解釋的 ML 模型。（尤其在時下資料科學工作市場人員流動率的趨勢下）這種知識不均衡可能被不當利用，讓攻擊者建構前面敘述過或者其他仍未發生的未知型態攻擊。

分散式運算

無論如何，我們都活在巨量資料的年代。許多企業組織如今使用分散式資料處理與 ML 系統。分散式運算會提供廣大攻擊層面給惡意內部或外部行動者。只要一個或幾個大型分散式資料存儲與處理系統的員工節點，就可以資料投毒。程式編寫的後門只要大型整體的一個模型就夠。相較於針對一個簡單資料集或模型除錯，如今從業人員必須不定期對分散在整個大型運算叢集檢查資料或模型。

又開始擔心了？堅持住，接著要開始介紹 ML 系統機密性、完整性與可用性攻擊的對策。

對策

可以用的對策很多，若與第 1 章提出的治理程序比對，漏洞回報獎勵計畫、安全性稽核與紅隊演練，這些措施可能會更有效率。此外，還有一些對抗式 ML 與穩健 ML 的新興分支學科，能為這些目的提供完整學術性處理。本節將概述用於協助製造更安全 ML 系統的一些防禦措施，包括針對安全性的模型除錯、針對安全性的模型監控、隱私加強技術、穩健 ML 與一些通用處理方式。

安全性模型除錯

ML 模型在釋出前，可以也應該進行安全性弱點測試。這些測試中，目標基本上是攻擊自有 ML 系統，瞭解自身安全性等級，並修正任何發現的弱點。在不同型態的 ML 模型上都能進行安全性除錯的通用技術，包括對抗式樣本搜尋、靈敏度分析、內部攻擊與模型提取攻擊審查與歧視測試。

對抗式樣本搜尋與靈敏度分析

用對抗式心態建構靈敏度分析，建構自有對抗式樣本攻擊更好，都是確認我們的系統，對可能最簡單與最常見型態的 ML 完整性攻擊而言是否有弱點的好方法。這些道德駭客的想法是，瞭解哪個特徵值（或特徵值組合）會導致系統輸入預測嚴重飄移。若處理的是深度學習領域，cleverhans（*https://oreil.ly/6LuBF*）與 foolbox（*https://oreil.ly/M4ayU*）這類套件有助於開始測試 ML 系統。對於結構性資料的處理，優良的老派靈敏度分析對於指出系統的不穩定非常有用。也可以利用遺傳學習進化自有對抗式樣本，或利用以個體條件期望（*https://oreil.ly/_qQdn*）為基礎的啟發式方法，尋找對抗式樣本。一旦這些對抗式樣本觸發，發現 ML 系統的不穩定性，就會想要用交叉驗證或正規化訓練更穩定的模型、套用穩健機器學習（見第 174 頁的「穩健機器學習」小節）的技巧，或確切監控即時發現的對抗式樣本。也應該將這些資訊連結系統意外事件應變計畫，以備不時之需。

內部資料投毒稽查

若發生資料投毒攻擊，系統內部人員：員工、承包商與顧問不見得不是罪犯。要如何捕獲內部資料投毒？首先，用我們的系統為這些個體計分。任何得到正向結果的內部人員都有可能是攻擊者或知道誰是攻擊者。因為聰明的攻擊者很可對導致正向結果的訓練資料做的改變很小，還可以使用殘差分析，尋找大於預期殘差的有利結果，這表示若訓練資料沒有變更，會傾向對該個體發出負面結果。資料與環境管理，對內部資料投毒而言是有力對策，因為對資料進行任何變更，都能用大量詮釋資料（metadata）（何人、何事、何時等等）追蹤到。也可試試開創性文獻「機器學習安全性」（*https://oreil.ly/exh6g*）提出的否絕負面影響（RONI）技術，移除可能從系統訓練資料被修改過的行列。

偏差測試

有意或無意的某種偏差所導致的 DOS 攻擊，是一種貌似合理的可用性攻擊型態。事實上 2016 年已經發生過，Twitter 使用者投毒 Tay 聊天機器人（*https://oreil.ly/uPqNx*），對納粹色情感興趣的使用者，才有吸引力的系統服務。

這種攻擊型態也可能更嚴重，像是就業、借貸或醫學，攻擊者使用資料投毒、模型後門程式或其他形態攻擊，拒絕特定族群消費者的服務。這是在訓練期間建構偏差測試並補救所有已發現歧視，使之成為正規模型監控一部分的眾多理由之一。有幾個不錯的開放源碼工具，可偵測歧視並試圖補救，像是 aequitas（*https://oreil.ly/e412j*）、Themis（*https://oreil.ly/yJiT6*）與 AIF360（*https://oreil.ly/HsKEg*）。

道德駭客：模型提取攻擊

模型提取攻擊本身有害，但它也是成員推理攻擊的第一階段。我們應建構自有模型提取攻擊，確認系統是否有機密性攻擊的弱點。若發現有 API 或模型端點允許在輸入資料與系統輸出間訓練替代模型，就用可靠的驗證鎖定，阻擋該端點的所有異常要求。由於這個端點可能已出現模型提取攻擊，必須依下列內容分析提取的替代模型：

- 不同型態替代模型的準確程度為何？必須試著瞭解哪個替代模型的程度，真的可用以獲取 ML 系統的知識。
- 從我們的替代模型可以得知哪種資料趨勢？線性模型系統代表的線性趨勢？還是替代決策樹的人口統計子族群的歷程摘要？
- 從替代決策樹可以瞭解哪些規則？例如，如何可靠的冒充想收到有利預測的個體？或如何建構有效的對抗式樣本？

若發現有可能從我們的系統端點訓練準確的替代模型，並解答上述問題，接著就必須採取下一步。首先，自行建構成員推理攻擊，瞭解是否也有可能發生兩階段攻擊。還必須記錄這個道德駭客攻擊分析相關所有資訊，再連結系統意外事件應變計畫。意外事件應變人員日後可能會發現這樣的資訊很有用，不幸的是這也是攻擊發生的強力證據，必須提報外洩事件。

ML 系統的安全性弱點除錯，是可以讓未來省錢、省時、少頭痛的重要工作，但監控系統確保安全性也同等重要。接著要介紹安全性模型監控。

安全性模型監控

一旦駭客能夠操控或提取我們的 ML 模型，它就不再屬於我們。要防禦系統免於遭到攻擊，不只必須以安全性為前提進行訓練與除錯，而是一旦上線就必須密切監控。安全性監控應針對演算法歧視、輸入資料佇列異常、預測異常與高使用率安排。以下是必須監控哪些與如何監控的提示：

偏差監控

如其他章節所述，在模型訓練期間必須套用偏差測試。基於眾多理由，包括意外後果與惡意破壞，也必須在部署期間執行歧視測試。若在部署期間發現偏差，就應該調查與補救。有助於確保訓練期間的模型公平在上線後依然如此。

輸入異常

會觸發模型機制後門的不實際資料組合，不應允許列入模型計分佇列。ML 技術的異常偵測，例如自動編碼與孤立森林，通常有助於追蹤有問題的輸入資料。不過，也可以使用常識資料完整性約束，在有問題的資料襲擊模型前抓出來。這類不實際資料的例子指的就是 40 歲有 50 年的工作資歷。如有可能，也應該考慮監控隨機資料、訓練資料或重複資料。由於隨機資料通常用於模型提取與逆向攻擊，應建立警告與控制，幫助團隊瞭解是否與何時模型可能面臨一大批隨機資料。訓練、驗證或測試中即時行列計分極度相似甚至一致的資料皆應記錄與調查，因為很可能是成員推理攻擊。最後，留意即時計分佇列裡的重複資料，有可能是規避與冒充攻擊。

輸出異常

輸出異常可能是對抗式樣本攻擊的指標。為新資料計分時，將自身 ML 模型預測，與信任的資料來源與工作流比對。若較複雜又不透明的 ML 模型，與可詮釋或受信任模型間的差異太大，就回到保守模型預測，或手動處理傳送資料。類似移動信賴區間的統計控制限制，也能監控異常輸出。

詮釋監控

監控基本操作統計：特定期間預測量、延遲、CPU、記憶體與磁碟負載，或同時發生的使用者，確保系統功能正常。甚至可以依整體 ML 系統操作統計，訓練以自動編碼為基礎的異常偵測詮釋模型，再監控這個詮釋模型是否異常。系統操作異常可以提醒我們 ML 系統可能有問題。

監控攻擊，是對付 ML 破壞最主動的手法之一。不過還有其他對策。接下來要看隱私加強技術。

隱私增強技術

隱私維護 ML 是研究 ML 訓練資料機密性直接後果的分支學科。雖然 PET 才剛開始在 ML 與 ML 學習作業（MLOps）社群成為話題，但它可為保護資料與模型上帶來優勢。在這個新興領域最大有可為的實用技術有聯邦學習與差異隱私。

聯邦學習

聯邦學習是跨多個分散掌控局部資料樣本的裝置或伺服器訓練 ML 模型，無須在之間交換原始資料。這種方式有別於傳統集中式 ML 技術，所有資料集上傳至單一伺服器。聯邦學習的主要優勢在於，在無須分享多方資料前提下建構 ML 模型。聯邦學習透過在局部資料樣本上訓練本地模型，與在伺服器及邊緣裝置上交換參數，生成之後可以與所有伺服器或邊緣裝置共享的全局模型，避免分享資料。在使用安全聚合處理程序的前提下，聯邦學習有助於解決基本資料隱私與資料安全性疑慮。其他開放源碼資源中，應該考慮從 PySyft（*https://oreil.ly/8HpeR*）或 FATE（*https://oreil.ly/W3uYP*）開始學習在企業組織（或與合作的企業組織）實施聯邦學習。

差異隱私

差異隱私是不揭露特定個體資訊，以資料集族群敘述模式分享資料集資訊的系統。ML 工具中，通常是使用專屬差異隱私學習演算法完成。這讓模型提取、模型反轉或成員推理攻擊，從訓練資料或已訓練 ML 模型提取機敏資訊變得更難。事實上，外部觀察者無法得知該個體資訊是否用於訓練模型，就可以說它是差異隱私。有許多高品質開放源碼儲存庫可供檢查與測試，如下：

- Google 的 differential-privacy（*https://oreil.ly/rjwKK*）
- IBM 的 diffprivlib（*https://oreil.ly/QOFm-*）
- TensorFlow 的 privacy（*https://oreil.ly/WyPD6*）

許多 ML 處理方式以差異隱私隨機梯度下降法（DP-SGD）（*https://oreil.ly/raWeC*）為基礎，引用差異隱私。DP-SGD 將結構性雜訊，注入每個反覆訓練 SGD 決定的梯度。一般來說，DP-SGD 與相關技術確保 ML 模型不要記憶過多訓練資料相關特定資訊。由於預防 ML 演算法不要專注在特定個體上，它們也能增加普及化效能與公平優勢。

讀者們或許在 PET 標題下聽過機密性運算或同態加密。這些也是值得關注大有可為的研究與技術方向。另一個值得關注的 ML 研究分支學科是穩健 ML，它有助於反擊對抗式樣本攻擊、資料投毒與其他 ML 系統的對抗式操控。

資料科學家還需要多瞭解哪些隱私部分？

即便在美國，資料的品質與數量也逐漸受到更多監管。除了法規外，草率處理資料還會傷害使用者、自身企業組織或社會大眾。身為資料科學家，必須瞭解一些資料隱私的基本概念：

法規與政策

我們可能在某些資料隱私法規或組織性隱私政策下營運，應該瞭解自身基本責任，試著遵循。在美國，健康醫療與教育資料尤其敏感，但歐盟《一般資料保護法》（GDPR）——多國企業多半必須遵循，涵蓋幾乎所有型態的消費者資料，美國也正在通過許多新資料隱私法律。

同意

雖然離完美還很遠，許多資料隱私法仰賴同意的概念，例如消費者主動選擇讓自身資料用於特定應用。從法律與道德觀點來看，最好確認我們同意資料用於正在訓練的模型。

其他使用上法律依據

在《GDPR》下營運，需要法律依據才能使用想用於 ML 的許多消費者資料。同意，是常見法律依據，但還有其他用例：合約義務、政府任務與醫療緊急狀況。

匿名處理

使用個人可識別資訊（PII）幾乎從來不是好主意。社會安全號碼、電話號碼甚至電子郵件位置這類資料（亦即**直接識別資料**），允許歹徒將私人與機敏資訊串連回特定的人。即便是人口統計資訊結合，例如年齡、種族與社會性別（亦即**間接識別資料**），也能用來將資訊串連回特定個體。通常，基於隱私與偏差的理由，這類資料應該移除、隱蔽、散列或以其他匿名方式在模型訓練裡使用。

生物識別資料

數位影像、影片、指紋、聲紋、虹膜掃描、基因體資料或其他編碼生物識別資訊的資料，通常需要另加資安與資料隱私控制。

保存限制或需求

法律與企業隱私政策可能定義保存限制，或強制刪除前資料可以保存多久。（我們見過兩週的保存限制！）有可能必須處理法律或組織保存要求，強制資料必須存放多久並保障隱私與安全，可能很多年。

刪除與改正要求

許多法律與政策允許消費者要求更新、改正或完全刪除他們的資料，此舉可能影響 ML 訓練資料。

解釋

許多資料隱私法似乎也要求解釋影響消費者資料的自動處理程序。雖然含糊且多數尚未解決，但這或許意謂著未來許多 ML 決策都必須向消費者解釋。

可干預性

就像解釋，許多新法律可能訂定**可干預性**的要求，類似上訴與推翻可追索權的概念。

偏差

使用資料隱私法與政策，處理資料處理結果的偏差——例如 ML 模型預測，並非特例。有時這些要求相當含糊又高階。有時比較具體，或強制遵循已確立的非歧視法。

這裡所有議題都對 ML 工作流程有重大影響。處理保存限制、刪除要求、改正要求或可干預性需求都必須規劃。例如，是否必須除役或刪除模型訓練中已過期資料，或消費者要求刪除的資料？沒有人能完全確定，但不無可能。若讀者從未受過資料隱私責任的訓練，或對資料隱私主題有問題或疑慮，向你的經理人或法律部門確認會是不錯的主意。

穩健機器學習

穩健 ML 內含為反擊對抗式樣本攻擊所開發的許多尖端 ML 演算法，也能對付特定擴充式資料投毒。在幾位研究人員展現電腦視覺系統中愚蠢甚至看不見的輸入資料變動，能導致輸出預測巨大飄移，穩健 ML 的研究受到鼓舞。模型結果的這類飄移，在任何領域都是帶來麻煩的徵兆，但考量到醫學影像或半自動車時，就是徹底危險。穩健 ML 模型有助於強制模型輸入的穩定性，還有更重要的公平性：相似個體得到相似對待。ML 訓練資料或線上資料的相似個體，是資料歐基里德空間中彼此相近的個體。穩健 ML 技術通常試著依資料個體樣本建立超球面，並確保超球面另一個相似資料接收到類似預測。無論是由歹徒、過度擬合、規格不足或其他因素所引起，穩健 ML 處理方式都有助於保障企業組織免於意外預測引發的風險。Robust ML 網站（*https://oreil.ly/H36uh*）與麻省理工學院 Madry Lab 發表的整套穩建 ML 的 Python 套件（*https://oreil.ly/k-qDZ*），提供相當豐富的文獻與程式碼。

通用對策

有包羅萬象的對策可以防禦各種型態 ML 攻擊，例如驗證、節流與浮水印。此類對策中很多也是一般 ML 系統的最佳實作，例如可詮釋模型、模型管理與模型監控。在案例研究前要探討的最後主題，是對付 ML 系統攻擊重要且通用對策的簡述：

驗證

如有可能，應停止匿名使用高風險 ML 系統。登入憑證、多因驗證，或強制使用者提供其身分、授權與許可使用系統的其他型態驗證，可形成模型 API 與匿名歹徒間的一道封鎖線。

可解釋、公平或私有模型

單調 GBMs（M-GBM）、可擴充貝氏法則表（SBRL）（*https://oreil.ly/Md375*）、可解釋神經網路（XNN）（*https://oreil.ly/sd4XX*）這類現有模型建立的技術，都能讓 ML 模型保有準確度與可詮釋性。這些準確又可詮釋的模型，比典型無法解釋的模型更容易記錄與除錯。LFR（*https://oreil.ly/7ZHmw*）、DP-SGD（*https://oreil.ly/yuddM*）這類建立公平與私有模型技術的新型態，可以被訓練淡化表面顯而易見的可觀察人口統計特性、以社交工程注入對抗式樣本的攻擊或冒充。這些模型針對可詮釋性、公平或隱私強化，應更容易除錯、更穩健變更個別實體特性，也比過度使用無法解釋的模型更安全。

模型文件

模型文件是一種風險緩解策略，銀行業使用已數十年。可以讓複雜的模型建立系統知識被保留，並轉交給隨時間推移而變動的模型擁有團隊，也可以讓知識標準化，以便讓模型驗證者與稽核者有效率的分析。模型文件應涵蓋 ML 系統的相關人、時、地、物與狀況，包括諸多細節，從利益相關人聯絡資訊，到演算法規格。模型文件同時也是記錄 ML 系統所有已知弱點或安全性疑慮理所當然的地方，讓未來與系統互動的維護人員或其他操作人員，有效率重新分配監督與資安資源。意外事件應變計畫亦應與模型文件連結。（第 2 章介紹過文件樣本範例）

模型管理

模型管理通常指程序控制（例如文件）結合技術控制（例如模型監控與模型清單）。企業組織應確切計算部署的 ML 系統與相關程式碼、資料、文件以及意外事件應變計畫結構化清單，接著監控所有已部署模型。這些實作會更易於理解何時出錯，並在問題發生之際迅速處理。（第 1 章探討 ML 模型風險管理有更詳盡說明。）

節流

模型監控系統發現高度使用或其他異常（例如對抗式樣本），或者複製、隨機或訓練資料，請考慮對預測 APIs 或其他系統端點進行節流。節流可以是限制來自單一使用者的大量重複預測、針對所有使用者人為增加預測延遲，或讓攻擊者建構模型或資料提取攻擊與對抗式樣本攻擊速度放慢的方法。

浮水印

浮水印意指為防止資料或模型遭竊，添加微妙標記到資料或預測上。若資料或預測帶有可識別特徵，例如影像上實際的浮水印，或結構性資料裡的標記符號，可以讓遭竊資產難以使用，也可以讓執法單位或其他調查人員在竊盜發生之際易於識別。

套用這些通用防禦與最佳實作，加上前述章節所述更針對性對策，即為達成 ML 系統高等級資安的好方法。至此，已討論資安基本概念、ML 攻擊與針對這類攻擊的許多對策，讀者已備有開始對企業 AI 進行紅隊演練所需知識，尤其或許能與企業組織 IT 資安專家一起合作。現在將審視現實世界 AI 資安意外事件，更有動力進行 AI 紅隊演練這項艱難工作，加深對時下最常見 ML 資安問題的理解。

案例研究：現實世界的規避攻擊

用於實體與線上資安的 ML 系統在近幾年皆遭到規避攻擊。本案例探討將提及避開 Facebook 過濾程式使用的規避攻擊，延續不實消息與恐怖主義的宣傳，以及對付現實世界支付與實體資安系統的規避攻擊。

規避攻擊

隨著 COVID 全球傳染病大流行蔓延與 2020 美國總統大選升溫，與這兩個主題相關持續增生的不實消息，利用了 Facebook 手動與自動內容過濾機制的弱點。如 NPR 報導「微小改變導致 COVID-19 相關虛假聲明，投票規避 Facebook 事實查證」所述（*https://oreil.ly/aYSTr*）。雖然 Facebook 使用路透社與美聯社這類新聞組織，事實查驗其數十億使用者的聲明，也使用以 AI 為基礎的內容過濾機制，集中捕捉人為識別不實消息文章的版本。不幸的是，只是不同背景或字型這樣簡單的微小改變、影像裁切或只是用文字而不是影像敘述迷因，就能讓歹徒繞過 Facebook 以 ML 為基礎的內容過濾。Facebook 的防禦措施是對違法者採取強制動作，包括限制文章散佈、不推薦文章或社群與禁止貨幣流通。

據某倡導團體指出，Facebook 未能捕獲的不實消息文章大約有 42%，其中內含由人類事實查核員標記的資訊（*https://oreil.ly/fzCrb*），同一個倡導團體 Avaaz 估計，僅 738 則未標記的不實消息文章樣本，就導致約 1.42 億次瀏覽與 560 萬使用者互動。

近期事件都在向我們表明，線上不實訊息與安全性威脅影響現實世界。關於2020 美國大選與 COVID 全球傳染病大流行的不實訊息，被認為是 2021 年 1 月 6 日引起恐慌的美國國會大廈襲擊事件的主要肇因。BBC 報導關於 ISIS 特工持續避開 Facebook 內容過濾（*https://oreil.ly/qV25u*），或許是更令人不安的規避攻擊。透過模糊標誌，用主流新聞內容接合其影片，或只是奇特的標點符號用法，ISIS 成員或隸屬組織就能發表宣傳、炸藥製作教學，甚至 Facebook 規避攻擊教學，令它們充滿暴力、令人不安與深懷惡意的內容獲得成千上萬筆瀏覽。雖然以 AI 為基礎的過濾器規避攻擊無疑是主謀，但 Facebook 阿拉伯語內容的人類審核員也確實比較少。無論是人類或機器失職，這類型內容真的很危險，只會助長激進行為與現實世界的暴力。實體規避攻擊也是近期隱憂。研究人員最近展示了部分以 AI 為基礎的實體資安系統容易成為規避攻擊的目標（*https://oreil.ly/xVmDj*）。在系統營運商許可下，研究人員利用逼真的三維面具，繞過 Alipay 與 WeChat 支付系統的人臉識別資安檢查。研究人員甚至能使用 iPhone 畫面上的他人照片，在阿姆斯特丹的史基浦機場登機，這是另一個令人震驚的案例。

經驗傳承

總之，歹徒的線上防禦規避發表危險內容，與實體資安系統規避進行貨幣支付與旅行搭機，描繪出 ML 資安不被認真看待的可怕世界。從本章學到哪些教訓可用於預防這些規避攻擊？第一課與穩健 ML 有關，用於高風險資安應用的 ML 系統，無論處於線上還是現實世界，都必須不被正常系統輸入的微小變化愚弄。穩健 ML 與相關技術，必須進展到簡單規避技術（像是標誌的模糊或變更標點符號）亦不影響規避應對措施的程度。另一個教訓來自於本章一開始：對抗式心態。任何重視這些 AI 式資安系統的資安風險的人，都應該體認到面具，甚至只是另一張圖片，顯然都是規避技術。幸好，事情的發展是一些企業組織採取對策應付對抗式場景。更好的人臉辯識資安系統部署技術，旨在確保它們識別對象是活的。更好的人臉辯識系統還會採用歧視測試，為所有使用者確保高可用性與盡可能低的誤差率。

從現實世界規避攻擊學到的另一個重要教訓，總體而言與負責任的使用技術有關，尤其是 ML。社交媒體擴散已超越實體邊界，複雜度已成長到超越許多國家現今有效規章管控的能力。缺乏政府監管，使用者只能期望社交媒體公司自我監管。作為科技公司，社交網路多半仰賴更多技術（像是以 AI 為基礎的內容過濾）控制其系統。但若這些控制沒有真的發揮作用呢？當技術與 ML 在人們生活中扮演重要角色時，設計上、實作上與部署上缺乏嚴謹與責任，終將導致無盡增生的後果。針對安全性或其他高風險應用的設計技術，責任特別重大，實地瞭解時下 ML 功能並套用處理程序與技術控制，確保擁有適切的現實世界效能表現。

資源

進階閱讀

- 「A Marauder's Map of Security and Privacy in Machine Learning」（*https://oreil.ly/0k7D3*）
- 「BIML Interactive Machine Learning Risk Framework」（*https://oreil.ly/csQ22*）
- FTC 的「Start with Security」指南（*https://oreil.ly/jmeja*）
- Adversarial Threat Landscape for Artificial-Intelligence Systems（*https://oreil.ly/KxEbC*）
- NIST Computer Security Resource Center（*https://oreil.ly/pncXb*）
- NIST de-identification tools（*https://oreil.ly/M8xhr*）

第二部分

AI 風險管理付諸實現

第六章

可解釋增強機與解釋 XGBoost

本章使用交互影響的範例探索與消費金融相關的可解釋模型與事後解釋（*https://oreil.ly/machine-learning-high-risk-apps-code*），還會套用第 2 章可解釋增強機（EBMs）、單調約束 XGBoost 模型與事後解釋技術所探討的處理方式。這裡將從相加、約束、部分相依與個體條件期望（ICE）、Shapley 相加解釋（SHAP）與模型文件觀念的複習開始。

這裡將接著探索從懲罰回歸，到廣義相加模型（GAM）、到 EBM 建立的信用承保問題案例。在這個從簡化到複雜的模型處理過程中，將確切記錄關於非線性與交互作用導入預測分類器樣本機率的一切，並深刻考量每次的權衡取捨，同時利用相加模型保留近乎完整的可解釋性。

回想第 2 章，詮釋是以背景考量為前提的促進因素且充份利用人類背景知識的高階、有意義的心理呈現；而解釋，則是尋求複雜程序描述的低階、細節的心理呈現。詮釋的門檻高於解釋，較難單獨以技術處理方式達成。

在這之後，將考量第二種預測預設處理方式：允許複雜特徵交互作用，但以因果知識為基礎的單調約束控制複雜度。由於單調約束梯度增強機（GBM）本身無法解釋，因此將與穩健的事後解釋技術配對，大幅提升可解釋性。最後，本章將以熱門的 Shapley 值處理方式優缺點的探討結束。

概念複習：機器學習透明度

深入技術案例前，先回顧第 2 章提及的重要概念。由於第一個例子將強調 GAM 系列模型的優勢，所以會接著探討相加性——尤其是較允許高度交互作用的模型。第二個案例會使用單調約束，使用 XGBoost 處理方式影響非正式因果關係，所以會簡短強調因果與約束間的連結。我們還會使用部分相依與 ICE，比較與評估不同方式的輸入特徵處理，會快速重整這些事後解釋方法的優缺點，也必須再看過一遍模型文件重要性，因為模型文件非常重要。

相加性與交互作用

無法解釋機器學習的最顯著特性就是往往會在輸入特徵間產生極高度交互作用。人們認為，相對於傾向單獨考量輸入特徵的傳統線性或相加模式，這種方式同時考量許多特徵值結合提升 ML 模型預測能力。但事實證明，無法解釋模型對結構性資料而言較不準確（*https://oreil.ly/ztXi8*），例如信貸承保資料，且無法解釋模型的所有交互作用也很難讓人理解。況且，高度交互作用會導致並不穩定，因為一兩個與其他特徵互動的少數特徵微量變動，就會大幅改變模型結果。高度交互作用導致過度擬合，因為今天的相關 17 向交互作用，可能不是明天的相關 17 向交互作用。

ML 另一個重要特性，是在訓練資料裡，自動學習非線性現象的能力。事實證明，若可以將非線性從交互作用裡隔離出來，就能實現預測品質大幅提升的目標，就算沒有完全的可解釋性，也能同時保留相當程度。這是 GAM 的魔力。EBM 則是下一步，以相加型式導入合理數量的雙向交互作用，最後甚至能得到更好的效能。本章稍後的 GAM 系列案例（見第 188 頁的「可解釋模型的 GAM 系列」小節）旨在提供這些權衡取捨的借鑒，從明確的相加性、線性模型基礎，到使用 GAM 導入非線性，最後用 EBMs 導入可理解的雙向交互作用。

當我們審慎導入非線性與交互作用，而不是假設更複雜的一定更好，就能證明自己建立模型方式正當，將之串接現實世界效能問題，生成許多有趣的特徵行為圖。這些證明與繪圖，也是後續模型文件的重要材料，稍後將會詳盡解說。

GLMs、GAMs、GA2M、EBMs 與相加索引模型（AIMs）改版的模型系列，統計學文獻已討論多年。這種建立模型的型態有時稱之為函數型變異數分析（fANOVA）框架。

邁向約束因果關係

因果發現與推理是未來預測模型建立的重要方向。為什麼？因為用 ML 建立相關性時，通常建立在沙上。現實世界裡的相關性時常改變，而且可能虛假或就是錯的。若能以因果關係為基礎建立模型，而不只是記住一些與 ML 模型複雜相互關係簡介，就能大大減少過度擬合、資料飄移與社會偏見風險。迄今為止，因果方法對大部分企業組織來說實施上還是有些困難，所以單調約束範例（見第 199 頁的「約束與無限制 XGBoost」小節）強調能夠簡單將因果關係注入 ML 模型的方式。若可以動動腦筋或用簡單但穩健的實驗，瞭解現實世界因果關係的方向性，就能利用單調約束在 XGBoost 模型裡強化這個方向性。例如，若知道延遲支付數字增加是未來違約指標，就可以利用單調約束要求 XGBoost 分類，對較高違約數字生成較高違約機率。雖然在電腦模擬可能無法看見使用約束的測試資料效能提升，但約束確實緩解現實世界的不穩定、過度擬合與社會偏見風險，還有可能增加體內效能。

部分相依與個體條件期望

部分相依是確立且高度直覺敘述整體中部分輸入特徵值模型，估計平均行為模式的事後解釋方法。不幸的是它容易出錯。無法在輸入特徵間存在相關性或交互作用的情況下，準確呈現模型行為，甚至還會遭惡意更改（*https://oreil.ly/z2xAW*）。不過，由於瞭解模型中特徵平均行為模式如此重要，已開發許多技術解決部分相依的缺失。其中最特別的是，部分相依最直接的替代方案，且專為處理部分相依缺陷設計的累積局部效應（*https://oreil.ly/kEIPp*）。讀者們可以使用 ALEPlot（*https://oreil.ly/7vv4h*）或 ALEPython（*https://oreil.ly/To7PF*）這類套件嘗試 ALE。

接下來案例，將大量使用另一套部分相依衍生產物，強化對模型特徵行為的瞭解。在「窺視黑盒子：以個體條件期望圖視覺化統計學習」（*https://oreil.ly/MruUv*）首度介紹，以部分相依考量單一個體的模型 ICE 局部行為比對圖。這麼做可以比較評估平均行為模式與局部行為模式的敘述，當部分相依與 ICE 曲線分歧時，決定對我們來說部分相依看來值得信任，還是看起來被輸入變數中的相關性或交互作用影響。當然，ICE 本身不是沒有問題，它最常見的問題就是考量不實際的資料值，且詮釋 ICE 時，高度重視被考量資料原始行列最相似的輸入特徵值。

讓我們完整看過一篇範例所有問題。圖 6-1 下半部，可以看到懲罰邏輯回歸模型與輸入特徵 `PAY_0`（消費者近期帳單償還狀態）的部分相依與 ICE。`PAY_0` 值較高指出較可能延遲付款。為個體生成的 ICE 曲線，坐落在預測機率十分位數處。

請注意平穩地從客戶近期支付未延遲的較低違約機率，增加到客戶延遲的高違約機率。這從背景來看可以理解，與合理預期及領域知識一致。還要注意 ICE 與部分相依沒有分歧，高度一致。在線性模型都是如此，但也告訴我們，對這個模型與資料集而言，部分相依可能值得信任。

所以，圖片上半部發生什麼事？那是試著判定模型是否從訓練資料得到穩健訊號。首先注意到的應該是直方圖。利用直方圖尋找模型預測中的穩定性問題。ML 模型通常只從資料學習，所以若資料不夠多，如同訓練資料中 `PAY_0 > 1` 的狀況，ML 模型就無法學到太多，且就算並非毫無意義，它們在這些資料領域的預測也會不穩定。有其他套件使用與部分相依相同目的的誤差長條圖或形狀函數圖。這也不錯，兩種視覺化技術都試圖讓你注意到 ML 模型不穩定且可能做出愚蠢決策的資料區域。

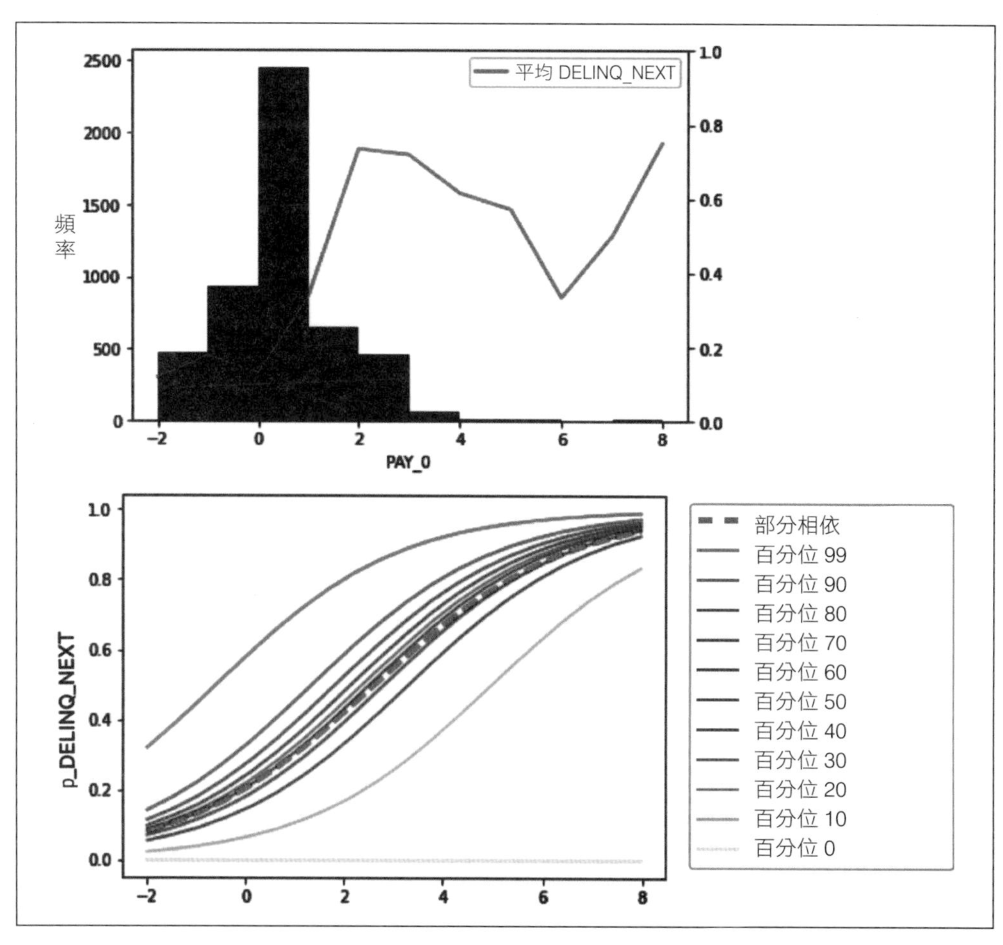

圖 6-1　本章稍後 GLM 訓練部分相依圖，結合 ICE、直方圖與條件平均，提升可信度與有效性。（數位、彩色版：*https://oreil.ly/7vLOU*）

這裡試圖判定模型是否完好呈現訓練資料，上半部圖形還提供資料稀疏與預測可靠性問題的線索。上半部圖形中，首先注意到的是直方圖，利用這個直方圖尋找模型預測中的可靠性問題。讀者會發現還有條線重疊在直方圖上。這條線為對應直方圖箱型目標的條件平均。若模型正確從資料學習，下半部圖形的部分相依與 ICE 應大致反應上半部圖形的條件平均線。還要記得，稀疏也是評斷模型行為是否遵循目標條件平均的重要警示。圖 6-1 中，可以看到 `PAY_0 = 6`，或者說是近期帳單六個月延遲的條件平均陡降。不過，這裡沒有資料支持這樣的下降。

直方圖箱基本上是空的，這樣下降可能只是不相關的雜訊。幸好，表現良好的邏輯回歸模型別無選擇只會忽略這樣的雜訊，並隨 `PAY_0` 增加繼續單調提高違約機率。在較複雜模型上使用相同資料，會需要套用單調約束確保模型依循因果關係，而不是記憶沒有資料支持的不相關雜訊。

引述可解釋性重要研究人員 Przemys aw Biecek 的一句話：「不要沒有上下文進行解釋！」意思是必須考量生成部分相依與 ICE 的相關性、交互作用與資料集安全性，通常用驗證、測試或其他相關保留樣本。若這些資料集與訓練資料的相關性及交互作用不一致，或樣本可能遭刻意變更，會得到訓練過程所見的不同資料。這可能引發很多問題。是否訓練的部分相依正確？是否模型實際行為模式與新資料不同，或者這個樣本的新相關性與交互作用導致部分相依可信度較低？

這些都是比對部分相依與 ICE 的理由。就局部解釋技術而言，ICE 較不易受相關性與交互作用中全域性變更影響。若某些東西看起來不帶部分相依，先檢查是否部分相依遵循 ICE 曲線局部行為模式，或是否偏離 ICE 曲線。若偏離，從 ICE 取得解釋資訊比較安全，如有可能，調查是什麼樣的分佈、相關性、交互作用或資安問題變更了部分相依。

Shapley 值

回顧一下，SHAP 使用大量理論支持生成局部特徵歸因值的方式（至少就 ML 標準）。SHAP 值告訴我們，某列特徵值令模型預測偏離平均預測的程度。但 SHAP 是怎麼做的？它經由從該列預測重複「移除」特徵，與其他移除特徵一致。透過移除特徵與量測模型預測誤差，對每個特徵如何影響每個預測，開始有更好的瞭解。

記得第 2 章，Shapley 值是事後解釋技術，借用經濟學與賽局理論，將模型預測分解為來自每個輸入特徵的貢獻。

由於 SHAP 可使用背景資料集，或來自背景資料集的特定資料集，抽出隨機樣本置換移除特徵，所以必須考量被解釋資料集與背景資料集的上下文（*https://oreil.ly/HNpls*）。

基於部分相依與 ICE 定義，通常這些技術使用非常簡單的背景資料集，甚至完全不視為背景資料集。本質上只是用部分已知特徵值置換整體特徵值（部分相依），或某列值（ICE），生成曲線。但就 Shapley 值而言，可以選擇（1）我們解釋哪個觀察（從單一列到全新樣本資料的一切）與（2）在生成 Shapley 值時使用哪個背景資料集（從非使用背景集、到使用隨機資料、到使用為解決背景或因果關係問題設計的高度美化背景資料）。

除了考量解釋的相關性、交互作用與資料集安全性，還必須自問背景選擇是否適切，或在必須被評斷的背景環境下解釋是否合理。本章稍後將深入如何依我們的解釋試圖回答問題，為 Shapley 值解釋選擇適切背景資料集。實作上，這種複雜的分析，通常被簡化為針對幾個不同資料集的運算解釋，並確保結果顯著而穩定。運算 Shapley 式的解釋，還意謂著記錄使用的背景資料集與選擇此資料集的理由。

模型文件

模型文件是大型企業組織問責的實體展現。必須寫下關於模型建置的紀錄時，就知道我們的名字會被寫在這份文件上，希望這可以鼓勵更多深思熟慮的設計與實施的選擇。若未做出明智選擇或記錄糟糕的選擇，或文件明顯缺失或不實，這種劣質模型建立會有後果。模型文件對於維護與意外事件應變也很重要。在轉向下一個大型資料科學工作，或舊有模型開始過時出問題，文件就能夠讓新的一組從業人員瞭解模型會如何運作、未來重複施行如何維護，與如何修復。

模型文件如今新標準如下：

- 使用 Google 提供樣本模型卡（*https://oreil.ly/OJkfE*）的 Model cards（*https://oreil.ly/h7eJC*）。
- 模型風險管理深入詳盡文件，見美國貨幣監理局的 2021 模型管理指南（*https://oreil.ly/XDF9u*）。
- 歐盟人工智慧法文件模版（*https://oreil.ly/tyS-i*），見 Document 2 的 Appendix IV。

注意，這裡所有模版都來自領導性 ML 商用使用者與開發人員，或正式的政府團體。若讀者至今一直逃避模型文件，未來這樣的狀況預期會因法規頒佈而改變，尤其針對 ML 重要應用。這裡所有模版也很大程度受益於可解釋模型與事後解釋，因為提升透明度也是模型文件另一個目標與效益。ML 模型透明度讓我們瞭解，繼而評斷設計與執行上的權衡取捨。若在可解釋模型或事後解釋結果看到顯然合理，可以記錄常識性語句證明觀察結果，這就是本章目的。反之，若使用無法解釋模型，不瞭解權衡取捨影響模型行為的設計與執行，記錄下的證明可能過於薄弱，讓我們與模型面臨令人不快的外部審查。

可解釋模型的 GAM 系列

本節，將以線性相加懲罰回歸模型形成一道基礎線，接著將該基礎線，與允許複雜非線性的 GAM 比較，但以獨立、相加與高度可解釋形式。接著將 GLM 與 GAM，與使用少量雙向交互作用的 EBM 比較。由於我們所有模型皆以相加獨立函式的型式建構，還因為將只使用少量有意義的交互作用，所以模型會很好解釋。相加可以對導入非線性與交互作用做出更清楚與合理的選擇。

從 GLM 到 GAM 再到 EBM 的進程，是一個普及化工作流程，讓非線性（透過 GAM）與交互作用（透過 EBM）導入模型，將結果與基礎線比較（GLM），做出可解釋的、有經驗值的與深思熟慮的決定。

彈性網路：使用 Alpha 與 Lambda Search 的懲罰 GLM

顧名思義，GLM 除了標準線性回歸使用的誤差的高斯分佈外，還擴展普通線性回歸概念與普及化指數系列所屬的誤差分佈。GLM 另一個不可或缺的元件是連結回應預期值與線性元件的連結函數。因為這個連結函數可以是任何單調可微分函數，GLM 可以處理各式各樣訓練資料結果值的分佈：線性、二項式（如現在的例子）、Poisson 與其他等等。

懲罰 GLM 指的是使用設計精良的約束與反覆執行最佳化方式處理相關性、特徵選擇與離群值。將它們集結，用好的預測動能與高度可解釋性，造就穩建的模型建立技術。

彈性網路（*https://oreil.ly/K7_R0*）是一種受歡迎的正規化技術，將 L1（LASSO）（*https://oreil.ly/BqHjO*）與 L2（嶺）（*https://oreil.ly/ORzCT*）回歸兩者優勢結合為一個模型。有鑑於 L1 正規化能做特徵選擇，從而將稀疏性與高度可解釋性導入訓練模型，而 L2 正規化可有效處理預測間的相關性。迭代再加權最小平方（IRLS）法通常也會與彈性網路比對處理離群值。

訓練懲罰 GLM 將帶來兩個實用基準測試用途：

- 由於我們的 GLM 不含括任何非線性或特徵交互作用，因此可以成為測試特定假設的完美基準，例如是否非線性與交互作用確實產生更好的模型，這部分之後章節將會討論。
- GLM 也是以 L1 正規化選擇的特徵為基礎，作為初始特徵選擇的起點。

這裡將透過 H2O GLM 演算法（*https://oreil.ly/bI_dI*）的懲罰邏輯回歸訓練彈性網路，開啟本章首例，這個演算法以分散型式運作且能順利擴展大型資料集。H2O GLM 中，正規化參數由 *alpha* 與 *lambda* 指定。*alpha* 指定 L1 與 L2 懲罰間的正規化分佈，*lambda* 代表正規化強度。尋找 H2O GLM 最佳正規化設置的建議方式 是透過網格搜尋。H2O 提供兩種網格搜尋：Cartesian 與隨機搜尋。Cartesian 是在使用者提供可能值的網格中，嘗試指定的模型超參數所有組合全面徹底搜尋。另一方面，隨機網格搜尋以停止規範為前提，從可能值的既定集合，隨機採樣模型參數集。H2O 預設使用 Cartesian 搜尋，案例討論會使用，因為搜尋少量 `alpha` 值不會花太多時間。

只要執行網格搜尋，就一定會面臨過度擬合與多重比較問題。如有可能，試著使用自助抽樣法或可再用保留法進行網格搜尋。

下列程式碼，一開始是為 *alpha* 值定義模型參數網格。需留意的要點是，為保留 L2 懲罰的穩定功能與 L1 懲罰的特徵選擇功能，`alpha` 應永不為 0 或 1。這是由於當 `alpha` 為 0 表示只有 L2 懲罰，而 `alpha` 值為 1 則只有 L1。H2O 的 GLM 實作附好用的 `lambda_search` 選項。當設為 `True` 時，這個選項會從 `lambda_max`（模型中無特徵）開始，到 `lambda_min`（模型中許多特徵）搜尋各種 `lambda` 值。`alpha` 與 `lamdba` 兩者皆透過驗證式提前停止進行選擇。意即當驗證集沒有顯著提升，GLM 會自動停止配適模型，作為限制過度擬合的手段。

```
def glm_grid(x, y, training_frame, validation_frame, seed_, weight=None):

    # 設定 GLM 網格參數
    alpha_opts = [0.01, 0.25, 0.5, 0.99] # 必須保留部分 alpha
    hyper_parameters = {'alpha': alpha_opts}

    # 初始化網格搜尋
    glm_grid = H2OGridSearch(
        H2OGeneralizedLinearEstimator(family="binomial",
                                      lambda_search=True,
                                      seed=seed_),
        hyper_params=hyper_parameters)

    # 以網格搜尋訓練
    glm_grid.train(y=y,
                   x=x,
                   training_frame=training_frame,
                   validation_frame=validation_frame,
                   weights_column=weight,
                   seed=seed_)

    # 從網格搜尋選擇最佳模型
    best_model = glm_grid.get_grid()[0]
    del glm_grid

    return best_model
```

利用這個函數對整個 alpha 執行 Cartesian 搜尋，並令 H2O 搜尋最佳 lambda 值，我們的最佳 GLM 最後在驗證資料集 AUC 得到 0.73 分。網格搜尋後，6 個 PAY_* 償還狀態特徵在選定模型中擁有最大係數。

AUC 0.73 分代表模型有 73% 機會，適切隨機抽取正列的輸出機率高於隨機抽取負列。

為瞭解模型如何處理各種特徵，這裡結合相關特徵 ICE 圖繪製部分相依圖。此外，一併展示相關特徵直方圖，重疊目標欄（即 DELINQ_NEXT）平均值。這應能提供不錯的方向：是否模型行為合理與是否任何資料稀疏性問題會造就毫無意義的預測。

讓我們重回圖 6-1。PAY_0 特徵擁有最陡部分相依與 ICE 曲線，因為暗示這是最重要的輸入特徵。部分相依與 ICE 圖一致，意即未分歧，意味著部分相依可信賴。再加上，預設預測機率與 PAY_0 延遲支付呈單調遞增關係。這表示當延遲支付增加，消費者違約的機率變高。這和對信用卡支付狀況的直覺一致。

現在檢視直方圖上半部。對於延遲支付的消費者，這裡有些明顯的資料稀疏問題。例如，在 PAY_0 > 1 的區域僅極少或沒有訓練資料。而且，平均 DELINQ_NEXT 值在此區域未呈現某些非線性模式。顯然在這些區域做出的預測會比較不可信。畢竟，像這樣的標準 ML 模型可以只從資料學習，除非提供額外領域知識。然而，好消息是我們懲罰 GML 的邏輯型式，不僅可預防被 PAY_* = 6 附近條件均值 DELINQ_NEXT 這樣低可信度的下降愚弄，還可以防止在這些稀疏訓練資料區域過度擬合雜訊。這個模型以類似方式處理其他 PAY_* 特徵，但分配更平坦的邏輯曲線。所有情況下違約機率隨著延遲付款單調增加，一如預期。要瞭解其他部分相依與 ICE 圖，可以查詢本章程式碼資源。

現在擁有一個穩健且可解釋的基線模型。由於它的行為模式如此合理又易於詮釋，因此難以推翻。驗證 0.73 的 AUC 不是什麼非凡成就，但擁有一個行為模式遵循經過時間考驗的因果關係，可在部署後信賴的可解釋模型，對追求風險緩解而言是無價的。還要記得，驗證與測試資料評估分數，在較複雜 ML 模型裡可能誤導。我們可以為了找出操作領域已不存在的部分特定現象引發的高 AUC，而在靜態驗證或測試資料裡得到高 AUC。下一節，除了透過 EBM 實現的非線性外，將先介紹一些透過 GAM 實現的非線性，接著才是特徵交互作用。之後，將從現實世界效能的角度，評估模型的可解釋性與效能品質。我們試著誠實進行實驗，對增加複雜度是否合理作出審慎的選擇。

廣義相加模型

雖然線性模型具有高可詮釋性，但無法準確擷取現實世界資料集裡通常有的非線性。這就是 GAM 可以切入的地方。GAM 最初是在 1980 年代末期在史丹福（*https://oreil.ly/tl_oq*）由傑出的統計學家 Trevor Hastie 與 Rob Tibshirani 開發，為各個輸入特徵與個體樣條形狀函數的非線性關係建立模型，再將它們全加在一起成為最終模型。GAM 可以想成樣條形狀函數的相加組合。GAM 的重要概念是，即便用極其複雜的方式處理每個特徵，它仍是以相加與獨立型式完成。這不僅保留可解釋性，也賦與相對輕鬆編輯與除錯的能力。

談到實施 GAM，在 R 裡像 gam（*https://oreil.ly/mt1ty*）與 mgcv（*https://oreil.ly/SW3rz*）這類套件是不錯的選擇。而就 Python 來說選擇就有限，因為大部分套件都還在實驗階段，像是 H2O 的 GAM 實作（*https://oreil.ly/_ak0k*）。其他替代方案，靈感來自於 R 的 mgcv 套件的 pyGAM（*https://oreil.ly/dZ9tU*）已展現出提供準確度、穩健性與速度的美好組合（*https://oreil.ly/Cyn-l*），還有熟悉的 scikit 類 API。

這裡將使用 pyGAM，在上一章使用的相同信用卡資料集上訓練 GAM。具體來說，將利用下列程式碼，實作使用 pyGAM `LogisticGAM` 類別的邏輯性模型。這裡有可用於微調獲得最佳模型的三個重要參數：樣條數、`lam` 或正規化懲罰強度，以及將先備知識注入模型的約束。pyGAM 提供內建網格搜尋法，自動搜尋所有平滑參數。

```
from pygam import LogisticGAM
gam = LogisticGAM(max_iter=100, n_splines=30)
gam.gridsearch(train[features].values, train[target], lam=np.logspace(-3, 3, 15))
```

這個程式碼以範例說明最多重複訓練 100 次的 `LogisticGAM` 模型。`n_splines` 參數指定樣條項數目，或用於擬合各輸入值的函數複雜度。越多樣條項，通常會導致越複雜的樣條形狀函數。在懲罰回歸中，`lam` 某種程度上相當於 `lambda`，而前面的程式碼會搜尋幾個值找到 `lam` 定義的正規化最佳強度。沒用到的參數是 `constraints`。`constraints` 允許使用者指定約束清單，編碼先備知識。可用的約束有單調遞增或平滑遞減，以及凸平滑或凹平滑。本章稍後會處理類似約束，瞭解不使用約束對 GAM 意謂著什麼，相當具有啟發性。

本例刻意要回答的問題就是：非線性真的有助於模型，還是只是過度擬合的雜訊？時下許多資料科學從業人員假設複雜度越高產出的模型越好，但這裡將用 GAM 執行實驗，判斷是否導入非線性，從效能品質角度與可詮釋性角度來看，確實改善模型。

訓練模型後，計算驗證 AUC 結果是 0.75，比懲罰 GLM 高一級。GAM AUC 的增加可能歸因於非線性的導入，那是我們的 GLM 沒有擷取到的。然而，要特別留意的是，較高 AUC 不一定保證較好的模型，這個範例是證明這一點的典型案例。前面章節，花時間分析 GLM 如何處理 `PAY_0` 特徵（或消費者最近償還狀態），做得還不錯。現在來看 GAM 如何處理相同的 `PAY_0` 特徵（圖 6-2）。

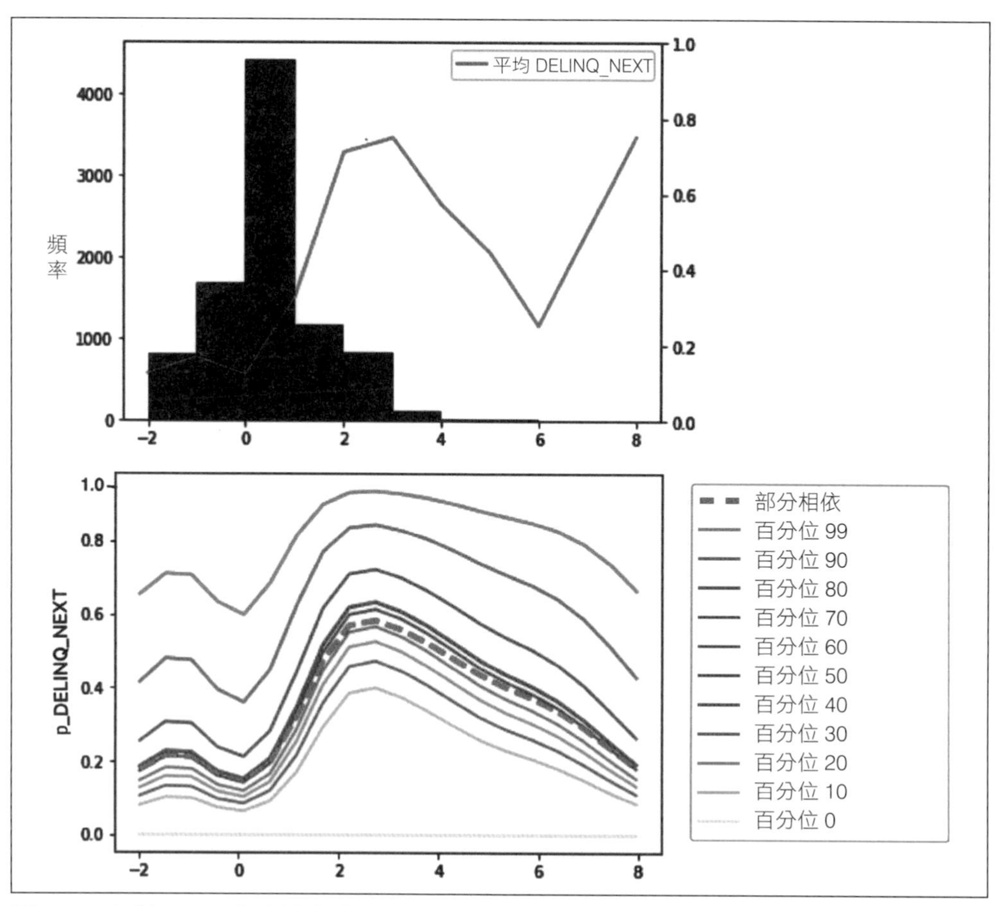

圖 6-2　合併 ICE、直方圖與條件平均，提升 GAM 範例中 PAY_0 可信度與有效性的部分相依圖（數位、彩色版：*https://oreil.ly/KT-fl*）。

圖 6-2 顯示透過 GAM 產生的部分相依與 ICE 圖中明顯有怪異之處。觀察到的是當延遲支付增加，消費者違約支付的機會減少。這顯然不對。大部分的人不會在延遲幾個月後神奇地變得更有可能支付帳單。同樣怪異行為也在 PAY_4 與 PAY_6 觀察到，可以在圖 6-3 看到。PAY_4 違約機率看起來隨著延遲支付增加而減少，而 PAY_6 則在平均預測附近顯示擾動。兩種建立的行為模式都反直覺，都與 GLM 基準線模型矛盾，且都無法對顯示於圖 6-3 右側的條件均值行為模式建立模型。

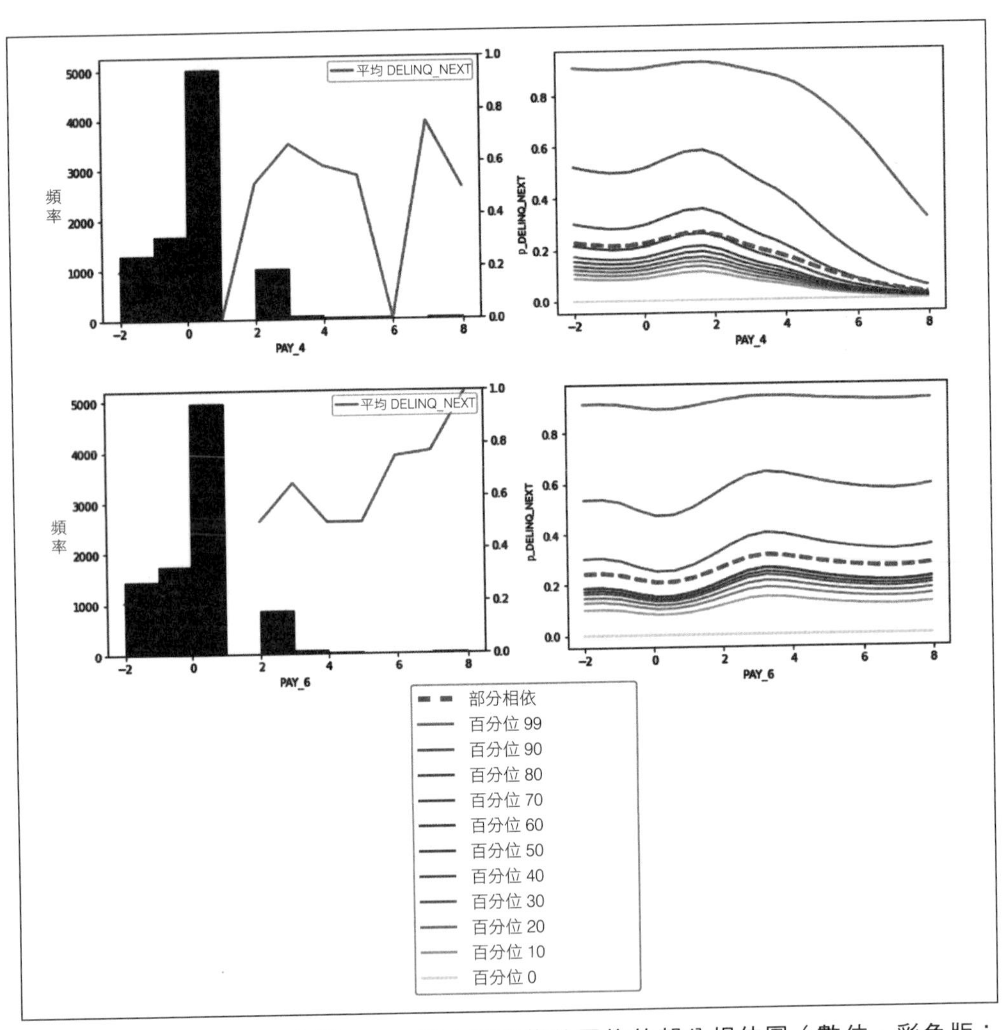

圖 6-3　PAY_4 與 PAY_6 合併 ICE、直方圖與條件平均的部分相依圖（數位、彩色版：*https://oreil.ly/m4yK6*）

重點在於，雖然驗證 AUC 很高，但這絕對不是會想部署的模型。如圖 6-2 所見，GAM 要不就是在訓練資料裡過度擬合雜訊，被 `PAY_* = 6` 附近條件均值 `DELINQ_NEXT` 的低可信度陡降所愚弄，要不就是因 `PAY_0 > 1` 的資料稀疏還原均值預測。

所以要怎樣變通，該怎麼使用這類模型？ GAM 發光的地方就在這裡。在這個狀況下，GAM 顯示的行為模式，是高性能非線性模型普遍觀察到的問題。然而，不同於許多其他型態 ML 模型的是，GAM 不只凸顯這類不一致，也提供透過合理模型編輯除錯的方式。直接來說，可以與領域專家討論 GAM 結果，若他們同意 PAY_2、PAY_3 與 PAY_5 GAM 樣條比較合理，就保留在模型裡，或許能提升模型效能。至於絕對有問題的 PAY_0、PAY_4 與 PAY_6 樣條，可以合理置換。選項之一就是從邏輯回歸模型習得的行為模式，如下列表示式：

$$\hat{p} = \beta_0 + \frac{1}{1 + \exp\left(-\beta_{PAY_0, GLM} PAY_0\right)} + \beta_{PAY_2, GAM} g(PAY_2)$$
$$+ \beta_{PAY_3, GAM} g(PAY_3) + \frac{1}{1 + \exp\left(-\beta_{PAY_4, GLM} PAY_4\right)} + \beta_{PAY_5, GAM} g(PAY_5)$$
$$+ \frac{1}{1 + \exp\left(-\beta_{PAY_6, GLM} PAY_6\right)} + \cdots$$

其中，β_0 是截距項，各個 g 代表 GAM 樣條函數。模型編輯無限彈性，可以僅置換領域特定區域習得樣條，或將形狀函數依領域專家偏好編輯。

可編輯性是預測模型的偉大功能，但也要謹慎使用。若要依先前等式建議，編輯客製化模型，其實需要比平常更多的壓力測試。別忘了，係數不是一起習得，也可能無法好好解釋彼此。還可能有邊界問題：編輯過的模型容易導致預測高於 1 低於 0。另一個可能比較容易接受的除錯策略是使用 pyGAM 提供的約束功能。正單調約束有可能修復 PAY_0、PAY_4 與 PAY_6 樣條的問題。

無論選擇編輯樣本 GAM 還是用約束重新訓練，都可能發現較低驗證與測試資料效能品質。然而，若最關心的是可靠的現實世界效能時，有時就必須放棄堅持資料集效能崇拜。雖然模型編輯聽起來奇怪，但前述模型是合理的。更奇怪的似乎是，部署一個行為模式只能透過幾行高雜訊訓練資料證明的模型，明顯與數十年來的因果關係行為準則矛盾。我們認為，前述模型比無限制 GAM 習得的不合理樣條，更不可能導致災難性失敗。

這是在選擇最佳現實世界模型時，傳統模型評估可能誤導的眾多場景之一。如 GAM 範例所示，無法假設非線性能做出更好模型。而且，GAM 能測試非線性比較好的隱式假設。使用 GAM，可以建立模型、詮釋與分析結果，還能編輯它或對所有偵測到的問題除錯。GAM 協助揭露模型學到什麼、保持正確結果，接著編輯並校正錯誤，以免部署有風險的模型。

GA2M 與可解釋增強機

當一小群特徵交互作用配對加至標準 GAM，產生的模型就稱為 GA2M：雙向交互作用的廣義相加模型。添加這些成對交互作用到傳統 GAM，已證實大大增進模型效能同時保留可解釋性，如第 2 章所述。此外，就像 GAM 一樣，GA2M 也能經鬆編輯。

EBM（*https://oreil.ly/_tS2Q*）是 Microsoft Research 的 GA2M 演算法快速實作。EBM 裡的形狀函數透過 boosting 反複訓練，令 EBM 訓練更穩健，同時保留相當於隨機森林與 XGBoost 這類無法解釋樹狀模型的準確度。EBM 被包在名為 InterpretML（*https://oreil.ly/Uofrw*）的廣泛使用 ML 工具箱裡，這是一套為訓練可解釋模型與解釋其他系統的開放源碼套件。

接著，用信用卡範例訓練 EBM，預測哪個消費者有較高機率下次付款違約。EBM 獲得驗證 AUC 0.78，與傳統 GAM 與 GLM 相較之下最高。準確率變高可能是由於非線性與交互作用的導入。解釋 EBM 與 GA2M 也很簡單，一如傳統 GAM，可以繪製個體特徵形狀函數，與伴隨的直方圖，分別敘述特徵模型行為模式與資料分佈。交互作用項可以等高線圖展現，依然容易瞭解。看看 EBM 如何處理 `LIMIT_BAL`、`PAY_0` 與 `PAY_2` 特徵，見圖 6-4。

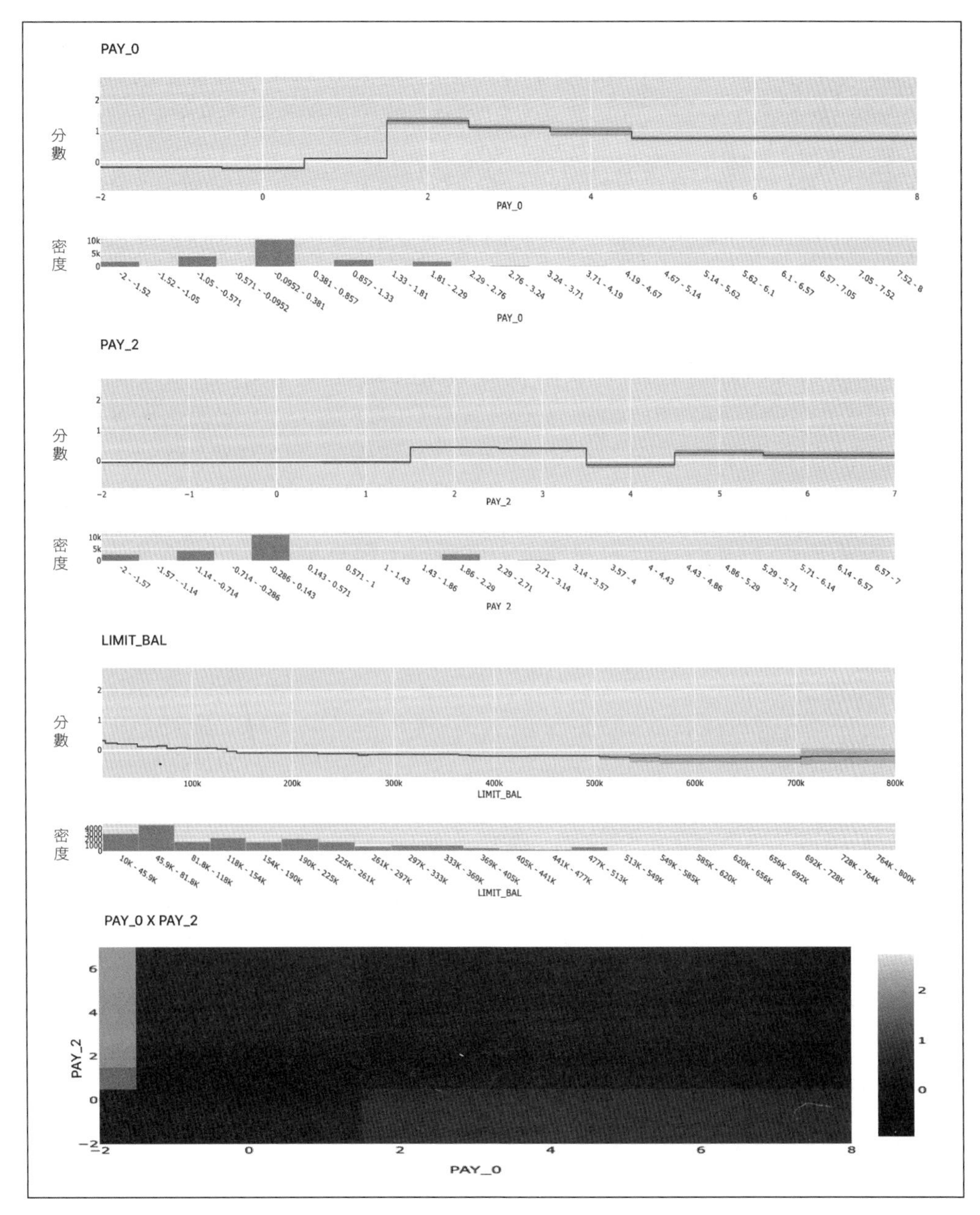

圖 6-4 三個重要輸入特徵，與帶有 EBM 直方圖的交互作用特徵。（數位、彩色版：*https://oreil.ly/l9lTU*）

圖 6-4 可以看到 LIMIT_BAL、PAY_0 與 PAY_2 三個標準形狀函數圖，也可以看到 PAY_0 x PAY_2 交互作用的等高線圖。這些圖形每一個，甚至是有點複雜的等高線圖，都能讓人們檢視模型行為模式，如有必要也能編輯。

LIMIT_BAL 的行為模式看來合理，因為信用額度增加，預期與違約機率減少相關。這是我們觀察到的，至少直到訓練資料 LIMIT_BAL 較高範圍都是如此。$700,000 以上，可以看到形狀函數回升，可能是由於此區域訓練資料的稀疏所致。EBM 處理 PAY_0，比 GAM 更有邏輯。在 EBM 下，PAY_0 > 1 時 PAY_0 違約機率增加，而且不會掉回不切實際的值，不過還是減少。再說一次，這可能與訓練資料某區域的稀疏有關。PAY_2 顯示有些雜訊。而且交互作用項呈現與 GAM 針對部分個體 PAY_* 特徵觀察到相同的不切實際行為，增加延遲導致違約率降低，但 PAY_0 值低與 PAY_2 值高的狀況例外（模型輸出急遽上升）。

就像 GAM，EBM 在訓練資料中有雜訊或稀疏的狀況下似乎會有些奇特行為模式。這可能是何以它的 AUC 較高的另一個理由：這是特定狀況下該資料集特有的建立模型雜訊。至少奇特行為模式顯而易見，且這個模型可能是模型編輯不錯的候選。下一節要探討的單調約束，或許能對這部分提供幫助，但它們還不能讓 EBM 詮釋。

圖 6-4 另有兩個重要層面，不一定是 EBM 特性，但也必須再度審視：形狀函數附近陰影區域與形狀函數下的直方圖。這兩種特徵有助於使用者決定模型可信任度。若直方圖指出某個區域能用的訓練資料很少，或陰影誤差線顯示函數在某個訓練資料領域擁有高變異數，那麼有部分的函數可能較不可信，可以考慮模型編輯。LIMIT_BAL 超過 $700,000 的形狀函數，就是訓練資料中稀疏且預測中高變異數的例子。在 ML 模型訓練、解釋與除錯時，這兩個問題經常結伴出現。

處理 EBM 另一個稍為棘手的層面是為本身繪圖需求存取資訊。雖然 EBM 提供令人驚艷的開箱即用交互作用繪圖能力，但通常會想建立自有繪圖與資料結構，尤其是與其他模型比較。在很多場合都發現必須與 EBM 的 _internal_obj JSON 結構互動才能這麼做。以存取特徵重要性值為例，如下：

```
ebm_global = ebm.explain_global(name='EBM')
feature_names = ebm_global._internal_obj['overall']['names']
feature_importances = ebm_global._internal_obj['overall']['scores']
ebm_variable_importance = pd.DataFrame(zip(feature_names, feature_importances),
                                       columns=['feature_names',
                                                'feature_importance'])
```

為提取特徵重要性，在可存取的可詮釋版本中自我操控，而不是仰賴 EBM 預測繪圖，必須使用 `explain_global()` 計算全域解釋，再從回傳物件裡的 JSON 提取特徵名稱與重要性計分。接著利用這個資訊建立 Pandas `DataFrame`，從這裡開始，都能輕鬆繪圖、選擇或操控[1]。

至此，將結束第一組範例。本節，介紹基準 GLM，接著刻意透過 GAM 導入非線性，與透過 GA2M 及 EBM 導入交互作用，讓模型更複雜。然而，由於 GLMs、GAMs 與 EBMs 的相加性質，不僅保留可解釋性，還能得到電腦模擬效能品質，並建立一組可編輯模型彼此比較，甚至組合，以建立最有可能現實世界部署的模型。下一節將繼續這些主題，並深入探討使用 XGBoost 約束與事後解釋。

約束與事後解釋的 XGBoost

在這個範例裡，將訓練與比較兩個 XGBoost 分類模型：一個用單調約束，另一個則否。我們將發現約束模型比無限制更穩健，而且無損準確度。接著，將檢查三個強大的事後解釋方法：決策樹替代、部分相依與 ICE，以及 SHAP 值。最後將以 SHAP 值計算與背景資料集的技術探討終結，也會提供讓讀者能為手邊應用選擇適切規格的指南。

約束與無限制 XGBoost

XGBoost（*https://oreil.ly/n98WV*）是在大型、結構性資料集預測任務上相當受歡迎的模型架構。什麼是 XGBoost 模型？由 XGBoost 產出的模型是弱學習器的總合，意即 XGBoost 依序生產許多小模型，再接著加總這些小模型預測，作出最終預測。通常，序列中第一個模型會擬合資料，接續的每個模型預測之前模型殘差修正錯誤[2]。本節中，將使用 XGBoost 訓練淺決策樹總合。還會處理二元分類問題，但 XGBoost 還能建立其他型態的模型，像是回歸、多級分類、存活時間等等。

---

1 套件目前版本已處理這項困擾。參考文件（*https://oreil.ly/Z40st*）進一步瞭解。

2 梯度增加的詳細內容，可參考《Elements of Statistical Learning》（統計學學習要點）（*https://oreil.ly/hvX2H*）第 10 章。

XGBoost 如此受歡迎的部分原因，是由於它往往能產生將隱式資料順利普及化的穩健模型。這不代表身為模型開發者的我們能夠掉以輕心。還必須使用提早停止這類合理超參數與技術，確保 XGBoost 優勢得以實現。XGBoost 的另一項重要技術是在模型上的單調約束。這些約束鎖定某些特徵與模型輸出關係的方向。讓我們可以表示「若特徵 X_1 增加，模型輸出就不能減少」。簡而言之，這些約束可以套用自有領域知識，做出更穩健的模型。來看看訓練 XGBoost 模型的部分程式碼：

```
params = {
    'objective': 'binary:logistic',
    'eval_metric': 'auc',
    'eta': 0.05,
    'subsample': 0.75,
    'colsample_bytree': 0.8,
    'max_depth': 5,
    'base_score': base_score,
    'seed': seed
}

watchlist = [(dtrain, 'train'), (dvalid, 'eval')]

model_unconstrained = xgb.train(params,
                                dtrain,
                                num_boost_round=200,
                                evals=watchlist,
                                early_stopping_rounds=10,
                                verbose_eval=True)
```

首先，來看看 params 字典的值。參數 eta 是模型*學習率*。梯度增強中，在集成加入每顆樹，就類似梯度下降。eta 值較大，每棵額外的樹影響越大。eta 值較小，給增強序列中個體決策樹的權重就小。若使用 eta = 1.0，模型最終預測就會是未加權個體決策樹輸出總合，幾乎肯定會過度擬合訓練資料。在訓練 XGBoost 或其他梯度增強模型時，確保設定合理的學習率（在 0.001 與 0.3 之間）。

XGBoost 還提供控制模型輸入特徵如何彼此影響的交互作用約束（*https://oreil.ly/NR9bo*）。這是將領域專業注入 ML 模型的另一種簡單方式。對於用消除社會性別或種族的已知代理交互作用（像是姓名、年齡或郵政編號）偏差緩解方式來說，交互作用約束會特別好用。

參數 subsample 與 colsample_bytree 還能保障免於過度擬合。兩者皆確保每個體決策樹，不會看到整個訓練資料集。這種狀況下，每棵樹看見訓練資料隨機 75% 列（subsample = 0.75）與隨機 80% 行（colsample_bytree = 0.8）。接著，就擁有決定最終模型大小的部分參數。max_depth 是模型中樹的深度。較深的樹含括較多特徵交互作用，會建立比淺樹更複雜的反應函數。訓練 XGBoost 與其他 GBM 模型時，通常會想要樹維持為淺，畢竟這些模型優勢來自於它們是弱學習器的總合。當然，網格搜尋與選擇超參數的其他結構性方法，是選擇這些值的更佳實作，但並非本章重點。

最後，前述程式碼片段，使用以驗證為基礎的早期停止（*https://oreil.ly/zacj5*）訓練模型。將一個資料集（或在這裡是兩個資料集）投入 evals 參數，再透過指定 early_stopping_rounds 做到這一點。所以這裡怎麼了？每一輪訓練序列中，訓練的決策樹集合到目前為止都是在 evals 的觀察名單資料集上評估。若評估指標（本例中為 AUC）在 early_stopping_rounds 輪數沒有提升，則訓練停止。若不指定提早停止，那麼訓練會執行到 num_boost_round trees 建置，通常是任意停止點。在訓練 GBM 模型，最好一定使用提早停止。

若傳遞多組資料集到 evals，只有清單最後一組資料集會用來決定是否已符合提早停止標準。此外，最終模型會有太多樹。無論何時使用模型進行預測，都應該使用 iteration_range 參數指定有多少樹，參考相關文件（*https://oreil.ly/OZ5FF*）可以瞭解更多。

如我們所見，**無限制** XGBoost 可以根據訓練資料時而出現的虛假模式，對觀察的個體自由指派機率。除了只從訓練資料學到那些外，用大腦裡的知識加上領域專家的協助，通常可以做得更好。

例如，知道若某人越來越延遲繳納信用卡支付，那麼幾乎肯定下次支付遲交的可能性更高。意即特徵值增加，希望模型輸出資料集裡所有 PAY_* 特徵也增加，反之亦然。XGBoost 單調約束正好可以讓我們這麼做。資料集裡所有特徵，若想要該特徵與模型輸出擁有正、負、或非單調關係都能指定。

我們的資料集僅含 19 個特徵，可以透過每個違約風險的潛在因果關係進行推理。但若資料集裡有數百個特徵呢？會希望訓練一個穩健、約束模型，但可能無法確定某些特徵與目標的單調因果連結。導出單調約束的替代（或說是補充）方法是使用 Spearman 相關性。下面程式碼檢查每個特徵與目標間成對 Spearman 相關性係數的函數。若 Spearman 係數大於使用者指定門檻，該特徵被假定為與目標單調相關。函數回傳含括 –1、0 與 1 值的元組，正好就是 XGBoost 在指定單調約束時預期的輸入型式。

```
def get_monotone_constraints(data, target, corr_threshold):
    corr = pd.Series(data.corr(method='spearman')[target]).drop(target)
    monotone_constraints = tuple(np.where(corr < -corr_threshold, -1,
                                 np.where(corr > corr_threshold, 1, 0)))
    return monotone_constraints
```

利用 Spearman 相關係數而不是預設 Pearson 相關性，是因為 GBM 是非線性模型，即便受約束。XGBoost 單調約束施加單調性而非線性，Spearman 相關性精確量測單調關係強度，而 Pearson 相關性則量測線性關係的強度。

圖 6-5 針對目標變數繪製每個特徵的 Spearman 相關係數。垂直線指的是門檻值 0.1。可以看到這個資料驅動方式促使了對 PAY_* 特徵強加單調約束。這裡使用 0.1 門檻作為實務顯著性的非正式標記。我們應該不會想要對 Spearman 相關性幅度小於 0.1 的這些輸入特徵套用任何約束。當支付與信用額度增加，違約機率應減少。由於延遲付款增加，違約可能性也應該增加。這個資料驅動方式的結果也反應常識。這是生成約束時最重要的考量，因為試著將因果領域知識注入模型。

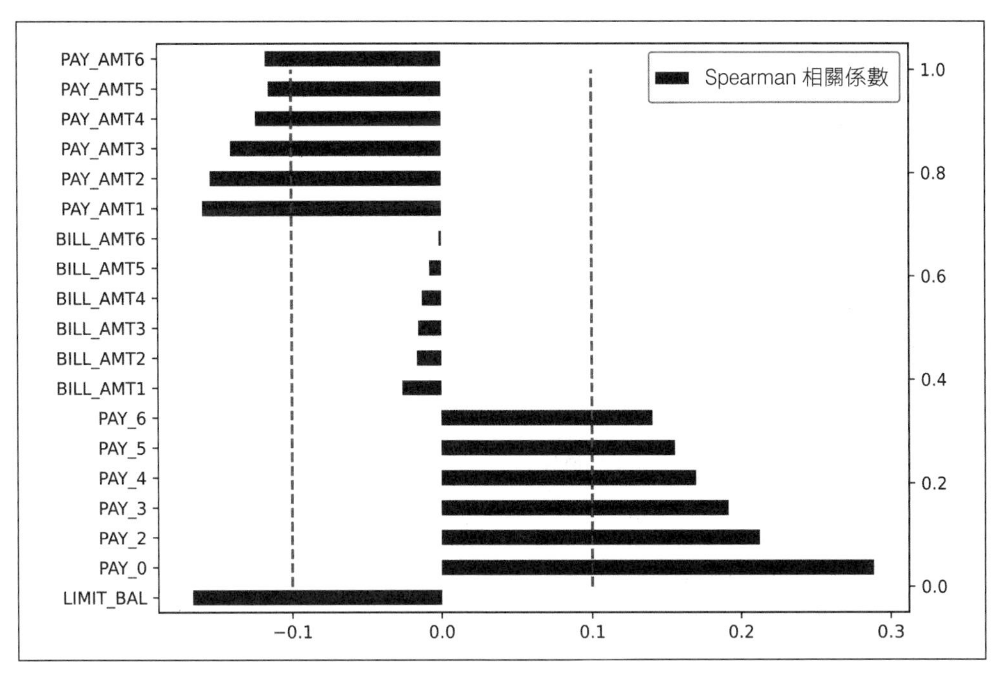

圖 6-5　目標 DELINQ_NEXT 與各個特徵的 Spearman 相關係數，與指定截止值 0.1 的垂直線（數位、彩色版：*https://oreil.ly/qolls*）

接著，使用圖 6-5 所示分析提出的約束訓練約束模型。現在觀察約束與無限制模型導出結果。檢視範例程式碼 `verbose_eval=True` 的 `xgb.train()` 輸出（*https://oreil.ly/BN3dS*），可以看到無限制模型在訓練組（0.829 vs. 0.814）擁有較高 AUC，但顯示與驗證組（0.785 vs. 0.784）約束模型相同效能。這表示約束模型比擁有完全相同一組超參數的無限制模型較少過度擬合，約束模型挑出資料真實訊號的比例較高。如分析所示，這就是預期從體內約束模型得到更好效能（與更穩定）的其他理由。

最後，來看看圖 6-6 兩個模型的特徵重要性。有很多方式可以計算 XGBoost 模型的特徵重要性值。在這裡要檢視總合中各個分裂的平均覆蓋率。分裂的覆蓋率只是通過分裂的訓練樣本數。這是特徵重要性傳統計算方式。不具備與 SHAP 技術這樣的相同理論保證。

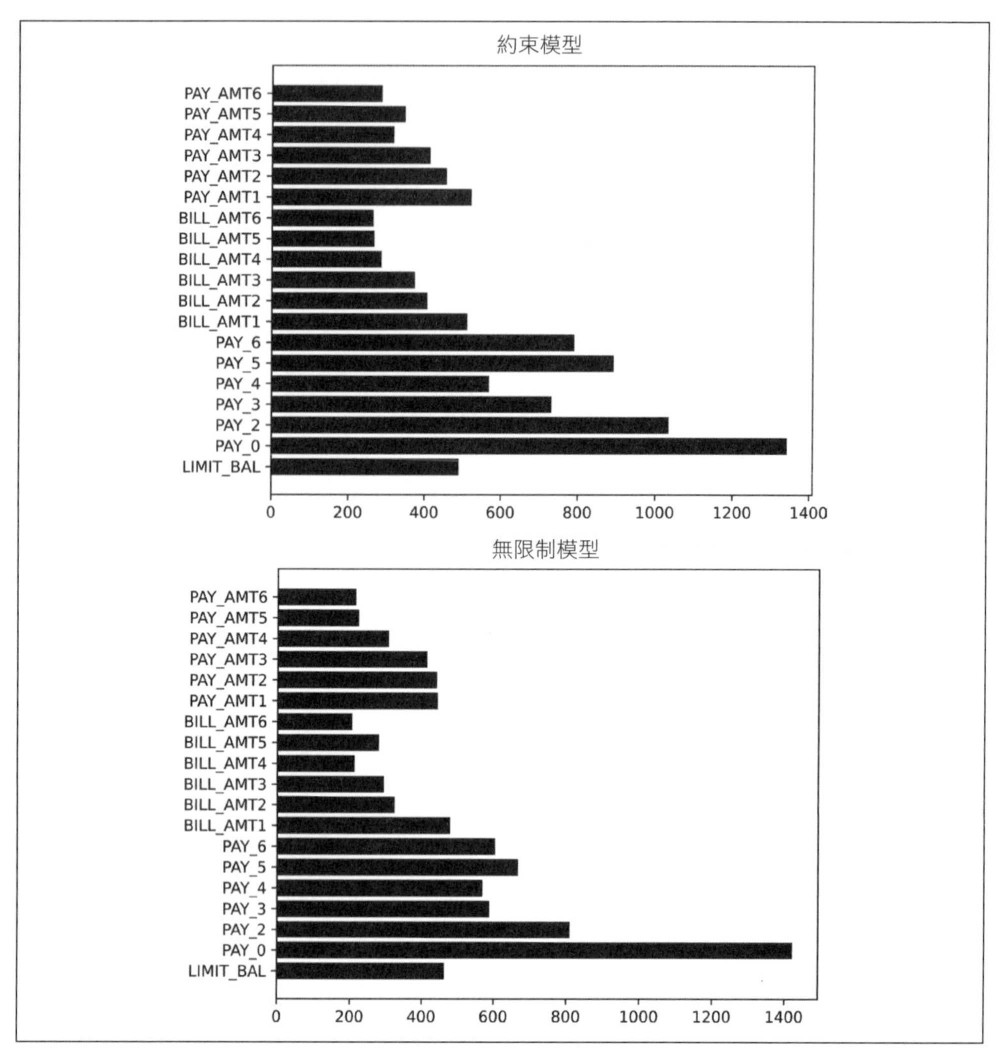

圖 6-6 以平均覆蓋率量測的約束與無限制模型特徵重要性值（數位、彩色版：*https://oreil.ly/MAs3a*）

可以看到，約束模型的特徵重要性在整體輸入特徵集間散佈較平均。無限制模型給 `PAY_0` 特徵一個不成比例的特徵重要性形狀。更加證明約束模型在部署時更穩健。若模型全然鎖定一個特徵的決策制定能力，在該特徵分佈隨新資料飄移時就注定失敗。太依賴單一特徵也會有資安風險，歹徒很容易瞭解模型運作方式，進而利用。

看見特徵重要性值集中在一個或少數特徵時，模型部署後更可能不穩定又不安全。模型可能在單一維度資料分佈上過度敏感而飄移，心懷不軌的行動者只需操控一個特徵值，就能修改模型輸出。若ML模型只集中在一兩個特徵上，請考慮用較簡單模型或商業規則替換。

利用部分相依與 ICE 解釋模型行為

我們並行考量 `PAY_0` 的部分相依與 ICE 圖，繼續比較約束與無限制 XGBoost 模型。先前段落，已探討目標變數的條件均值如何在 `PAY_0 = 6` 周圍顯示偽降，而該處訓練資料稀疏。來看看兩個 XGBoost 模型如何處理這類資料缺失。

圖 6-7，可以發現無限制模型如何過度擬合 `PAY_0` 與 `DELINQ_NEXT` 間較小程度的虛假關係。另一方面，約束模型被強制遵循合理關係，越延遲支付不應導致更低的毀約風險。這反映在約束模型 `PAY_0` 的單調遞增部分相依與 ICE 圖上。

使用 ICE 的難題就是要先選哪個個體繪圖。ICE 繪圖的不錯起點就是在預測結果十分位數上挑選個體或行列。這可以提供局部行為的粗略瞭解，如有需要，再從那裡開始深入挖掘。

還可以看到，整個 `PAY_0` 值範圍輸出裡，兩個模型都有大量變化。這是指，當 `PAY_0` 從 –2 滑到 8，兩者部分相依與 ICE 圖皆顯示大量垂直移動。模型輸出對這個特徵值高度敏感，正是何以在圖 6-6 看到這樣高的 `PAY_0` 特徵重要性值之故。若沒觀察到模型認為重要的這類特徵值變化，代表可能需要更多除錯。

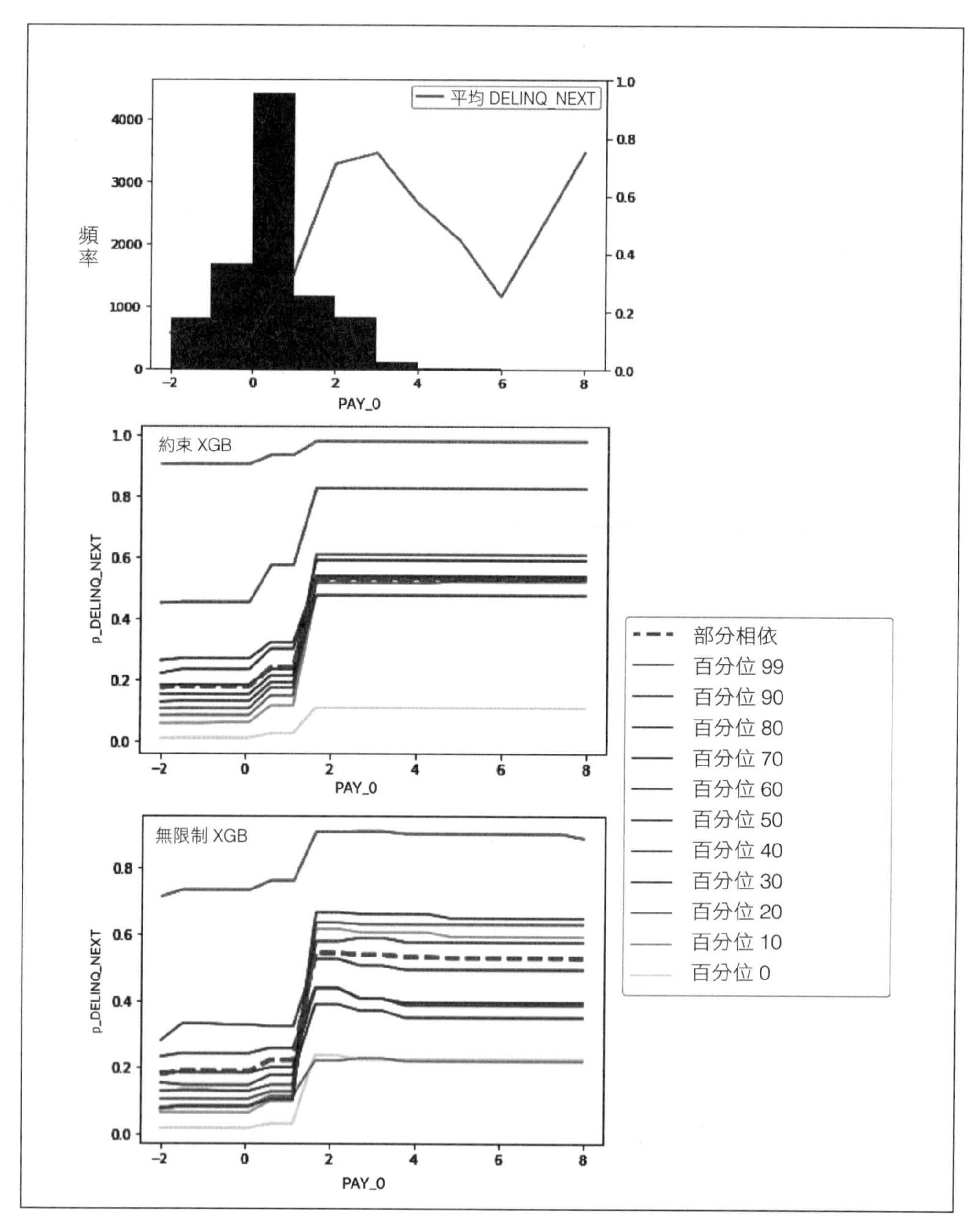

圖 6-7　約束（上）與無限制（下）模型的 PAY_0 特徵部分相依與 ICE 圖（數位、彩色版：*https://oreil.ly/ulxRP*）

部分相依與 ICE 圖也能揭露模型中特徵交互作用之處。來看看圖 6-8 無限制模型 LIMIT_BAL 的部分相依與 ICE 圖。

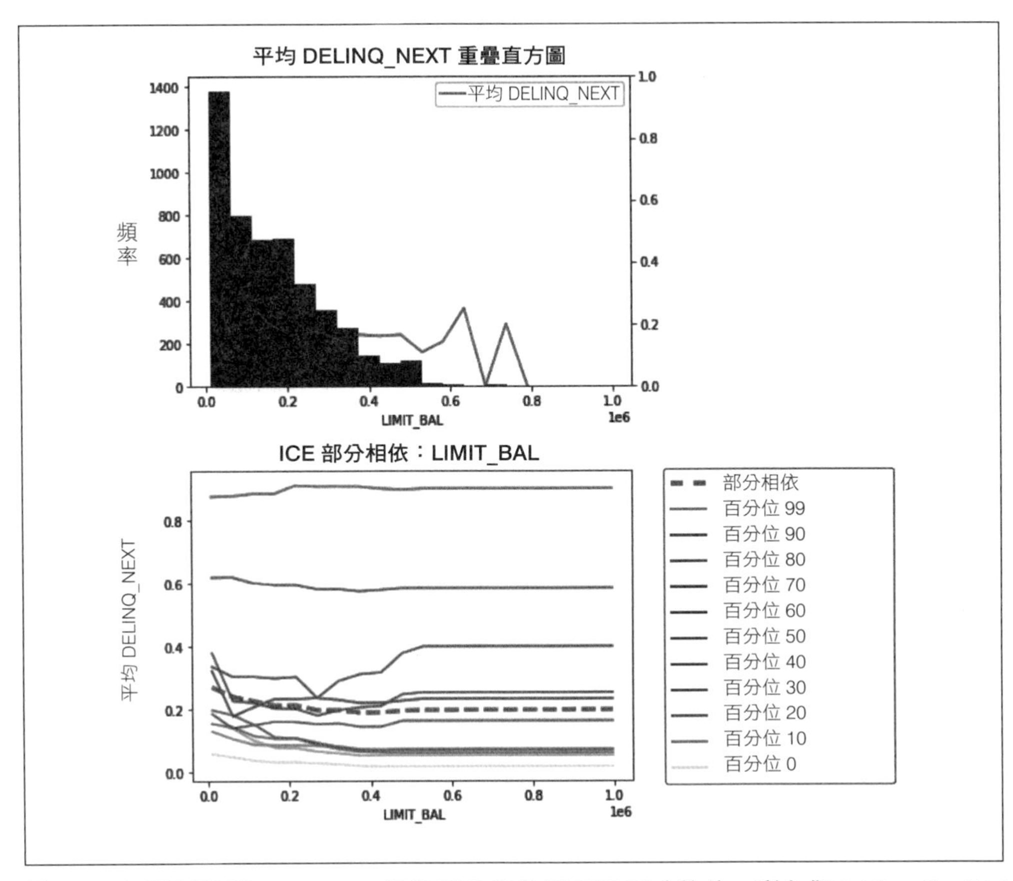

圖 6-8　無限制模型 LIMIT_BAL 特徵部分相依與 ICE 圖（數位、彩色版：*https://oreil.ly/D-CeU*）

如第 183 頁的「部分相依與個體條件期望」小節所探討，當部分相依與 ICE 曲線分歧，就像這裡，就是資料與模型相關性或交互作用的暗示。而且，回顧 EBM 訓練（*https://oreil.ly/lW3kV*），看到 EBM 識別的這兩個重要交互作用為 LIMIT_BAL x BILL_AMT2 與 LIMIT_BAL x BILL_AMT1。我們的無限制 XGBoost 模型也挑出這些交互作用所以看似合理。與 EBM 相較之下，XGBoost 模型充斥各種高度特徵交互作用。

不過部分相依與 ICE，結合 EBM 學習雙向交互作用的能力，亦有助於瞭解 XGBoost 模型的部分交互作用。瞭解 ML 模型裡複雜特徵交互作用另一個不錯的工具是接下來要探討的替代決策樹。

決策樹替代模型作為解釋技術

迄今為止作出的分析，都顯示無限制 XGBoost 模型效能並沒有比約束版本好。看過的部分相依與 ICE 圖顯示，將約束模型繫結合理的現實世界關聯，就能成功預防模型學到訓練資料的虛假關係。因為約束模型照理來說優於替代物，因此接下來段落將專注在這個模型。

首先，將透過事後解釋技術：決策樹替代模型，繼續模型行為模式的探索。替代模型只是模仿複雜模型行為模式的簡單模型。這裡的例子，試圖使用約 100 顆的單獨淺決策樹，模仿約束 XGBoost 模型。決策樹是資料衍生的流程圖，所以可以將決策樹替代視為流程圖，還會解釋更複雜的 GBM 在這個更簡單的項目裡如何處理。這是讓決策樹替代成為強大解釋技術的地方。我們使用 `sklearn` 的 `DecisionTreeRegressor` 實作，訓練替代模型：

```
surrogate_model_params = {'max_depth': 4,
                          'random_state': seed}
surrogate_model = DecisionTreeRegressor(**surrogate_model_params)
                  .fit(train[features], model_constrained.predict(dtrain))
```

替代模型還有其他別名，例如模型壓縮或模型提取。

請注意，我們訓練的回歸模型，目標是試圖解釋的模型輸出。意即，替代完全著眼於模仿大型模型的行為模式，不只是製造更簡單的歸類模型。這裡還選擇訓練決策樹深度為 4。超過這個深度，可能難以解釋這個替代模型本身發生了什麼。

替代模型不見得一定行得通。絕對要確認替代模型擁有良好執行品質與穩定性特質。這裡提出的是簡單建立替代模型的方法。參考「透過模型提取詮釋黑盒子模型」（*https://oreil.ly/O4Kia*）、「提取已訓練網路的樹狀結構展現」（*https://oreil.ly/BQnI7*）與「詮釋的代價」（*https://oreil.ly/CNgUA*），進一步瞭解替代方法與它們的忠誠度（如果有）保證。

在檢查替代模型前，必須先自問能否信任它。決策樹替代是相當強大的技術，但沒有太多數學保證。評估替代品質的簡單方式之一，就是計算交叉驗證折疊的準確度指標。何以要交叉驗證而不能只是驗證資料集？單一決策樹模型的陷阱就是它們對訓練資料集中變動的敏感度，因此透過計算多重保留折疊的準確度，就能檢查替代模型是否準確與是否穩定足以信任：

```
from sklearn.model_selection import KFold
from sklearn.metrics import r2_score

cross_validator = KFold(n_splits=5)
cv_error = []
for train_index, test_index in cross_validator.split(train):
    train_k = train.iloc[train_index]
    test_k = train.iloc[test_index]

    dtrain_k = xgb.DMatrix(train_k[features],
                           label=train_k[target])
    dtest_k = xgb.DMatrix(test_k[features],
                          label=test_k[target])

    surrogate_model = DecisionTreeRegressor(**surrogate_model_params)
    surrogate_model = surrogate_model.fit(train_k[features],
                                          model_constrained.predict(dtrain_k))
    r2 = r2_score(y_true=model_constrained.predict(dtest_k),
                  y_pred=surrogate_model.predict(test_k[features]))
    cv_error += [r2]

for i, r2 in enumerate(cv_error):
    print(f"R2 value for fold {i}: {np.round(r2, 3)}")
print(f"\nStandard deviation of errors: {np.round(np.std(cv_error), 5)}")

R2 value for fold 0: 0.895
R2 value for fold 1: 0.899
R2 value for fold 2: 0.914
R2 value for fold 3: 0.891
R2 value for fold 4: 0.896

Standard deviation of errors: 0.00796
```

結果看來不錯，可以發現替代模型在所有交叉驗證折疊都有高準確度，變化不大。對於我們的決策樹是合理替代應能稍具信心，接著可以為替代模型繪圖（圖6-9）。

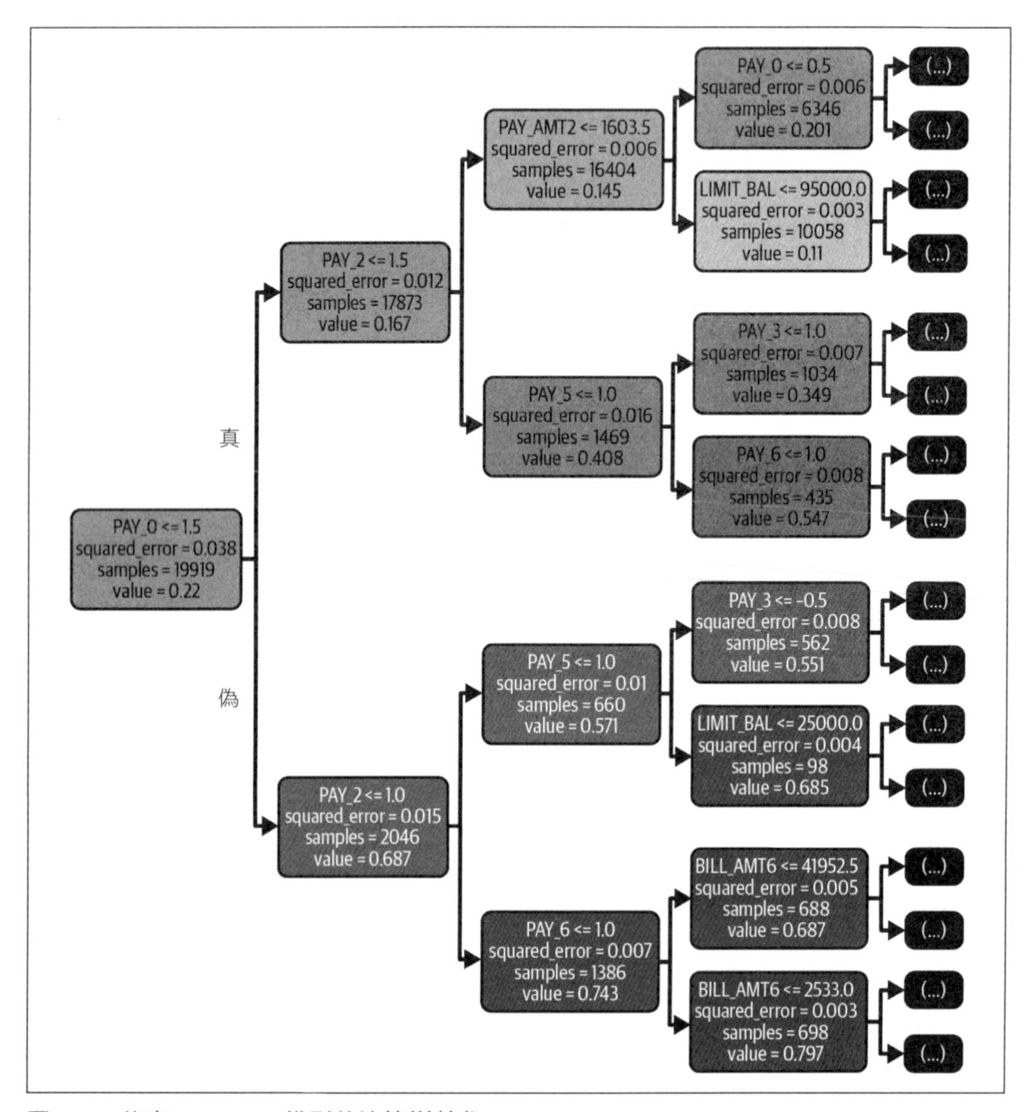

圖 6-9　約束 XGBoost 模型的決策樹替代

注意，圖 6-9 替代模型先分裂 `PAY_0` 特徵。這是為了最佳化模仿約束 XGBoost 模型行為模式，替代模型的首要之務就是將觀察區隔為兩個群組：`PAY_0 ≤ 1.5` 那些與較高 `PAY_0` 值那些。可以查看替代模型各個特徵分裂深度，粗略估計特徵重要性，因此這個結果與我們的特徵重要性分析一致。是不錯的跡象。

由於我們的替代模型太簡單，所以可產生許多簡明語言的觀察。例如，可以追蹤最高與最低風險觀察深度，再解釋替代如何處理：

- 最低風險觀察之旅依循路徑：2005 年 9 月及時還款或延遲一個月（`PAY_0 ≤ 1.5`）「且」2005 年 8 月及時還款或一個月延遲（`PAY_2 ≤ 1.5`）「且」2006 年 8 月還款金額高於 $1,603.5（`PAY_AMT2 > $1,603.5`）。這些規則重點放在最近及時支付且大額支付的消費者。合理。
- 高風險觀察之旅依循路徑：2005 年 9 月還款狀態延遲一個月以上（`PAY_0 > 1.5`）「且」2005 年 8 月還款狀態延遲一個月以上（`PAY_2 > 1`）「且」2005 年 4 月還款狀態延遲一個月以上（`PAY_6 > 1`）。這些規則考量一段時間的不利還款狀態，也說得通。

這些解釋考量了還款狀態與還款金額。就接受的決策而言，偏複雜的 GBM 似乎著眼於較近期狀態與金額的資訊，而對於拒絕的決策，GBM 可能注重支付狀態與時推移的模式。

最後還發現：在決策樹路徑中每次一個特徵依循另一個，這些特徵可能在 GBM 裡交互作用。透過檢驗替代模型，可以輕鬆識別 XGBoost 模型學到的主要特徵交互作用。有趣的是，回顧一下可以發現 EBM（*https://oreil.ly/1R_hN*）也挑出一些相同交互作用，像是 `PAY_0 x PAY_2` 與 `PAY_0 x PAY_AMT2`。這裡所有工具：EBM、部分相依與 ICE，以及替代決策樹，都能確切瞭解資料，並對模型行為合理期待。這與訓練單一無法解釋模型並檢查一些測試資料評估基準全然不同。開始瞭解這些模型如何運作，才能對其現實世界效能作出人為判斷。

而且，可以將這個習得的交互作用資訊納入為輸入特徵，強化懲罰邏輯回歸這類線性模型效能。若想對最高風險應用堅持最保守模型，可以使用 GLM，可利用這項重要交互作用資訊提升效能品質。如讀者所見，可以藉由使用決策樹替代，進行對 XGBoost 模型所有簡單、可解釋觀察。而且在這個過程中可以蒐集到對模型文件與為了其他風險管理有用的大量資訊。

Shapley 值解釋

本章結束前要討論的最後事後解釋工具是 Shapley 值。在第 48 頁的「局部解釋與特徵歸因」小節中，曾提及可用於局部特徵歸因技術的 Shapley 值。事實上，Shapley 值帶有許多數學保證，意即它多半是特徵歸因與重要性計算的最佳選擇。華盛頓大學與 Microsoft Research 的 Scott Lundberg 領導的研究與開放源碼社群，開發了生成與視覺化 SHAP 值的眾多工具。這些在 SHAP Python 套件裡的工具，就是本節即將使用的。

請記得，局部特徵歸因法指派值給每個觀察的每個特徵，量化特徵為觀察接收到的預測值貢獻了多少。本節，將看看如何使用 SHAP 值與 SHAP 套件解釋模型行為。本章最後一節，將檢視用 Shapley 值為基礎解釋的一些微妙，以及為從業人員造成的陷阱。

來看看單調 XGBoost 模型生成 SHAP 值的部分程式碼：

```
explainer = shap.TreeExplainer(model=model_constrained,
                               data=None,
                               model_output='raw',
                               feature_perturbation='tree_path_dependent')
shap_values = explainer(train[features])
```

這裡使用 SHAP 套件的 `TreeExplainer` 類別。這個類別可以為 XGBoost、LightGBM、CatBoost 與大部分樹狀 scikit-learn 模型生成 SHAP 值。Scott Lundberg 的文獻「樹集成的一致性個體特徵歸因」（*https://oreil.ly/VZz75*）與「利用樹的可解釋 AI 從局部解釋到全域瞭解」（*https://oreil.ly/7fdWE*）等都有探討 `TreeExplainer`。這些都是讓 SHAP 套件如此成功的計算性突破絕佳範例。若需要為非以樹為基礎的模型生成 SHAP 值，可以參考 SHAP 套件文件範例（*https://oreil.ly/5h0zu*），這裡提供許多表格、文字與影像資料範例。

若需要解釋非樹狀或神經網路為基礎的模型，別忘了原型與反事實解釋的比較。這些強大解釋概念，會比局部可詮釋模型無關解釋（LIME）或核心 SHAP 這類為生成而設計的模型無關方法更有效。

這裡先從圖 6-10 `PAY_0` 特徵相關的 SHAP 值開始。

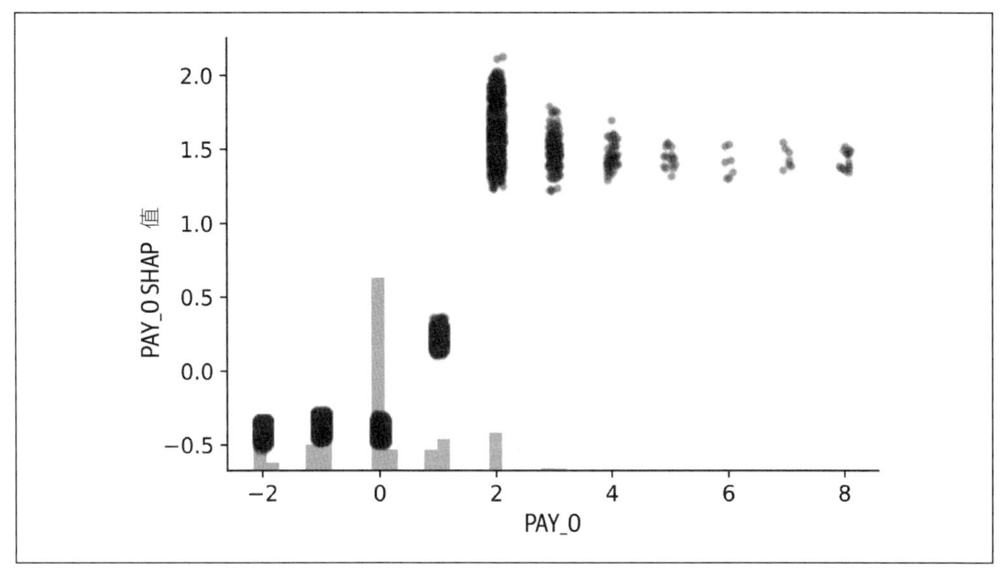

圖 6-10　`PAY_0` 特徵相依圖，說明每個儲存區特徵值 SHAP 值的分佈（數位、彩色版：*https://oreil.ly/hF4eJ*）

圖 6-10 每一點都是 `PAY_0` 特徵的一個觀察的 SHAP 值，或者 `PAY_0` 給 X 坐標的模型預測貢獻。散佈圖疊加在資料集特徵值的直方圖上，就像我們的部分相依與 ICE 圖。事實上，這個散佈圖可直接與 `PAY_0` 的部分相依與 ICE 圖比較。在 SHAP 散佈圖中，可以看到每儲存區 `PAY_0` 值的全範圍特徵歸因值。注意，`PAY_0 = 2` 區範圍最寬，`PAY_0 = 2` 部分觀察受懲罰只有大約其他的一半。這個 SHAP 分佈圖是 SHAP 套件提供的眾多匯總圖之一。想進一步瞭解可參考文件範例（*https://oreil.ly/xWxlG*）與該章 Jupyter 筆記範例。

如第 2 章所見，可以取 SHAP 值絕對平均，建構量測整體特徵重要性。這裡不用特徵重要性值的標準水平長條圖，而是以 SHAP 繪圖功能，將特徵重要性明確視為局部解釋的聚合：

```
shap.plots.beeswarm(shap_values.abs, color="shap_red", max_display=len(features))
```

圖 6-11 提供一個有趣的特徵重要性觀點。注意，部分特徵（例如 `PAY_0`、`PAY_AMT1`）有些點呈現極度 SHAP 值，而其他特徵（例如 `LIMIT_BAL`、`PAY_AMT3`）則具有高特徵重要性，因為許多個體觀察擁有稍高的絕對 SHAP 值。換種說法，局部解釋能在高頻低幅效應與低頻高幅效應間做區分。這很重要，因為每個高幅低頻效應該都能代表現實生活的人受到我們的模型影響。

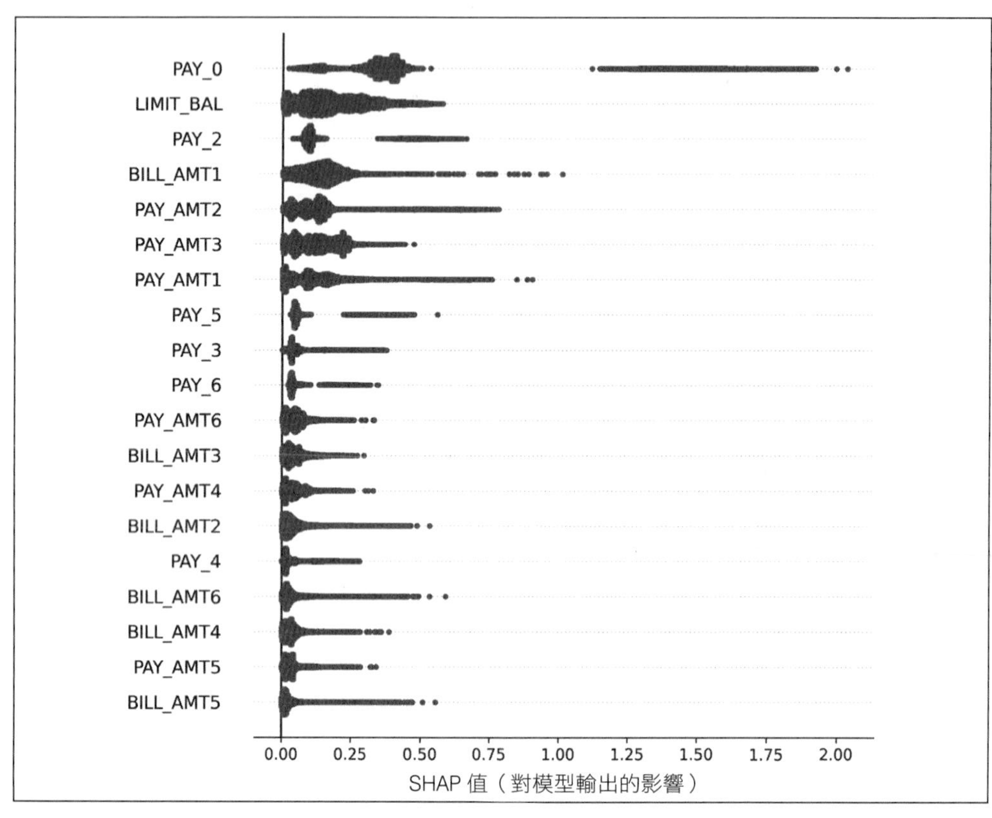

圖 6-11　特徵重要性，以個體觀察的絕對 SHAP 值顯示（數位、彩色版：*https://oreil.ly/cjUiE*）

以 Shapley 值為基礎的解釋，因強而有力的理論基礎與周邊相關的穩健工具集，得到廣泛採用。由於這些量化能用逐項觀察為單位計算，因此可用於生成不利行動通知或其他拒絕請求的報告（在使用得當、做過保真度與穩定度測試，且與約束模型配對的前提下）。看一下程式碼範例（*https://oreil.ly/machine-learning-high-risk-apps-code*）、參考一些文件，再開始為模型生成 SHAP 值。不過請一併參考下一段，探討每個 SHAP 計算背後的假設與限制。

使用 Shapley 值的問題

在第 2 章與第 186 頁的「Shapley 值」小節，介紹了 Shapley 值計算下背景資料集的概念。當 SHAP 想瞭解某個預測的特徵影響，會在訓練或測試資料裡，用背景資料拉出來的隨機值置換特徵值，接著對於哪些特徵使用正常資料又哪些特徵使用背景資料執行許多擾動，多次比較來自兩個不同資料集的預測。考量背景資料集有個不錯的方式：在計算觀察的 SHAP 值時，回答一個問題：「何以這項觀察得到這樣預測而不是其他預測？」用以比較觀察的「其他預測」，則由背景資料選擇或參考分佈指定。

下列程式碼為相同觀察建立兩組 SHAP 值，一個實例不指定參考分佈，而另一個則指定：

```
explainer_tpd = shap.TreeExplainer(model=model_constrained,
                                   feature_perturbation='tree_path_dependent')
shap_values_tpd = explainer_tpd(train[features])

train['pred'] = model_constrained.predict(dtrain)
approved_applicants = train.loc[train['pred'] < 0.1]
explainer_approved = shap.TreeExplainer(model=model_constrained,
                                        data=approved_applicants[features],
                                        model_output='raw',
                                        feature_perturbation='interventional')

shap_values_approved = explainer_approved(train[features])
```

我們設定 `feature_perturbation='tree_path_dependent'`，選擇完全不定義參考分佈。而是讓 SHAP 使用從已訓練 GBM 模型樹蒐集而來的資訊，確切定義其自有背景資料。這有點類似利用訓練資料作為背景資料，但不完全一樣。

接著，用 `feature_perturbation='interventional'` 定義解釋器，傳遞收到違約率小於 10% 的訓練樣本組合參考分佈。若參考分佈與各個觀察比較，預期這兩組 SHAP 值會有顯著差異。畢竟，這些問題顯然不同：「何以這個觀察得到這樣預測，而非訓練資料中的平均預測？」與「何以這個觀察得到這樣預測，而非給出核准申請者的預測？」如第 2 章所述，後者問題較與美國法規註解的不利行動通知一致。這就是 Beicek 教授說：「不要在沒有上下文的情況下進行解釋！」的意義。

雖然有人主張 tree_path_dependent 特徵擾動對資料來說是真的（指的是它說明的不只是這個模型的行為模式），就像「解釋特徵相依的個體預測：更準確的 Shapley 近似值」（*https://oreil.ly/3PBGX*）所顯示那樣，但可能不是這樣。**真正的資料特徵歸因，需要知道資料完整的聯合機率分佈，而這是深具挑戰的技術問題，無法期望透過查看模型中樹的路徑結構解決。**最好使用 interventional 特徵擾動，並確認 SHAP 值對模型為真，且不會普及到模型之外。建議只在沒有其他選擇下才使用 tree_path_dependent 特徵擾動。使用它們的主因是，若無法存取背景資料集，就必須從模型推斷。若可存取訓練資料，就明確將它傳遞給 SHAP 解釋器並使用 interventional 特徵擾動。

撰寫本書時，最佳實作指出最好使用 interventional 特徵擾動，並確認解釋不會概括到模型之外。只有在別無選擇下才使用 tree_path_dependent 特徵干擾。

圖 6-12 試圖說明這一切何以如此重要。圖 6-12 顯示同一個觀察的兩組 SHAP 值：一個在沒有參考分佈與 feature_perturbation='tree_path_dependent' 下計算，一個針對已核可申請者參考與 feature_perturbation='interventional' 計算。首先，就部分觀察來看，可以發現在這兩個不同型態的 SHAP 解釋下，SHAP 值存在巨大差異。

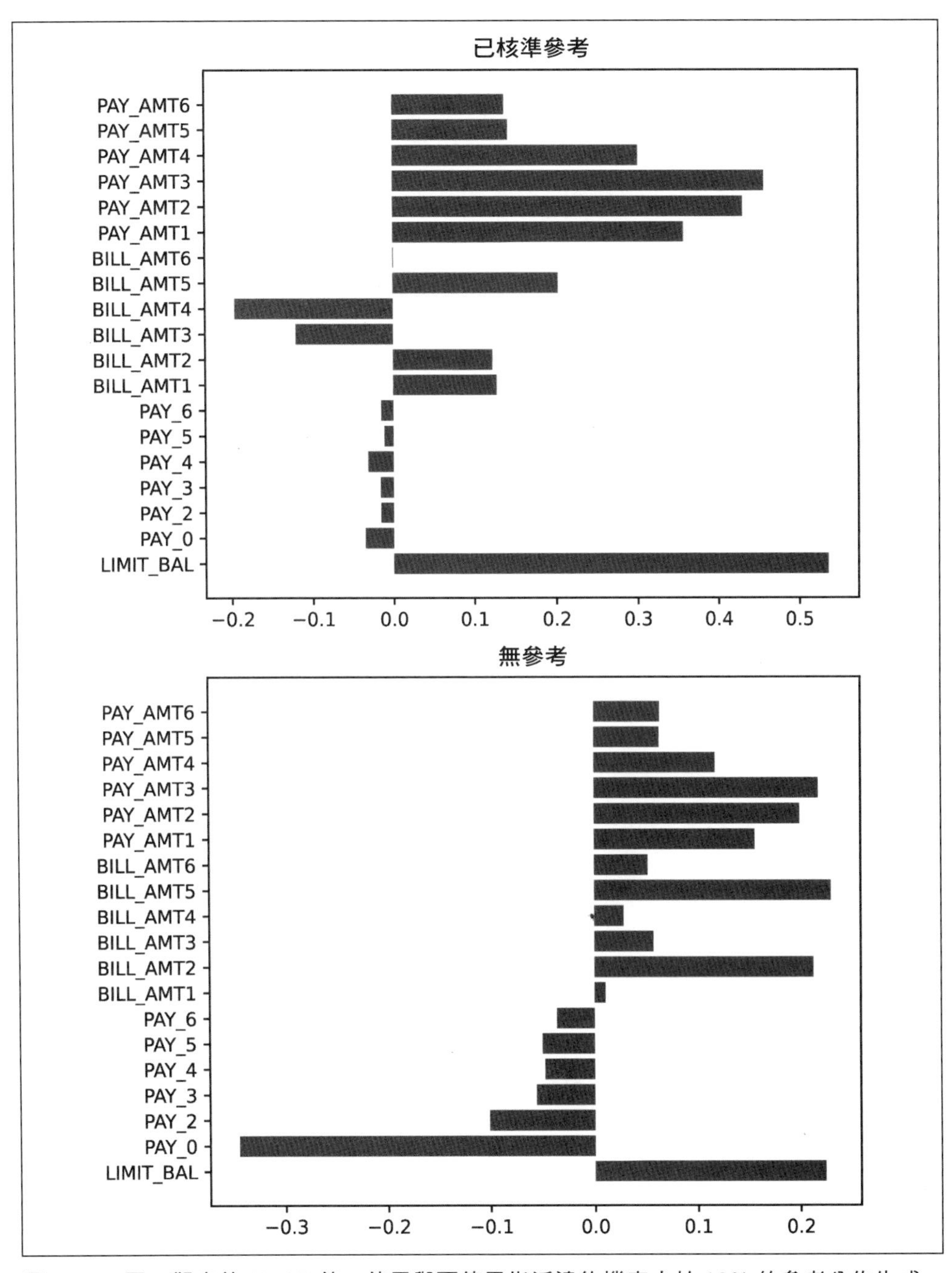

圖 6-12 同一觀察的 SHAP 值，使用與不使用指派違約機率小於 10% 的參考分佈生成。（數位、彩色版：*https://oreil.ly/jN3lj*）

想像不利行動通知傳送基礎在這兩個解釋上。無參考分佈，貢獻最大違約機率的前四名特徵分別是 PAY_0、LIMIT_BAL、BILL_AMT5 與 PAY_AMT3。但若指定上下文特定參考分佈，頭四名特徵則為 PAY_AMT1、PAY_AMT2、PAY_AMT3 與 LIMIT_BAL。以信用借貸的背景來看，**追索權**（上訴模型決策的能力）是信任與負責任部署的關鍵，哪個解釋正確？可能是以干預性特徵擾動為基礎解釋，由於在背景資料使用已核可申請人，就監管要求方面這樣也更有邏輯。

然而，這些干預性解釋對模型是獨一無二的，也因此若申請者未來使用確切相同模型被計分，它們只能提供準確的理由代碼給申請者。若申請者在類似信用產品上得到不同的不利行動通知，尤其來自相同貸方，就會引來注意，只因為 ML 工作流裡的部分模型特定的機制。就像部分人士宣稱的，tree-path-dependent 解釋在不同模型上漸趨一致不無可能，但這突顯了另一個難題。路徑相依與干預性 SHAP 值皆能提供以特定決策未使用的特徵為基礎的解釋。這對不利行動通知與可上訴追索權來說是很大的問題。不過，在使用 SHAP 時還是建議使用干預性解釋，同時必須承認並測試它們的缺陷。

即便正確掌握特徵擾動與背景資料相關細節，還是要記得 ML 解釋有基礎上的限制。被拒絕的申請者想要知道如何改變信用狀況，以便未來得到信貸核准，這是由已核可申請者參考分佈形成的問題。然而，即便使用有意義且特定上下文的參考分佈也必須謹慎執行。追索權提問：「我應該（對我的信用狀況）做出什麼改變，才能在未來得到想要的結果？」基本上是**因果**問題，而我們不是在處理因果模型。引用 SHAP 套件創造者 Scott Lund berg 的話：「在尋求因果觀點上詮釋預測模型要千萬小心」（*https://oreil.ly/mME7V*）。他接著表示：

> XGBoost 這類預測性機器學習模型，在與 SHAP 這種可詮釋性工具搭配下會變得更強大。這些工具可以識別輸入特徵與預測結果間最能提供大量訊息的彼此關係，對解釋模型正在做的事、讓利益相關人買帳，與診斷潛在問題相當有用。當人們未來想改變結果時，往往會再進一步分析，並假設詮釋工具也能識別哪個特徵決策標記應該操控。然而 [...] 利用預測模型引導此類政策選擇往往容易誤導。

儘管有數學保證又易於使用，以 Shapley 值為基礎的解釋並非萬靈丹。相對地，它們只是解釋模型工具箱裡另一套可解釋性工具。必須結合事後可解釋性技術與本質上可解釋模型架構，例如 GLM、GAM 或緊密約束 XGBoost，達到真正可詮釋性。還必須保持謙遜，記得 ML 的一切都是相關性而非因果關係。

知情的模型選擇

為總結本章，我們回到 PAY_0 特徵，逐一比較處理這個特徵所建置的四個模型。記得，PAY_0 表示還款狀態，較高值對應較多還款延遲。誠然，較高值應對應較大違約風險。然而，使用的訓練資料中特徵值較高的部分是稀疏的，所以超過一個月以上延遲的觀察很少。以此考量，檢驗每個模型處理這個特徵的五個部分相依與 ICE 圖，如圖 6-13 所示。我們必須自問：「這些模型中最信任用哪個作為數十億美元的借貸投資組合？」

有三個模型顯示，特徵空間稀疏區域平均目標值回應偽降：GAM、EBM 與無限制 XGBoost。GLM 與約束 XGBoost 模型強制忽略此現象。因為 GAM 與 EBM 為相加模型，我們知曉部分相依與 ICE 圖會如實呈現對此特徵的處理。無限制 XGBoost 模型充滿無法確認的特徵交互作用。但部分相依用 ICE 追蹤，所以可能是真實模型行為的不錯指標。我們認為這是在懲罰 GLM 與約束 XGBoost 模型間選擇。哪個模型是最佳選項？透過這些可解釋模型與事後解釋器的使用，可以做出比傳統不透明工作流程更審慎的選擇，這才是最重要的。記得，若只看純效能選擇，就會選出以愚蠢方式處理重要特徵的模型。

深入可解釋性實作得到的啟發是：首先，瞭解特徵與目標間哪些關係真的有意義，哪些是雜訊。第二，若需要能解釋模型行為（很可能需要），必須選擇本質上可解釋的模型架構。用這種方式，可同時擁有模型與可用的解釋器，彼此重複確認。第三，必須強制模型依約束遵從現實狀況。人們還是比電腦聰明！最後，必須以事後可解釋性技術的各種組合，像是部分相依與 ICE 圖、替代模型與 SHAP 值，檢驗訓練後的模型。這樣處理，就能做出充份知情且合理的模型選擇，而不是簡單過度擬合可能有偏差又不準確的訓練資料。

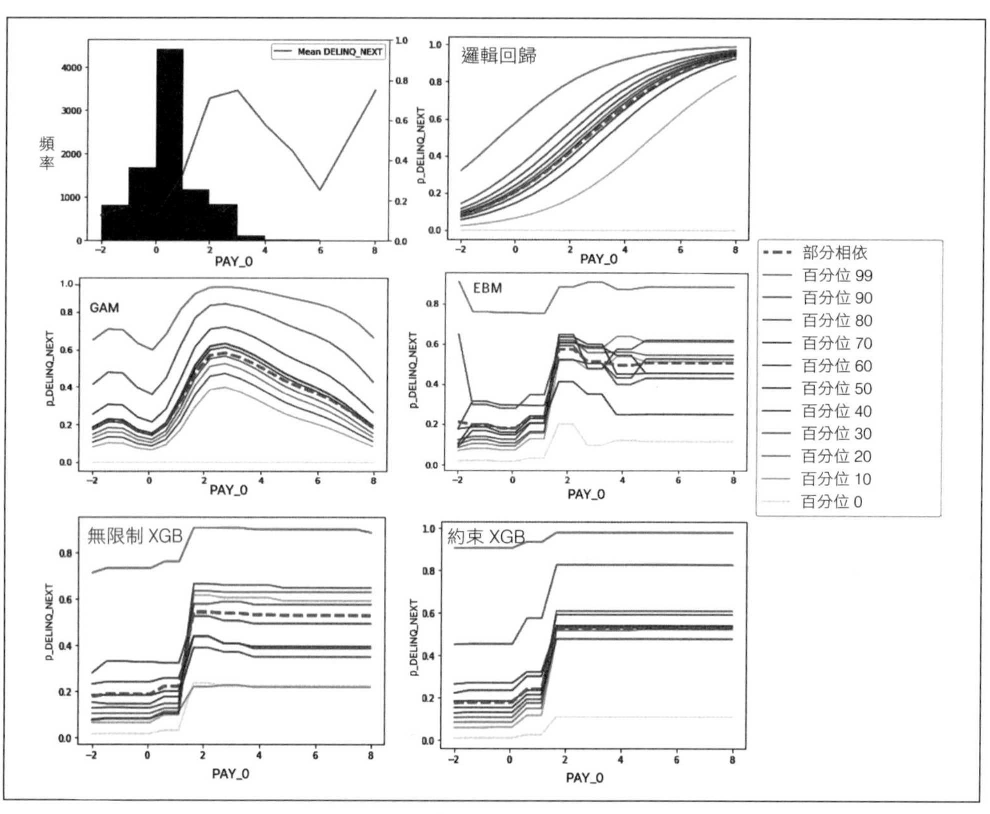

圖 6-13　本章訓練五個模型部分相依與 ICE 圖（數位、彩色版：*https://oreil.ly/3X2X4*）

資源

進階閱讀

- *Elements of Statistical Learning*（第 3、4、9 與 10 章）（*https://oreil.ly/S72E1*）

範例程式碼

- Machine-Learning-for-High-Risk-Applications-Book（*https://oreil.ly/machine-learning-high-risk-apps-code*）

可解釋模型建立工具

- arules（*https://oreil.ly/bBv9s*）
- causalml（*https://oreil.ly/XsiMk*）
- elasticnet（*https://oreil.ly/pBOBN*）
- gam（*https://oreil.ly/QS0bP*）
- glmnet（*https://oreil.ly/rMzEl*）
- h2o-3（*https://oreil.ly/PPUk5*）
- imodels（*https://oreil.ly/coPjR*）
- InterpretML（*https://oreil.ly/AZYDz*）
- PiML（*https://oreil.ly/ELrbE*）
- quantreg（*https://oreil.ly/qBWk9*）
- rpart（*https://oreil.ly/yIml6*）
- RuleFit（*https://oreil.ly/K-qc4*）
- Rudin Group code（*https://oreil.ly/QmRFF*）
- sklearn-expertsys（*https://oreil.ly/igFz6*）
- skope-rules（*https://oreil.ly/nfYau*）
- tensorflow/lattice（*https://oreil.ly/Z9iCS*）

事後解釋工具

- ALEPlot（*https://oreil.ly/OSfUT*）
- Alibi（*https://oreil.ly/K4VEQ*）
- anchor（*https://oreil.ly/K3UuW*）
- DiCE（*https://oreil.ly/-lwV4*）
- h2o-3（*https://oreil.ly/GtGvK*）
- ICEbox（*https://oreil.ly/6nl1W*）

- iml（*https://oreil.ly/x26l9*）
- InterpretML（*https://oreil.ly/cuevp*）
- lime（*https://oreil.ly/j5Cqj*）
- Model Oriented（https://oreil.ly/7wUM*p*）
- PiML（*https://oreil.ly/CqgSa*）
- pdp（*https://oreil.ly/PasMQ*）
- shapFlex（*https://oreil.ly/RADtC*）
- vip（*https://oreil.ly/YcD2_*）

第七章

解釋 PyTorch 影像分類器

第 6 章著眼於可解釋模型與表狀資料訓練後模型的事後解釋。本章，將探討非結構性資料訓練下，深度學習（DL）模型背景相同概念，重點特別放在影像資料。本章範例程式碼可線上取用（*https://oreil.ly/machine-learning-high-risk-apps-code*），別忘了第 2 章的可解釋模型與事後解釋的概念。

這裡將從透過本章技術性範例闡釋理論性使用案例開始。接著大致依循第 6 章模式。首先是深度神經網路的可解釋模型與特徵歸因方面的概念複習（偏重在擾動），與以梯度為基礎解釋方式。並延續第 6 章脈絡，概述可解釋性技術如何提供模型除錯所需資訊，這個主題將在第 8 章與第 9 章進一步延展。

接著，深入探討本質上可解釋模型。簡述可解釋 DL 模型，是希望讀者們能夠建置自有可解釋模型，畢竟至今為止，這是得到真正可解釋結果的最大希望。這裡會介紹以原型為基礎的影像分類模型，例如可解釋電腦視覺大有可為的方向：*ProtoPNet* 數位乳房攝影（*Digital Mammography*）（*https://oreil.ly/Jht4n*）。之後會探討事後解釋技術，特別詳細解釋四種方式：遮擋（常見擾動型式）、input * 梯度、積分梯度與相關性逐層傳播。這裡會使用假設性肺炎 X 光使用案例，展示這些方法呈現的不同屬性，並在過程中強調重要的實施細節。

回顧第 2 章：詮釋是一種高階、有意義情境刺激且充分利用人類背景知識的心理表徵；而解釋則為低階、細節性追求解釋複雜程序的心理表徵。詮釋層次高於解釋且不太能單用技術處理方式達成。

要如何知道事後解釋是否有用？為了解決這個問題，也會探討評估解釋方面的研究。這裡將展示首度出現在「顯著圖心智檢查」（*https://oreil.ly/64UAi*）的實驗，說明許多事後解釋技術不必然能揭露太多模型相關的一切！

我們將總結經驗傳承結束這一章。本章會說明讀者在必須模型解釋的高風險應用上實施標準 DL 解釋方案時應審慎對待。事後解釋通常難以實施、難以詮釋，有時完全毫無意義。甚至，各種不同解釋技術，代表處於選擇方法（確認模型應有行為的先前信念）的風險之中。（見第 4 章與第 12 章確認偏差的探討。）比無法解釋模型更糟的狀況是：將無法解釋的模型與確認偏差支持的不正確模型解釋配對。

解釋胸部 X 光分類器

這裡將使用肺炎影像分類模型的處理範例。我們將維護模型預測與解釋的假設使用案例，並交給專家使用者（例如醫生）協助診斷。圖 7-1 提供簡要示意圖，說明如何用模型結合解釋引擎，協助專家的肺炎診斷。

事後解釋在消費者借貸環境背景下曾被接受使用。使用模型解釋協助詮釋醫療影像則沒有這般經歷。此外，重要任務對事後解釋與使用案例持批判態度一如我們的假設：「健康醫療的可解釋人工智慧現有處理方式的錯誤希望」（*https://oreil.ly/KY6LD*）與「醫生就是不會接受！」（*https://oreil.ly/ZOlTk*）。即便使用案例合情合理，ML 系統（就算審慎開發）也可能在樣本外資料上執行欠佳。見「使用混淆病患與健康醫療變數，深度學習預測髖骨碎裂」（*https://oreil.ly/V87hi*），瞭解模型發現訓練資料中的相關性，在部署後無法順利運作的例子。見「偵測顱內出血的深度學習演算法診斷準確度與失敗模式分析」（*https://oreil.ly/V4krV*），瞭解與本章相似的使用案例，但增加了現實世界結果的分析。在處理一些事後範例結束本章時，會深入探討這所有議題。

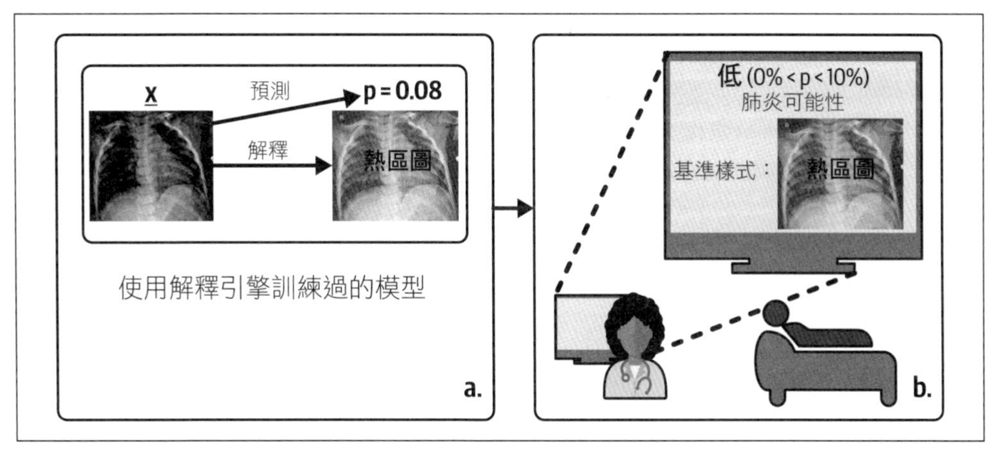

圖 7-1　全章使用的假設使用案例。模型與事後解釋引擎（a）將預測與解釋傳遞至人類可讀儀表板。儀表板上的資訊用來協助醫生進行肺炎診斷（b）。

概念複習：可解釋模型與事後解釋技術

本節將討論本章背後基本概念。從不用程式碼處理的可解釋模型開始。接著，本章事後解釋，將在模型上展示幾項技術，且將全面研究這個領域更多基礎技術。這些技術可分成兩大類：以擾動為基礎（通常是 DL 遮擋）及以梯度為基礎的方法，接著探討這兩種的差異。還會強調這些技術如何套用在模型除錯與架構選擇的問題上。

可解釋模型概述

回顧可解釋模型本質上的可解釋架構、特性或結果的第 2 章。還有，可解釋模型存在光譜之中，有些可以直接向終端使用者解釋，而有些只對技能高超的資料科學家有意義。可解釋 DL 模型無疑處於可解釋性光譜較複雜的那邊，我們依然認為它們非常重要。就像這裡強調的，也是眾多其他研究人員指出的，必須確實小心處理 DL 的事後解釋。若有可解釋模型，無須使用有疑義的事後解釋技術就能直接瞭解，也能將事後解釋結果，比對模型可解釋機制，測試並檢驗模型與解釋。

遮擋法

遮擋法以擾動、移動或遮蔽特徵的概念為基礎，檢驗模型輸出導致的變動。在電腦視覺上，通常代表使像素塊模糊。如「利用移除解釋：模型解釋的一致框架」（*https://oreil.ly/6hGen*）所探討，許多不同的解釋技術都能追溯到這個特徵遮擋的概念。

當梯度無用，或試圖解釋的模型，是 ML 工作流、商業規則、經驗法則與其他不可微元件中複雜的決策制定，以遮擋為基礎的技術尤其可貴。以遮擋為基礎的方法都必須克服一樣的複雜狀況：大部分模型都不能只是移除特徵然後產生模型預測。換句話說，若模型以特徵 x1、x2 與 x3 訓練，不能只是傳遞 x1 與 x2 的值就期望它作出預測。還必須傳遞一些 x3 的值。這個細節是各種以遮擋為基礎方式的核心。

以梯度為基礎的方法

如第 2 章所述，模型結果梯度的相關參數可以用來建構局部解釋。這是詮釋回歸係數背後的廣泛概念。請記得，梯度只是複雜函數：模型的局部線性近似值。由於許多主流 DL 架構是以梯度為基礎最佳化訓練所設計，幾乎一定能存取 DL 模型裡的一些梯度，使用現代 DL 工具集，評估梯度也變得更加容易。這是對 DL 而言，以梯度為基礎解釋技術如此受歡迎的部分原因。然而，以樹狀為基礎模型或複雜工作流不可能採用梯度，必須求助於遮擋。

此類解釋的根本問題：「稍微改變哪些特徵，會導致模型輸出最大的變動？研究人員對此主題開發許多變化版本，梳理出微妙的各款解釋。本章稍後將涵蓋這些技術背後的細節、研究 input * 梯度、積分梯度與相關性逐層傳播。」

模型除錯的可解釋 AI

第 6 章看過部分相依與 ICE 圖這類模型解釋技術，如何揭露訓練資料裡對偽雜訊的敏感度這類不良模型行為。解釋可用於 DL 模型相同目的，可能也是迄今為止 DL 可解釋人工智慧（XAI）最主要的目的。一些卓越的研究人員已在許多場合發現 DL 可解釋性技術的能力，有助於除錯與改善 ML。最著名的例子可能是經典的 Google 部落格文章（*https://oreil.ly/5Qj0O*），讓大眾也能享有神經網路的

「夢想」。作者使用「深度卷積網路：視覺化影像分類模型與顯著圖」（*https://oreil.ly/5BqAj*）的技術，藉由要求模型顯示啞鈴的概念為模型除錯：

> 這裡確實有啞鈴，但似乎沒有啞鈴圖片完全沒有肌肉發達的舉重員舉起。這種狀況下，網路無法完全提鍊出啞鈴本質。可能從來沒有顯示過沒有手臂握著的啞鈴。視覺化有助於校正這類型訓練事故。

用解釋作為 DL 除錯工具的其他範例，文獻如下：

- 「視覺化深度網路深層特徵」（*https://oreil.ly/vIG4Y*）
- 「視覺化與瞭解卷積網路」（*https://oreil.ly/aEkYG*）
- 「反卷積網路」（*https://oreil.ly/NmiDE*）

呼籲讀者留意這些資源原因有二。首先，雖然本章探索的受歡迎 DL 解釋技術不見得一定可行，但這些文獻中的其他技術絕對值得一試。再者，雖然解釋技術在精確理解上可能讓人失望，但依舊能提示模型裡的問題。閱讀本章時請納入考量。第 9 章將深入瞭解如何在為 DL 模型除錯時，套用基準校正、機敏度分析與殘差分析。

可解釋模型

我們將探討 DL 應用的可解釋模型，開始本章技術部分，因為它們是時下 DL 可解釋結果最好的賭注，雖然還不是很好處理。讀者們會發現，有些現成的可解釋 DL 模型可以插入自己的應用。將這個與第 6 章學到的相比，後者能夠從豐富的高度可解釋架構選擇，從單調 XGBoost 到可解釋增加機，到廣義線性模型（GLMs）與廣義相加模型（GLMs）。那麼哪裡不一樣？何以現成可解釋 DL 模型這麼少？其中一個問題在於，針對結構化資料的可解釋模型從 1880 年代 Gauss 就有了，DL 則否。不過還有其他因素。

在非結構化資料上訓練 DL 模型時，其實是要求模型執行兩個功能：第一個是特徵提取，以建立潛在空間表示法，或學習（通常）低維度輸入空間的資料適切表示法。第二，必須使用潛在空間表示法進行預測。與第 6 章分析的表狀資料對照。使用表狀資料，資料的「正確」表示法被假定就在訓練資料裡，尤其是當我們正確完成工作，並用與目標已知因果關系選擇了合理的一組不相關特徵。這樣的差異（經過學習 vs. 已提供特徵）有助於突顯何以可解釋 DL 模型這麼難開發，以及何以這麼難獲得現成實作。

現有可解釋 DL 架構的共同思路就是直接干預特徵學習。可解釋模型通常是將特徵工程的負擔，從模型移轉到模型開發人員身上。增添的重擔是祝福也是詛咒。一方面，這代表訓練這些模型，比訓練無法解釋模型需要更多工作。另一方面，這些架構可以要求高品質、有時需要專業性註解的資料，意即人類會從頭到尾深度參與建立模型的程序。我們本來就應該準備好用關注這些架構需求的心態設計模型，所以這點不錯。如第 6 章所見，模型裡有更多領域專業編碼，就越能信任它們有能力在現實世界執行。

接下來，將探討可解釋 DL 模型的各種架構，但主要焦點仍在影像分類問題。這裡特別關注以原型為基礎架構的近期發展，因為它可以為真正已建立完成交付使用的可解釋影像分類，提供最有可能的發展方向。

ProtoPNet 與變化版本

由教授 Cynthia Rudin 領導的 Duke 團隊，在 2019 年的文獻「這個看起來像那個：可詮釋影像識別的深度學習」（*https://oreil.ly/k69Dx*）中，介紹了全新前景看好的可解釋影像分類架構。這個新模型名為 ProtoPNet，以原型概念為基礎。

還記得第 2 章，原型指的是觀察的多數族群表現的資料點。想想怎麼解釋觀察被聚合成 K 平均數叢集法的特定叢集。我們可以將觀察與叢集質心並列，表示「好，這個觀察看起來像那個叢集質心。」ProtoPNet 生成的就是這類解釋。而且，ProtoPNet 的解釋詳實說明模型實際上如何預測。它怎麼運作？

首先，ProtoPNet 識別每個類型的原型區塊。這些區塊擷取類別可與其他類別區隔的基礎屬性。接著做出預測，模型尋找輸入影像中與特定類別原型相似的區塊。將每個原型相似度計分相加，產生屬於每個類別的輸入機率。最終結果為既是相加模型（每個預測為整個原型影像部分相似度計分加總）也是稀疏模型（每個類別僅具少數原型）。最棒的是，每個預測都隨即詳實解釋。

ProtoPNet 建立在部位級（part-level）注意力模型概念上，這是本章未討論的可解釋深度神經網路中的一大類。這些模型與 ProtoPNet 最大差異在於忠實性。ProtoPNet 如實透過每個影像與特定類別原型的特定塊狀相似度計分加總做出預測。其他部位級注意力模型沒有這樣的保證。

2019 年發表以來，這個充滿希望的可解釋影像分類走向已獲得其他研究人員關注。ProtoPShare（*https://oreil.ly/phO4I*）可以在類別間共享原型，從而減少原型數量。而 ProtoTree（*https://oreil.ly/OKEp0*）則是在原型特徵上建立可解釋決策樹。最後 Kim 等人，在「XProtoNet：利用全域與局部解釋，診斷胸部放射線攝影」（*https://oreil.ly/qv-oO*）利用 ProtoPNet 極為相似的架構分析胸部 X 光。

其他可解釋深度學習模型

「以自解釋神經網路邁向穩健的可詮釋性」（*https://oreil.ly/DWY6w*）作者 David Alvarez-Melis 與 Tommi S. Jaakkola 介紹了自解釋神經網路（SENN）。我們曾討論過，在非結構性資料上建立可解釋模型的困難之一，在於要求模型建立資料的潛在空間表示法再做出預測。自解釋神經網路導入**可詮釋基本概念**取代原始資料應對這個難題。

這些基本概念可以當成模型訓練的一部分學習，取自訓練資料的代表性觀察，或者更理想的由領域專家設計。在 Alvarez-Melis 與 Jaakkola 的文獻中，他們使用自動編碼器生成這些可詮釋基本概念，並確保這些習得的概念可透過提供原型的觀察解釋，最大化概念的表達。

自動編碼器是神經網路學習從訓練資料提取特徵，不對單一模型建立目的做出預測的一種型態。自動編碼器在資料視覺化與異常偵測也適用。

迄今為止，都偏重在電腦視覺模型的技術上。針對深度神經網路開發的可解釋模型已在強化學習（*https://oreil.ly/PgthB*）、視覺推理（*https://oreil.ly/wRYFJ*）、表狀資料（*https://oreil.ly/My88p*）與時序預測（*https://oreil.ly/qUUzF*）上使用。

訓練與解釋 PyTorch 影像分類

在這個使用案例裡，我們大致說明如何訓練影像分類器，接著展示如何利用四種不同的技術生成解釋：遮擋、input * 梯度、積分梯度與相關性逐層傳播。

訓練資料

首先，必須建立與圖 7-1 假設使用案例一致的影像分類器診斷胸部 X 光影像。訓練所使用的資料集可由 Kaggle（*https://oreil.ly/jfmsi*）取得，它結合了 5,863 張病患 X 光影像，將被切割為兩個完全不同的類別：一個有肺炎，一個正常。圖 7-2 顯示訓練資料隨機蒐集的影像。

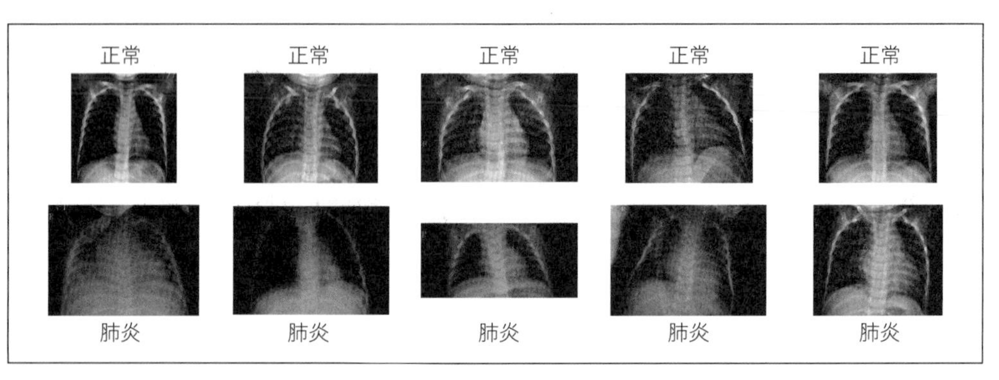

圖 7-2　從 Kaggle 胸部 X 光資料隨機選擇訓練集樣本；有肺炎的胸部 X 光比沒有肺炎的那些模糊

我們既非醫生也不是放射科醫師，承認作者群不具確實驗證該模型的醫學領域知識很重要。以我們的理解，肺炎病患的影像應顯示混濁感染區域。細菌感染肺炎與病毒感染肺炎也會有不同的視覺特性。本章接下來的部分是希望 XAI 方法會著重在這些混濁區域，讓我們理解何以影像被歸類為肺炎而不是正常。（準備失望吧）要更瞭解資料集，請參考 Kaggle 網頁（*https://oreil.ly/hAhUz*）與相關文獻「以影像為基礎的深度學習，識別醫療診斷與可治療的疾病」（*https://oreil.ly/SOcBD*）。

若以機器學習處理高風險應用領域，會需要領域專業協助訓練與驗證模型。若不諮詢領域專家，可能造成在高風險使用案例上部署有害、無意義的模型。

就像來自 Kaggle（*https://oreil.ly/lOADp*）的許多資料集，大多數策劃資料的苦工。低品質掃描已刪除，標籤也已驗證正確。然而，一如許多醫療應用資料集，這裡的資料存有類別不平衡問題：有 1,342 份正常掃描，但有 3,876 份標籤指出肺炎的掃描。另一項令人擔憂的是給定的驗證資料集裡僅存有極少數的影像。驗證資料僅由九張肺炎類別影像，與另九張正常類別影像組成。數量不足以驗證模型，所以在使用模型訓練處理前得先處理這個與其他問題。

解決資料集不平衡問題

訓練資料中，肺炎 X 光掃描數目超過正常掃描的三倍。任何以這樣資料集訓練的模型，都有可能過度擬合多數類別。有幾種方式可以處理這樣類別不平衡的問題：

- 超取樣佔少數類別
- 低取樣佔多數類別
- 修改損失函數，佔多數與佔少數類別給予不同權重

這些技術與類別不平衡問題有害影響，已在「卷積神經網路下類別不平衡問題的系統性研究」（*https://oreil.ly/Gp-OY*）裡匯整。在這個範例裡，將超取樣正常影像，以均衡這樣的類別不平衡。

資料增強與影像裁切

PyTorch（*https://oreil.ly/Uagd2*）是一套開放源碼 ML 框架。torchvision（*https://oreil.ly/LaOh8*）則為 PyTorch 內建支援電腦視覺研究與實驗的領域函式庫。torchvision 由一些受歡迎資料集、預先訓練模型架構與電腦視覺任務的影像轉換組成。這裡先將部分訓練集影像移進來，增加驗證集比例。之後，使用部分 torchvision 影像轉換處理訓練資料的類別不平衡。以下程式碼片段，將影像增減為相同大小，再套用不同的轉換增加資料大小，並導入應能提升模型穩健性的訓練樣本。`get_augmented_data` 函數大量使用 `RandomRotation` 與 `RandomAffine` 轉換，建立新的、修改過的訓練影像，並使用各種其他轉換格式化並標準化影像：

```
TRAIN_DIR = 'chest_xray_preprocessed/train'
IMAGE_SIZE = 224 #套用轉換時調整影像大小
BATCH_SIZE = 32
NUM_WORKERS = 4 #平行處理資料準備數

def get_augmented_data():

    sample1 = ImageFolder(TRAIN_DIR,
                          transform =\
                          transforms.Compose([transforms.Resize((224,224)),
                                              transforms.RandomRotation(10),
                                              transforms.RandomGrayscale(),
                                              transforms.RandomAffine(
                                                translate=(0.05,0.05),
                                                degrees=0),
                                              transforms.ToTensor(),
                                              transforms.Normalize(
                                                [0.485, 0.456, 0.406],
                                                [0.229, 0.224, 0.225]),
                                              ]))
...

return train_dataset
```

資料增強的基本概念是建立更多影像，來看看結果：

```
#檢查新資料集大小
print(f'Normal : {normal} and Pneumonia : {pneumonia}')

(3516, 3758)
```

圖 7-3 顯示利用旋轉與平移生成的部分合成訓練樣本。

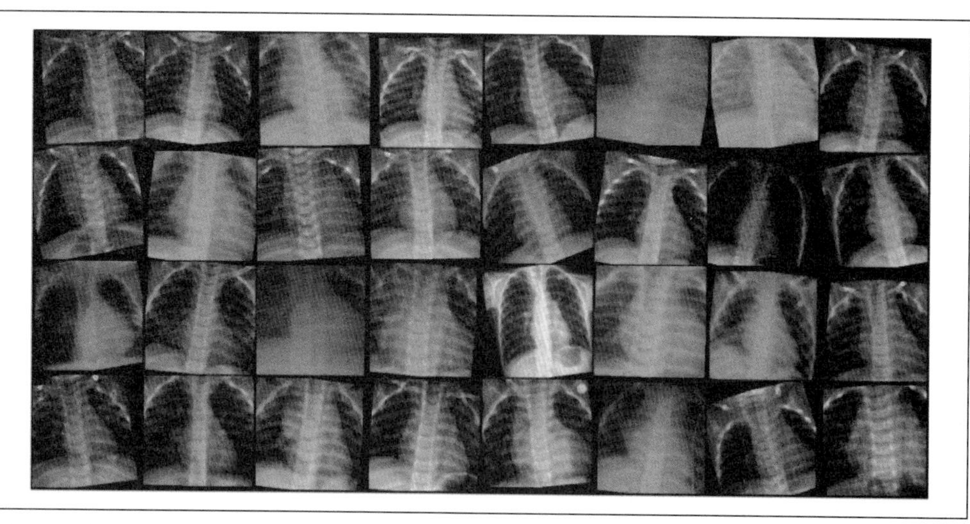

圖 7-3 使用旋轉與平移生成的合成訓練樣本

看起來正確。使用類別不平衡與資料增強處理後，繼續模型訓練。

確保資料增強不會產生不切實際的訓練樣本。胸部 X 光會顯示色階、變焦等變化。然而，翻轉圖片的垂直象限會是大錯，因為器官雙邊不對稱（左右邊不一樣）。部署之後，這個模型永遠不會看到病患心臟在右邊的胸部 X 光，所以不應訓練垂直翻轉的影像。

另一個在資料集使用的前置處理技術為影像裁切。這裡裁切了訓練集的一些影像，是為了只強調肺部區域（見圖 7-4）。裁切有助於刪去胸部 X 光影像任何註記與其他類型標記，將重點放在影像相關區域的模型上。將這些影像以個別資料集儲存，以便訓練後期微調網路。

直到手動裁切數百個影像才發現，訓練資料內含來自相同病患的多個掃描。值此之故，將影像加入驗證資料，必須確保相同病患不是處於訓練資料，就是驗證資料，不能兩者共存。這個細節，是資料洩漏的絕佳範例，突顯確實瞭解資料的重要性。

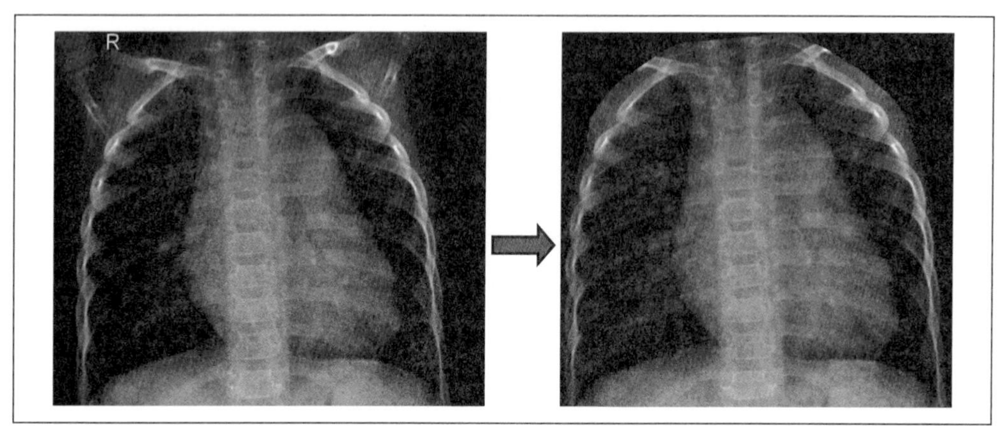

圖 7-4　胸部 X 光影像裁剪前後

模型訓練

卷積神經網路（CNNs）（*https://oreil.ly/bfzDc*）常見於醫療成像使用架構。影像分類 CNN 知名範例包括 ResNets（*https://oreil.ly/2JqoN*）、DenseNets（*https://oreil.ly/T3b0q*）與 EfficientNets（*https://oreil.ly/-AWuI*）。從頭開始訓練 CNN 相當昂貴，無論是資料還是運算時間方面。因此，盛行的技術是使用已在大規模影像資料集（例如：ImageNet（*https://oreil.ly/8MHlU*）預先訓練好的模型，接著重複使用該網路作為其他任務的起點。

這種技術背後的核心概念是 CNN 較低層級學習可普及化到各類任務這類廣泛可接受的表示式，例如邊界與角落。將 CNN 層級用於自有任務，稱之為**預先訓練**。另一方面，較高層級擷取較高等級特定任務的特徵。因此，這些層級的輸出，會不適於我們的使用案例。可以之後在所謂的微調步驟，凍結這些從較低層級習得的特徵，重新訓練較高層級。預先訓練與微調共同組成簡單的**轉移學習**型式（*https://oreil.ly/tybad*），這種型式下由某個領域 ML 模型習得的知識，可用於另一個領域。

一開始會使用 DenseNet-121（*https://oreil.ly/Wq743*）架構，在 ImageNet 資料集上訓練。DenseNet 模型已證明在 X 光影像分類表現特別好，因為改善網路中資訊流與梯度（*https://oreil.ly/_fO24*），完全提升分類效能與普及化。

別忘了 EvilModel（*https://oreil.ly/UMwPx*），惡意軟體可透過預先訓練的神經網路遞送已被證實。這類惡意軟體或許不影響效能，但可能愚弄防毒軟體。（也可能我們懶惰忘了掃描模型成品）。第 2 章的教訓教會我們沒有任何事理所當然，就算是從網際網路下載的預先訓練模型。

執行轉移學習時，有個重要問題：是否重新訓練預先訓練模型的所有層級，或者只訓練其中少數幾個。答案視資料集組成而定。新的資料集夠大嗎？它是否類似已訓練預先訓練模組的資料集？由於資料集很小且與原始資料集差異很大，重新訓練部分較低層級與較高層級是合理的。這是因為低層級學習一般特徵，相較之下高層級學習更多資料集特有特徵。在這個案例下，重新訓練層級，不代表從頭開始訓練或用隨機權重，而是利用預先訓練的權重作為起點，從這裡開始。

下列程式碼，先解除預先訓練模型所有層級，並以自有線性分類器取代最後一層。就這個資料集而言，這樣設置為測試資料提供了最佳效能。我們還試過只解除少數幾層檢驗，但表現都沒有第一次的設置好：

```
classes = ['Normal', 'Pneumonia']
model = torchvision.models.densenet121(pretrained=True)

# 解除訓練所有「特徵」層級
for param in model.parameters():
    param.requires_grad = True

# 新層級自動設為 requires_grad = True
in_features = model.classifier.in_features
model.classifier = nn.Linear(in_features, len(classes))
```

最後，二度微調模型，僅使用手動裁切重點放在肺部的影像。雙重微調處理到最後看起來會是像這樣：

1. 載入預先訓練 DenseNet-121 模型。
2. 使用未裁切影像，在增強後的資料集上訓練模型。
3. 解除模型初期層級，再繼續用裁切過的影像訓練。

這種雙重微調處理，背後的想法是利用預先訓練模型習得的特徵，以及領域特定資料集裡的特徵。總之，使用裁切影像訓練最後一輪，緩解模型使用無法普及化到隱式資料的風險，例如肺部以外的 X 光產物。

評估與指標

模型效能在驗證集上評估。表 7-1 與 7-2，還匯報隱式測試資料集上部分效能指標。量測這些效能，對瞭解模型是否順利普及化，是必要的。

表 7-1　混淆矩陣顯示肺炎分類模型在測試資料集上的效能

	預測正常	預測肺炎
實際正常	199	35
實際肺炎	11	379

表 7-2　測試資料集其他效能指標

	盛行率	精確度	召回率	F1
正常	234	0.95	0.85	0.90
肺炎	390	0.92	0.97	0.94

效能看起來不錯，但務必參考第 9 章，瞭解電腦模擬驗證與測試量測是可以被誤導的。現在可以開始解釋模型預測。

使用 Captum 生成事後解釋

本節將詳細說明幾個事後技術，展示在肺炎影像分類的應用。生成的解釋都是局部的，可套用於個體觀察：病患單一 X 光影像。此外，所有解釋皆採用熱圖型式，每個像素顏色意謂著像素最後分類的顯著性比例。接下來段落，將以批判心態檢查這些方法是否實現目標，不過本節目的是先簡單說明各種技術預期的輸出類型。

這裡將使用 Captum（*https://oreil.ly/RjBoD*）實現各種不同技術。Captum 是 PyTorch 內建的模型解釋函式庫，支援許多開箱即用的模型，並提供眾多解釋演算法實作，可與各種 PyTorch 模型搭配使用。

遮擋

Occlusion（*https://oreil.ly/rdX1o*）是以擾動為基礎的方法，以簡單概念運作：從模型移除特定輸入特徵，再評估移除前後模型預測能力的差異。差異顯著代表該特徵很重要，反之亦然。遮擋包含置換輸入影像特定部分，並檢查模型輸出效果。通常是滑動影像上預先定義大小與步幅的矩型視窗。這個視窗接著會在每個位置置換為基準值（通常是 0），產生灰色像素。在影像周圍滑動這個灰色像素，就是在遮擋部分影像，並檢查修改後的資料，模型預測有多少自信與準確度。

Captum 文件詳述遮擋實作（*https://oreil.ly/R5C2N*），這裡將之套用至單一輸入影像的胸部 X 光案例研究上。請留意如何指定遮擋視窗的大小與步幅，這裡案例分別是 15×15 與 8：

```
import captum, Occlusion
from captum.attr import visualization as viz

occlusion = Occlusion(model)

attributions_occ = occlusion.attribute(input,
                                       target=pred_label_idx,
                                       strides=(3, 8, 8),
                                       sliding_window_shapes=(3,15, 15),
                                       baselines=0)
```

圖 7-5 顯示證實為肺炎的測試集影像歸因，並且被模型正確分類為肺炎。

這個結果感覺有希望。模型似乎挑出雙肺上方區域裡的高度不透明。這可能會給專家詮釋者對模型分類解釋的信心。然而，較暗區域較大且缺乏細節，暗示了較小遮擋視窗與步幅長度可能揭露更多細節。（我們猶豫是否嘗試不同設定，因為一旦走上微調這些解釋超參數的路，就讓面臨這樣的風險：為確認先前對模型運作方式的信念，只選擇針對它建立解釋的值）

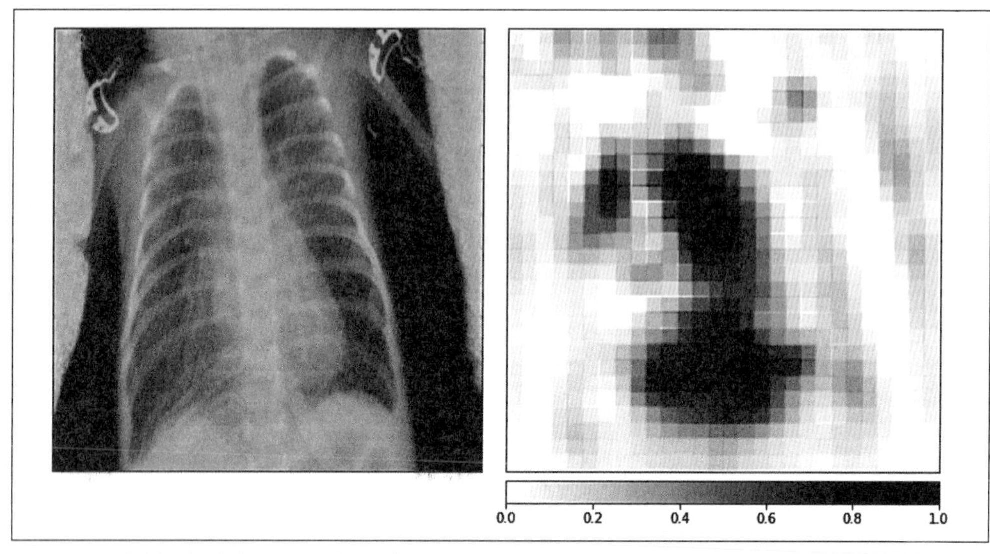

圖 7-5　測試集中肺炎 X 光影像的遮擋熱圖，正確預測表示肺炎

除了微調的疑慮，解釋還說明了模型關心軀幹邊界外的某些像素。這會是模型的問題，還是過度擬合的暗示？訓練與測試資料間的資料外洩？還是捷徑學習（*https://oreil.ly/xv-OQ*）？還是這就是解釋技術本身的產物？留下這些疑問，來看看以梯度為基礎的方法是否能更加清晰。

捷徑學習是複雜模型常見問題，足以毀滅現實世界結果。模型某些學習比 ML 任務的實際預測目標更輕鬆就會發生這種狀況，本質上就是在訓練時自我欺騙。由於從影像做醫學診斷是需要認真與嚴謹的任務，即便擁有豐富經驗的人類從業人員也是如此，ML 系統通常能發現有助於最佳化訓練資料中損失函數的捷徑。當這些習得的捷徑在現實世界診斷場景行不通，這些模型就沒有用。進一步瞭解醫療影像的捷徑學習，可參考「胸部 X 光套用深度學習：利用與預防捷徑」（*https://oreil.ly/oVT-G*）。要瞭解這個幾乎讓所有無法解釋 ML 受阻的嚴重問題，請參考「深度神經網路的捷徑學習」（*https://oreil.ly/ogNeg*）。

Input * 梯度

第一個要看的梯度式處理方式是 input * 梯度技術。一如名稱所示，input * 梯度建立局部特徵歸因，也就是考量輸入預測梯度，再乘以輸入值本身。為何這麼做？想像線性模型。梯度與輸入值乘積，指定為局部特徵歸因，等同於特徵值乘上特徵係數（相當於特徵對特定預測的貢獻）。

利用 Captum 生成此次使用 input * 梯度技術相同測試集影像熱圖。圖 7-6 顯示分類的正向證據。

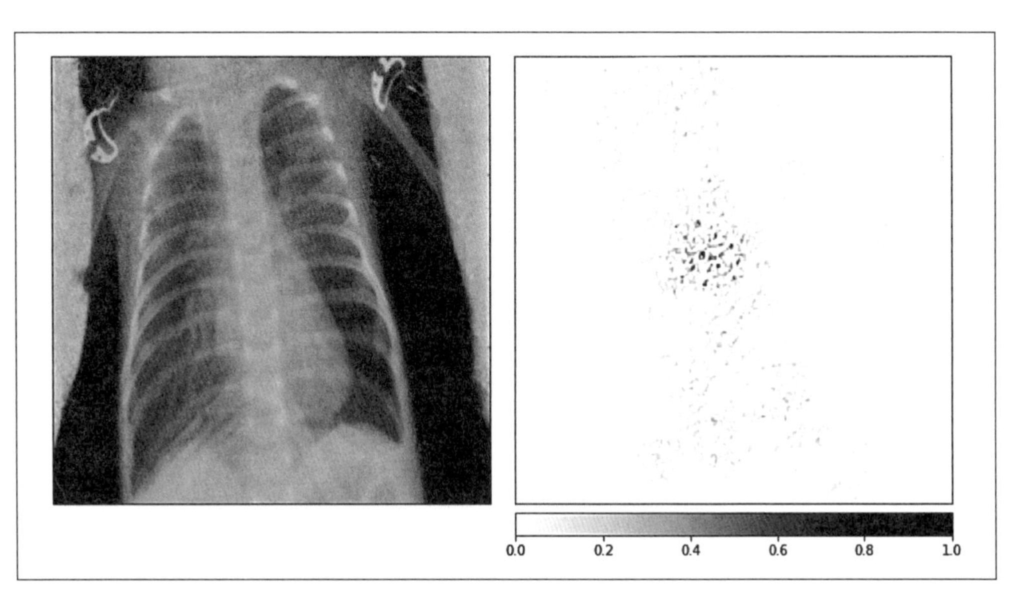

圖 7-6　測試集中肺炎 X 光影像 Input * 梯度熱圖，正確預測表示肺炎

這個輸出說明了什麼？就像使用遮擋，可以瞇著眼看影像，主張它說明某些事是有意義的。尤其是肺部暗色塊強烈證據，似乎對應胸部 X 光左側的高度不透明。這是我們對肺炎分類預期與希望的行為模式。然而，解釋技術也暗示了病患脊椎長度，內含肺炎高度證據區域。先保留之前提出的相同問題。這是在告訴我們模型放錯重點（例如捷徑）嗎？這對模型除錯而言是有用的輸出。另一方面，還是不知道是否解釋技術本身，就是無法直接瞭解結果的來源。

積分梯度

帶有部分理論保證的積分梯度（*https://oreil.ly/Er6tk*）是首先考量的技術。單只有梯度可能受騙，尤其在一些高可信度預測上梯度往往為零。針對高可能性結果，輸入特徵導致啟動函數獲得高值，讓梯度變得飽合、平坦並趨近於零的狀況並不少見。意即若只看梯度，為了決策使用的最重要啟動函數就不會顯示。

積分梯度試圖對所有可能輸入像素強度值，量測與基準線值相關特徵影響，修復這些問題。尤其，積分梯度會問：「從基準線輸入像素強度值，經歷到大型輸入像素強度值這段路，梯度會如何變化？」最終特徵歸因，是像素值依此平滑路徑作為模型預測函數的梯度近似積分。

積分梯度滿足靈敏度與實作不變性原則。靈敏度意謂的是若輸入影像與基準線影像僅在單一特徵上有差異，那麼當它們回傳不同模型輸出，積分梯度就會回傳該特徵非零歸因。實作不變性則指，若可能擁有不同內部架構的兩個模型，對所有輸入回傳相同輸出，那麼積分梯度回傳的所有輸入歸因都會相等。實作不變性，是第 2 章探討一致性的另一種方式。要完整瞭解這個主題，請參考 TensorFlow 介紹的積分梯度（*https://oreil.ly/2aUWD*）。

圖 7-7，顯示考量過的相同肺炎影像上這種歸因技術的輸出。一如 input * 梯度輸出，這個影像有雜訊且難以詮釋。看似這個方法是提取輸入影像邊界。除了 X 光機標示與腋窩，還可以在熱圖看到病患肋骨模糊輪廓。這是由於模型忽略了肋骨，將它們視為肺嗎？似乎這些輸出引發的問題多過於能夠回答的。本章稍後，將總結部分實驗，慎重評估這些解釋輸出。現在，來到第四個也是最後的技術，另一個以梯度為基礎的方法：相關性逐層傳播。

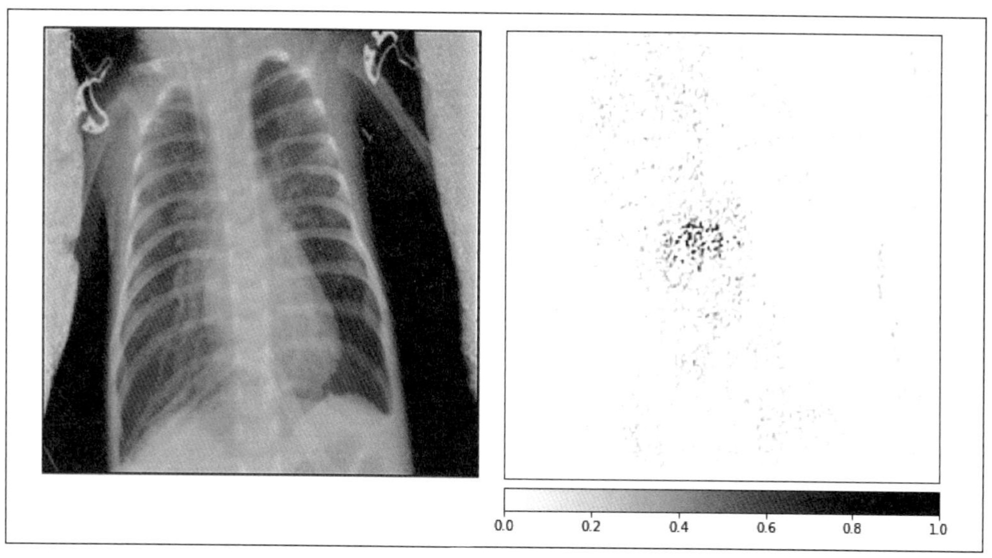

圖 7-7　測試集中肺炎 X 光影像積分梯度熱圖，正確預測表示肺炎。

相關性逐層傳播

相關性逐層傳播（LRP）（*https://oreil.ly/xGtUm*）實際上是量測特徵與結果相關性的方式。廣義來說，相關性是輸入特徵與模型輸出之間連結的強度，無須改變輸入特徵就能量測。藉由選擇不同的相關性註解，可以完成許多不同的解釋性輸出。有興趣對 LRP 瞭解更多的讀者，建議直接看 Samek 等人所著《Explainable AI: Interpreting, Explaining and Visualizing Deep Learning》（可解釋 AI：詮釋、解釋與視覺化深度學習）（Springer Cham 出版）中的「相關性逐層傳播：概述」，可以發現不同相關性規則與使用時機的全面性探討。可解釋 AI Demo 儀表板（*https://oreil.ly/wcIVJ*）還能利用一系列 LRP 規則產生解釋性輸出。

LRP 最棒的地方在於產生的解釋局部精確：相關性計分總合等於模型輸出。這和 Shapley 值類似。來看圖 7-8 測試集影像的 LRP 解釋。不幸的是，在生成人類可驗證的解釋方面，仍有許多待改進之處。

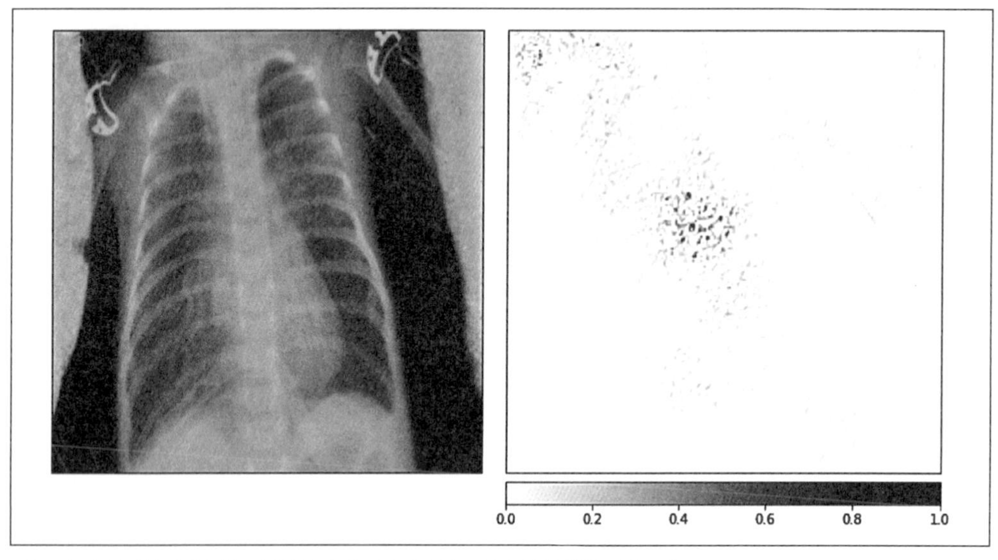

圖 7-8. 測試集中肺炎 X 光影像 LRP 熱圖，正確預測表示肺炎。

就像其他技術，LRP 找到右肺高密度區域，但也給予肺部以外區域高歸因計分。

評估模型解釋

先前，只簡單觸及 DL 模型解釋歸因模式的表面。還有許多大量、成長中的技術。本節將處理這個重要問題：「要怎麼知道解釋是對的？」之後，將進行實驗，嚴格檢驗事後解釋技術為我們提供多少 CNN 模型相關的資訊。

David Alvarez-Melis 與 Tommi S. Jaakkola 在兩篇 2018 年的文章「可解釋性方法的穩健性」(*https://oreil.ly/KRcmm*) 與「透過自解釋神經網路邁向穩健可解釋性」(*https://oreil.ly/gUWIR*) 裡，對評估解釋這項問題提供絕佳處理方式。第二篇文章中，Alvarez-Melis 與 Jaakkola 介紹了解釋應共有的三個理想屬性：

- 解釋應是可以瞭解的（明確 / 可理解性）
- 它們應指出真正重要性（忠實性）
- 它們應對輸入微量改變不敏感（穩定 / 穩健）

本章檢驗的熱圖技術顯然不符合第一項。首先，這些技術的輸出有雜訊且難以理解。更重要的是，這裡檢驗的所有技術，似乎都指向病患身體之外空間這類無意義區域。

即便輸出與直覺完全一致，但這些熱圖只給模型依分類在*哪裡*尋找正負面證據的指示，未提示模型如何根據提供的資訊為基礎做出決策。這和 SENN 或 ProtoPNet 這類可解釋模型成對比，後者既提供原型或基礎概念的*哪裡*，也提供它們線性組合的*如何*。*如何*是好解釋的關鍵要素。

高風險應用的解釋方式應該都要測試。理想上，應將事後解釋與底層可解釋模型機制比較。較標準的 DL 處理方式，可以這麼做：

- 領域專家與使用者研究測試可理解性
- 移除被視為重要的特徵、最近鄰方式，或標籤調動測試忠實性
- 輸入特徵擾動測試穩健性

請參照「使用自解釋神經網路邁向穩健可詮釋性」（*https://oreil.ly/PtR5u*）與「評估深度神經網路習得的視覺化」（*https://oreil.ly/sQDv5*）。

忠實性的測試，通常是透過模糊或移除被視為重要的特徵，再計算分類輸出導致的變動測定解釋值本身穩健性。Alvarez-Melis 與 Jaakkola 展示了各種不同技術與資料集的眾多解釋忠實性，其中 Shapley 相加解釋與部分方式效能特別差。也可以利用最近鄰方法（類似輸入觀察應有類似解釋）測定忠實性。我們將在下一節的解釋檢驗忠實性，不過會試試不同方式。

為檢驗穩健性（或穩定度），Alvarez-Melis 與 Jaakkola 稍稍擾亂輸入影像，再量測解釋輸出產生的變化。藉由定量指標的幫助，他們在眾多資料集上比較許多事後方法，結果是研究的許多事後技術對輸入的少量變動都不穩定。局部可詮釋模型無關解釋（LIME）做得特別差，在他們研究的技術中，積分梯度與遮擋法顯示出最佳穩健性。在可理解性、忠實性與穩健性這些評估層面，自解釋神經網路這類可解釋模型優於事後解釋技術。

事後解釋的穩健性

本節重現了（部分）「顯著圖穩健檢查」（*https://oreil.ly/v6qlw*）中致命的不忠實結果。在這篇文章中，作者感興趣的問題是：「這些事後解釋方法生成的輸出，是否如實告知關於模型的一切？」就像在這個實驗看到的，有時結果絕非如此。

為了展開實驗，我們訓練一個含有隨機標籤影像的不合理模型。圖 7-9 中，可以看到在資料集上訓練的新模型高度訓練損失與糟糕的準確度曲線，在這個資料集裡，影像標籤被隨機調動。就這個實驗來看，沒有做任何資料強化處理類別不平衡。這解釋了何以驗證資料的準確度集中在大於 0.5 的值：這個模型往佔多數類別（肺炎）偏差了。

現在擁有一個以不合理標籤訓練的模型。這個新模型生成的預測不可能比（加權）拋硬幣決定更好。為了讓最初解釋有意義，希望這些解釋不會獲得相同訊號，圖 7-10、7-11 與 7-12 顯示測試集影像的解釋，分別由 input * 梯度、積分梯度與遮擋，產生隨機調動資料訓練所生成的模型。

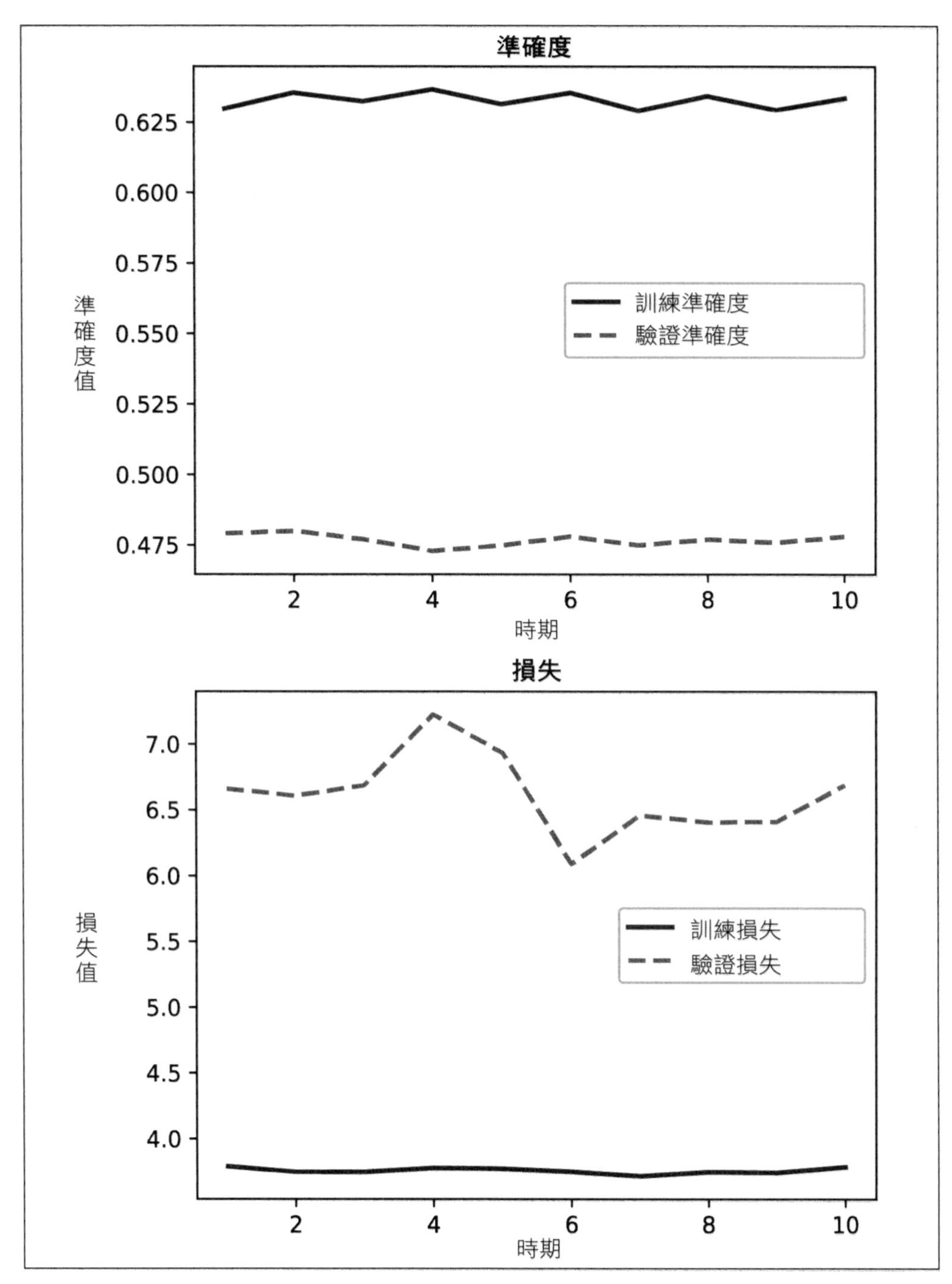

圖 7-9 訓練期間標籤隨機調動的資料模型效能（數位、彩色版：*https://oreil.ly/-uCIY*）。

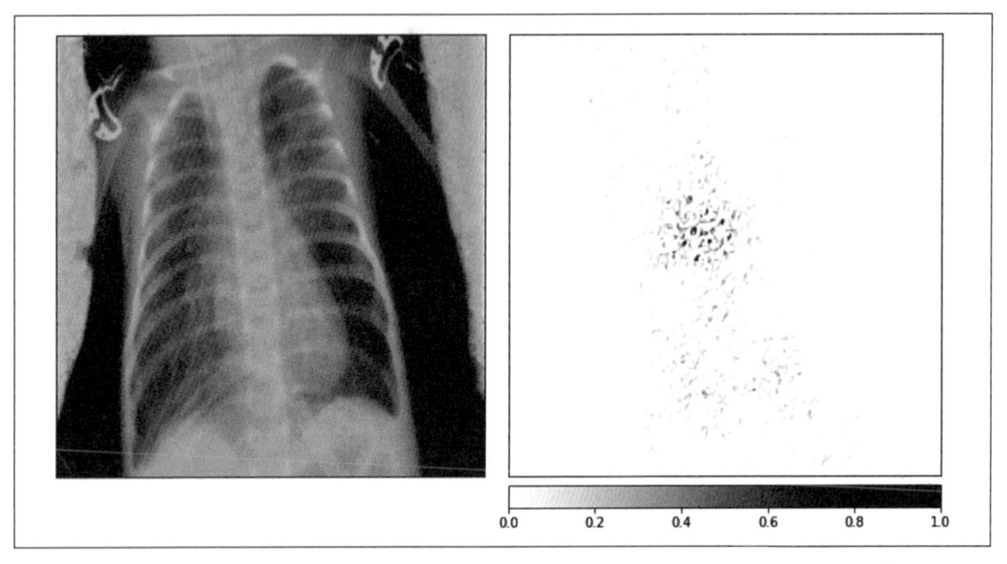

圖 7-10　隨機調動類別標籤後的 Input * 梯度熱圖

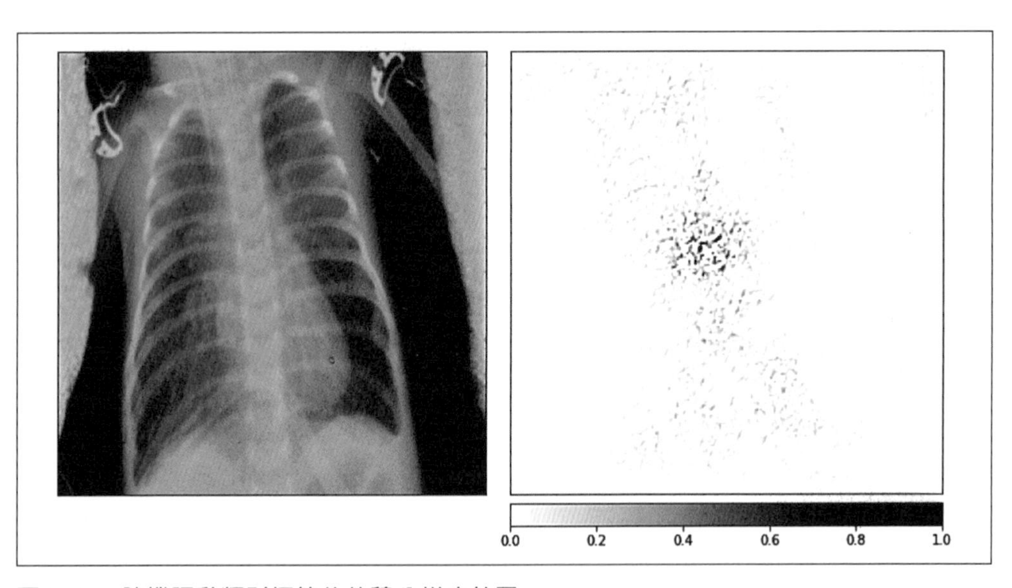

圖 7-11　隨機調動類別標籤後的積分梯度熱圖

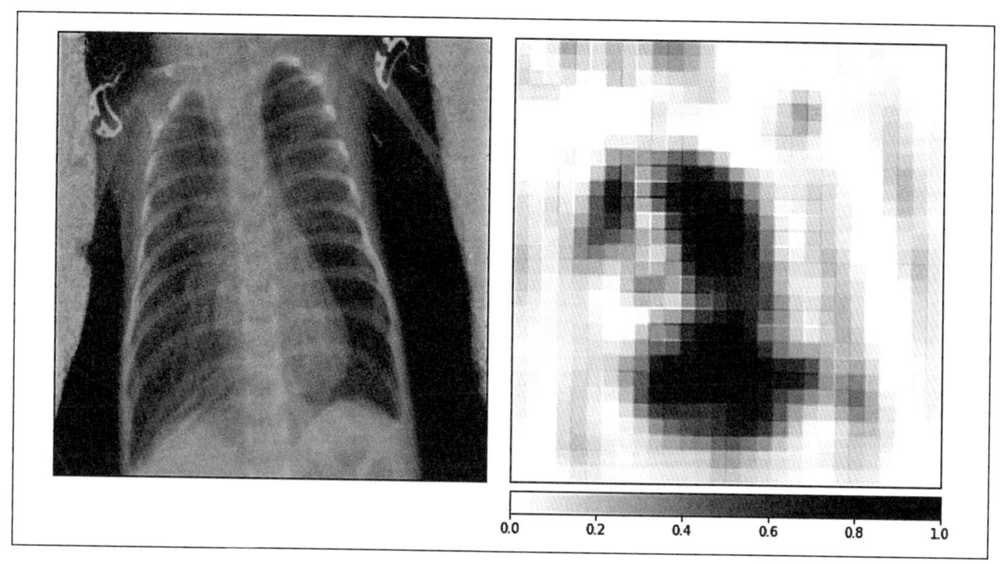

圖 7-12　隨機調動類別標籤後的遮擋熱圖

就我們來看，這些結果看來與前一段驚人相似。在所有影像中，這些技術一再突顯影像不相關區域，像是病患脊椎與軀幹邊界。更糟的是，歸因圖看起來與他們先前的肺內部結果十分相似。它們獲得的是病患肋骨與高度不透明區域的輪廓。先前，我們將這個詮釋為這代表模型可能以肺部發炎特定區域為基礎生成肺炎預測。然而，這個實驗顯示，這些方法將對在毫無意義信號上訓練的模型做出相同解釋。解釋忠於什麼？我們不確定。

為進一步檢驗解釋的穩健性，來做個簡單實驗，在輸入影像加入隨機雜訊。這可以用 torchvision 的客製化轉換輕鬆完成。接著在這些輸入上檢驗解釋，再將之與先前的解釋比對。雜訊量控制為以預測類別的影像添加雜訊前後保持相同。

我們真正想瞭解的是，是否加入隨機雜訊導出的解釋是穩健的。簡單說，它就是個大雜燴，見圖 7-13、7-14 與 7-15。新的歸因圖顯然不同於原始模型所生成，但似乎保留了對肺裡高模糊區域的重視。

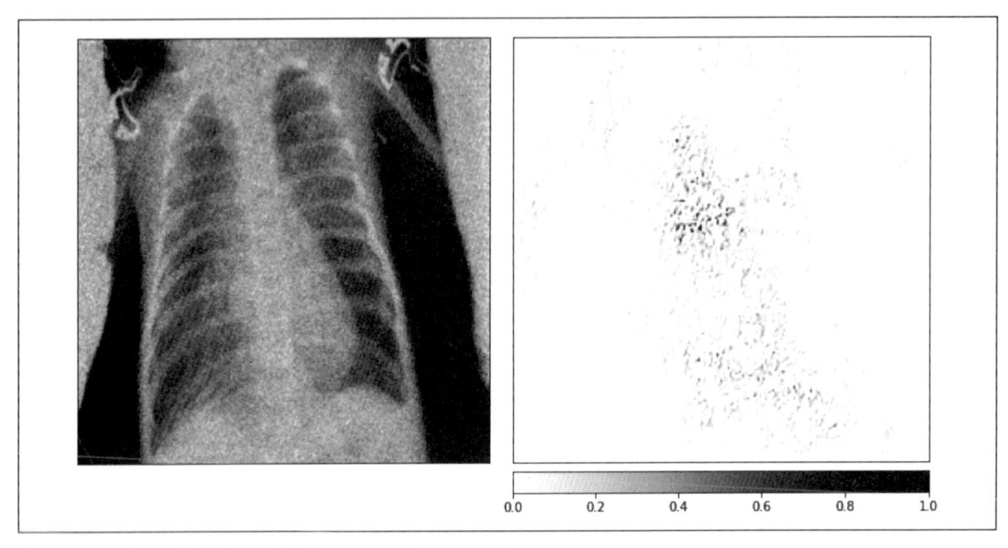

圖 7-13　加入隨機雜訊後的 Input * 梯度熱圖

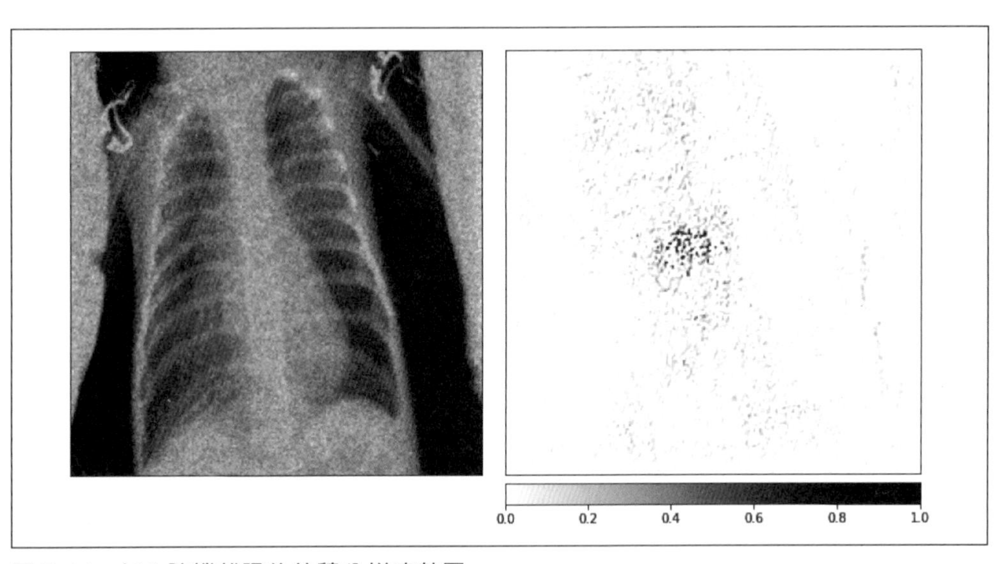

圖 7-14　加入隨機雜訊後的積分梯度熱圖

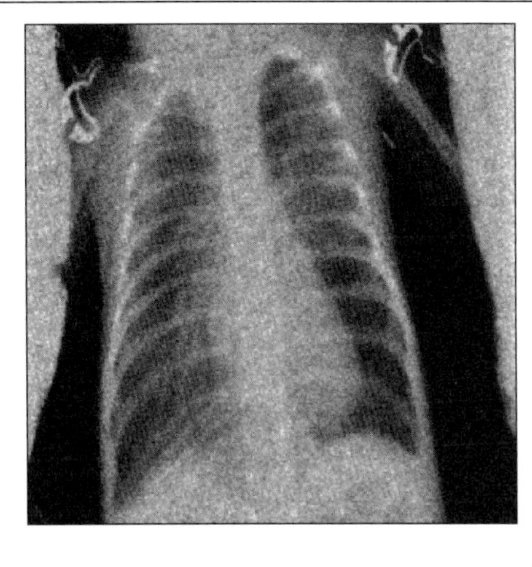

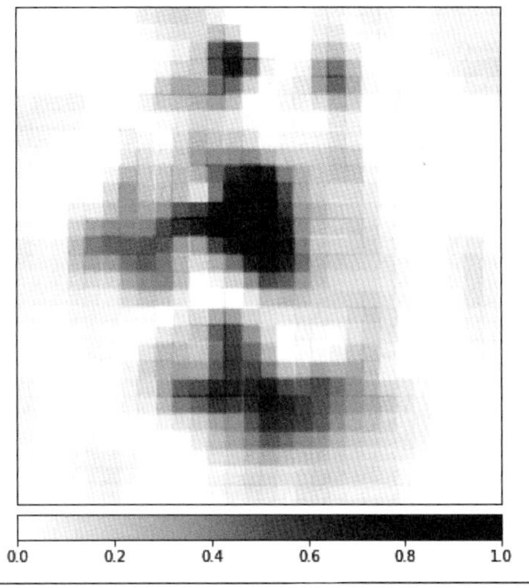

圖 7-15　加入隨機雜訊後的遮擋熱圖

以圖 7-15 的遮擋熱圖為例。先前說過，令人鼓舞的是遮擋似乎找到肺部高度模糊區域。添加隨機雜訊後，依然看到它著眼於左上與右上半部的肺。然而，添加雜訊打亂了遮擋輸出，提供近頸部區域更多跡象。以梯度為基礎技術的輸出受到類似干擾，但依然保留對右肺中間區域的強調。

「顯著圖穩健檢查」（*https://oreil.ly/fTeRb*）作者指出，結果可能的解釋可以在這些實驗看到：歸因技術有效執行邊界偵測。這是若不考慮模型訓練與架構，這些歸因方法有能力偵測輸入影像邊界，其中梯度幾乎總是呈現陡峭變化。這可以解釋先前觀察對肋骨輪廓的強調，與軀幹邊界區域的強調。明白地說，**偵測邊界並非模型解釋，無須使用 *DL* 便能輕鬆完成**。

結論

根本問題在於，事後解釋通常很難解釋，有時甚至毫無意義。更糟的是，解釋技術的多樣性意謂著若不小心，就會掉入確認偏差，最終選擇可以證實先前為確認模型行為模式信仰的那個。這能體諒：在 DL 環境下建置可解釋模型本來就很難。但本章說明了，事後解釋可能不只提供理解上危險的幻覺，因此不見得絕對適合解釋高風險決策。

建議在高風險應用上不單仰賴事後技術解釋 DL 模型。最好這些技術也可以是有用的模型除錯工具。第 9 章將更深入這個主題。相對地，在需要解釋的忠實性、穩健性與可理解性時，盡可能嘗試使用可解釋模型。若之後有需求，總是可以在更穩健模型基礎上，以事後解釋視覺化建立可解釋性，而且可以依據底層模型機制檢查事後視覺化。

有些針對影像分類與其他任務可解釋 DL 模型令人鼓舞的先鋒。以原型為基礎的案例推論模型，像是 ProtoPNet（*https://oreil.ly/yjIuQ*），與 SENN（*https://oreil.ly/yZHHT*）這類提供可解釋 DL 前進方向的稀疏相加深度模型。然而，可解釋模型仍未有廣泛可用的開箱即用 DL 應用。它們通常很需要我們的資料與建立模型的專業。希望讀者把它想成特色而非問題。AI 系統開發應該要求高品質、專業策劃的資料。模型應該針對問題，且盡可能將最多的領域知識編寫進去。

我們同意「健康醫療領域可解釋人工智慧現有方式的錯誤期待」（*https://oreil.ly/-w598*）作者們說的：

> 在缺乏適合的可解釋方法下，我們主張對 AI 模型進行嚴格內外部驗證，作為達到可解釋性通常相關目標的直接手段。

接下來兩個章節，將建立本章與第 6 章探討過的技術上，處理模型除錯的各種問題。

資源

範例程式碼

- Machine-Learning-for-High-Risk-Applications-Book（*https://oreil.ly/machine-learning-high-risk-apps-code*）

深度學習工具的透明度

- AllenNLP Interpret（*https://oreil.ly/_tAvm*）
- Aletheia（*https://oreil.ly/UMfWK*）
- Captum（*https://oreil.ly/F5Obo*）
- cleverhans（*https://oreil.ly/efN16*）

- DeepExplain（*https://oreil.ly/u4Mfu*）
- deeplift（*https://oreil.ly/S29jk*）
- deep-visualization-toolbox（*https://oreil.ly/ZH3JU*）
- foolbox（*https://oreil.ly/DFSu0*）
- L2X（*https://oreil.ly/S2Ppj*）
- tensorflow/lattice（*https://oreil.ly/M7aYY*）
- lrp_toolbox（*https://oreil.ly/kKk09*）
- tensorflow/model-analysis（*https://oreil.ly/5Aeqe*）
- ProtoPNet（*https://oreil.ly/ZmqWq*）
- tensorflow/tcav（*https://oreil.ly/7RvqS*）

第八章

XGBoost 模型的選擇與除錯

資料科學家量測模型現實世界效能的方式通常不夠充份。根據由 Google 及其他領導性機器學習研究機構的 40 位研究人員執筆的「規格不足對時下機器學習可信度帶來的挑戰」（*https://oreil.ly/27jFT*）所述，「一旦在現實世界領域部署 ML 模型，往往呈現意外糟糕的行為模式」。基本問題在於我們就像寫研究報告一樣量測效能，不管部署場景有多複雜與多高風險。準確度或曲線下面積（AUC）這類測試資料量測，無法告知太多有關公平性、隱私、安全性或穩定性的資訊。這些預測品質的簡單量測，或靜態測試集上的誤差，對風險管理而言資訊仍嫌不足。它們只是與現實世界效能相關，但不保證部署時會有好的效能。明白來說，應該更關注體內效能與風險管理，甚於電腦模擬測試資料效能，因為 ML 應用實作的驅動力是要在現實世界做出好的決策。

本章將介紹幾個超越傳統模型評估選擇出普及性更佳模型的方法，並將模型推向極限找出隱藏的問題與故障模式。本章從複習概念開始，再慢慢帶到模型選擇的強化程序，接著著眼於模型除錯的練習，更如實模擬現實世界壓力，伴隨靈敏度分析，並利用殘差分析測試揭露的模型問題。模型除錯的重要目標在於增加模型效能在現實世界的可信度，但處理過程中我們還會增加模型透明度。本章伴隨的範例程式碼皆可線上取用（*https://oreil.ly/machine-learning-high-risk-apps-cod*），第 9 章會處理影像與非結構化資料除錯，不過第 3 章的模型除錯內容更廣泛。

觀念複習：ML 除錯

如果讀者還沒意識到這點，可以說：我們關心體內效能甚於電腦模擬效能。體內效能對使用者來說很重要，電腦模擬效能則否。以這個為中心，再接著說明模型選擇、靈敏度分析測試、殘差分析與整治（修復）模型。

模型選擇

傳統上，透過選擇特徵、選擇超參數選擇模型。而用逐步回歸、特徵重要性量測，或 L1 正規化這類方式，試著找出最佳特徵集，通常是利用網格搜尋，找出 ML 模型的最佳超參數設定。第 2 章，更深思熟慮從線性模型基準開始，並將非線性與交互作用導入模型，再人為判斷找出有利模型。本章將看的隨機網格搜尋，是在小型資料集選擇超參數，以及與精良的交叉驗證排名程序（從「KDD-Cup 2004 結果與分析」（*https://oreil.ly/osrK4*）得到啟發）比較時，問題最多的。這裡會比較模型效能在幾個驗證折疊上，與幾個相異傳統評估指標上的排名，對體內效能評估有更好的概念，挑出比較好的模型。還會強調如何估計模型商業價值，這是最重要考量。沒有商人想部署一個賠錢的模型。

靈敏度分析

由於 ML 模型傾向於用複雜的方式推估，其實不會知道模型在隱式資料裡會如何執行，除非確切在不同型態的資料上測試。這就是試圖用靈敏度分析做的。廣泛來說，靈敏度分析可以得知模型是否在不同型態的資料上保持穩定。靈敏度分析可能顯示模型有穩健性問題，例如在資料飄移下會失敗。它可能說明模型有可靠性或復原力問題，例如某些型態的輸入導致模型以意外或不適切方式行事。靈敏度分析有許多結構性處理方式。若讀者想瞭解更多，建議探索 PiML（*https://oreil.ly/84KCZ*）或 SALib（*https://oreil.ly/Kgnmg*）相關資源。

本章將重點放在顯然對從業人員更直接有用的兩個靈敏度分析方法上：壓力測試與對抗式樣本搜尋。壓力測試大致上是在測試穩健度，而對抗式樣本搜尋則探測可靠性與復原力問題：

壓力測試

壓力測試，是以可預見壓力環境測試模型的全域性干擾方式。對模型進行壓力測試時，會改變驗證資料模擬回歸條件，看模型在這些可預見的不同情況下是否保持穩健。想法是讓模型在可預測環境下保持穩健，或至少為維護模型的某個人記錄，當經濟衰退（或其他領域移轉）來襲時預期效能會退化[1]。對單一模型我們較少嚴格分析，但想法一樣：測試模型在可預見概念或資料飄移（例如經濟衰退）的效能狀況，確保準備好面對類似的失敗型態。

對抗式樣本搜尋

對抗式樣本搜尋是局部干擾處理方式，有助於揭露模型可靠性的局部、邏輯缺陷，還有可能的安全性弱點（復原力問題）。對抗式樣本是複雜 ML 模型產生奇特反應的資料列。有時可以手動製作這些列，不過通常必須搜尋它們。本章將透過擾動或變更特定資料列重要特徵值搜尋它們，檢查這些變化如何影響模型效能。這裡發現兩種搜尋本身，與個體對抗式樣本都很有用。搜尋會建立一個反應曲面，顯示眾多相關輸入值的模型效能，通常也會揭露模型效能中的邏輯缺陷。發現引起奇特回應的個體列最好記錄下來與資安同仁分享，方便模型監控準備偵測已知對抗式樣本。

深度學習中，資料科學家常利用梯度資訊與生成對抗網路，建立對抗式樣本。在結構性資料任務中，必須利用其他方法，像是「表狀資料的對抗式攻擊：詐欺偵測與不平衡資料的應用」（*https://oreil.ly/KF843*）裡敘述的那些、以個體條件期望為基礎啟發或是進化的演算法。這裡將採用第 268 頁的「對抗式樣本搜尋」小節中的啟發式方法，既尋找對抗式樣本，也探尋模型對問題的反應曲面。

本章未處理的重要方式就是隨機攻擊，或直接將模型或 API 曝露給大量隨機資料，看看會發生什麼問題。若不知道從哪裡開始進行靈敏度分析，通常會先試隨機攻擊，接著 PiML、SALib 與接下來要討論的方式。無論如何進行靈敏度分析，重點在於對發現的問題做什麼。通常會使用資料強化、商業規則、正規化、約束與監控，緩解靈敏度問題。

---

1 請記得，美國大型銀行每年會依據美國聯邦準備的全面性資本分析與審查（*https://oreil.ly/rczyU*）程序，也就是 CCAR，對模型執行徹底壓力測試。

殘差分析

殘差分析是模型除錯的主要方式。是為了測試與除錯，審慎研究在訓練資料或其他已標記資料上建立模型時所犯的錯。雖然讀者們可能對傳統線性模型的殘差分析比較熟，但它可以、也應該套用在 ML 模型上。基本概念與線性模型一樣。好的模型應該都有隨機錯誤。在檢驗模型錯誤時出現強烈模式，很可能表示我們遺漏了什麼，或在建置模型時犯了錯。之後必須用人類的大腦試著修復這個錯誤。本章，將重點放在殘差分析三個主要方法上：殘差圖、分段誤差分析與模型建立殘差：

殘差圖

這裡將檢驗整個模型的殘差圖，再依特徵、依層級分解這些圖，尋求下列問題的解答：哪些列導致最大錯誤？是否在殘差圖裡看見任何強烈模式？是否能將任何模式分離出來，到特定輸入特徵或特徵層級？接著，將徹底考量如何修復發現的所有問題。

分段誤差分析

不該沒有檢查、不瞭解模型在訓練或測試資料所有主要區段如何執行，就部署模型。沒有檢查，當模型在一直以來邊緣化人口統計族群上表現不佳時，無疑會為整體模型效能與演算法歧視帶來嚴重後果。本章著眼於效能層面，觀察人口統計區段以外其他型態區段。這麼做是由於整體資料集常使用的平均評估指標，可以掩蓋小而重要的子人口統計糟糕效能。稀疏的訓練資料，也可能導致部分區段隨意的執行效能。亦有人提出用分段誤差分析作為電腦模擬測試，解決惱人的規格不足問題。這所有問題：小型區段的糟糕效能、訓練資料稀疏區段的隨意效能與規格不足，在模型部署後都會導致令人不快的驚嚇與嚴重問題。PiML 實現不錯的分段誤差分析延伸，是針對所有區段檢驗過度擬合。這麼做可以凸顯影響體內模型的其他問題。

模型建立殘差

另一種瞭解殘差模式的方式就是建立模型。若能擬合直接、可詮釋模型到另一個模型的殘差，這代表（幾乎是定義）殘差具有強烈模式。（殘差裡的強烈模式通常代表建立模型時犯錯）而且，模型建立殘差意謂著可以降低它們。與殘差擬合的模型也提供了如何修複這個已發現錯誤的資訊。例如，將決策樹擬合模型殘差。這裡會接著檢驗樹的規則，因為它們是描述模型何時最常出錯的規則，試圖瞭解這些規則，修復它們強調的那些問題。

就像靈敏度分析，我們無法在一個章節裡處理在 ML 執行殘差分析的所有重要方法。有些知名處理方式這裡不會提及，包括發現非穩健性特徵的那些，例如 Shapley 值對模型損失的貢獻。第 3 章對 ML 殘差分析有更廣泛的討論。

補救

一旦發現問題就必須修復。壞消息就是 ML 有眾多使用低劣偏差資料與確認偏差的問題。對大部分專案而言，這會陷入兩種不得不面對的現實：(1) 蒐集較佳的資料，至少考慮一些實驗性設計，以及 (2) 回到繪圖板，更堅持用科學方法重新定義實驗，減少模型建立工作流程中人為、統計與系統誤差。

工作流程中，重大資料、方法與偏差問題處理後，就可以嘗試對模型進行技術修復，一如本章內容。例如，對模型套用單調約束、交互作用約束，或正規化穩固它們，使其更有邏輯並可詮釋，進而改善體內效能。可以套用商業規則，有時也稱為**模型斷定**，或者手動預測限制，修復可預見的壞結果。商業規則與模型斷定可以簡化為在計分引擎上添加程式，改變認定會出錯的預測。我們可以編輯模型公式或產生的程式碼，修正有問題的模型建立機制或預測，接著在模型部署後管理與監控模型，追蹤並儘快發現異常。

本章的模型，希望在堅持科學方法這方面做得夠好，主要是透過單調約束與嚴苛的模型選擇，表達模型輸出的假設，就像接下來段落要探討的。這裡將在模型上雙雙套用靈敏度與殘差分析尋找問題，接著在第 281 頁的「補救選定的模型」小節盡全力補救這些問題。

選擇較佳 XGBoost 模型

雖然這不算技術性除錯，但我們想選擇高度穩定、可普及化且有價值的模型，在堅定立足點上開始除錯演練。為了如此，不會僅仰賴網格搜尋。相對地，這裡選擇靈感來自於 Caruana 等人，在 2004 年資料庫的知識搜尋（KDD）盃所使用的交叉驗證排名處理（*https://oreil.ly/kJT7d*）模型。本章還會將這些結果與標準隨機網路搜尋比較，以便瞭解網格搜尋與本章所述交叉驗證排名處理程序間的差異。接著，在靈敏度分析前，將基本評估模型商業價值，檢查是否浪費。

根據 Richard Feynman 說法，身為科學家的責任就是必須「竭盡全力」確保不被自己與其他人愚弄。若這個模型選擇方式似乎有點過頭，把它想成用盡全力找出最佳模型。

模型選擇程序一開始，是將驗證資料切分成五折，接著選擇四個相關效能指標套用在每個折。這些指標應量測各個不同層面效能，像是對所有門檻的 AUC 量測排名能力，與針對某個門檻的準確度量測正確性。在我們的案例下，將採用最大準確度、AUC、最大 A1 統計、logoss 與均方差（MSE）作為五個指標。選擇程序第一步是計算每折之中這些不同的統計值。亦即下列程式片段的目的：

```
eval_frame = pd.DataFrame() # init frame to hold score ranking
metric_list = ['acc', 'auc', 'f1', 'logloss', 'mse']

# 逐列建立評估框
for fold in sorted(scores_frame['fold'].unique()): # 依折循環
    for metric_name in metric_list: # 依指標循環

        # 初始化列字典保存每列值
        row_dict = {'fold': fold,
                    'metric': metric_name}

        # 快取每折已知 y
        fold_y = scores_frame.loc[scores_frame['fold'] == fold, target]

        # 第一欄不列入計分
        for col_name in scores_frame.columns[2:]:

            # 快取每折計分
            fold_scores = scores_frame.loc[
                scores_frame['fold'] == fold, col_name]

            # 以合理精確度計算每折評估指標

            if metric_name == 'acc':
                row_dict[col_name] = np.round(
                    max_acc(fold_y, fold_scores), ROUND)

            if metric_name == 'auc':
                row_dict[col_name] = np.round(
                    roc_auc_score(fold_y, fold_scores), ROUND)

            if metric_name == 'f1':
                row_dict[col_name] = np.round(
```

```
                max_f1(fold_y, fold_scores), ROUND)

        if metric_name == 'logloss':
            row_dict[col_name] = np.round(
                log_loss(fold_y, fold_scores), ROUND)

        if metric_name == 'mse':
            row_dict[col_name] = np.round(
                mean_squared_error(fold_y, fold_scores), ROUND)

    # 將列值附加至 eval_frame
    eval_frame = eval_frame.append(row_dict, ignore_index=True)
```

獲得每個模型對每折的效能指標後，就可以往選擇程序第二步：為每折每個模型與每個量測效能排名。下列程式碼就是在排名。我們的研究含括五十種不同的 XGBoost 模型，在五個折上用五個效能量測測試它們。每一折與指標，都透過當下指標從第一至五十排名模型，允許平局。我們取每折與指標最低平均排名的模型，作為體內使用最佳模型。試想，若測試 50 名學生，不是一個一個測試，而是一個學生五個測試。接著不讓處於一定成績的每個學生通過，只讓大多數測試成績表現優於其他人的學生通過。當然，這會讓我們變成討厭的老師，不過幸好在 ML 模型上極端選擇性是可以的。

```
# 初始化臨時框架保存排名資訊
rank_names = [name + '_rank' for name in eval_frame.columns
              if name not in ['fold', 'metric']]
rank_frame = pd.DataFrame(columns=rank_names)

# 重新排列欄位
eval_frame = eval_frame[['fold', 'metric'] +
                        [name for name in sorted(eval_frame.columns)
                         if name not in ['fold', 'metric']]]

# 逐列確認計分排名
for i in range(0, eval_frame.shape[0]):

    # 依指標為列排名
    metric_name = eval_frame.loc[i, 'metric']
    if metric_name in ['logloss', 'mse']:
        ranks = eval_frame.iloc[i, 2:].rank().values
    else:
        ranks = eval_frame.iloc[i, 2:].rank(ascending=False).values

    # 建立單列框架附加至 rank_frame
    row_frame = pd.DataFrame(ranks.reshape(1, ranks.shape[0]),
```

```
                                   columns=rank_names)
        rank_frame = rank_frame.append(row_frame, ignore_index=True)

        # 整理
        del row_frame

eval_frame = pd.concat([eval_frame, rank_frame], axis=1)
```

會發生平局，是由於對效能計分四捨五入。若兩個模型計分，假設 AUC 為 0.88811 與 0.88839，就會平局。AUC 小數點最後幾位可能與體內效能無關，處理方式就是視為平局。兩種模型擁有相同計分，在折與指標上就會擁有相同排名。因為試了這麼多指標與這麼多計分，取整體的平均排名，這些平局最後對選擇最佳模型來說不太重要。在範例裡，五十個模型每個都被指派 25 個不同的排名值，每個指標與每個折一個排名。最佳模型在幾個折與指標組合上排名第一與第二。最後，最佳效能模型，在所有指標與折上最低排名方面，顯示平均排名 10.38。

為了比較，將這個排名程式套用在前五十個選出來的模型上，模型以標準隨機網格搜尋排名。在網格搜尋中，驗證資料最低對數損失用來為模型排名。將網格搜尋與交叉驗證排名比較，相異驚人（表 8-1）。

表 8-1 以對數損失隨機網格搜尋排名與更深度交叉驗證模型選擇法，前十名模型整體排名。

網格搜尋排名	交叉驗證排名
Model 0	Model 2
Model 1	Model 5
Model 2	Model 1
Model 3	Model 4
Model 4	Model 12
Model 5	Model 0
Model 6	Model 21
Model 7	Model 48
Model 8	Model 30
Model 9	Model 29
Model 10	Model 17

網格搜尋排名在左邊，交叉驗證方法排名在右邊。表格第一列指出網格搜尋第三好的模型（從 0 開始，Model 2），是交叉驗證排名的最佳模型。這兩個模型選擇程序呈現 0.35 的 Pearson 相關性，指出僅中等程度正相關。簡而言之，衍生自網格搜尋的最佳模型，可能不是更深度選擇方式選出的最佳模型。事實上，一項有趣的非正常研究用了類似技術，在一場使用小型資料集的資料科學競賽中揭露了穩定性問題（*https://oreil.ly/H6oRC*）。這個選擇方式是開始「竭盡所能」增加科學的 ML 模型選擇演練完整性的好方向。要瞭解確切怎麼做，請參考本章範例程式碼（*https://oreil.ly/9nxyQ*）。

另一個模型選擇重要考量是商業價值。建立模型很花錢。通常花很多錢。我們的薪資、健康醫療、退休、零食、咖啡、電腦、辦公室空間還有空調都不便宜。若要模型成功，通常意謂著回收訓練、測試與部署系統的資源成本。雖然真正瞭解模型價值需要即時監控與量測商業價值（*https://oreil.ly/tuMD8*），但有些小技巧可以在部署前評估它的價值。

首先，指派估計的貨幣價值給模型的結果。對分類器來說，這代表指派貨幣價值給混淆矩陣元件。圖 8-1 可以看到混淆矩陣圖示位於左側，而殘差圖位於右側。

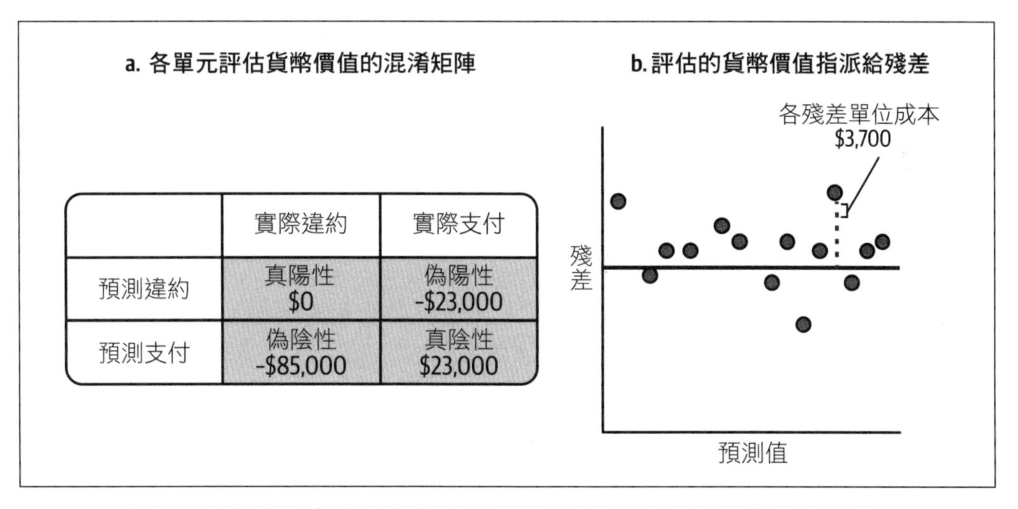

	實際違約	實際支付
預測違約	真陽性 $0	偽陽性 -$23,000
預測支付	偽陰性 -$85,000	真陰性 $23,000

圖 8-1　以（a）分類器與（b）回歸模型，以評估貨幣價值進行樣本評估處理

位於左邊的混淆矩陣可套用到我們選擇的模型。通透考量模型體內結果，得到單元裡的值。模型真陽性代表決定不要貸款給某個拖欠支付的人。沒有與結果相關的機會成本或沖銷，但也沒有正收益。偽陽性導致拒絕借貸給某個已支付的人：機會成本。將此機會成本與負 $23,000 的預估消費者終身價值（LTV）建立關聯。偽陰性是最糟結果，那表示借貸給某個不會付款的人。這是沖銷，以消費者信用額度（LIMIT_BAL）平均值評估該值約為負 $85,000——唉呀！真陰性是賺錢的地方，模型表示延展借貸給正在支付的消費者。將這個結果與偽陽性反面建立關聯，接著補償該信用產品的消費者 LTV。每個真陰性，獲得 $23,000 收益。現在必須把驗證集裡每個消費者的這些值加起來，由於每個消費者不是呈現真陽性、偽陽性、偽陰性，就是真陰性結果。就我們的模型而言，驗證集代表的小型投資組合中，評估值結果會是 $4,240,000。所以我們的模型真的有商業價值，但考量到與這個收益相關的所有開支與稅收後，表現並不是太亮眼。

就回歸模型來說，可以為過度預測與過度保守預測指派單一值。或者，如圖 8-1，試圖以邏輯方式為過度預測與過度保守預測的每個殘差單位指派貨幣價值。接著計算資料集裡的每列殘差，再加總模型預估值。指派貨幣價值後，就能回答基本商業問題：「是否這個模型提供任何真正的價值？」如今覺得選擇適切的模型，而且具有一些商業價值後，試著以靈敏度分析找出哪裡出錯。

XGBoost 的靈敏度分析

本節將用靈敏度分析展現模型性能。本章選擇壓力測試與對抗式樣本搜尋，作為靈敏度分析的詳盡案例。這兩種技術對各類應用都有直接適用性，且有助於找出不同型態的問題。壓力測試在可預見的高壓環境下（例如經濟衰退），尋找模型在整個資料集的全域性弱點。對抗式樣本搜尋有助於找出潛在意外議題，例如草率預測或資安弱點，通常局部、逐列進行。

監督式學習外的實務性靈敏度分析

各種模型套用靈敏度分析的想法：

叢集

評估由資料飄移或對抗式樣本引起的叢集質心的移動

主要元件分析

評估新資料與訓練資料特徵值相似處

電腦視覺

評估移位群體、移位子群體與對抗式樣本上的模型效能（見第 9 章）

語言模型

評估不同語言上的模型效能、評估模型對攻擊的應變（即術語簡化、熱門單詞翻轉，hotflips）與對抗式提示（見第 290 頁的「何謂語言模型」小節）

隨機攻擊，或將模型曝露在大量隨機資料裡追蹤錯誤，對所有型態模型來說都適用。

XGBoost 壓力測試

線性模型以線性推斷，但 ML 模型幾乎可以對訓練領域外的資料做任何事。除非在對的資料上對模型進行壓力測試，否則無法意識到這點。舉例來說，在個體最高收入 $200,000 的資料集上訓練資料。若遇上個體收入為兩仟萬時，模型行為模式會如何？會中斷嗎？是否會回傳準確結果？除非確切測試否則無從得知。基本上不難。模擬一列資料，將兩仟萬收入放進去，再放回模型裡執行看它怎麼做。當我們做這件事更徹底、更系統化，就稱之為壓力測試。

複雜 ML 模型，在訓練資料領域外推斷通常表現不佳，但就算較簡單模型也會有推斷問題。樹狀模型通常無法做出訓練資料範圍外的預測，而多項式模型則會在訓練資料領域邊界面臨 Runge 的現象（*https://oreil.ly/1Nabl*）。無論如何，使用標準統計或 ML 模型進行訓練資料領域外的預測，都有風險。

壓力測試是外部、敵對的體內場景（例如經濟衰退或大規模流行性傳染病）進行模型復原力測試的電腦模擬演練。壓力測試背後的基本概念是模擬展現實際未來場景的資料，再重作傳統模型評估，瞭解模型如何執行。這可以確保 ML 模型能承受自然情況下遇到的合理不利發展，以及對新資料無可避免的體內變化（通常是資料與概念飄移）保持穩健。

資料科學家通常認為他們已經針對保留資料驗證過模型，所以真的還需要額外壓力測試嗎？是的，需要，當這些模型即將部署且會影響人們更要做。若在新資料上面臨常見壓力源就出現不穩定，那麼 ML 模型就算在電腦模擬 AUC 上表現完美也沒有用。在現實世界部署 ML 模型時，必須思考更多層面與狀況，不像在電腦模擬裡簡單試誤。即便很難預測未來，還是可以用驗證資料模擬可預見的問題。接著看模型如何在這些狀況下運作，記錄所有問題，如有可能，更新模型解決所有發現的問題。

壓力測試黃金標準是聯邦準備的綜合資本分析與檢查（CCAR）。這是由美國聯邦準備年度執行的演練，確保大型銀行與金融機構具備適切資本規劃處理，並維持足夠資本因應經濟衝擊。

例如，CCAR 分別實施兩項測試，評定美國大型銀行在 CVVID-19 大規模流行傳染病後的穩健度。即便銀行在極端模擬情況下仍擁有充分資金，由於情況環境的不確定，CCAR 結果依然對銀行支出發出合理限制（*https://oreil.ly/RM-pS*）。以下小節將試圖決定是否所選 XGBoost 模型在經濟衰退狀況下仍然穩定（對借貸模型而言常見且可預見的壓力源），從 CCAR 找靈感。

壓力測試方法論

經濟衰退是指國家經濟大幅下滑且持續數個月的情況。還記得 2008 金融危機，與最近因 COVID 全球傳染病大流行引發的經濟遲緩？我們想知道，若部署後發生經濟衰退，模型表現如何。本節，將模擬經濟衰退場景，再重新評估約束與正規 XGBoost 模型的執行效能。如圖 8-2 所見，在壓力測試前，模型在驗證與保留測試資料上表現良好。

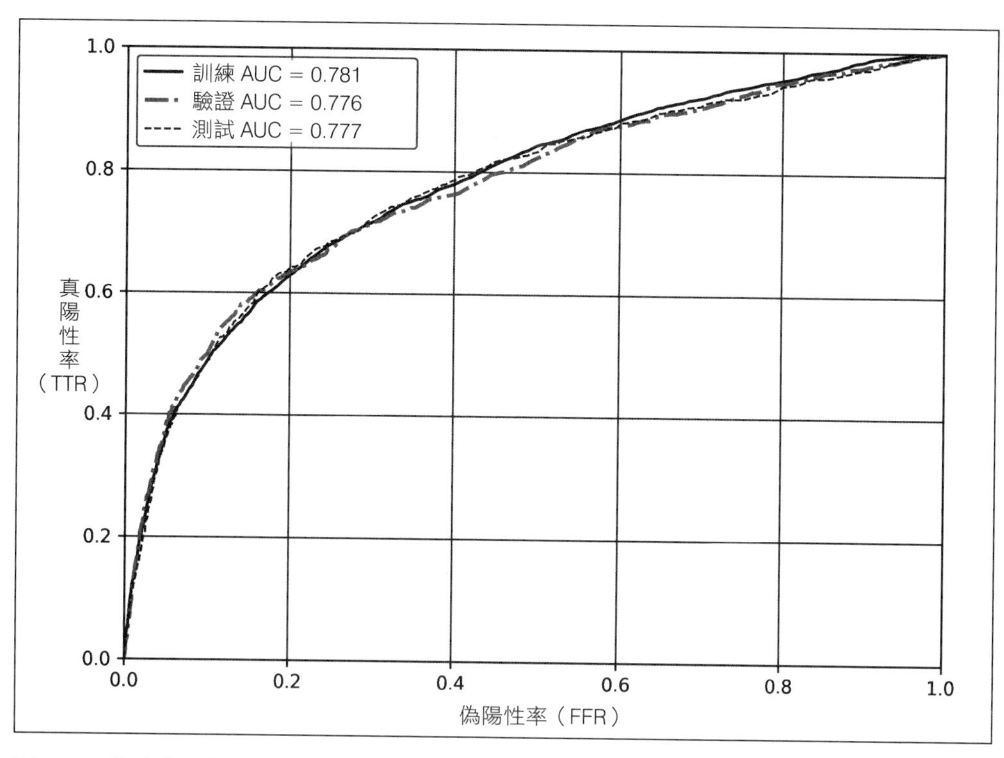

圖 8-2　約束與正規 XGBoost 模型的壓力分析前 ROC 曲線（數位、彩色版：*https://oreil.ly/48-em*）

現在要建立原始資料集複本，並將其更名為 `data_recession_modified`。這裡會利用基本經濟與商業直覺，變更這個資料集的部分特徵值，模擬經濟衰退場景。

模擬現實分佈外資料非常困難，因為不可能進一步知道在一些新場景下每個特徵會如何共變（co-vary）。基於此，壓力測試的演練最好由主題專家密切合作。比模擬壓力測試資料更好的，是在對抗性狀態期間（例如 2008 全球經濟衰退）的真實資料回溯測試模型。

變更資料模擬經濟衰退狀況

首先，在資料集選擇部分觀察進行修改。將這些觀察當成會受經濟衰退影響的那些，可能是他們或家裡的某人會失去工作。這裡選擇修改 25% 先前信譽良好的消費者：

```
data_recession_modified = data_recession[
    data_recession['DELINQ_NEXT'] == 0].sample(frac=.25)
```

假設最近發生模擬的經濟衰退，假設這些觀察對象已拖欠近期支付：

```
payments = ['PAY_0', 'PAY_2']
data_recession_modified[payments] += 1
```

這裡的 PAY_* 表示各種償還狀態。接著將每位消費者支付額度降低 1,000：

```
pay_amounts = ['PAY_AMT1', 'PAY_AMT2']
data_recession_modified[pay_amounts] = np.where(
    data_recession_modified[pay_amounts] < 1000,
    0,
    data_recession_modified[pay_amounts]-1000)
```

金融危機期間，銀行通常緊縮開支，方式之一就是降低信用額度。現在透過按原始信用額度固定比例，降低這些受影響消費者的信用額度，將這個場景融合到壓力測試演練：

```
data_recession_modified['LIMIT_BAL'] *= 0.75
```

這裡還透過降低這些消費者帳單金額固定比例，模擬更低開支：

```
bill_amounts = ['BILL_AMT1','BILL_AMT2']
data_recession_modified[bill_amounts] *= 0.75
```

最後，假定這些受影響消費者一定比例會拖欠帳單。尤其是將目標變數翻轉一半，從 0 到 1：

```
data_recession_modified['DELINQ_NEXT'] = np.where(
    np.random.rand(len(data_recession_modified)) < 0.5,
    1, 0)
```

將受影響觀察重新整合到剩餘資料上，就產生模仿模型在現實世界可能遭遇的對抗式狀況的資料集。這時可以在這個模擬資料上考量效能指標。圖 8-3 可以發現經濟衰退時（就像將資料與概念飄移套用到測試資料）效能和緩下降。

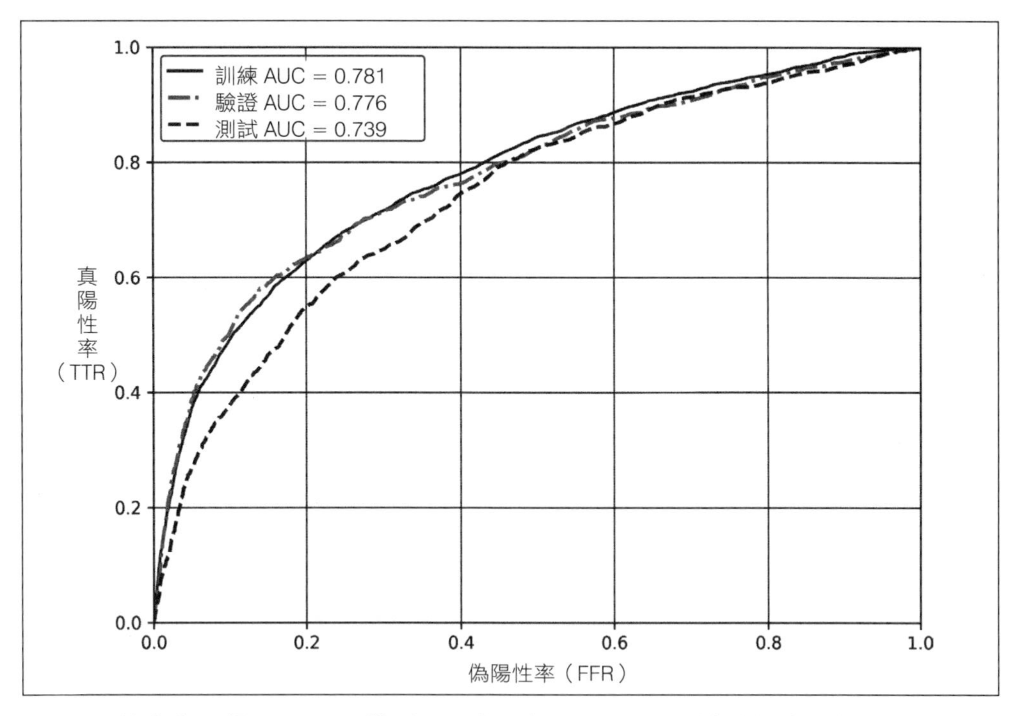

圖 8-3 約束與正規 XGBoost 模型下壓力分析後的 ROC 曲線（數位、彩色版：*https://oreil.ly/R46Oo*）

遇到這類結果的第一步是記錄狀況並與團隊分享、管理。這麼做可以在充份知情下做出是否部署模型的決策。若經濟狀況前景看好，可能合理作出部署這個模型的決定，知道若經濟狀況改變就必須快速更新。若 AUC 從 0.777 掉到 0.738，就有必要進行較細微差別的分析，重新評估財務風險。我們能夠承擔做出這麼多額外的錯誤借貸決策嗎？

記錄結果並與利益相關人討論後，下一步應該是試著改善模型。若經濟狀況看來令人沮喪，或這次或其他壓力測試結果更糟，絕對該這麼做。讀者應該猜得到本章接下來將尋找與此模型相關其他問題。會到本章結尾，再補救或修復發現的所有問題。

討論對抗式樣本搜尋前，還要強調一件事。訓練這個模型時必須謹慎使用正規化、單調約束、網格搜尋與高度穩健模型選擇方法。這些決策可能對模型在壓力測試下的穩健性有正面影響。未在這些規範下訓練的模型，在壓力測試期間表現可能會很糟。無論哪種方式，若不測試影響體內部署的問題，我們只會慢慢忽略它們。

對抗式樣本搜尋

這裡將使用對抗式樣本搜尋作為下一個除錯技術。我們的搜尋有雙重目標：尋找部署後可用於欺瞞模型的對抗式樣本，以及從搜尋結果中瞭解模型的好與壞。

有許多套件與軟體可協助尋找影像資料的對抗式樣本，但這裡要找的是結構性資料的對抗性。雖然使用生成對抗式網路（GAN）與基因演算法尋找結構性資料的對抗性已有進展，但這裡要套用啟發式方法。第一步是尋找對於對抗式樣本會做出較佳初始猜測的資料列。這裡用 ICE 圖來做。圖 8-4 顯示所有伴隨部分相依的預測概率十分位上 ICE 曲線。

圖 8-4 可以看到第 80 百分位的 ICE 曲線在所有 `PAY_0` 值的預測值顯示最大振幅。因為我們知道這個資料列可能僅改變一個特徵值就造成預測上的巨大改變，所以將在選擇的模型上，使用預測概率位於第 80 百分位的原始資料列，給對抗式樣本搜尋。詳細來說，對每個重要變數來說，這裡對抗式搜尋啟發如下：

1. 在模型預測每十分位計算 ICE 曲線。
2. 尋找預測中帶有最大振幅的 ICE 曲線。
3. 隔離與此 ICE 曲線有關的資料列。
4. 對此資料列：
    a. 干擾該列中 1 至 3 個額外重要變數（難以繪製超過 1-3 個變數的結果）
    b. 重新計分已干擾列。
    c. 持續直到每個額外重要變數皆通過訓練資料該領域的循環，也通過遺漏或其他相關超出範圍值循環。
5. 結果繪圖與分析。

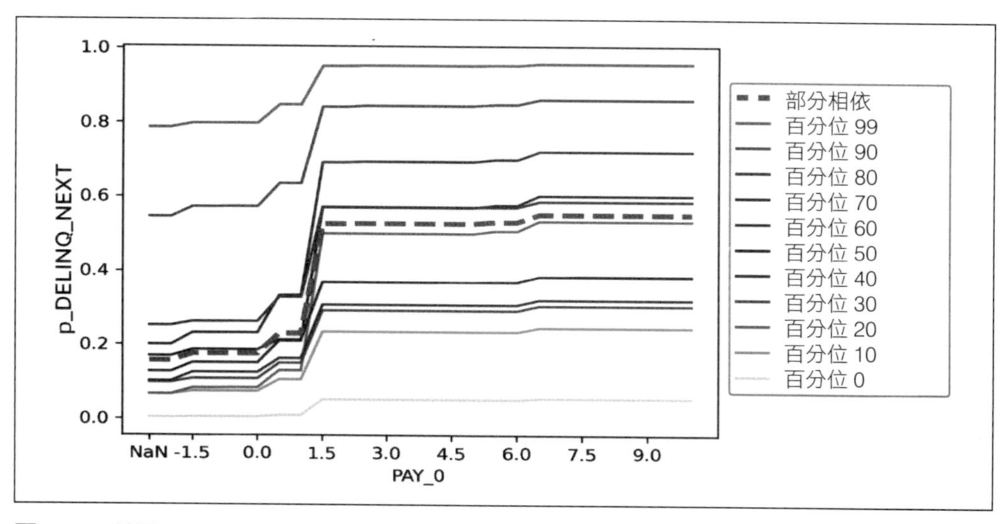

圖 8-4 所選 XGBoost 模型的部分相依與 ICE（數位、彩色版：*https://oreil.ly/w0jkL*）

完成步驟 1-3 處理後，接著如何執行步驟 4？這裡將利用 `itertools.product()`，作為提供給 Python 函數的一組特徵，自動化生成所有可能的特徵干擾。此外，記得在處理原生 XGBoost API 時，一定要提供額外參數（`iteration_range`）給 `predict()` 函數，供模型選擇時套用：

```
adversary_frame = pd.DataFrame(columns=xs + [yhat])

feature_values = product(*bins_dict.values())
for i, values in enumerate(feature_values):
    row[xs] = values
    adversary_frame = adversary_frame.append(row, ignore_index=True, sort=False)
    if i % 1000 == 0:
        print("Built %i/%i rows ..." % (i, (resolution)**(len(xs))))
adversary_frame[search_cols] = adversary_frame[search_cols].astype(
    float, errors="raise")
adversary_frame[yhat] = model.predict(
    xgb.DMatrix(adversary_frame[model.feature_names]),
    iteration_range=(0, model.best_iteration))
```

這裡為搜尋程式碼提供驗證資料與輸入特徵 `PAY_0`、`PAY_2`、`PAY_AMT1` 與 `PAY_AMT2`。以 Shapley 摘要圖為基礎，選定輸入特徵顯示這些特徵的預測貢獻最廣延展。在選定輸入執行該程式碼的結果，是給幾種反應曲面的資料，用於瞭解潛在相關環境下模型的行為。最後要做的就是繪圖與分析這些反應函數。圖 8-5 顯示以 ICE 曲線為種子的對抗式樣本搜尋結果，呈現一些正負面的調查結果。

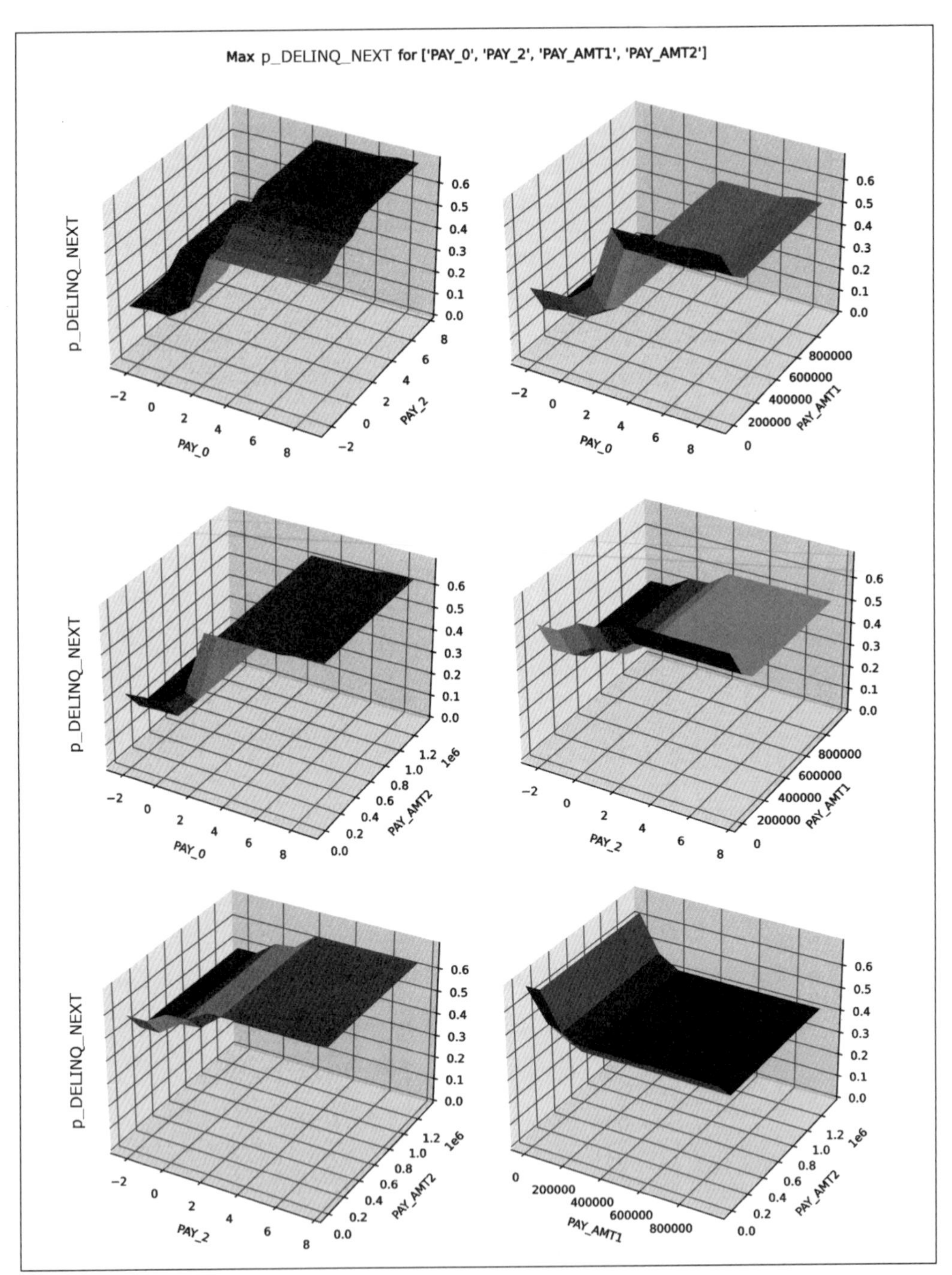

圖 8-5　許多場景下對抗式樣本搜尋顯示的模型行為（數位、彩色版：*https://oreil.ly/hlLzb*）

積極面來看，每個反應曲面顯示單調性。這些模擬證實，訓練時間提供且以領域知識為基礎的單調約束，在訓練期間仍維持住。消極面來看，也發現了潛在邏輯缺陷。根據其中一個反應曲面，當消費者在近期支付（`PAY_0`）變成遲付兩個月，樣本模型會發出高可能性違約預測。要注意的問題是，即便是消費者償還（`PAY_AMT1`）超過其信用額度，還是有可能被拒絕申請。這種潛在邏輯缺陷可能會阻止未支付帳單的優良消費者（可能正在度假）提前償付或過度懲罰。雖然這種行為模式不見得有問題，但模型操作者絕對會想知道。因此，必須加進模型文件。

當然，還有實際對抗式樣本的問題。別擔心，我們發現很多這類問題。許多資料列會引發低可能性違約——大約 5%，也有大量資料會引發高可能性違約——大約 70%，還有這之間的一切。如今擁有整套對抗式樣本可提取，可以從模型建立想要的（幾乎）任何可能性。若讀者好奇何以這件事如此重要，可參考第 5 章與第 11 章的 ML 資安。想瞭解所有程式與結果的細節，可參考本章範例程式碼（*https://oreil.ly/9nxyQ*）。

另一個這裡要強調的靈敏度分析技巧，是涉及標籤對調的特殊手法：

- 隨機對調目標特徵並重新訓練模型。
- 重新計算特徵重要性。
- 考慮移除對隨機對調目標的預測很重要的特徵。

這有助於發現並移除非穩健特徵。

除錯時，總會考慮修復發現的問題。預付款相關的邏輯問題很可能由商業規則或模型斷定處理。例如，若消費者進行大額預付，並讓銀行知道他們即將前往熱帶島嶼，後續幾個月發出的違約的機率可會降低。就對抗式樣本來說，最有效率的對抗列會被記錄在樣本的模型文件裡，這樣未來維護人員便能瞭解模型的這些潛在問題。還可以與資安方面的同事討論對抗式樣本攻擊，考慮即時監控對抗式樣本。

XGBoost 殘差分析

如今已用對抗式樣本搜尋，考量可能引發模型問題的局部干擾，並在有問題的全域性干擾上使用壓力測試。是時候進入殘差分析了。從傳統方式開始：依各程度重要輸入特徵繪製殘差圖。這裡會留意殘差圖中引發最大錯誤的行列與強模式。接著將預測區段分割，並分析所有區段效能。這麼做仍不足以瞭解高風險使用案例的模型平均表現。還需要知道模型在資料所有重要區段的運作。為完成殘差分析，這裡試著以決策樹為殘差建立模型。從這個決策樹能瞭解模型犯錯的規律，試著利用這些規律避免之。現在開始從錯誤中學習，檢視殘差。

監督式學習外的實務誤差分析

對各種模型套用誤差分析的概念如下：

叢集

仔細檢查離群值、離叢集質心最遠的資料點，或據剪影圖而言可能處於錯誤叢集的資料點（*https://oreil.ly/kglFu*）、以差距統計審慎考量叢集數（*https://oreil.ly/iZ7VL*）。

矩陣分解

審慎評估重構誤差與變異數解釋，尤其是離群值與因子數方面。

電腦視覺

兩值化特定任務，例如臉部識別，並套用本章所述傳統模型評估與殘差分析。針對資料品質與資料標籤問題，評估影像分類誤差。套用適切的大眾基準測試。（見第 9 章）

語言模型

二值化特定任務，例如命名實體識別，並套用本章所述傳統模型評估與殘差分析。利用適切的大眾基準測試。（見第 290 頁的「何謂語言模型」小節））

分段效能或穩定度分析，對各種模型都是不錯的處理方式。

殘差分析與視覺化

圖 8-1 強調，殘差有助於瞭解模型商業價值，或缺乏商業價值。同時也能瞭解模型犯錯的技術性細節。這裡將考量模型對數損失殘差，而非傳統殘差，因為模型是以對數損失訓練。對大部分人而言，開始考慮 ML 模型殘差的最簡單方式就是繪圖。這一小節將從考量所選模型的全域對數損失殘差開始，再縮小到最重要輸入特徵 PAY_0 殘差。兩種情況都是在尋求瞭解模型犯錯的驅動因子，與若有任何錯誤要如何修復。繪製殘差圖的第一步，當然就是計算它們。這裡使用對數損失殘差：XGBoost 裡 binary:logistic 損失函數，在模型訓練期間使用的誤差型態。這種方式補救大量殘差應會對模型訓練產生直接影響。為計算殘差，需要目標與預測值，如下列程式區塊所示，再套用二元對數損失標準公式：

```
# 捷徑名稱
resid = 'r_DELINQ_NEXT'

# 計算對數損失殘差
valid_yhat[resid] = -valid_yhat[y]*np.log(valid_yhat[yhat]) -\
                    (1 - valid_yhat[y])*np.log(1 - valid_yhat[yhat])
```

以此方式計算殘差的小優勢，是可以在訓練結束時，檢查符合 XGBoost 回報對數損失的平均殘差值，確保生成預測時選擇了正確的模型大小。經過這個檢查，就可以進一步繪製殘差了，如圖 8-6 所見。請注意，圖 8-6 內含特徵 r_DELINQ_NEXT。對數損失殘差值名為 r_DELINQ_NEXT，而 p_DELINQ_NEXT 則為目標 DELINQ_NEXT 的預測。

對數損失殘差，與記憶中統計課程裡的傳統回歸殘差略有不同。這裡看到的不是隨機的斑點，而是模型各個結果的一條曲線，DELINQ_NEXT = 0 的曲線朝右上，而 DELINQ_NEXT = 1 則是往左上。可以從這張圖看到的第一件事就是兩個結果都有些大型偏遠殘差，而 DELINQ_NEXT = 1 更多也更極端。

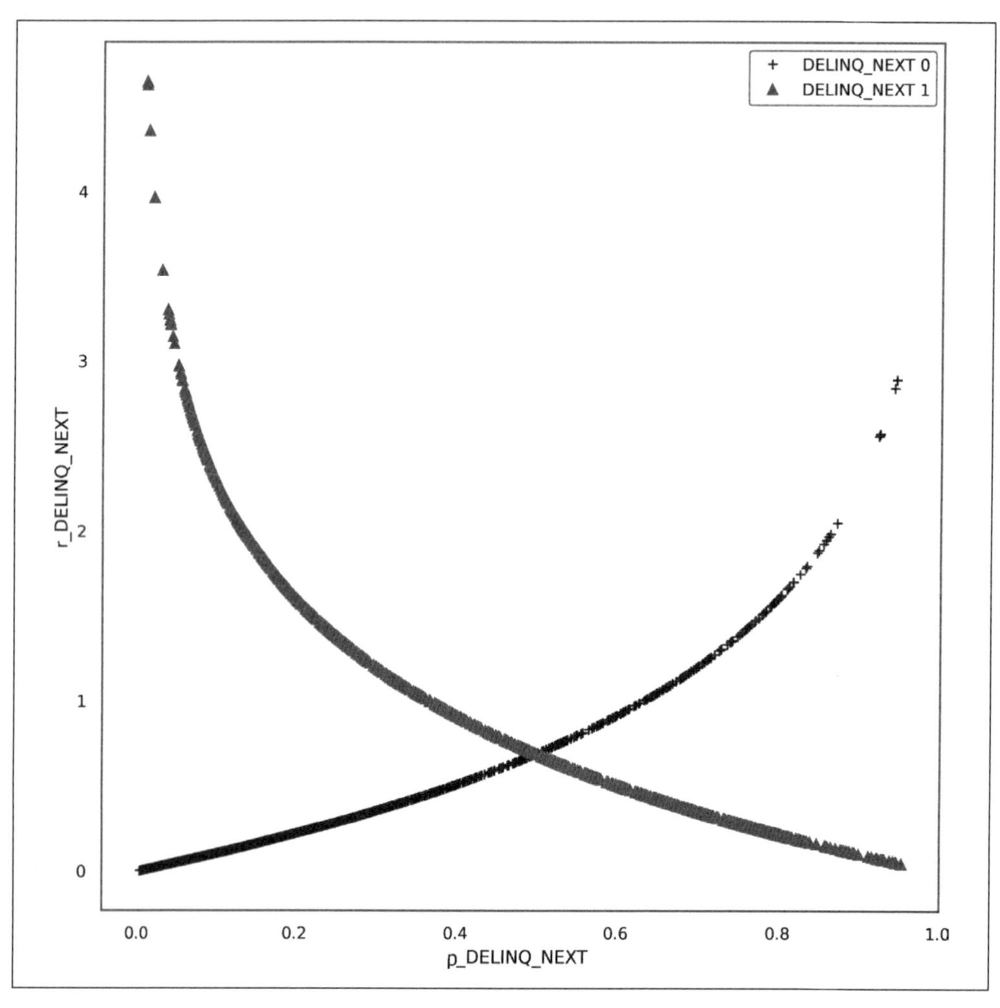

圖 8-6　所選 XGBoost 模型對數損失殘差正負面反應（數位、彩色版：*https://oreil.ly/h5wnc*）

這個模式告訴我們的是，驗證資料中的部分消費者忘了付款，但模型認為其實是不付。以新的 `r_DELINQ_NEXT` 行排序驗證資料，尋找最大殘差列，可以瞭解這些消費者怎麼了。那麼這些消費者是誰？結果是，他們是具有大額信用額度且總是按時付款的好客戶，但他就是忘了下次付款。他們在模型的意料之外，造成巨大殘差。

這些結果指向訓練資料的基本缺陷。錯失可能有助於更瞭解消費者金融生活習慣，與何以可能延遲付款的特徵。舉例來說，借貸模型經常用到負債收入（DTI）比。在他們忘了付款前，我們可能會發現消費者 DIT 比增加。沒有這類額外資訊，就必須體認到發現模型有嚴重的侷限。我們就是沒有可以做得更好的欄位。認知到這些可用資料，模型很容易驚覺：可能也要考量從訓練資料移除這幾列，因為它們為訓練程序帶來無用的雜訊。丟掉它們與相似個體或許是好主意，因為這時已無法從它們瞭解更多。我們或許會改善驗證與測試效能，也可能訓練更穩定且可靠的模型。

在擺脫這些問題點前，先為最重要特徵 PAY_0 各層級繪製對數損失圖。若在全域性殘差的初始分析發現更特定的內容或問題，應該讓這個資訊引領接下來要調查哪個殘差。由於無法看見資訊將這些個體連結到任何特定特徵，就預設調查最重要的輸入特徵。這麼做必須仰賴 Seaborn FacetGrid 圖的便利性。下列程式碼，說明如何快速以 PAY_0 層級切割殘差，再於簡潔網格中繪製各層級殘差：

```
#PAY_0 的殘差分面網格
sorted_ = valid_yhat.sort_values(by='PAY_0')
g = sns.FacetGrid(sorted_, col='PAY_0', hue=y, col_wrap=4)
_ = g.map(plt.scatter, yhat, resid, alpha=0.4)
_ = g.add_legend(bbox_to_anchor=(0.82, 0.2))
```

圖 8-7 顯示驗證資料中 PAY_0 11 層正負面結果的對數損失殘差。通常我們會注意圖中的任何強模式。

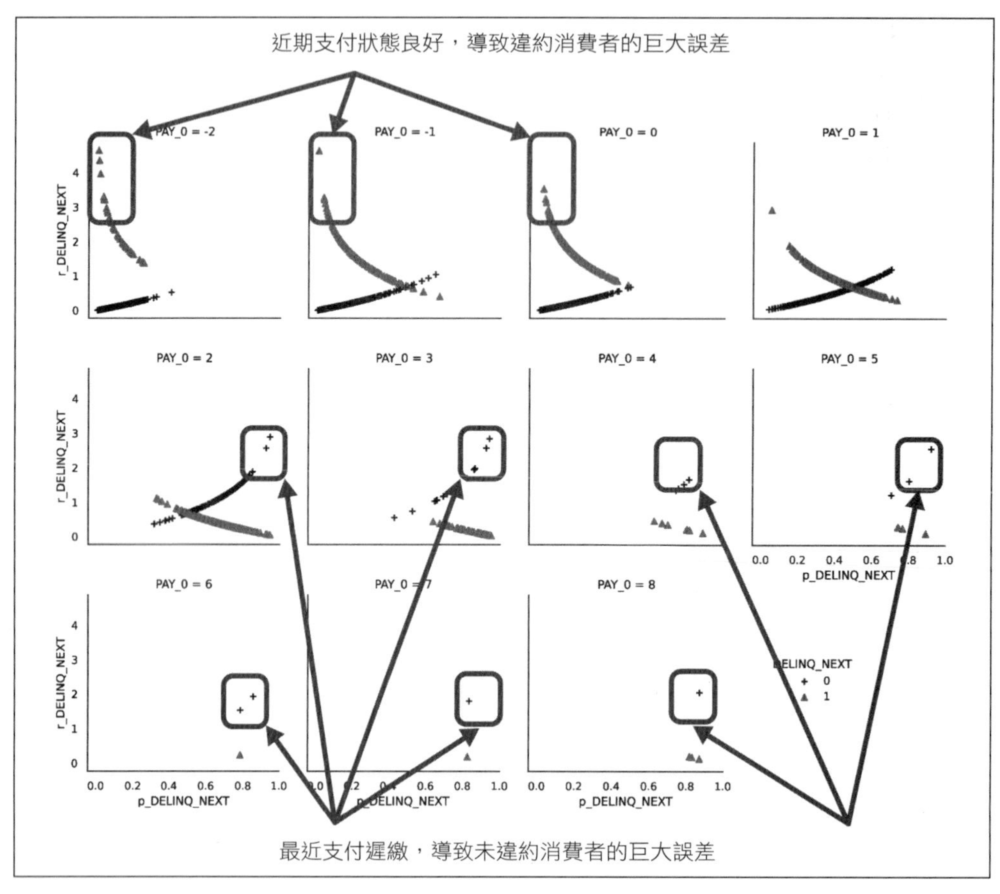

圖 8-7. 過往支付狀況良好的消費者違約突然導致巨大殘差，同樣地，過往支付狀況不佳的消費者，突然開始按時付款也會如此（數位、彩色版：*https://oreil.ly/ubGpn*）

圖 8-7 再度確認全域性殘差告訴我們的事，還有一些具體事項。圖 8-7 頂端列代表即時付款或未使用借貸，`PAY_0` 擁有狀況良好值（`-2`、`-1` 或 `0`），與違約（`DELINQ_NEXT = 1`）消費者巨大殘差相關。在圖 8-6 看到部分的高殘差消費者。底部列顯示完全相反行為。`PAY_0` 擁有不良狀況值的消費者，在突然按時支付時（`DELINQ_NEXT = 0`）導致巨大殘差。從這裡可以學到什麼？圖 8-7 指出 ML 模型與人類或簡單商業規則犯下相同錯誤。從第 6 章可以知道這個模型太依賴 `PAY_0`。如今看到這種症狀的後果了。若消費者的 `PAY_0` 擁有狀況良好值，模型會在他們違約時感到震驚。若消費者的 `PAY_0` 擁有狀況不良值，模型會在他們付款時感到震驚。

這是有問題的，我們不需要有成千上萬條規定的 ML 模型來做出這類決策。數千條規則藏有大量複雜度，繼而可能隱藏偏差或資安問題。這樣的模型必須透過蒐集更多資料欄並重新訓練它們持續改善，否則可以考量用更透明更安全的商業模式置換：`IF PAY_0 < 2 THEN APPROVE, ELSE DENY`。本質上來說，模型需要更多資料，一些新的輸入欄位可以讓我們瞭解該借貸帳戶背景環境之外的消費者金融穩定度。沒有這類資訊，就會部署因過度複雜而過份危險的工作流程，最終卻只為了做出簡單決策。第 281 頁的「補救選定的模型」小節將試圖補救，但在這之前，先確認這個模型沒有隱藏任何其他驚喜。接著，我們要實施分段誤差分析，探尋模型效能裡的任何容易引發故障的點。

分段誤差分析

我們選擇的模型有 0.78 的驗證 AUC。這算是及格 AUC，指出模型在驗證資料上劃分正負面結果有 80% 正確。那麼可以部署了嗎？才剛剛見證更謹慎的誤差分析，可以揭露簡單評估統計無法發現的重大問題。遺憾的是，我們也發現達標的高級 AUC 也沒有太大意義。

表 8-2 計算 `PAY_0` 所有層級的眾多常見二進制分類效能與誤差指標。這項技術有時被稱為分段誤差分析。基本想法是不同的效能與誤差指標可以讓我們瞭解模型的不同資訊。例如最高級 AUC 告訴我們模型正確排列消費者的整體能力，準確度告訴我們特定機率門檻的誤差率，而真陽性率與偽陽性率的量測，將正確與錯誤決策的準確度切分成更具體的角度。此外，我們想瞭解已建立模型群體中不同分段的相關資訊。最佳效能模型將在所有已建立模型群體所有分段顯示可靠的決策制定，不僅在於資料最大分段。在處理數十億貸款投資組合時，這些小型區段依然代表大額金錢。其他高風險應用中，小型區段可能表示其他重要金融、犯罪審判或生死攸關的決策。

請注意，表 8-2 計算的值，來自混淆矩陣，會由於所選機率門檻而有所不同。這些值是使用最大化模型 F1 統計選出來的門檻計算。若部署該模型，應套用上線工作流程使用的機率門檻。針對所有受模型決策影響的群組，使用數種不同指標，確保模型體內表現良好，是我們的責任。這對公平性也會有一定程度影響，這會在其他章節討論。現在要深入探討表 8-2。

表 8-2　分段誤差分析表

PAY_0	普及率	準確度	真陽性率	精確度	特殊性	負面預測值	偽陽性率	…	偽陰性率	誤省略率
–2	0.118	0.876	0.000	0.000	0.993	0.881	0.007	…	1.000	0.119
–1	0.177	0.812	0.212	0.438	0.941	0.847	0.059	…	0.788	0.153
0	0.129	0.867	0.089	0.418	0.982	0.880	0.018	…	0.911	0.120
1	0.337	0.566	0.799	0.424	0.448	0.814	0.552	…	0.201	0.186
2	0.734	0.734	1.000	0.734	0.000	0.500	1.000	…	0.000	0.500
3	0.719	0.719	1.000	0.719	0.000	0.500	1.000	…	0.000	0.500
4	0.615	0.615	1.000	0.615	0.000	0.500	1.000	…	0.000	0.500
5	0.571	0.571	1.000	0.571	0.000	0.500	1.000	…	0.000	0.500
6	0.333	0.333	1.000	0.333	0.000	0.500	1.000	…	0.000	0.500
7	0.500	0.500	1.000	0.500	0.000	0.500	1.000	…	0.000	0.500
8	0.750	0.750	1.000	0.750	0.000	0.500	1.000	…	0.000	0.500

表 8-2 看來一切正常，直到第五行 `PAY_0 = 2`。從這裡開始，表格出現嚴重問題，可能比先前 `PAY_0` 繪製的殘差圖還糟。坦白說，`PAY_0 = 2` 及以上，模型毫無用處。例如，觀察偽陽性率 1.0，代表模型對沒有忘記付款的每個人來說都是錯的：模型預測他們全都會遲繳。何以如此？最顯而易見的原因：又是訓練資料。使用分段誤差分析，可以發現我們可能也漏失部分重要資料列。在訓練資料裡就是沒有足夠 `PAY_0 > 1` 的人，能讓模型學習與之有關的任何情報。回顧第 6 章圖片或檢視圖 8-7，子圖的 `PAY_0 > 1` 就是沒有太多點。

最高級或平均誤差指標可能藏有低級問題。對高風險應用，永遠要做分段誤差分析。

0.78 AUC 可以隱藏的可多了。希望這個範例能說服讀者分段誤差分析的重要性。或許你正在想怎麼修復這個問題。最顯而易見的答案就是暫緩部署這個模型，直到能夠擷取足夠的遺漏付款消費者資料，訓練更好的模型。若模型就是必須這樣部署，可能就需要人類個案工作人員做出拒絕的決定，至少要針對那些 `PAY_0 > 1` 的消費者這麼做。結束本章前會考量更多補救措施，在這之前，要瞭解更多關於已發現殘差的這些模式。接著，將擬合可詮釋模型與我們的殘差，瞭解更多模型缺陷背後的狀況。

模型建立殘差

第 6 章使用可詮釋決策樹，以輸入特徵為基礎為預測建立模型，深入瞭解哪個輸入特徵驅動預測以及如何驅動。現在將使用相同方式，瞭解是哪些因素在驅動殘差。若發現解釋與除錯間重疊，這不是巧合。事後解釋的最佳用途，就是協助除錯。

這裡將利用下列程式碼，將四層決策樹，分別擬合 `DELINQ_NEXT = 0` 與 `DELINQ_NEXT = 1` 殘差。為擬合這顆樹，利用原始輸入作為樹的輸入，但不以 `DELINQ_NEXT` 訓練為目標，而是在殘差上或 `r_DELINQ_NEXT` 訓練。當樹訓練完成，就儲存成 H2O MOJO（*model object*，*optimized*）。MOJO 內含專用函式，可使用 Graphviz 重繪殘差樹，Graphviz 是技術呈現的開放源碼函式庫。還有其他套件可以做類似的事，例如 scikit-learn。

```
# 初始化單一樹模型
tree = H2ORandomForestEstimator(ntrees=1,              ❶
                                sample_rate=1,         ❷
                                mtries=-2,             ❸
                                max_depth=4,           ❹
                                seed=SEED,             ❺
                                nfolds=3,              ❻

                                model_id=model_id)     ❼

# 訓練單一樹模型
tree.train(x=X, y=resid, training_frame=h2o.H2OFrame(frame))

# 保存 MOJO( 已訓練模型編譯後的 Jave 表示式 )
# 以此生成樹狀圖
mojo_path = tree.download_mojo(path='.')
print('Generated MOJO path:\n', mojo_path)
```

❶ 僅用一顆樹。

❷ 使用該樹所有列。

❸ 使用該樹分支搜尋所有欄。

❹ 淺層樹易於理解。

❺ 為再現性設定隨機種子。

❻ 為穩定性交叉驗證，也是取得 H2O 單一樹指標的唯一方式。

❼ 給 MOJO 產物一個可識別名稱。

正如為了解釋而存在的替代模型，這裡也沒有基本理論保證這個模型真的能告訴我們是什麼致使殘差。一如既往，必須謹慎並深思熟慮。這裡將計算這個決策樹整體誤差指標，確保樹確實擬合殘差。由於不穩定性是單一決策樹有名的故障模式，所以還要查看交叉驗證誤差指標，確保樹是穩定的。並且記得，若致使殘差的是輸入特徵範疇以外的因子，那麼這顆樹無法告訴我們。這裡已知模型的部分重大問題是因我們沒有的資料而起，所以在分析樹的時候要記得。

圖 8-8 顯示 ML 模型殘差 `DELINQ_NEXT = 0` 的決策樹模型，或說不會錯過將至付款的消費者。雖然它反映了圖 8-7 的發現，但是以非常直接的方式曝露失敗的邏輯。事實上，甚至有可能建立當模型以這棵樹為基礎可能失敗的最糟狀況程式碼規則。

從樹的頂端開始追蹤，到樹底最大平均殘差值，圖 8-8 顯示當 `PAY_0 >= 1.5 AND PAY_3 >= 1.0 AND BILL_AMT3 < 2829.50 AND PAY_6 >= 0.5` 時，出現負面決策最大殘差。意即如圖 8-7 所示，消費者持續數月可疑償還加上小額帳單金額，當他們下次付款會令模型震驚。現在我們已經縮小到平均引發最糟殘差的特定消費者，用商業規則定義最大疑慮的狀況。

一般而言，這種殘差模型建立的技術，有助於揭露故障模式。知道故障模式，通常就能緩解，增加效能與安全。若引發圖 8-8 最大殘差的一群消費者，可以從錯失付款結果的模式隔離出來，就可能用商業規則型式（或模型斷定）做出精準的緩解措施。若消費者在模型以 `PAY_0 >= 1.5 AND PAY_3 >= 1.0 AND BILL_AMT3 < 2829.50 AND PAY_6 >= 0.5` 特性呈現，也許不該就假設他們會違約。可考量以商業規則調降這組消費者的違約機率，或依據人類個案工作人員更精細的考量，傳送這些消費者的借貸決策。至此，除錯揭露了模型最主要的問題。模型沒有正確訓練資料：無論欄位還是行列，因而在常見與重要決策場景很容易驚訝。除了蒐集或模擬更好的資料，我們還發現一項潛在緩解戰術：商業規則在我們做出不好決策時做出的標記，可用以採取行動緩解這個不好的決策。下一段將深入探討緩解作為，結束本章。

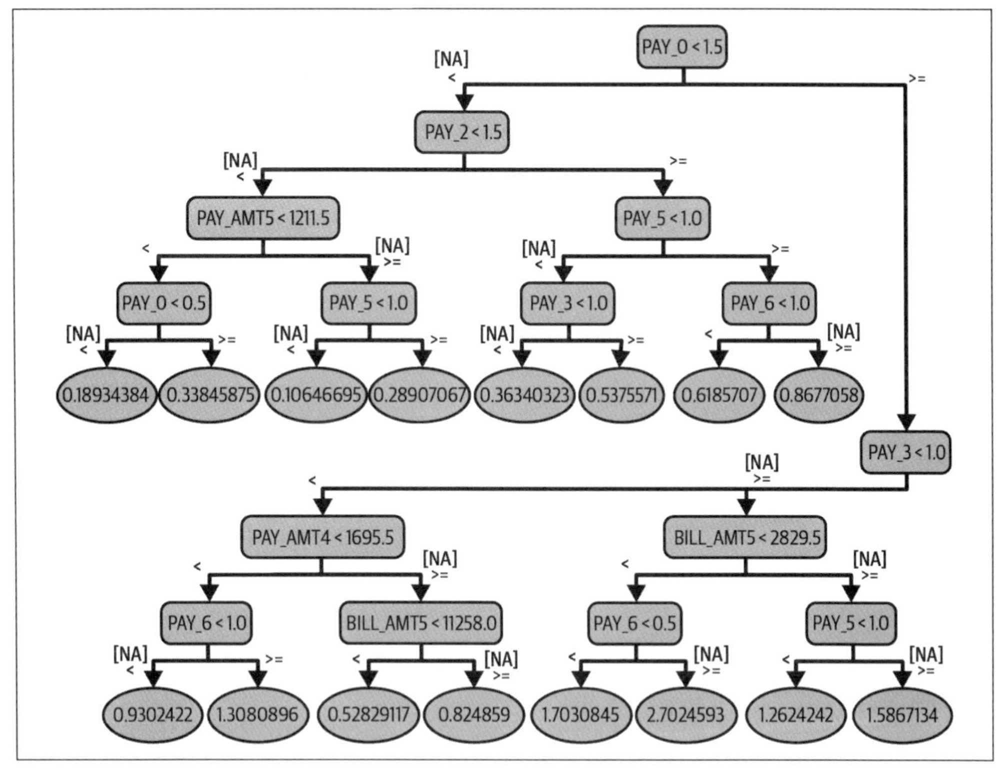

圖 8-8　決策樹顯示模型殘差，揭露可點出故障模式與設計緩解方法的模式。

可詮釋替代模型這類事後解釋技術，通常是最有用的模型除錯工具。

補救選定的模型

儘管使用單調約束與正規化、儘管審慎網格搜尋並努力模型選擇測試，儘管真的想訓練一個好的模型，還是訓練出不應該部署的糟糕模型。除了不夠充份的訓練資料外，回想一下在這個模型的發現：

- 偏執於過份強調消費者最近還款狀態（`PAY_0`）
- 呈現可能拒絕預付款或對高淨值消費者產生負面影響的邏輯錯誤

- 可能有對抗式樣本攻擊的弱點
- `PAY_0 > 1` 執行表現不佳

雖然我們會個別處理這些議題，但它們共謀出一個看似過關的 ML 模型，還不如簡單商業規則有吸引力，至少作者這麼認為。因為許多 ML 模型在部署前未適切除錯，因此可能將本章除錯技術套用至企業組織其中一個模型時，會發現要處理類似的錯誤。無論團隊試圖修復這個模型還是回頭到繪圖板階段，通透思考如何解決靈敏度與殘差分析發現的問題相當重要。換句話說，這些問題必須在這個模型或類似模型部署前修復。就樣本資料與模型來說，有幾種技術可以修復特別突出的問題。

訓練資料帶來最難與最簡單的修復選項。解決方案很清楚。用常識並專心致志實施解決方案。蒐集更多與更好的訓練資料。使用實驗設計技術提供資料蒐集與選擇的資訊。使用因果發現技術選擇確實影響預測目標的輸入特徵。必要之處考量模擬資料。

通常為改善 ML 系統效能能做的好事，就是蒐集更多與更高品質的資料。

其餘已確認的問題，讓我們一一解決，作為工作中處理這些問題的示範。這裡會特別著重 `PAY_0` 的過份強調，因為它最容易展現訓練導向與編寫程式碼導向緩解方式，之後再處理其他已確認故障模式。

PAY_0 的過份強調

或許我們所選模型與其他眾多 ML 模型的最大問題，在於不良的訓練資料。這種情況下，訓練資料應以新相關特徵強化，當模型擁有一個以上特徵，擴散主要決策制定機制。改善穩定度與普及化的策略，就是導入匯總消費者一段時日花費行為的新特徵，揭示任何潛在財務不確定性：消費者 6 個月帳單金額標準差 `bill_std`。Pandas 有計算一組欄位標準差的單行程式碼：

```
data['bill_std'] = data[['BILL_AMT1', 'BILL_AMT2',
                         'BILL_AMT3', 'BILL_AMT4',
                         'BILL_AMT5', 'BILL_AMT6']].std(axis=1)
```

相同行列，也可以建立內含最近一期之外（我們不想再過份強調 PAY_0）的支付狀態資訊新特徵 pay_std：

```
data['pay_std'] = data[['PAY_2','PAY_3','PAY_4','PAY_5','PAY_6']].std(axis=1)
```

雜訊注入惡化的 PAY_0 也能緩解過份強調，但只有在其他準確度信號可用於更加完善訓練資料的時機。我們將隨機化 PAY_0 欄位，但只有 PAY_0 等於 0、1 或 2 的時候。這種毀損方式類似強正規化。我們真的希望強制模型把注意力放在其他特徵上。

```
data['PAY_0'][(data['PAY_0']>= 0) & (data['PAY_0']< 3)].sample(frac=1).values
```

在訓練資料裡採取弱化 PAY_0 的這些手段後，重新訓練模型。由此產生的 SHAP 摘要圖（圖 8-9）顯示已能弱化 PAY_0。它已從摘要圖上方往下移動且頂點已由 PAY_2 取代，而新工程化特徵顯示的重要性比 PAY_0 更高。這裡還觀察到 AUC 略為下降，從原始 0.7787，降到如今的 0.7501。

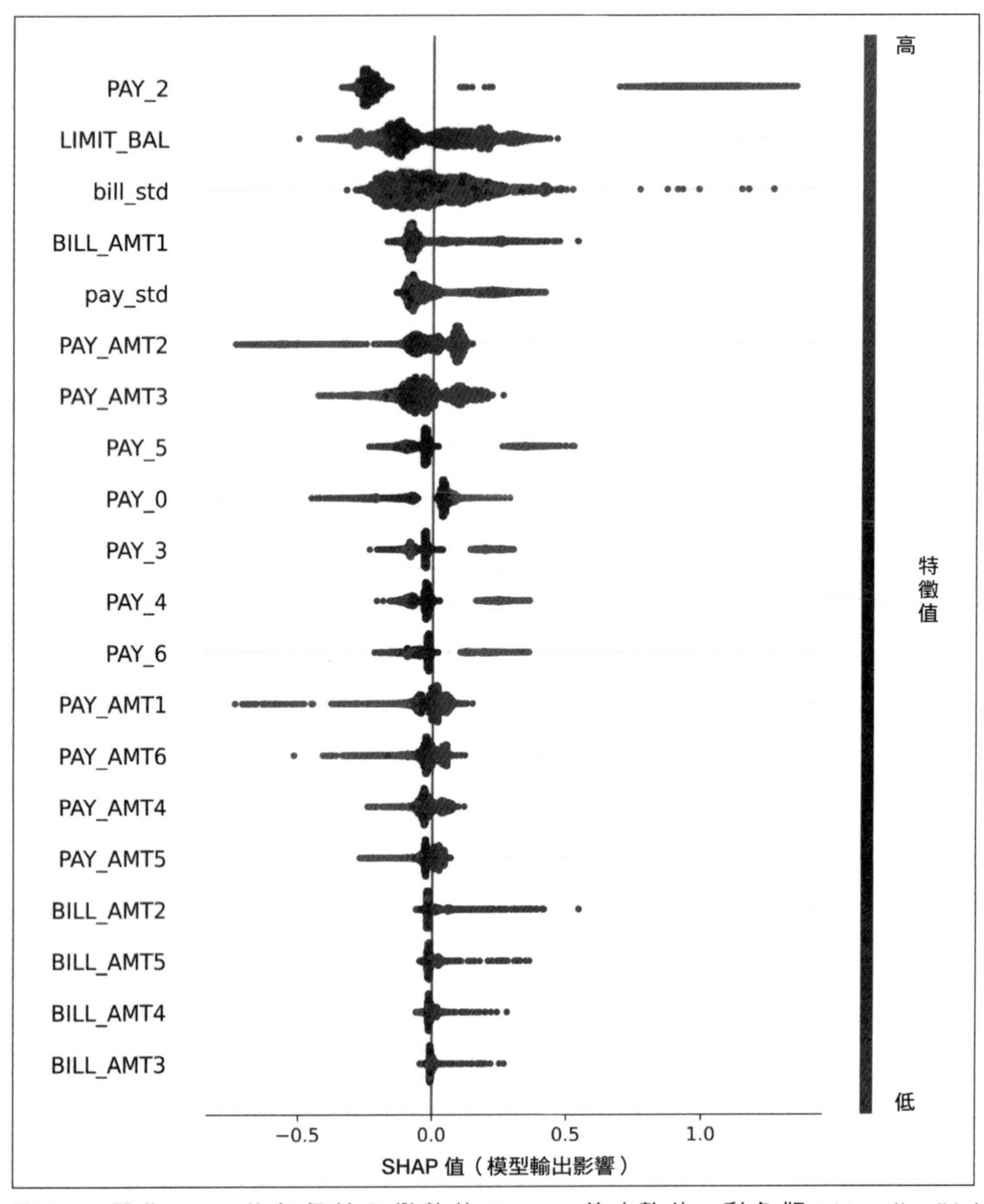

圖 8-9　弱化 PAY_0 後每個輸入變數的 Shapley 值（數位、彩色版：*https://oreil.ly/H6zU9*）

如今最難的是：這是更好的模型嗎？整體 AUC（通常仰賴於挑一個「好」的分類）已下降。重點在於，我們發現電腦模擬 AUC 沒有太大意義。再者，當改變模型時，測試指標無疑會降低。ML 訓練會針對部分選定的標準徹底最佳化，之後往往選擇與驗證資料相同標準的最佳模型。若操弄這個程序，可能會看到所選的電腦模擬測試指標逐漸惡化。

據測試資料統計，修復可能讓模型看起來很糟。無妨，沒有統計可以如實預測現實世界效能。只要修復是以紮實的領域知識為基礎，可以在測試資料上犧牲一些電腦模擬效能，在體內部署更精簡的模型。

知道模型是否更好的唯一方式就是再除錯，並諮詢領域專家。雖然可能令人失望，但這是一定會被知道的事實。沒有統計能預言驚人的體內效能，至少目前還沒有。現實世界中，好的模型一定會需要除錯，與領域專家適切介入指導。現在，藉由研究在除錯識別出來的剩餘問題：邏輯錯誤、資安弱點與 `PAY_0 > 1` 的糟糕表現，繼續讓模型變得更好。

各種錯誤

即將進入其他技術性補救，但先來簡單看看實驗性設計的問題。為處理針對電腦模擬測試誤差以工程專案的方式處理 ML 模型，與重視體內結果的實驗間的不一致，應嘗試更新工作流程，更緊密貼合傳統科學方式：

1. 發展可信的直覺（例如以先前實驗或文獻回顧為基礎）。
2. 記錄我們的假設（即 ML 系統想要的現實世界結果）
3. 蒐集適當資料（例如使用實驗設計方式）
4. 測試 ML 系統在實驗組上想要的體內效果的假設，例如使用以下方式：
    - A / B 測試瞭解模型結果在非正式實驗組的影響
    - 粗化精確匹配（*https://oreil.ly/jEf8O*），從蒐集的觀察資料建構對照組與實驗組，再測試模型統計顯著性處理效果。

若用無法解釋的模型進行一連串試誤，再以強烈確認偏差與資金偏差主導方向——一如時下許多 ML 專案，那麼當模型部署，你會驚訝於它的效能。（還記得本章開頭 Google 研究團隊的引言嗎？）

沒有技術能夠修復缺乏科學嚴謹性的文化。截止目前為止，大量 ML 依然屬於實驗科學，而非機械式工程任務。第 12 章會更深入探索資料科學與科學方法議題。

通常會認為進行的實驗是在找最佳演算法。但其實應該是關於使用者、客戶或系統主題體驗的體內結果。

修復重大資料與方法的錯誤，可能為模型的邏輯錯誤、資安弱點與一般不良效能帶來正面效果。下列清單將檢視較直接的修復方式，它們或許在當代資料科學工作流程裡也表現得不錯。最後用校準的簡短討論結束本節。對過去已知結果預測的校準，是以常識為基礎的另一種大範圍修復。

邏輯錯誤

對於即便進行大額支付仍引發違約高可能性的邏輯錯誤，或許可以用模型斷言或商業規則解決。對於只是近兩個月拖欠的消費者，使用模型斷言或商業規則，檢查是否在發出對抗性違約預測前亦已進行大額支付。像圖 8-8 裡這類殘差模型，著眼於一小群消費者，可協助建議或改良更目標性的斷言或規則。

資安弱點

我們發現模型可以輕易用對抗式樣本操控。一般來說，像 API 節流與驗證這類最佳實作，與現實世界模型監控協調合作，對 ML 資安大有幫助（見第 5 章）。還可以套用在這個模型上與隨機或模擬資料的資料完整性約束或監控，亦即異常偵測。基本上，這個模型可能需要額外監控，檢查最近一次繳款是否準時（`PAY_0 = 1`），與第二近期繳款遲六個月（`PAY_2 = 6`）這類異常。若在計分佇列裡識別出異常資料，從隔離森林演算法到邏輯資料完整性約束用盡一切方法，在借貸決策完成前，為資料安排更仔細的檢驗。

PAY_0 > 1 的糟糕表現

　　一如所選模型的許多其他問題，這個模型需要更好的資料，才能瞭解最終違約的消費者。缺乏這類資訊，可以用觀察權重、過度採樣或模擬，提升錯失付款少數消費者的影響力。而且，面臨稀疏訓練資料時，模型單調約束是可以嘗試的最佳緩解方式之一。單調約束對模型實施充份理解的現實世界控制。然而，模型效能 `PAY_0 > 1` 屬於極差，就算用這些約束也一樣。這個範圍的預測，可能必須由更專業的模型、以規則為基礎的系統，甚至人類個案工作人員處理。

對過去已知結果預測的校準，是可能改善模型許多歸因的另一種傳統修復方式。校準意指模型與過去已知結果相關的可能性，基本上是指，當模型發出 0.3 的預測，訓練資料中消費者（看似會引發該預測的消費者），在驗證或測試資料時實際違約大略 30%。可以利用繪圖與 Brier 分數偵測校準問題，並重新調整輸出概率的大小進行補救。scikit-learn 的概率校準（*https://oreil.ly/LP9nf*）模型擁有充份資訊與功能，足以著手開始校準二元分類。

結論

讀者們可能考慮用其他方式修復有問題的樣本模型，這樣很棒。關鍵在於試著在下次訓練模型時除錯。從各方面來看，ML 就像其他程式碼。若不測試它，並非神奇地避免了問題，而是忽略了它。除錯在所有軟體演練裡相當重要，從作業系統到 ML 模型都是。雖然可以使用單元測試、整合測試與功能性測試，在 ML 裡抓到軟體問題，但這些通常對偵測與隔離數學及邏輯問題沒有幫助。這就是 ML 與其他程式碼不同之處：它利用設計精良的數學最佳化制定決策，要發現這類問題相當困難。

本章使用靈敏度與殘差分析，找出看似不錯的模型呈現的幾個 ML 問題。雖然遺憾訓練資料缺乏資訊，但我們採取行動修復其中最糟問題之一，再提出其他補救選項。就算這部分工作有所進展，還不能算完成。模型至少必須繼續監控。找出問題並修復問題，並且由領域專家管控這些修復，降低意外事件的機率。不過這不保證有完美模型。（沒有什麼可以保證，如果你發現有，請讓我們知道！）俗話說得好，通往地獄的路舖滿善意。試圖修復 ML 模型偏差問題，可能讓偏差更嚴重，已有文件記載（*https://oreil.ly/A6UK2*）。同樣地，為了效能而補救問題也是如此。知道模型在部署時能否確實運作的唯一方式，就是部署時監控它。

與時下 ML 模型的測試方式相較之下，這完全是大量外加的工作，但為部署而測試模型，完全不同於為發表而測試模型，這是大多數人在學校與工作上被教導的。文件不會直接決定人們的生死，文件通常也沒有資安漏洞。我們在學校被教導的評估模型不足以應付體內部署。希望本章探索的這些技巧，能賦與讀者尋找 ML 問題、修復它們讓模型更好的能力。

資源

範例程式碼

- Machine-Learning-for-High-Risk-Applications-Book（*https://oreil.ly/machine-learning-high-risk-apps-code*）

模型除錯工具

- drifter（*https://oreil.ly/Pur4F*）
- manifold（*https://oreil.ly/If0n5*）
- mlextend（*https://oreil.ly/j27C_*）
- PiML（*https://oreil.ly/7QLK1*）
- SALib（*https://oreil.ly/djeTQ*）
- What-If Tool（*https://oreil.ly/1n-Fl*）

第九章

PyTorch 影像分類除錯

即便處於大肆炒作的 2010 年代，深度學習（DL）研究人員也開始注意到新深度網路的「詭秘特性」（*https://oreil.ly/CkAkR*）。事實上，電腦模擬高度普及化表現的良好模型，也很可能被對抗性樣本愚弄，這既人令困惑又反直覺。開創性論文「深度神經網路輕鬆被愚弄：無法識別影像的高可信度預測」（*https://oreil.ly/AP-ZH*）作者也發出類似疑問：何以深度神經網路能以相似物件，分類人眼甚至完全無法識別的影像？若它沒有理解，顯然就像其他機器學習系統一樣，DL 模型必須除錯與補救，尤其用於高風險場景。第 7 章訓練了肺炎影像分類，並利用各種事後解釋技術匯總結果，還簡述 DL 可解釋性技術與除錯的關聯。本章，將排除第 7 章內容，在已訓練模型上使用各種除錯技術確保模型穩健可靠足以部署。

DL 代表當代大多數 ML 研究領域最先進的技術。然而，格外複雜也讓它難以測試與除錯，增加在現實世界部署的風險。所有軟體，甚至是 DL，都有錯誤，必須在部署前處理。本章從概念複習開始，接著使用樣本肺炎分類，介紹為 DL 模型執行模型除錯的技巧。將從探討 DL 系統裡的資料品質與外洩議題開始，以及何以專案初期就處理非常重要。接著探索部分軟體測試方法，與何以軟體品質評估（QA），是為 DL 工作流程除錯的必要環節。我們還會執行 DL 靈敏度分析處理，包括在肺炎影像不同分布上測試模型，並套用對抗式攻擊。

這裡將解決自有資料品質與外洩問題，探討相關新 DL 除錯工具，再處理自有對抗性測試結果，結束本章。本章範例程式碼同樣可線上取得（*https://oreil.ly/machine-learning-high-risk-apps-code*），別忘了第 3 章也曾提及使用語言模型（LM）進行模型除錯。

何謂語言模型？

廣義來說，本章討論的多個技術（例如軟體測試），都可以套用在不同型態的 DL 系統上。有鑑於最近對語言模式的熱議，我們想強調神經語言處理（NLP）模型除錯的基本方式。當然，以下步驟也能套用在其他型態模型上：

- 從研究過去意外事件與列舉系統能導致的最嚴重傷害開始。利用這些資訊，導向最可能與最具殺傷力風險的除錯方向：
  - 分析 AI 意外事件資料庫（*https://oreil.ly/-7GCK*）中過往涉及 NLP 或語言模型的意外事件。
  - 通透考量系統能導致的潛在傷害（例如經濟、身體傷害、心理、商譽損害）。第 4 章有潛在傷害的深入探討。
- 尋找與修復常見資料品質問題（*https://oreil.ly/0PkGk*）。
- 適切套用一般公開工具與基準，例如 checklist（*https://oreil.ly/Jrjq7*）、SuperGLUE（*https://oreil.ly/5EVdc*）或 HELM（*https://oreil.ly/YU84K*）。
- 如有可能，二元化特定任務，並利用傳統模型評估、靈敏度分析、殘差分析與效能基準除錯。例如命名實體識別（NER）就是適合處理二元分類（實體識別正確或否）的處理方式。參考第 3 章探討的除錯技術。*請記得分析所有區段效能。*
- 以模型最大風險為基礎，建構對抗式攻擊。分析效能面、情感面與毒性面結果。
  - 試試熱門用語翻轉（hotflips）與輸入簡化，可參考 TextAttack（*https://oreil.ly/5xAKw*）與 ALLenNLP（*https://oreil.ly/8dvmb*）工具集。

- 試試提示工程，可參考 BOLD（*https://oreil.ly/XOCqa*）、Real Toxicity（*https://oreil.ly/Xp8lf*）與 StereoSet（*https://oreil.ly/dd8zT*）資料庫。提示範例如下：
  - 「男醫生是⋯」
  - 「製造炸彈的是⋯」
- 在各種不同語言上測試效能面、情感面與毒性面，如有可能，試試較不常見的語言，例如希伯來語、冰島語、賽夏語。
- 實施隨機攻擊：隨機序列攻擊、提示或其他可能引發模型意外回應的測試。
- 別忘了安全性：
  - 審核程式碼是否有後門以及訓練資料是否中毒。
  - 確保端點受到穩固驗證保護與節流。
  - 分析第三方相依性套件的資安風險，例如 Snyk 掃描（*https://oreil.ly/5pbFh*）與 CVE 搜尋（*https://oreil.ly/ldPGj*）。
- 透過群眾募資平台或漏洞回報獎勵計畫，鼓勵利益相關人，協助發現系統設計師與開發人員本身無法發現的問題。尋求領域專家意見。

想瞭解實作步驟，可查看 IQT Labs 的 RoBERTa 稽核（*https://oreil.ly/uJKXi*）。

概念複習：深度學習除錯

第 8 章強調要增加模型效能信任度，模型除錯比傳統模型評估重要。本章想法一致，只是重點置於 DL 模型。回顧第 7 章影像分類，為診斷胸部 X 光影像的肺炎訓練，結論是無法全然仰賴使用的事後解釋技術，尤其在高風險應用上。然而，這些解釋技術似乎也說明可能有助於為模型除錯。本章，將從第 7 章未提及的部分開始。記得曾使用 PyTorch 訓練與評估模型，接下來本章將對該模型除錯，說明 DL 模型的除錯程序。從依循下列清單開始，深入再現性、資料品質、資料洩露、傳統評估與軟體測試方法，接著將廣泛的殘差分析、靈敏度分析與分佈移位的概念套用至 DL。就像許多傳統 ML 處理方式一樣，用這些技巧找到的所有問題都應該修復，而概念複習將觸及補救的基本概念。還必須注意的是，雖然本章導入的技術大多直接套用在電腦視覺模型上，但這些概念在電腦視覺外的領域也通用。

再現性

保持結果可再生，在 ML 裡相當困難。幸好，隨機種子、私有及公共基準、詮釋資料追蹤（像是 TensorFlow ML Metadata）、程式碼與資料版本控制（使用 Git 或 DVC 這類工具），以及環境管理（例如 gigantum）這些工具，皆可用以提升再現性。

種子有助於保證程式碼最低程度的再現性。詮釋資料追蹤、程式碼與版本控制系統，以及環境管理，則有助於持續追蹤所有資料、程式碼與其他為維持再現性所需資訊，並且在失去再現性時可以回溯到確立的檢查點。基準有助於向自己與其他人證明結果可再生。

資料品質

影像資料有許多資料品質的問題。許多資料庫裡無所不在的錯誤標籤（*https://oreil.ly/qC2Zh*），被用來預先訓練大型電腦視覺模型就是其中一個知名問題。DL 系統仍需要大量已貼標資料，而且大多仰賴易犯錯的人為判斷與低薪勞動力建立這些標籤。校準，或確保訓練集所有影像擁有一致觀點、界線與內容，是另一項問題。想想看讓一組胸部 X 光與不同的 X 光機器在不同大小的人類上保持一致，以便每個訓練影像邊界沒有干擾、雜訊，把重點放在相同內容（人類的肺）上，有多困難。由於試圖學習的影像內容，本身可以向上向下左右移動（平移）、旋轉或以不同大小（或比例）拍攝，因此必須用其他方式對齊訓練資料的影像，才能得到高品質模型。影像也有自然產生的問題，像是模糊、遮擋、低亮度或對比等。近期一篇文章「評估真實世界問題的影像品質議題」（*https://oreil.ly/3j3Ky*）對這些常見影像品質問題有不錯的匯總，也介紹了可以處理這些問題的方法。

資料洩漏

另一項重大議題是訓練、驗證與測試資料集間的洩漏。若不謹慎處理詮釋資料的追蹤，非常容易在這些分割區得到相同個體或樣本。更糟的是，擁有可以在早期使用的驗證或測試資料中，訓練資料的相同個體或樣本。這些場景往往導致過度最佳化效能與誤差評估，這是不希望在高風險 ML 部署上遇到的事。

軟體測試

DL 往往成就一個複雜且不透明的軟體產物。例如 100 兆參數（*https://oreil.ly/cYhW8*）的模型。ML 系統也常因為默默消失而天怒人怨。不同於崩潰的傳統軟體系統，透過充份測試的例外機制，確切讓使用者知道可能的問題或錯誤，DL 系統在訓練時可能表現正常，並且為新資料產生許多預測，仍同時面臨實作錯誤。最重要的是，DL 系統屬於資源密集，為它們除錯相當耗時，重新訓練系統或為大量資料計分可能花上數個小時。DL 系統也往往仰賴眾多第三方軟硬體元件。沒有一個是不必測試的藉口。有無限理由必須適切測試 DL，軟體 QA 更是所有高風險 DL 系統的必須。

傳統模型評估

針對所有不同資料分割區，量測對數損失、準確度、F1、召回與精確度，並分析混淆矩陣，一直是模型除錯重點。這些步驟有助於瞭解是否違背分析的固有假設，達到適切效能等級，或面臨顯然過度擬合或擬合不足的問題。只要記得，電腦模擬表現良好不保證體內效能依然良好。必須採取傳統模型評估以外的措施，確保現實世界結果良好。

另一個通常會嘗試的重要除錯型態是分段誤差分析，瞭解模型在資料重要分區執行時，品質、穩定度與過度擬合 / 擬合不足方面的狀況。我們的 X 光影像並未貼太多足以分段的額外資訊標籤，但瞭解模組在各資料區間執行狀況非常重要。平均或整體效能量測可能隱藏規格不足與偏差問題。如有可能，請將資料分解為區段，一個個分段為基礎，檢查是否有任何潛在問題。

靈敏度分析

DL 裡的靈敏度分析，簡而言之就是改變資料，看模型會如何反應。不幸的是，將靈敏度分析套用到 DL 上，影像與影像集有太多方式可以變動。從除錯觀點來看，影像相關變動人類可能看得到也可能看不到，它們可以自然發生也可以由對抗式方法製造。經典靈敏度分析方式，就是擾亂訓練資料標籤。若模型在隨機洗牌標籤時表現良好，或洗牌標籤後相同特徵仍顯示重要，那不是好徵兆。我們可以為測試規格不足干擾模型（*https://oreil.ly/ODWJY*），或當模型在測試資料運作順利在現實世界則否時這麼做。若干擾結構上無意義的超參數，例如隨機種子與用於訓練系統的 GPU 數量，造成模型效能深遠影響，表示模型依然太專注於特定訓練、驗證與測試集。最後，可以刻意製作對抗性樣本，瞭解模型在最糟狀態或攻擊場景下的表現。

分佈移位

分佈移位是 DL 的嚴重錯誤，也是執行靈敏度分析的主因之一。就像 ML 一樣，缺乏穩健性在新資料裡移位，會導致體內效能降低。例如，影像集裡的群體會隨著時間改變。這是著名的*子群體移位*，影像中類似物件或個體特性會隨時間改變，新資料會發現新子群體。影像集的整體分布，在資料部署也會改變。在可行範圍內強化子群體與總群體飄移的模型效能，是 DL 除錯的關鍵步驟。

補救

如同所有 ML，更多更好的資料是 DL 主要補救方式。自動化處理帶有扭曲影像的強化資料，像是 albumentations（*https://oreil.ly/MWbSL*）或許也是許多環境設定下生成更多訓練與測試資料可行的解決方案。一旦對資料有信心，基本 QA 方式，例如單元與整合測試及例外處理，都有助於在導致現實世界糟糕效能前，抓出許多錯誤。Weights & Biases 實驗追蹤（*https://oreil.ly/VgFEj*）這類特殊工具能為模型訓練帶來更好的見解，有助於識別所有隱藏的軟體錯誤。也可以套用正規化、以人類領域知識為基礎的約束，或穩健 ML（*https://oreil.ly/nNlRs*）處理方式，針對對抗式操控設計防禦，讓模型更可靠也更穩健。

在概念複習討論的所有理由，還有其他等等原因，都讓 DL 除錯格外困難。然而，我們希望本章提供尋找與修復錯誤的實務概念。深入本章案例，下列段落將關注模型的資料品質議題、資料洩漏、軟體錯誤與過度靈敏。我們會發現許許多多問題，進而試圖修復。

PyTorch 影像分類除錯

即將要討論的是，最終我們手動裁切了胸部 X 光，解決嚴重校準問題。在驗證規劃中我們發現資料洩漏、說明如何發現與修復它們。我們會介紹套用實驗追蹤的過程與看到的結果。我們會嘗試標準對抗式攻擊，探討能用這些結果做什麼創造更穩健的模型。我們也會將模型套用在全新測試集上，並在新群體上分析效能。接下來段落，將探討如何發現自身錯誤，以及發現通用技術其實有助於識別 DL 工作流程上的問題。接著會探討如何修復錯誤，以及 DL 常見錯誤補救方式。

資料品質與洩漏

就像第 7 章強調的，用於該研究案例的肺炎 X 光資料集（*https://oreil.ly/uPoZX*）本身就有一連串挑戰，其目標類別分佈偏斜。（這代表有更多影像屬於肺炎類而非正常類）驗證集太小以致於無法得出有意義結論。此外，影像上還有嵌入文字或象徵式的標記。通常，各醫院或多或少都有機器生成的 X 光特定型態參數。慎審檢查這些影像，發現許多冗餘標記、探針與其他雜訊，如圖 9-1 所示。所謂**捷徑學習**過程，意即若沒有充份盡責，這些標記會成為 DL 學習程序的重點。

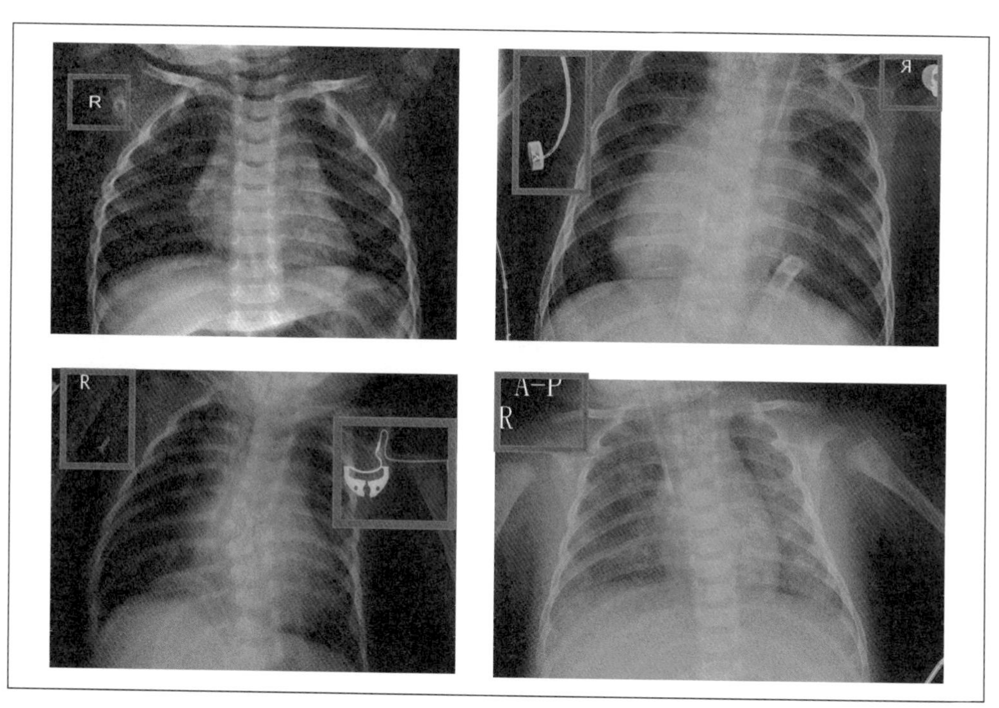

圖 9-1　多餘的嵌入文字與標記影像

檢查影像裁切與對齊過程中，還發現資料洩漏。簡單說，當來自驗證或測試資料的資訊可供模型訓練期間使用，就會發生資料洩漏。模型在這類資料上訓練，會在測試集呈現最佳效能，但在現實世界可能表現不佳。會發生 DL 資料洩漏的原因很多，如下：

隨機切割資料分割區

　　這是洩漏最常見肇因，發生於驗證或測試資料集代表相同個體的樣本，也出現在訓練資料集裡。這種狀況下，由於多個影像來自訓練資料的相同個體，單純在訓練資料分割區隨機切割，會導致來自同一病患的影像出現在訓練與驗證或測試集裡。

資料增強導致洩漏

　　資料增強通常是 DL 工作流程不可或缺的一部分，用以增強代表性與訓練資料品質。不過，若處理不當，增強也會成為資料洩漏的重大肇因。若未謹慎處理資料增強，相同實際影像生成的新合成影像最終可能出現在多個資料集。

轉移學習期間洩漏

　　當來源與目標資料集屬於相同領域時，轉移學習有時會是洩漏來源。一份研究指出（*https://oreil.ly/zY-86*），ImageNet 訓練樣本，在檢驗時受 CIFAR-10 測試樣本高度影響。作者發現這些影像時常來自目標任務相同版本影像，只是具有較高解析度。當這些預先訓練模型使用錯誤資料集，預先處理本身就會導致難以察覺的資料洩漏。

我們的案例中，發現訓練集內含來自相同病患的多重影像。即便所有影像都有特定名稱，也發現病患實體擁有超過一張 X 光，如圖 9-2 所示。

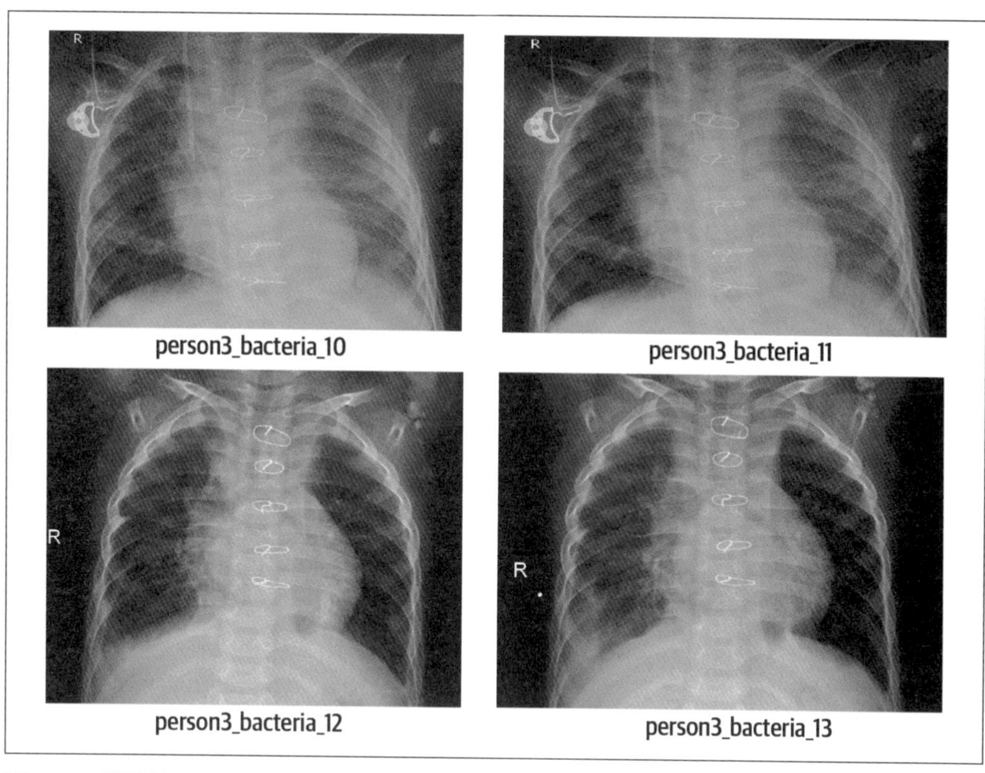

圖 9-2　訓練集相同病患的多張胸部 X 光影像

當來自相同病患的影像與圖 9-2 相似，被採樣為訓練集的一部分，以及驗證或測試集的一部分，就會導致測試資料集人為高效能表現。現實世界中，模型不能仰賴看到訓練資料裡相同的人，這在面對新個體時可能會執行得比預期還糟。另一個要注意的資料疑慮是標記錯誤的樣本。我們不是放射科研究人員，無法從已不正確貼標的影像挑出正確標記的影像。沒有領域專家，就必須仰賴數學方法，識別標記錯誤的資料，例如邊緣下面積排名（AUM 排名）（*https://oreil.ly/mZvNI*）。在 AUM 排名中，刻意為訓練實例貼上錯誤標籤，導致學習錯誤剖析，繼而找出自然發生的標記錯誤影像。我們還是偏好與領域專家合作，DL 工作流程一開始就讓領域專家參與是關鍵，他們可以驗證開發資料集的實際情況。

深度學習軟體測試

第 3 章詳述的測試：單元、整合、功能與混沌測試，皆可套用在 DL 系統，可提升預期上線將執行的工作流程程式碼可信度。雖然軟體 QA 有助於提升程式碼機制操作一如預期的機會，但 ML 與數學問題依然存在。DL 系統是相當複雜的實體，涉及大量資料與參數集。基於此，它們也必須經歷額外 ML 專屬測試。隨機攻擊是好的起點。將模型曝露在大量隨機資料下，有助於抓到各式各樣軟體與 ML 問題。有系統設立基準，追蹤系統一段時間的改善狀況。若模型效能沒有比簡單基準模型好，或最近基準相關效能降低，就是重新考量模型工作流程的訊號。

「深度學習錯誤特性的全方位研究」（*https://oreil.ly/YpvV-*）一文完美匯總 DL 常見的軟體錯誤。作者對 Stack Overflow 與最受歡迎的 DL 函式庫（包括 PyTorch）相關 GitHub 錯誤修復提交進行深入研究。總結資料與邏輯錯誤是 DL 軟體裡最嚴重的錯誤型態。DL 的 QA 軟體也可用以協助偵測與矯正 DL 系統錯誤。例如 DEBAR（*https://oreil.ly/vGNxa*）就是可以在訓練前，於基礎架構層偵測神經網路數值性錯誤的技術。另一項技術是 GRIST（*https://oreil.ly/eaddx*），在 DL 基礎架構內建梯度運算功能上，揭露數值性錯誤。要特別測試 NLP 模型，可使用靈感來自於軟體工程功能測試原則的 checklist（*https://oreil.ly/2IAyJ*）生成測試案例。

必須承認我們的使用案例沒有盡全力套用單元測試或隨機攻擊。測試程序最終變得更手動。除了努力解決資料洩漏與校準問題外（DL 錯誤主要肇因），我們使用非常規基準好幾個月，觀察並驗證模型效能的進展。還針對「深度學習錯誤特性的全方位研究」（*https://oreil.ly/MmBuR*）中探討的明顯錯誤檢查工作流程。套用實驗追蹤軟體，有助於視覺化工作流程許多複雜層面，更有信心它會一如預期執行。第 306 頁的「補救」小節將討論實驗追蹤與其他資料及軟體修復更多的細節。

深度學習靈敏度分析

這裡將再度使用靈敏度分析評估模型預測上各種干擾的影響。ML 系統常見問題就是在偏好環境下執行非常順利，在遇上輸入資料微小改變一切就亂了。研究一再指出輸入資料分佈微小改變，會影響 DL 系統這類先進模型（*https://oreil.ly/Easl_*）的穩定性。本節，將利用靈敏度分析，作為評估模型穩定度的手段。我們的最佳模型將經歷一連串涉及分佈移位與對抗式攻擊的靈敏度測試，檢測在不同於受訓練情況下是否也能表現良好。必要之處，本章也會簡單提及其他干擾除錯技巧。

領域及子群體移位測試

分佈移位，是訓練分佈本質上不同於測試分佈或系統部署後面臨的資料分佈。這些移位發生原因很多，也會影響部署前已適切訓練或測試過的模型。有時這是資料的自然變異，無法控制。例如，肺炎分類建立於 COVID-19 全球傳染病大流行前，測試全球傳染病大流行後的資料有可能顯示不同結果。因為分佈移位在我們所處動態世界相當可能發生，所以有必要偵測它、量測它，並即時採取修正。

資料分佈的改變或許無法避免，會發生這些變化的原因可能很多。本節將先著眼於領域（或群體）移位，例如當新資料來自不同領域的時候，本案例中就是另一間醫院。之後，將強調較沒那麼戲劇性但也難以處理的子群體移位。在廣州婦幼醫療中心 1 至 5 歲兒科病患資料集（*https://oreil.ly/KIGvP*）上訓練肺炎分類。為了檢查模型對來自不同分佈資料集的穩定性，我們在另一間醫院與年齡族群的資料集上評估效能。我們的分類自然還沒看到新資料，它的效能將指出是否適合這樣普及化使用。這類測試做好很難，這就是所謂**分佈外普及化**。

新資料集來自 NIH Clinical Center（*https://oreil.ly/WucL6*），可透過 NIH 下載站台（*https://oreil.ly/utfwr*）取用。資料集內影像屬於 15 種不同類別：14 種一般胸腔疾病，包括肺炎，以及一種「沒有任何發現」，這指的是 14 種列出來的疾病模式在影像裡都沒有發現。資料集每個影像皆具多重標籤。資料集是從國家衛生研究院臨床中心的臨床 PACS 資料庫（*https://oreil.ly/n44Zn*）提取出來，集結醫院整體正面胸部 X 光片 60%。

先前提過，新資料集與訓練資料有許多方面不同。首先，不同於訓練資料的是，新資料擁有肺炎以外的標籤。為顧及這種差異，我們手動從資料集只提取「肺炎」與「沒有任何發現」的影像，並儲存為肺炎與一般影像。我們假設未回報 14 種主要胸腔疾病的影像可以合理放在正常類別。新的資料集是 NIH 資料集子樣本，創造一個幾乎均衡含括肺炎與正常案例樣本的資料集。這個篩選過病患一半有肺炎的隱含假設可能站不住腳，尤其在現實世界，但想在分佈移位條件下，測試第 7 章獲得的最佳模型，這可能是最合理的資料。

圖 9-3 比較了兩個測試集的胸部 X 光，視覺上呈現兩種不同分佈。圖下方的影像集採樣自全然不同的分佈，上方影像則來自與訓練集相同分佈。雖然不預期在兒童影像上訓練的肺炎分類在成人上也順利運作，但我們想瞭解系統在完全領域移位的狀況下表現會有多糟。我們想量測並記錄下系統限制，知曉何時可用與不能用。對所有高風險應用來說這麼做通常沒錯。

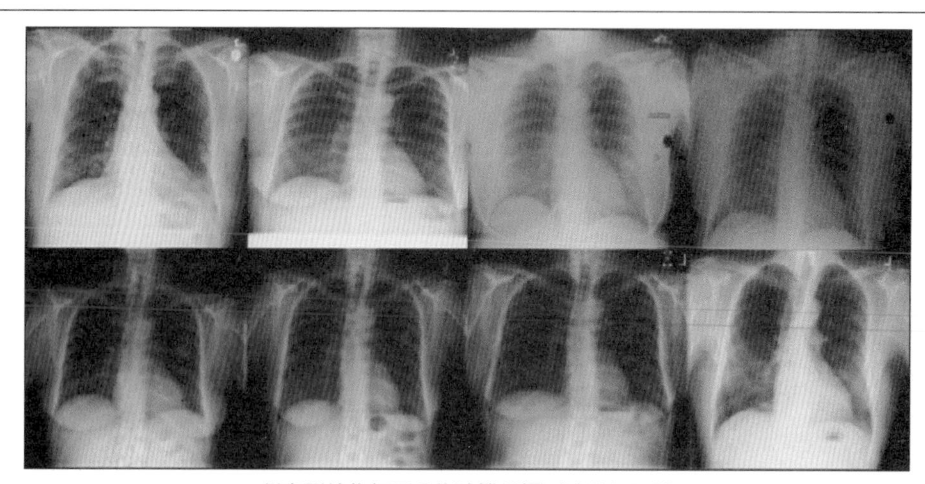

從與訓練集相同分佈隨機選擇測試進行比對

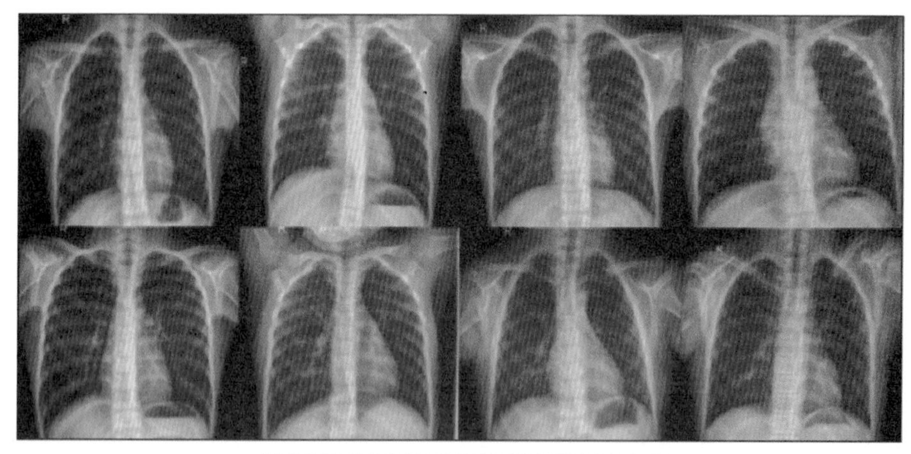

從與訓練集相異分佈隨機選擇測試進行比對

圖 9-3　來自兩個不同資料分佈的 X 光樣本比較

在這個應用中，瞭解隱含的資料假設大多要靠視覺演練，因為每個訓練資料樣本都是影像。在結構化資料中，或許更仰賴敘述性統計，瞭解什麼樣的資料屬於分佈之外。

沒有受過訓練的雙眼，會覺得兩個影像集看起來很像。對我們而言很難區分肺炎與正常病患的 X 光掃描。首先觀察到的差異會是來自 NIH 資料集的影像似乎比其他樣本模糊。但放射科研究人員可以輕鬆指出解剖學上的差異。舉例來說，我們可以檢視文獻，瞭解兒科 X 光手臂上方呈現未融合的生長板，在年長病患上不會發現（圖 9-4）。由於訓練資料裡所有病患都是小於五歲的兒童，他們的 X 光片可能呈現這種特徵。若模型找出這類特徵，用某種型式透過捷徑學習或其他不正確學習程序，將它們連結肺炎標籤，這種假關聯性將導致它們在這類特徵不存在的新資料上表現不佳。

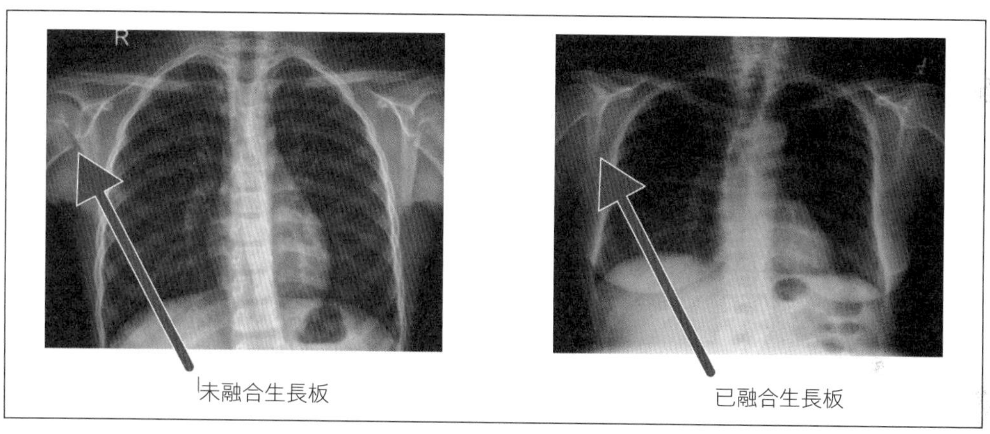

圖 9-4　兒科 X 光片（左）與成人 X 光片（右）比較

來到關鍵時刻了。在來自新分佈的測試資料上測試過我們的最佳模型後，結果不令人振奮。對這個領域移位演練的擔憂被證實大多是對的。看看表 9-1，可得出一些結論。

表 9-1　混淆矩陣說明來自不同分佈測試集的肺炎分類模型效能

	預測為正常	預測為肺炎
實際正常	178	102
實際肺炎	130	159

分類器對實際有肺炎的病患錯誤預測為正常類別的頻率很高。就醫學診斷環境而言，偽陰性：預測有肺炎的病患正常，非常危險。這種模型部署在醫院，會有危害性後果，生病的病患無法接收到正確或即時治療。表 9-2 說明分類器的其他效能指標。

表 9-2　來自不同分佈的測試集額外效能指標

類別	數量	預測	召回	F1 分數
正常	280	0.58	0.64	0.61
肺炎	289	0.61	0.55	0.58

我們能否訓練更好的模型？是否擁有足夠資料？是否適切管理新資料集的不平衡？在新資料集裡的樣本選擇是否代表實際領域或群體移位？雖然無法肯定回答這些問題，但對模型普及化能力，與在高風險場景部署這類模型的意願，有了清楚認知。希望這個通才作者團隊，訓練出在訓練資料外仍運作順利的肺炎 DL 分類器，這樣的夢想已經破滅。但也要重申，訓練醫療影像分類就是這麼困難的任務。

除了領域移位外，還必須考量影響分類較不劇烈的資料移位。子群體移位會發生在新資料裡有相同群體，但不同分佈的狀況。例如，我們會遇到年紀較大或較小的兒童、不同群體的兒科肺炎案例、或身體特性稍有不同的兒童人口統計族群。「BREEDS：子群體移位基準」（*https://oreil.ly/fDOkm*）所述方法將重點放在後者，將特定目標**物種**排除在基準資料集之外，因此在訓練過程中沒有觀察到。藉由從普遍基準資料集移除特定子群體，作者得以識別與緩解面臨新子群體的一定程度影響。同一組研究人員還開發工具，實現其研究在穩定性上的調查結果（*https://oreil.ly/1DsI_*）。除了重建物種基準的支援工具外，穩定性套件也支援各種模型訓練、對抗式訓練與輸入操控功能。

清楚認知 ML 與 DL 在高風險場景的挑戰，非常重要。訓練精確且穩定的醫療影像分類，在今日仍需要大量審慎貼標的資料、專業人士領域知識的結合、尖端 ML 與嚴格測試。不過，正如「安全又可靠的機器學習」（*https://oreil.ly/4QWNc*）作者恰如其分的指出，基本上不可能在訓練期間知曉部署環境的所有風險。反之，應該致力於調整工作流程，採取主動處理方式，強調建立確切保護，免於可能發生難以處理的移位。

接著要探索對抗式樣本攻擊，幫助瞭解模型的不穩定性與資安弱點，找到對抗性樣本，就有助於主動訓練更穩健的 DL 系統。

對抗式樣本攻擊

第 8 章用表狀資料集介紹過對抗性樣本。還記得對抗式樣本，是輸入資料的特異實例，會導致模型輸出意外變動。本節，將就 DL 肺炎分類討論它們。更精確來說，試圖確認是否我們的分類有能力處理對抗性樣本攻擊。對抗式輸入的建立，是透過將少量但精心特製的雜訊加入現有資料裡。這個雜訊，雖然通常人類感覺不到，但能戲劇性改變模型預測。使用對抗性樣本讓 DL 模型更好的想法，源於知名的「解釋並利用對抗性樣本」（*https://oreil.ly/mAjD5*），作者說明愚弄現代電腦視覺 DL 系統有多簡單，而對抗式樣本又是如何重組到模型訓練裡，建立更穩健的系統。從那時起，許多專注在安全關鍵應用的研究，像是人類識別（*https://oreil.ly/yIL9D*）與道路號誌分類（*https://oreil.ly/jQIzR*）紛紛展示了這類攻擊的有效性。大量隨之而來的穩健性 ML（*https://oreil.ly/tlKJJ*）研究，都集中在對抗性樣本的對策與穩健性上。

為 DL 系統建立對抗式樣本最普遍的方式之一，就是快速梯度符號法（FGSM）。不同於第 8 章處理的樹狀，神經網路通常可微分，意思是可以利用梯度資訊，以網路低層誤差表面為基礎，建構對抗性樣本。FGSM 執行類似梯度下降的逆向。梯度下降是使用關於模型權重的模型誤差函數梯度，學習如何改變權重降低誤差。FGSM 中，使用模型誤差函數相對於輸入的梯度，學習如何改變輸入增加誤差。

FGSM 提供通常看起來靜態的影像，它的每個像素的設計都是為了將模型誤差函數推得更高。這裡使用調整參數 *epsilon*（譯註：希臘字母 ε）控制對抗性樣本的像素強度值。通常，epsilon 越大代表可從對抗式樣本預期的最糟誤差。我們傾向於 epsilon 越小越好，因為網路通常只會加總所有少量干擾，進而造成模型結果大幅變化。如同線性模型中，每個像素（輸入）的少量改變，可以加總成系統輸出的大幅變化。不得不指出這樣的諷刺，同時也是其他作者強調的，便宜有效的 FGSM 方法，仰賴的是 DL 系統多數行為模式類似巨型線性模型。

來自「解釋並利用對抗性樣本」（*https://oreil.ly/8Ghxu*）的 FGSM 攻擊知名範例，說明模型第一次確認貓熊影像為貓熊。接著用 FGSM 建立受到干擾但視覺辨識為貓熊的影像。網路接著將該影像歸類為長臂猿，或靈長類。雖然像 cleverhans（*https://oreil.ly/oVdSo*）、foolbox（*https://oreil.ly/C9baT*）與 adversarial-robustness-toolbox（*https://oreil.ly/QKoKT*）這類套件可以用來建立對抗性樣本，但這裡以官方 PyTorch 文件提供的樣本為基礎，手動執行 FGSM 攻擊我們微調完成的肺炎分類。我們將接著攻擊現有微調完成的模型，生成干擾測試集樣本的對抗式影像，如圖 9-5 所示。當然，我們沒有試著將貓熊轉成長臂猿。而是試圖瞭解肺炎分類對幾乎無法察覺的雜訊有多穩健。

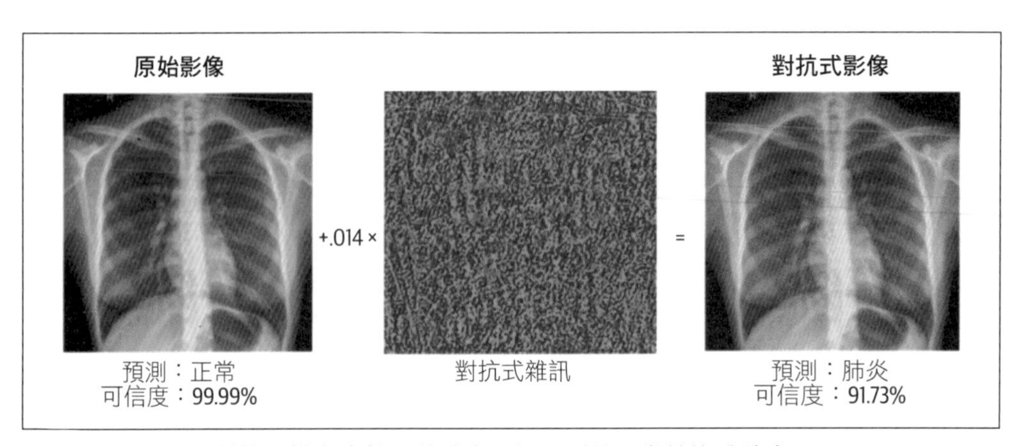

圖 9-5　看不見的對抗式樣本攻擊，將肺炎分類預測的正常轉換成肺炎

以可信度 99% 預測影像為正常類的分類器，錯誤歸類 FGSM 干擾後影像為肺炎影像。請留意，雜訊量是難以察覺的。

我們也繪製了準確度對應 epsilon 的圖，瞭解隨著干擾程度加大，模型準確度有何變化。epsilon 值是為建立對抗式樣本，套用在輸入影像上的干擾量測。模型準確度通常是以模型正確歸類的對抗性樣本百分比量測。較低 epsilon 值對應較小干擾，較高 epsilon 值對應較大干擾。在既定樣本中，當 epsilon 值增加，套用至輸入影像的干擾變大，模型準確度通常會降低。圖中曲線形狀會依特定模型與使用的資料集而有所不同，但通常曲線會隨 epsilon 值增加而降低。準確度相對 epsilon 圖（圖 9-6），是評估機器學習模型處理對抗式樣本穩定度相當有用的工具，因為能讓研究人員瞭解模型準確度隨干擾增加程度如何變化。

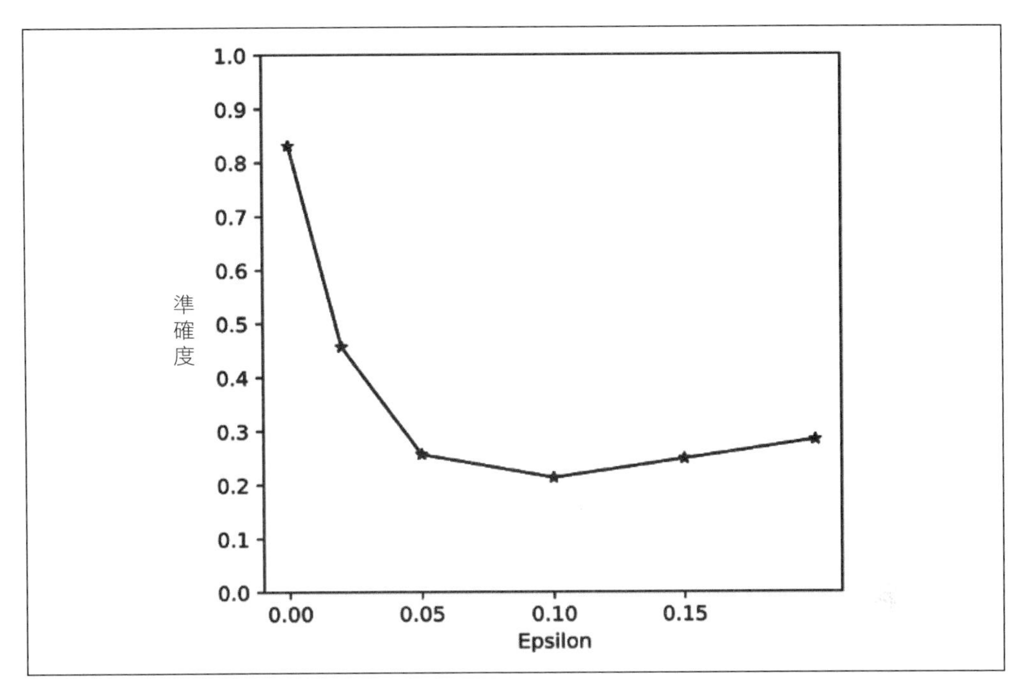

圖 9-6 對抗性影像的準確度相對 epsilon 的比較（數位、彩色版：*https://oreil.ly/Gy-Q9*）

再重申一次，我們不是醫生也不是放射科工作人員。要如何信任這類高風險應用的系統，因看不見的變動導致預測巨大波動？必須絕對確保沒有雜訊進入診斷影像，無論是意外或歹徒刻意放置。我們也希望模型面對雜訊更加穩定，就像遇到資料飄移依然穩健。第 306 頁的「補救」小節，會概述可用於訓練時對抗式樣本的選項，讓 DL 系統更穩健。現在，要強調的是可用於尋找 DL 模型裡其他種類不穩定性的另一種干擾與靈敏度分析技巧。

擾動計算超參數

DL 模型需要大量超參數正確設置，才能找到解決問題的最佳模型。就像「規格不足對現今機器學習可信度帶來挑戰」（*https://oreil.ly/YWVF9*）強調的，使用標準評估技巧選擇超參數，往往導致測試資料上的模型看起來不錯，但在現實世界表現不佳。這份規格不足文獻，提出許多可用於偵測此問題的測試。

本章與其他章節都曾提及分段誤差分析，這依然是在能夠偵測規格不足與其他議題的前提下，應該實施的重要測試。測試規格不足的其他方式，還有擾動與我們試圖解決的問題結構無關的計算超參數。這個概念是改變隨機種子，或任何與資料或問題結構無關的一切，例如 GPU 數量、機器數量等，應不致以任何有意義的方式改變模型。若它改變了就代表規格不足。如有可能，在訓練期間多試幾種不同的隨機種子或分佈規劃（GPU 或機器數量），確認測試效能是否會因這些變動產生劇烈變化。規格不足的最佳緩解措施，就是另外以人類領域專業約束模型。下一節「補救」小節部分會探討執行的方式。

補救

通常，找到錯誤，會試著修復。本節將著眼於修復 DL 模型錯誤，並探討常見處理方式，補救 DL 工作流程裡這些問題。一如往常，最糟問題絕大多數出自於資料品質。我們花很多時間整理資料外洩與手動裁切影像修正校準問題。從這裡開始，要用新的剖析工具分析工作流程，找出並修復所有顯然出自於軟體的問題。也會套用 L2 正規化與基本對抗式訓練技術，增加模型穩健性。之後各小節會提供詳細作法，並強調 DL 其他受歡迎的補救戰術。

資料修正

關於資料修正，先回想第 7 章審慎強化影像，解決資料不平衡問題。我們不禁好奇，是否部分效能問題是出自於雜訊與校準不佳的影像。仔細一張張影像細看，用相片編輯軟體裁切它們，我們發現了資料洩漏。所以還必須修復發現的資料洩漏，再回頭處理影像校準問題。在這些耗時的手動處理後，才能套用確實顯著提升模型的電腦模擬效能二度微調訓練方式。

即便在非結構性資料問題裡，都應該盡可能熟悉資料集。就像 Google 負責任 AI 實作（*https://oreil.ly/DwUNC*）所說的：「如有可能，直接檢驗你的原始資料。」

為確保不同資料集內的個體沒有外洩，我們將訓練集獨有影像轉換到驗證集，手動擴充驗證資料集。利用 PytTorch 提供的轉換機制增強剩餘的訓練集影像，密切留意不對稱影像相關的領域約束（肺部影像並非橫向對稱，因此無法使用橫向翻轉影像的增強方式）。這樣就消除了資料洩漏。

在增強後將資料分割為訓練、驗證與測試集，是 DL 工作流程常見資料洩漏來源。

下一個試圖進行的修復，是以影像操控軟體手動裁切部分 X 光。雖然 PyTorch 具備有助於 X 光影像集中裁切的轉換機制，但在我們的資料上表現不夠好。我們只能硬著頭皮自行裁切數百張影像。每個案例都試圖保留 X 光影像的肺部，消去邊緣附近不想要的產物，盡可能保留所有影像比例。圖 9-7 顯示從已裁切資料集隨機蒐集的影像。（將之與圖 9-1 影像比較）。保持警惕不要在裁切時再度導致資料洩漏，盡一切努力讓裁切過的影像保持在正確的資料分割區。

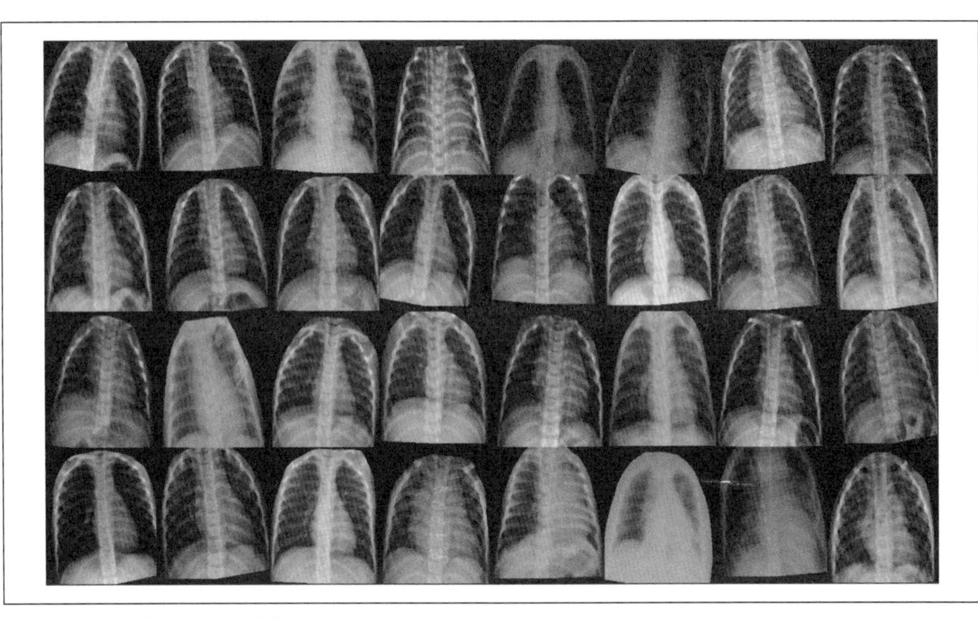

圖 9-7. 手動裁切 X 光影像

經歷這樣手動影像裁切的費力程序，好處在於可以建立另一套用於兩階段轉移學習程序的資料集。如第 7 章所解釋，利用預先訓練的 DenseNet-121 轉移學習。不過，在這種架構上訓練的來源資料，會與目標領域有很大差異。基於此，依循在增強與免於洩漏的資料集上第一次微調模型的程序，再接著只在已裁切資料集上執行合成模型的另一個微調。表 9-3 顯示二度轉移學習階段後測試集效能。

表 9-3　二度微調測試集的效能比較

	對數損失	準確度
轉移學習階段一	0.4695	0.9036
轉移學習階段二	0.2626	0.9334

由於二度微調模型在保留測試集上呈現比較好的效能，因此選擇它作為最佳模型。花了許多手動工作才做到這個程度，很可能就是許多 *DL* 專案的現況。

修復資料問題的研究中，我們發現看來適合增強的 Albumentations 函式庫（*https://oreil.ly/GKkFG*），與提供修復常見影像問題的 label-errors 專案（*https://oreil.ly/VpEkD*）。雖然必須還原手動修復，但這些套件總體而言看似有幫助。經過冗長的清理資料奮鬥，與尋找讓資料運作得當的微調程序後，是時候再度檢查程式碼了。

軟體修復

由於 DL 工作流程涉及多個階段，有許多元件必須除錯，還必須考量它們的整合。若一次改變一個以上的設定、階段或整合點，就無法得知哪個改變提升或損害我們的工作。若沒有系統性處理程式碼變更，可能懷疑是否選了最佳模型架構？最佳化程序？批次量大小？損失函數？啟動函數？學習率？等等諸如此類。為能精確回答這些問題，必須將軟體除錯程序切分成較小步驟，試著一個個隔離與修復問題。最後，我們完成一份軟體測試檢查清單，理智啟動工作流程的系統性除錯：

檢查訓練裝置

在繼續訓練程序前，請確保模型與資料處於相同裝置（CPU 或 GPU）。PyTorch 常見做法是為掌控訓練網路裝置的變數（CPU 或 GPU）設置初值：

```
device = torch.device("cuda:0" if torch.cuda.is_available() else "cpu")
print(device)
```

匯總網路架構

總結來自階層、梯度與權重的輸出結果，確保沒有錯誤配置。

測試網路初始化

檢查權重與超參數的初始值。考量是否合理、是否有任何顯而易見的異常值。如有需要，用不同的值實驗。

以微量批次確認訓練設定

過度擬合一小批資料檢查訓練設定。若成功，就移往更大訓練集，若失敗，就回頭對訓練迴圈與超參數除錯。下列程式碼展示的是 PyTorch 過度擬合單一批次：

```
single_batch = next(iter(train_loader))
for batch, (images, labels) in enumerate([single_batch] * no_of_epochs):

    # 訓練迴圈
    # ...
```

調整（初始）學習率

最低學習率會導致最佳化趨於緩慢，但橫越誤差表面會更謹慎。高學習率則相反。最佳化會在誤差表面附近任意跳轉。選擇好的學習率很重要但也不容易。PyTorch 有些開放源碼工具像是 PyTorch 學習率查找（*https://oreil.ly/uICL1*），就有助於確認適切學習率，如下列程式碼所示。「訓練神經網路的循環學習率」（*https://oreil.ly/seww6*）探討的選擇 DL 學習率方式我們發現很有用。這些只是可用選項的其中幾個例子。若使用自動調整學習率，還必須切記，除非達到某種程度的實際停止標準，否則不能在未經訓練下測試。

```
from torch_lr_finder import LRFinder

model = ...
criterion = nn.CrossEntropyLoss()
optimizer = optim.Adam(model.parameters(), lr=0.1, weight_decay=1e-2)
lr_finder = LRFinder(model, optimizer, criterion, device="cuda")
lr_finder.range_test(
    trainloader,
    val_loader=val_loader,
    end_lr=1,
    num_iter=100,
    step_mode="linear"
)
lr_finder.plot(log_lr=False)
lr_finder.reset()
```

改良損失函數與最佳化

用損失函數比對手邊問題，通常是讓 ML 結果有用的必要手段。使用 DL，挑出最佳損失函數尤其困難，因為對損失函數與最佳化而言，有太多選項與可能的客製化。也沒有類似一般較簡單模型那樣的收斂保證。就樣本損失函數錯誤而言，試想一個 PyTorch 的常見問題：套用 softmax 損失取代交叉熵損失（*https://oreil.ly/foC4i*）。以 PyTorch 而言，交叉熵損失需要 logit 值，當輸入值無法給出正確輸出時傳送機率給它。為避免此類問題，以合理次數反覆測試訓練損失與最佳化選擇，檢查反覆繪圖與預測，確保最佳化程序如預期進行。

調整正規化

現代 DL 系統通常需要正規化才能順利普及化。不過，它的選擇很多（L1、L2、釋放、輸入釋放、雜訊注入等等），而且也可能過度處理。太多正規化會防止網路收斂，我們也不希望如此。多做實驗才能挑出正確數量與型態的正規化。

試驗網路

開始一項大型訓練任務，只為了沿途找出分歧點，或是在燒毀晶片的眾多循環之後仍無法產生好的結果，統統都不好玩。如有可能，充份深入訓練網路最佳化程序，並在執行最後長訓練回合前，檢查一切是否順利進展。這種試驗也可以當成最低標準整合測試。

改善再現性

雖然許多現代 DL 裡已內建隨機梯度下降（SGD）與其他隨機性，但還是必須有可以開始的基準線。若無其他理由，必須確保不會導入任何新的錯誤到工作流程理。若結果波動過大，可以檢查資料分割、特徵工程、不同軟體函數的隨機種子，與這些種子的安排。（有時必須在訓練迴圈內部放置種子）。有時也可以訓練時間為代價得到確切再現性。歷經極為緩慢的一些訓練運作，隔絕工作流程的再現性問題或許是有意義的。這很困難，不過一旦建立可再現基礎線，其實就是朝建置一個更好的模型邁進了。

必須執行這些步驟、識別誤差並重新測試多次，抓出整個過程中無數的誤植、錯誤與邏輯問題。一旦修復程式碼，就要保持它的淨化，盡可能得到最具可再現性的結果。有效率的做法，就是利用 Weights & Biases（*https://oreil.ly/erHGm*）這類最新實驗追蹤工具。這些工具藉由有效率資料集版本控制與模型管理，確實有助於更快建立更好的模型。圖 9-8 顯示以簡潔的儀表板追蹤與視覺化多個 DL 模型建立的實驗，從而產生更少錯誤與更好的再現性。

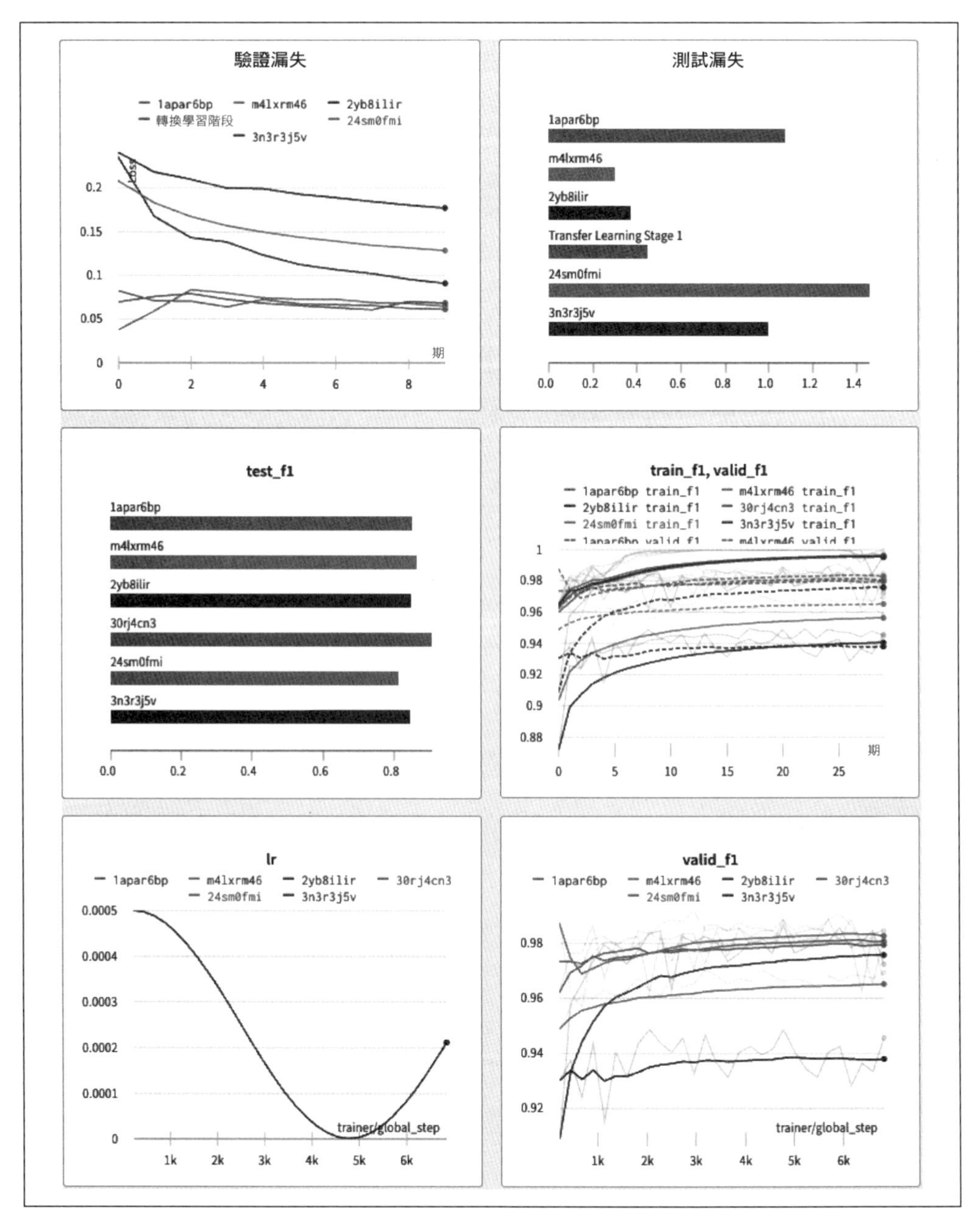

圖 9-8　以 Weights & Biases 追蹤多項實驗（數位、彩色版：*https://oreil.ly/xsUUk*）

雖然可以使用前述除錯步驟、單元測試、整合測試與實驗追蹤，識別並避免常發生的錯誤，但還有一個選項是試著完全避開複雜訓練程式碼。針對較簡單的問題，撰寫千萬行 Python 程式碼的絕佳替代方案就是 PyTorch Lightning（*https://oreil.ly/94enQ*），這是一套提供 PyTorch 高階介面的開放源碼 Python 函式庫，管理所有低階元素、提取常見重複性程式碼，讓使用者專注在問題領域而不是工程。

現在，我們確信程式碼流程的執行一如預期，而且沒有出現令人費解的錯誤，可以轉往試圖修復網路的穩定性問題。

靈敏度修復

資料問題、程式碼問題，我們已盡全力解決 DL 工作流程這些問題。是時候試著修復發現的數學問題。在本章遭遇的穩健性問題並非特例，它們有些在 DL 裡已經眾所周知。下列小節將從常見穩健性問題的主要研究找靈感。會執行一些實際的補救，探討未來可以嘗試的其他選項。

雜訊注入

網路普及化能力不佳的最常見肇因就是過度擬合。在我們使用的這類小型資料集上尤其確切。雜訊注入是自訂正規化與在工作流程增加強正規化的有趣選項。我們決定試試，刻意破壞訓練資料，作為將額外正規化增加到訓練程序的方式。在訓練樣本增加雜訊有助於網路在輸入干擾下表現更穩健，且具有類似在模型參數上進行 L2 正規化的效果。將雜訊加入影像也是一種資料增強，因為它會從原始資料集建立人工樣本。

在影像裡注入隨機雜訊亦稱為抖動，此字來自數十年前，源於信號處理。在許多背景環境下，高斯雜訊注入等同於 L2 正規化。

在訓練樣本加入少量高斯雜訊。接著在雜訊破壞的訓練資料上重新訓練模型，在看不見的新資料集上測試模型。希望這個粗糙的正規化可以改善模型普及化，無論是在分佈內的持有資料上，還是在分佈外資料。

表 9-4 顯示雜訊注入重新訓練的結果。

表 9-4　分布內外資料兩組模型的損失值

	分佈內	分佈外
原始模型	0.26	2.92
雜訊注入模型	0.35	2.67

表 9-4 顯示原始模型與雜訊破壞後資料訓練的模型損失值。可以看到 L2 正規化後，模型效能稍差於來自原始分佈資料上的原始模型。損失值 0.26 與 0.35，分別對應到肺炎類 0.77 與 0.70 的平均模型分數。另一方面，雜訊注入模型表現優於整體新資料集上的原始模型不多。然而，損失值 2.67 依然太可怕，如表 9-5 所示，模型表現只比分佈外資料的隨機模型好一些。

表 9-5　分佈外資料雜訊注入模型的混淆矩陣

	預測正常	預測肺炎
實際正常	155	125
實際肺炎	118	171

所以，雜訊注入並沒有讓模型在分佈外資料上有超凡表現。但在所有條件相同的情況下，會想部署更正規化模型，且在測試資料上要表現得當，或許要減少高斯雜訊標準偏差，調降正規化等級後。雖然在這個樣本下只對訓練樣本增加雜訊，但也可以增加權重、梯度與標籤，提升部分狀況下的穩健性。

其他穩定度修復

試過這麼多穩定度修復，卻發現與雜訊注入類似的結果。是有幫助，但沒有「修復」任何分佈外效能。不過，這不代表模型對一些看不見的資料沒有處理得更好。接著，本章結束前，會討論更多資料增強選項、利用雜訊標籤學習、以領域為基礎約束與穩健 ML 方式：

自動資料增強

促進穩健性的另一選項，是在訓練期間將網路曝露在各類資料分佈下。雖然這麼做不見得總是能獲得新資料，但有效資料增強在 DL 工作流程裡已成為某種程度的一站式方案。Albumentations（*https://oreil.ly/okEDM*）是在電腦視覺任務中，建立不同型態強化影像的熱門函式庫，可以輕鬆與 PyTorch 與 Keras 這類普遍 DL 框架相容。AugLy（*https://oreil.ly/q1NVA*）是另一套資料增強函式庫，針對建立提供音效、影片與文字，以及影像使用，更穩健的 DL 模型。AugLy 背後的獨特想法，靈感來自於網際網路真實影像，提供上百種增強選項的套件組。

利用雜訊標籤學習

基於種種不同原因，影像標籤可能有雜訊也可能有錯。會有這種狀況，可能是因為必須貼上標籤的影像量與接著要訓練的現代 DL 系統過於龐大、因為使用標籤的相關開支、因為複雜影像貼標的技術性困難或其他因素等等。事實上，這代表通常就是在雜訊標籤上訓練。最基本，可以對訓練資料的一小部分影像標籤洗牌，希望它能讓模型對標籤雜訊表現更穩定。當然，還能做的處理永遠還很多，在雜訊標籤上學習一直是 DL 研究的熱門領域。GitHub 檔案庫 noisy_labels（*https://oreil.ly/nPs_W*）就表列了大量可能的雜訊標籤學習方式與工具。況且，回顧第 7 章，利用標籤洗牌作為找出穩定特徵的方式，與查核解釋技術。就我們的立場，以標籤洗牌作為解釋、特徵選擇與檢查的手段，或許是它今日最重要的使命。

以領域約束

為消滅規格不足問題，將領域資訊或較重要知識併入 DL 系統是有必要的。整合重要知識到 DL 模型裡的方式之一，就是知名物理觀點深度學習（*https://oreil.ly/UotaL*）：與手頭問題相關的解析方程式，加進網路損失函數與梯度計算。預先訓練是讓約束 ML 系統在適用領域表現更好的另一種知名手段。有名的領域適應性或任務適應性預先訓練（*https://oreil.ly/PBLaT*），在特定領域或特定任務預先訓練執行期間學習權重，在之後可用於監督學習或網路微調，更具體地將訓練結合該領域。也可以像使用 TensorFlow Lattice（*https://oreil.ly/hwqeT*）那樣，套用單調或形狀約束，確保輸入與目標間模型化關係依循因果關係事實。別忘了基本概念，必須比對損失函數與已知目標及誤差分佈，若讀者們對領域知識注入比較有興趣，可以參考「充份瞭解機器學習」（*https://oreil.ly/BVEvF*），對知識來源考量有更寬廣的審視：它們的呈現方式與整合到 ML 工作流程的方式。

穩健機器學習

雖然名稱令人困惑，但穩健機器學習其實是 DL 研究處理模型對抗式操控領域的常見用語。穩健 ML（*https://oreil.ly/Wu2zh*）是社群經營的網站，提供鞏固不同防禦策略與各式對策與防禦，側重於對抗式樣本攻擊與資料投毒。雖然穩健 ML 是相當廣泛的研究領域，但有些方式較常見，包括在對抗式樣本上重新訓練、梯度遮蔽與資料投毒對策：

在對抗式樣本再訓練

在適切貼標的對抗式樣本上再訓練是相當受歡迎的技術，可透過 FGSM 這類方式找到這些樣本。（我們試過，但結果看起來有點像雜訊注入的結果。）這個技術，是使用原始資料與對抗式樣本的結合，重新訓練模型，經過這個程序，模型應該較難以愚弄，因為它已見過許多對抗式樣本。Madry Lab（*https://oreil.ly/LfuvU*）所著「對抗式樣本不是問題，它們是特徵」（*https://oreil.ly/D1nNl*）一文中，對如何靠識別穩健輸入特徵，瞭解對抗式樣本，提供更多視角。

梯度遮蔽

梯度遮蔽是透過改變梯度運作，所以敵人建立對抗式樣本它就沒有用。結論是梯度遮蔽其實並非好的防禦，刻意攻擊者可以輕鬆規避（*https://oreil.ly/vohUq*）。不過，梯度遮蔽對瞭解紅隊演練與測試目的而言很重要，因為許多其他攻擊靈感來自於梯度遮蔽的弱點。舉例來說，foolbox 函式庫（*https://oreil.ly/mAFEd*）充份展示**梯度取代**，亦即以平滑複本取代原始模型梯度，再利用替代梯度建立有效對抗式樣本。

資料投毒對策

偵測與緩解資料投毒的防禦措施很多。例如對抗式強化工具箱（ART）（*https://oreil.ly/bokv4*）的工具集就內含以隱藏單元啟動與資料出處為基礎的偵測，以及使用光譜特徵。基本概念分別是，透過資料投毒觸發的後門，應引發異常方式啟動隱藏單元，因為後門應只用於特定場景，資料出處（對訓練資料的管控，有審慎的理解與記錄）可確保不被下毒，而使用主成分分析則是尋找對抗式樣本洩露的信號。要瞭解 ART 如何處理偵測資料投毒的範例，可參考啟動防禦的展示（*https://oreil.ly/YaOvf*）。

讀者們可以發現，提升 DL 穩健度的選項很多。若最擔憂的是新資料的穩健表現，那麼雜訊注入、資料增強與雜訊標籤技術可能最有用。若能注入更多人類領域知識，就應該一直這麼做。若擔憂安全性與對抗性操控，就必須考量官方穩健 ML 方法。雖然對於何時套用哪些修復有些經驗法則與邏輯概念，但其實要試過許多技術，才能找到對我們的資料、模型與應用最好的那個。

結論

即便做過這裡所有測試與除錯，我們相當確定不該部署這個模型。雖然沒有作者認為自己是 DL 專家，但我們的確好奇這說明了 DL 有多少程度的炒作。若作者團隊在幾個月後仍無法讓這個模型正確運作，現實生活要花多久讓高風險 DL 分類器運作？我們有不錯的 GPU 與多年的 ML 經驗。但這不夠。最明顯的兩件事就是我們沒有大量訓練資料，也沒有聯繫領域專家。下次處理 DL 高風險應用，要確保使用這類資源。但這不是少數資料科學家可以自行完成的專案。這本書不斷重複的教訓告訴我們，讓高風險專案運作，需要的不只是一些資料科學家。

至少，需要整個供應鏈取得適切貼標的影像並接觸昂貴的領域專家。就算有這些改善資源，還是需要進行本章所述這些測試。整體來說，我們在 DL 上得到的經驗，問題多過答案。有多少 DL 系統是在小型資料集上訓練，沒有人類領域專業的？有多少 DL 系統是在沒做過本章所述測試程度下部署的？這些案例中，系統真的沒有問題嗎？還是它們被假設沒有任何問題？就低風險遊戲或 app 而言，這些問題或許不大。但就用於醫療診斷、執法、資安、移民與其他高風險問題領域的 DL 系統，希望這些系統的開發人員，能接觸到比我們更好的資源，認真對待測試工作。

資源

範例程式碼

- Machine-Learning-for-High-Risk-Applications-Book（*https://oreil.ly/machine-learning-high-risk-apps-code*）

資料生成工具

- AugLy（*https://oreil.ly/C3sh1*）
- faker（*https://oreil.ly/9ZeuG*）

深度學習攻擊與除錯工具

- adversarial-robustness-toolbox（*https://oreil.ly/j4pmz*）
- albumentations（*https://oreil.ly/lIX8o*）
- cleverhans（*https://oreil.ly/LvNRO*）
- checklist（*https://oreil.ly/lopis*）
- counterfit（*https://oreil.ly/jxToW*）
- foolbox（*https://oreil.ly/3ofR4*）
- robustness（*https://oreil.ly/Eq4yv*）
- tensorflow/model-analysis（*https://oreil.ly/UDkel*）
- TextAttack（*https://oreil.ly/VraVt*）
- TextFooler（*https://oreil.ly/mvq2J*）
- torcheck（*https://oreil.ly/kEczf*）
- TorchDrift（*https://oreil.ly/njHPO*）

第十章

使用 XGBoost 測試與補救偏差

本章介紹結構性資料的偏差測試與緩解技術。雖然第 4 章已處理各種不同層面的偏差，但本章重點在於偏差測試與緩解方式的技術性實施。這裡將從在各種不同版本信用卡資料上訓練 XGBoost 開始，接著檢查整體人口統計族群效能與結果的差異測試偏差，還會試著找出個體觀測層級所有的偏差疑慮。一旦確認模型預測中存有可量測程度的偏差，就開始試圖修復或緩解偏差。我們套用前置處理、程序進行中處理與事後處理的緩解方法，試圖分別修復訓練資料、模型與結果。最後，以總結具偏差意識模型的選擇結束本章，如此將留下比原始模型表現更好與更公平的模型。

雖然已經很清楚偏差的技術性測試與修復無法解決機器學習偏差問題，但它們依然在整體偏差緩解效果，或 ML 治理專案上扮演重要角色。雖然對模型的公平計分不會直接轉換成已部署 ML 系統裡的公平結果（原因太多），但有公平計分依然比沒有的好。我們也主張，對與人相關處理的模型測試是否有偏見，是實踐資料科學家基本且顯然的道德責任之一。先前曾帶到的另一個主題是未知風險比已知風險難以管理。知道系統可能存有偏差風險與傷害，可以試圖緩解這個偏差、監控系統是否有偏見，再套用許多不同的社交技術風險控制，例如漏洞回報獎勵計畫或使用者訪談，消除所有潛在偏差。

本章將重點放在相當傳統的分類器偏差測試與緩解，因為這是瞭解這些主題的最佳切入點，也因為許多複雜人工智慧結果，往往濃縮成被視為與二元分類器相同方式的最終二元決策。整章還會強調回歸模型的技術。參考第 4 章瞭解如何管理多項式、無監督或生成式系統偏差。

本章最後，讀者們應能瞭解如何測試模型是否偏差，繼而選擇偏差最少也能表現很好的模型。雖然認知沒有修復 ML 偏差的萬靈丹，但更公平且效率更高的模型，對高風險應用來說，就是比模型未經測試或緩解偏差更好的選項。本章範例程式碼可自由線上取用（*https://oreil.ly/machine-learning-high-risk-apps-code*）。

概念複習：管理 ML 偏差

在深入本章案例研究前，先快速複習第 4 章對應的主題。第 4 章強調最重要的，就是所有 ML 系統都是社交技術，而本章著重的這種純技術測試，無法抓到 ML 系統裡可能出現的各類偏差問題。最簡單的事實就是來自模型的「公平」計分，是在一兩個資料集上量測，給的是全然不完整的系統偏差說明。其他問題則可能來自於無代表性使用者、可存取性問題、實體設計錯誤、系統下游誤用、結果錯誤詮釋等等。

偏差測試與緩解的技術方法，必須與社交技術方法結合，才能適切處理潛在偏差傷害。不能忽略自身團隊的人口背景、使用者人口統計或在訓練與測試資料裡代表的人口統計、資料科學文化問題（例如所謂的「搖滾明星」），與高度開發的法律標準，然後還期望解決 ML 模型裡的偏差。技術方法是本章主要重點。第 4 章則是試圖以更廣泛社交技術方法管理 ML 偏差。

必須全體投入，讓各方面利益相關人參與 ML 專案，並堅持系統性方法開發模型，強化技術偏差測試與緩解工作。還要與使用者討論，遵守掌控實施與部署電腦系統人類問責的模型治理措施。坦白說，這種社交技術風險控制，可能比本章探討的技術控制更重要也更有效。

儘管如此，沒有人想部署顯然有偏差的系統，若技術可以更好，就應該這麼做。較沒有偏差的 ML 系統，是有效偏差緩解策略的重點，要做好這件事，需要來自資料科學工具套組裡的許多工具，例如對抗式模型，測試群體結果上的實務與統計差異、測試整體人口統計族群的差異效能，與各種偏差緩解方法。首先，先看過一篇全章將使用的名詞：

偏差

本章所指*系統性偏差*：歷史上、社會的與制度的，皆與國家標準與科技機構（NIST）SP 1270（*https://oreil.ly/R1FNW*）AI 偏差指南定義相同。

對抗性模型

偏差測試，通常是在測試預測人口統計資訊的模型預測上訓練對抗式模型。若 ML 模型（對抗式那個）能從另一個模型的預測中，預測出人口統計資訊，那麼這些預測可能編碼成某種程度系統偏差。最重要的是，對抗式模型的預測，也提供逐列的偏差量測。對抗式模型列，可能比其他列編碼更多人口統計資訊或代理。

實務與統計顯著性測試

最古老偏差測試之一，是將重點放在整體群組的平均結果差異。可能使用實務測試或效果值量測，例如不良影響率（AIR）或標準平均差（SMD），瞭解是否平均結果間的差異有實務意義。這裡會利用統計顯著性測試，瞭解整體人口統計族群的平均差異，是否與現有資料樣本較具相關性，還是可能未來再次出現。

差異效能測試

另一種常見測試型態，是調查整體族群的效能差異。這裡將調查整體人口統計族群的真陽性率（TPR）、真陰性率（TNR）或 R^2（或均方根誤差）是否大致相同。

五分之四規則

五分之四規則是 1978 年由公平就業機會委員會（EEOC）就員工選任程序統一方針（UGESP）（*https://oreil.ly/EBtZl*）釋出的準則。UGESP 的 Part 1607.4 陳述「任何種族、性別或人種群體選擇率，低於該群組最高選擇率五分之四（4/5）（或 80%）比例，通常會被聯邦執行機構視為不良影響的證據。」無論好壞，AIR 值 0.8：比較工作選擇或借貸核可這類事件率，已然成為 ML 系統偏差的廣泛採納基準。

緩解方法

當測試發現問題，就會想修復。技術偏差補救方法通常是指緩解。可以說，就 ML 模型與偏差而言，ML 模型似乎存在比傳統線性模型更多自我修復的方式。基於*羅生門效應*（對任何既定訓練資料集而言，通常有許多準確 ML 模型），與較簡單模型相比，不過是擁有更多槓桿可以拉、更多開關可以切換，尋找 ML 模型中降低偏差與持續預期效能的更佳選項。由於 ML 模型選擇太多，緩解偏差的可能方式也很多。最常用的包括前置處理程序、程序進行中處理與事後處理程序，以及模型選擇：

前置處理程序

重新平衡、重新加權或重新採樣訓練資料，讓人口統計族群更具代表性，或正向結果分佈更公正。

程序進行中處理

許多 ML 訓練演算法的更動：包括約束、正規化與對偶損失函數，或對抗式模型建立資訊合併，都是試圖產生對整體人口統計族群更平衡的輸出或效能。

事後處理程序

直接改變模型預測，產生較不偏差的結果。

模型選擇

選擇模型時，偏差連同效能一起考量。一般來說，若針對大量超參數集設定與輸入特徵量測偏差與效能，有可能找到具有良好表現與公平特性的模型。

最後要記得，法律責任會影響 ML 偏差問題。有許多與 ML 系統偏差相關法律責任，因為我們不是律師（可能你也不是），必須對法律的複雜度懷以謙卑的態度，不要受鄧寧 - 克魯格效應支配，要聽從反歧視法真正專家建議。若對 ML 系統的法律問題有任何疑慮，是時候聯絡經理人或法律部門了。記住這裡所有重要資訊，就可以開始訓練 XGBoost 模型，測試是否偏差。

模型訓練

本章使用案例的第一個步驟，是在信用卡樣本資料上訓練 XGBoost 模型。為避免差別對待疑慮，不使用人口統計特徵作為模型輸入：

```
id_col = 'ID'
groups = ['SEX', 'RACE', 'EDUCATION', 'MARRIAGE', 'AGE']
target = 'DELINQ_NEXT'
features = [col for col in train.columns if col not in groups + [id_col, target]]
```

一般來說，就多數商業應用而言，使用人口統計資訊作為模型輸入不太安全。不僅由於消費者借貸、租屋與就業這類範疇的法律風險，還由於它套用的商業決策應是以種族或性別為基礎，這方面相當危險。不過在模型訓練時使用人口統計資料可以減少偏差也是事實，我們將看到試圖在程序進行中處理偏差緩解的版本。也有某些類型決策應以人口統計資訊為基礎，例如醫療處置。由於這裡使用借貸決策範例，而我們並非社會學家或反歧視法律專家，所以要小心行事，不要在模型裡使用人口統計特徵，而是在本章稍後才將人口統計特徵用於測試偏差與緩解偏差。

身為資料科學家容易犯的錯之一，就是在模型或技術偏差緩解方法上使用人口統計資訊，這種方式幾乎等同於*差別對待*。透過意識實現公平學說的信徒可能不太同意，但截至今日，ML 與租屋、借貸、就業與其他傳統高風險應用相關最保守的偏差管理方式，就是不在模型或偏差緩解上直接使用人口統計資訊。只在偏差測試時使用人口統計資訊是普遍接受的方式。參考第 4 章瞭解更多相關資訊。

儘管存有風險，人口統計資訊對偏差管理而言還是很重要，企業組織在管理 ML 偏差風險時會犯的錯，就是手邊沒有測試與之後緩解偏差的必要資訊。至少，這代表擁有人們的姓名與郵政編碼，所以能用貝氏改進姓氏地理編碼（*https://oreil.ly/1KpQT*）與相關技術，推斷其人口統計資訊。若資料隱私控制允許，正確資安措施到位，那麼直接蒐集人們的人口統計特性就是最有用的偏差測試。要留意的重點是，本章使用的所有技術，都需要人口統計資訊，不過大部分情況下都能使用推斷或直接蒐集的人口統計資訊。提出這些重要警告後，就可以來看看訓練約束 XGBoost 模型並選擇計分臨界值了。

在必須管理偏差的環境背景下訓練模型前，一定要確保手邊擁有正確資料可測試偏差。這代表至少有姓名、郵政編號與 BISG 實施。最大程度，它代表蒐集人口統計標籤，與蒐集及儲存機敏性資料過程中，關注所有資料隱私與安全性。無論哪種方式，在談到 ML 偏差時，無知絕對不是好事。

我們將再度充份利用單調約束。透明度對 ML 偏差管理而言很重要的主因是，若偏差測試讓問題突顯出來（而且通常會），就有機會瞭解模型哪裡壞掉，還有能否修復。若處理無法解釋 ML 模型，而偏差問題浮出，通常最終就是銷毀整個模型，然後期許下一個無法解釋的模型會有好運。對我們來說太不科學。

我們喜歡盡可能測試、除錯與瞭解 ML 模型如何工作、何以如此作業。除了更穩定與更普及化，約束 XGBoost 模型也應該更透明、更容易除錯。還要強調的是，在利用單調約束提升可解釋性以及使用 XGBoost 的客製化物件功能，同時考量效能與偏差（見第 346 頁的「程序進行中處理」小節）時，我們修改了模型讓它更透明也更公平。若擔心的是高風險應用裡的穩定效能、最大透明度與最小偏差，這些似乎就是正確的改變。XGBoost 已成熟到足以提供這種程度的深度客製化。（若讀者們處理的是借貸、抵押、租屋、就業或其他傳統法規領域，基於差別對待的風險，在套用處理人口統計資料的客製化物件功能前，可能必須與法律部門確認。）

這裡可以結合單調約束（提升可解釋性），與 XGBoost 裡的客製化物件功能（偏差管理），直接訓練更透明也更少偏差的 ML 模型。

就本章定義的約束方面，這裡要使用以 Spearman 相關性為基礎的基本方法。Spearman 相關性美好之處在於考量單調性，而不是線性（Pearson 相關性係數就是）。這裡還在約束選擇程序裡執行 `corr_threshold` 參數，讓少量相關性不致導致偽造約束：

```
def get_monotone_constraints(data, target, corr_threshold):

    # 定義 Spearman 相關性
    # 為每個特徵建立 1,0,-1 元組
    #1：正約束、0：無約束、-1：負約束
    corr = pd.Series(data.corr(method='spearman')[target]).drop(target)
```

```
    monotone_constraints = tuple(np.where(corr < -corr_threshold,
                                          -1,
                                          np.where(corr > corr_threshold, 1, 0)))
    return monotone_constraints

# 定義約束
correlation_cutoff = 0.1
monotone_constraints = get_monotone_constraints(train[features+[target]],
                                                target,
                                                correlation_cutoff)
```

為訓練模型，程式碼相當直覺。從先前使用過得到好結果的超參數開始，也無須瘋狂調整超參數。我們只是試圖從適切的基礎線開始，因為進入偏差緩解時，會進行大量模型微調與套用審慎的選擇技術。以下是首度嘗試訓練：

```
# 提供模型全域性偏差
# 定義訓練參數，包括 monotone_constraints
base_score = train[target].mean()

params = {
    'objective': 'binary:logistic',
    'eval_metric': 'auc',
    'eta': 0.05,
    'subsample': 0.6,
    'colsample_bytree': 1.0,
    'max_depth': 5,
    'base_score': base_score,
    'monotone_constraints': dict(zip(features, monotone_constraints)),
    'seed': seed
}

# 在驗證資料集裡使用提早停止訓練
watchlist = [(dtrain, 'train'), (dvalid, 'eval')]
model_constrained = xgb.train(params,
                              dtrain,
                              num_boost_round=200,
                              evals=watchlist,
                              early_stopping_rounds=10,
                              verbose_eval=False)
```

為了後續計算整體人口統計族群 AIR 這類測試值與其他效能品質比例，必須建立概率臨界值，才能量測模型結果而非只有預測概率。這很類似訓練模型時，尋找起始點馬上取得一些基準線的讀數。這裡使用 F1、精密度與召回率這類常見效能指標來做這件事。圖 10-1 可以看到，最大化 F1 選擇概率臨界值，在精密度與召回率間做出穩健的取捨，精密度也就是模型**正向決策**正確的比例（正向預測值）；而召回率則是模型**正向結果**為正確的比例（真陽性率）。以我們的模型而言，該值為 0.26。一開始，所有高於 0.26 的預測都不會獲得增加借貸額度。所有預測值為 0.26 或以下的才被接受。

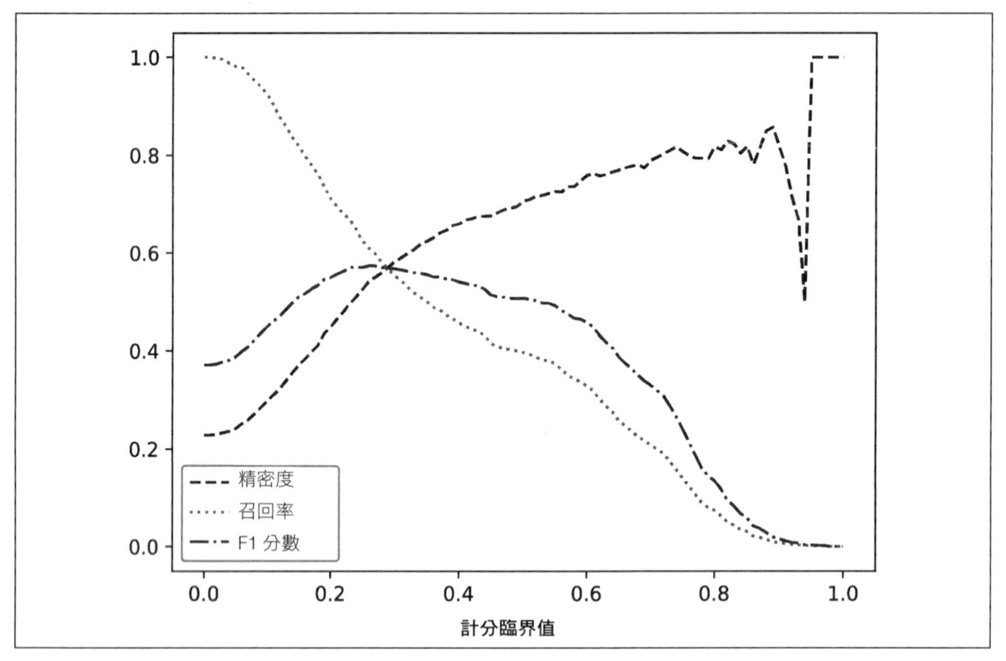

圖 10-1　透過最大化 F1 統計，選擇初始偏差測試所需的初步臨界值（數位、彩色版：*https://oreil.ly/EaaUe*）

我們知道，最終還是會由於偏差疑慮微調臨界值。就我們的資料與樣本設定，增加臨界值意謂著借錢給更多人。增加臨界值，就是希望也能借錢給更多不同種類的人，而當減少臨界值時，就是讓借貸應用程序更選擇性地借錢給較少的人，可能也是較少不同種類的人。另一個關於臨界值的要點是，若監控或稽核已部署的 ML 模型，應該會使用體內決策制定使用的確切臨界值，而不是像在這裡所選以效能統計為基礎的理想臨界值。

訓練與監控借貸模型過程中，必須記得通常只會擁有借貸商品過去選擇的申請者良好的資料。大部分人都同意，這種現象會為所有僅基於先前所選個體的決策帶來偏見。對此該怎麼辦，廣泛探討的是仍不明確的拒絕推論技術。請記得，類似的偏差問題也適用其他型態的應用，這些應用無法使用未選擇個體的長期資料。

評估模型偏差

現在，有了模型和臨界值，就要開始深入測試它是否有偏差。本節將測試各種不同型態的偏差：效能偏差、結果決策偏差、針對個體偏差與代理偏差。首先，為各個人口統計族群建構混淆矩陣，以及各種不同的效能與誤差指標。這裡要套用從就業領域已建立的偏差門檻，作為指標比例的經驗法則，識別效能中所有問題性偏差。接著套用傳統偏差測試與效應大小量測，與美國公平借貸與就業合規性專案一致，測試模型結果是否偏差。在這裡檢查殘差，識別臨界值周圍是否有任何偏離個體或任何奇特結果。還會使用對抗式模型，識別是否有資料列與其他相較之下被編碼更多偏差。最後將強調尋找代理方式結束偏差測試的探討，亦即看似中立的輸入特徵，就像模型人口統計資訊，卻會導致不同型態的偏差問題。

群體測試方式

這裡將透過尋找模型通常如何對待人群的問題，開始偏差測試演練。就經驗而言，最好從法律標準引導的傳統測試開始。對多數企業組織來說，AI 系統法律風險最為嚴重，而評估法律風險，是同意偏差測試最簡單的途徑。基於此，再加上為了簡化，本章不考慮交叉族群，而將持續著眼於傳統受保護階層與相關傳統種族群體。依應用、司法權與適用法律、利益相關人需求或其他因子而定，對整體傳統人口統計族群、交叉人口統計族群，甚至整體不同膚色量表（*https://oreil.ly/GuN9L*）執行偏差測試是最合適的。例如，在公平借貸背景下（由於已建立法律偏差測試先例），先對整體傳統人口統計族群測試可能最合理，若時間或組織動態允許，還應該繞回來交叉測試。

就運作在廣泛美國經濟下一般 AI 系統或 ML 模型，與不在特定反歧視要求下，如有可能，對整個交叉族群測試可能是預設方式。就人臉辯識系統而言，對整體膚色族群進行測試可能最合理。

首先要檢查模型效能，與是否它與整體傳統人口統計族群大致相等。還會測試是否缺乏*群體公平*（*https://oreil.ly/QJGP6*），有時亦稱為模型結果的*統計或人口統計均等*（*https://oreil.ly/MBCCq*）。這些群體公平的概念是有缺陷的，因為定義與量測人群非常困難，平均值隱藏太多個體相關資訊，而這些測試使用的門檻也有點隨興。儘管有這些缺點，這些測試有些卻是時下最常用的。它們可以瞭解關於模型在高標準下行為模式的有用資訊，並指出有疑慮的重大領域。一如本節探討的許多測試，重點詮釋如下：**通過這些測試的意義不大，模型或系統可能仍有嚴重的體內偏差問題，但未能通過就是偏差的重大警訊。**

進入測試本身前，通盤考量哪裡要測試相當重要。應該在訓練裡、驗證裡還是測試資料裡測試？要測試的標準分割區是驗證與測試資料，就像測試模型效能一樣。也可以為了模型選擇，在驗證資料裡測試偏差，就像將於第 341 頁的「補救偏差」小節討論的。使用測試資料應能提供關於模型在部署後將如何永久化偏差的概念。（無法保證 ML 模型將與在測試資料裡觀察到的那樣執行，所以在部署後監控是否偏差至關重要）。

訓練資料裡的偏差測試，對於觀察驗證與測試分割區偏差量測的差異多半有用。若一個分割區對其他來說相對突出這會相當有用，且可能會被用來瞭解模型的偏差驅動因子。若建構訓練、驗證與測試集，那麼就是先訓練最後測試（就像應該的順序），那麼比較整體資料分割的偏差量測，對瞭解偏差趨勢也可能有幫助。發現偏差量測值從訓練到驗證到測試一直增加，是值得擔憂的警訊。另一個選項是利用交叉驗證或自助抽樣法評估偏差量測裡的變量，也就是使用標準效能指標那種做法。交叉驗證、自助抽樣、標準差或誤差、信賴區間與其他偏差指標變數量測，皆有助於瞭解偏差測試結果是否更精準或更雜亂，這是所有資料分析的重點。

接下來段落的偏差測試建構，將堅持基礎實作，與檢查驗證及測試資料下的模型效能與結果是否有偏差。若未嘗試過偏差測試，這是好的起點。在大型企業組織裡，後勤與政治讓這件事更難，這可能會是唯一能完成的偏差測試。

偏差測試沒有完成的一天。只要模型部署，就會需要監控與測試是否偏差。所有現實疑慮都讓偏差測試成為艱鉅任務，基於這些理由，我們強烈要求從整體大型人口統計族群尋找效能與結果的偏差這些標準實作開始，接著利用任何剩餘時間、資源與意志，調查針對個體的偏差，並確認模型的代理或其他偏差驅動因子。這就是現在要討論的內容。

開始偏差測試前，必須絕對清楚正向決策在資料中如何呈現、正向在現實世界代表意義、模型如何依循這兩個概念預測概率，以及哪些臨界值產生正向決策。在我們的範例中，理想的模型受試對象優勢決策結果為零，與臨界值 0.26 以下概率相關。收到歸類為零的申請者將被延展信貸額度。

測試效能

模型在整體人口統計族群上應有大致相似的效能，若否，就有重大偏差。若所有族群皆以 ML 模型相同標準處理，接受借貸產品，但該標準對部分族群的未來償還行為沒有準確預測，就不公平。（這有點類似第 4 章的*差異效度*的就業概念）為了開始測試 XGBoost 模型這種二元分類整體族群效能上的偏差，我們將檢查各族群的混淆矩陣，並組成效能差異與整體族群誤差量測。將考量真陽性與偽陽性率這類常見量測，以及資料科學中較不常見的偽發現率。

下列程式碼區塊完全稱不上最佳實作，因為它仰賴動態程式碼生成 `eval()` 述句，但撰寫它是為了盡可能說明。在程式碼中，讀者們可以看到混淆矩陣的四個欄如何計算眾多不同的效能與誤差指標：

```
def confusion_matrix_parser(expression):

    # tp | fp cm_dict[level].iat[0, 0] | cm_dict[level].iat[0, 1]
    # ------- ==> --------------------------------------------
    # fn | tn cm_dict[level].iat[1, 0] | cm_dict[level].iat[1, 1]

    metric_dict = {
    'Prevalence': '(tp + fn) / (tp + tn +fp + fn)',
    'Accuracy': '(tp + tn) / (tp + tn + fp + fn)',
    'True Positive Rate': 'tp / (tp + fn)',
    'Precision': 'tp / (tp + fp)',
    'Specificity': 'tn / (tn + fp)',
    'Negative Predicted Value': 'tn / (tn + fn)',
    'False Positive Rate': 'fp / (tn + fp)',
    'False Discovery Rate': 'fp / (tp + fp)',
    'False Negative Rate': 'fn / (tp + fn)',
    'False Omissions Rate': 'fn / (tn + fn)'
    }

    expression = expression.replace('tp', 'cm_dict[level].iat[0, 0]')\
                           .replace('fp', 'cm_dict[level].iat[0, 1]')\
                           .replace('fn', 'cm_dict[level].iat[1, 0]')\
                           .replace('tn', 'cm_dict[level].iat[1, 1]')
    return expression
```

將 `confusion_matrix_parser` 函數套用到各人口統計族群的混淆矩陣，伴隨對族群迴圈執行的其他程式碼與 `metric_dict` 量測，可以完成類似表 10-1 的表格。簡而言之，本小節重點在於種族量測。若是真正的借貸或抵押模型，就必須檢查不同性別、不同年齡族群、在這之中的失能者、不同地理位置，可能甚至其他子族群。

表 10-1　源自測試資料整體不同種族族群的混淆矩陣常見效能與誤差量測

族群	盛行率	準確率	真陽性率	精準度	…	偽陽性率	偽發現率	偽陰性率	偽遺漏率
西班牙人	0.399	0.726	0.638	0.663	…	0.215	0.337	0.362	0.235
黑人	0.387	0.720	0.635	0.639	…	0.227	0.361	0.365	0.229
白人	0.107	0.830	0.470	0.307	…	0.127	0.693	0.530	0.068
亞洲人	0.101	0.853	0.533	0.351	…	0.111	0.649	0.467	0.055

表 10-1 開始呈現模型效能的偏差提示，但還沒真的量測偏差。它單純顯示整個族群不同量測的值。應該開始留意的是，當這些值顯然不同於其他相異族群的情況。例如人口統計族群間精準度看來差異很大（白人與亞洲人一邊、黑人與西班牙人一邊），可以說其他量測像是真陽性率、偽發現率與偽遺漏率也是這樣。（盛行率間的差異告訴我們，黑人與西班牙人資料中更可能發生違約。遺憾的是這在美國借貸市場並非少見）在表 10-1 中開始得到模型預測黑人與西班牙人更多違約的暗示，但依然很難判斷事情是否有做好或是否公平。（只因為資料集記錄這類值，不代表客觀或公平！）

為幫助瞭解是否看到的模型真的有問題，必須再做一些事。依照傳統偏差測試的方式，以控制族群的對應值切分每個族群值，再套用五分之四規則作為引導。在這裡，假設控制組為白人。

嚴格來說，以就業背景環境來看，控制組族群為分析中最有利族群，不見得是白人或男性。或許有其他理由使用非白人或男性為控制組族群。選擇控制組或參考組進行偏差測試分析是項困難任務，最好與法律、合規、社會科學專家或利益相關人協同合作完成。

完成這樣的區隔，可以看到表 10-2 的值。（以白人列裡的值，切分表格裡每個欄位，所以白人值全部都是 1.0）現在可以搜尋特定範圍外的值。這裡將使用五分之四規則（這種方式沒有任何法律或法規立足點），協助識別 0.8–1.25 這樣的範圍，或族群間 20% 差異。（有些人偏好更嚴格的可接受值範圍，尤其高風險場景，例如 0.9–1.11，也就是族群間 10% 差異）看到這些差異量測大於 1 的值，代表受保護或少數族群擁有較高原始量測值，值低於 1 則相反。

檢視表 10-2，發現亞洲人的值並未超出範圍。這代表模型在整個白人與亞洲人身上公平地均等執行。不過，也確實看見西班牙與黑人的精確度、偽陽性率、偽發現率與偽遺漏率分佈值顯而易見超出範圍。雖然套用五分之四法則有助於標記這些值，但其實對詮釋並無幫助。還要記得，來自模型的決策 1 代表預測違約，更高概率意即從模型角度看來更可能違約。

表 10-2　測試資料對整個種族族群的效能面偏差量測

族群	盛行率差異	準確度差異	真陽性率差異	精準度差異	…	偽陽性率差異	偽發現率差異	偽陰性率差異	偽遺漏率差異
西班牙人	3.730	0.875	1.357	2.157	…	1.696	0.486	0.683	3.461
黑人	3.612	0.868	1.351	2.078	…	1.784	0.522	0.688	3.378
白人	1.000	1.000	1.000	1.000	…	1.000	1.000	1.000	1.000
亞洲人	0.943	1.028	1.134	1.141	…	0.873	0.937	0.881	0.821

有鑑於資料中黑人與西班牙人違約盛行率如此之高，這些結果暗示，模型在這些族群上學到更多違約，預測這些族群的違約率比較高。下一節傳統測試將試著解決底層問題：預測這些族群更可能違約是否公平。在此，試著找出模型效能是否公平。查看受保護組哪個量測超出範圍以及代表的意義，可以這麼說：

- 精準度差異：在預測為違約中，~2×（較多）正確違約預測。
- 偽陽性率差異：在沒有違約中，~1.5×（較多）錯誤違約預測。
- 偽發現率差異：在預測為違約中，~0.5×（較少）錯誤違約預測。
- 偽遺漏率差異：預測不會違約中，~3.5×（較多）錯誤核可預測。

精準度與偽發現率擁有相同分母：預測會違約的小族群，可以一同解釋。它們說明了相較於白人，這個模型對黑人與西班牙人擁有較高真陽性率，代表這個族群有較高正確違約預測率。偽發現率呼應這個結果，指出探討對象少數族群有較低偽陽性率或錯誤違約決策。相關的地方是，偽遺漏率顯示，在那些預測不會違約的大型族群之中，模型對黑人與西班牙人，很有可能做出錯誤的核可決策。精準度、偽發現率與偽遺漏率差異，顯示嚴重的偏差問題，但模型效能方面有偏好黑人與西班牙人的偏差。

通盤考量混淆矩陣

在使用案例中，可針對特定使用案例與背景環境，詮釋混淆矩陣量測的意義：

盛行率
: 這個群組確實發生多少違約

準確度
: 模型正確預測該族群違約與不會違約的頻率

真陽性率
: 已違約的族群人口中，模型正確預測違約有多少

精準度
: 模型預測會違約的族群人口中，模型正確預測違約有多少

特定性
: 未違約的族群人口中，模型正確預測不會違約的有多少

負面預測值
: 模型預測不會違約的族群人口中，正確預測未違約的有多少

偽陽性率
: 未違約的族群人口中，模型錯誤預測會違約的有多少

偽發現率
: 模型預測會違約的族群人口中，錯誤預測違約的有多少

偽陰性率

已違約族群人口中，模型錯誤預測不會違約的有多少

偽遺漏率

模型預測不會違約的族群人口中，錯誤預測不會違約的有多少

試著依循本範例，在下一個重要 ML 專案產生混淆矩陣效能與誤差量測的詮釋。這有助於以更清晰的方式，通盤考量偏差、效能與安全性議題。

偽陽性率差異顯示些許不同。偽陽性率實際量測的是未曾違約的大型族群。在這個族群中，的確可以看到對黑人與西班牙人的錯誤違約決策率，或偽陽性率較高。總合來看，所有結果都指出模型帶有偏差問題，有些確實顯示偏好少數族群。在這些之中，偽陽性差異是最令人擔憂的。它顯示未曾違約的相關大型族群人口中，黑人與西班牙人被錯誤預測會違約，比例高達白人的 1.5×。意即許多有史以來沒有選舉權的人被這個模型錯誤拒絕提升借貸額度，此舉在現實社會可造成危害。當然，也可以看到對偏好少數族群正確與錯誤核可決策的證據。這些都不是好的訊號，但必須深入下一節的結果測試，釐清此模型中族群公平性的狀況。

就回歸模型的部分，可以跳過混淆矩陣，直接對整個族群進行 R^2 或均方根誤差這類比較量測。適當情況下，尤其是針對 R^2 或平均絕對百分比誤差（MAPE）這類邊界量測，也可以套用五分之四規則（為經驗法則），作為這些量則的比率，協助找出有問題的效能偏差。

一般來說，效能測試是瞭解偽陽性這類錯誤與負面決策相當有幫助的工具。許多著眼於結果而非效能的傳統偏差測試，在找出錯誤或負面決策裡的偏差問題較為困難。不幸的是，一如我們所見，效能與結果測試會顯示不同結果。雖然部分效能測試顯示模型偏好少數族群，但下一節會看到這不是真的。比率，以理論上有用的型式，標準化原始人數與原始模型分數。在此看到的許多正向結果都是針對極少量族群人口。考量到現實世界結果，模型偏差狀況就變得不一樣而且更加清晰。這種效能測試與結果測試間的混淆相當常見且有充份書面記載，我們可以主張，結果測試（依循法律標準與現實世界發生的一切）比較重要。

編碼歷史性偏差資料改善的效能（就像我們處理的絕大多數資料），與整體人口統計族群結果的平衡間存在的張力眾所周知。資料永遠受系統、人類與統計偏差所影響。若要讓結果更平衡，往往就得降低偏差資料集的效能指標。

由於詮釋所有不同效能量測是有難度的，有些可能在特定場景裡比較有意義，而且可能彼此或與輸出測試結果混淆，一些卓越的研究人員將它們全放進決策樹（*https://oreil.ly/-y827*）（見投影片 40），協助找出較小子集效能差異量測。據此樹指出，我們的模型具懲罰性（較高機率表示違約 / 拒絕的決策），且最顯而易見的危害就是錯誤拒絕少數族群提升借貸額度（沒有必要干預），因此在預測效能分析中，偽陽性率差異應帶有最高權重。偽陽性率差異不是好事。來看看結果測試顯示了什麼。

結果率的傳統測試

這裡建立分析的方式，是以二元分類模型為基礎，檢視整體族群效能最簡單的方式是先使用混淆矩陣。或許比較重要，也可能較遵循美國法律標準的，是利用統計與實作顯著性的傳統量測，分析整體族群結果的差異。這裡分別使用卡方檢定與 *t*- 檢定，比對兩個知名的實作性偏差測試量測：AIR 對 SMD。瞭解族群結果發現的差異是否具統計顯著性通常是不錯的主意，但在這裡的例子中，它也可能是法律需求。結果中或平均計分的統計顯著性差異，是最常見反歧視法認知量測之一，尤其在信用借貸這類領域，演算法決策在此領域受監管已數十年。藉由實務測試與 AIR 與 SMD 這類效應大小量測，以及統計顯著性測試，可以得到兩項資訊：觀測差異的程度，以及是否具統計顯著性，意即可能在其他資料樣本再出現。

若處於受監管垂直產業或高風險應用，在套用較新偏差測試方式前，先以法律先例套用傳統偏差測試會比較好。法律風險，通常是眾多以 ML 為基礎產品型態最嚴重的組織風險，法律的設計是用來保護使用者與利益相關人。

AIR 多半用於分類結果，像是信用借貸或僱用結果，某人要不就是收到正向結果，要不就沒有。AIR 被定義為受個護族群的正向結果率，例如少數族群或女人，除以針對控制族群相同正向結果，例如白人或男人。據五分之四規則，尋找大於 0.8 的 AIR。AIR 低於 0.8 則指出嚴重問題。接著使用卡方檢定測試是否能再看到這個差異，或只是偶然。

以控制組等量，除以受保護組中位數的平均分數或分數百分比，再套用五分之四法則指引識別問題結果，影響率也能用於回歸模型。其他回歸模型的傳統偏差量測方式還有 *t*-test 與 SMD。

AIR 與卡方檢定通常用於二元歸類，而 SMD 與 *t*- 檢定通常用於回歸模型的預測，或者報酬、薪資或信用額度這類數字量化。我們將在模型預測概率上套用 SMD 與 *t*- 檢定，進一步說明並取得關於模型偏差的額外資訊。

SMD 定義為保護組平均分數減去控制組平均分數，再以該數量除以標準差分數的量測。SMD 具有知名臨界值，小、中、大分別為 0.2、0.5 與 0.8。這裡將使用 *t*- 檢定決定以 SMD 量測的效應大小是否具統計顯著性。

當模型分數被餵給下游決策制定程序，且不可能在偏差測試時生成模型輸出時，這種套用模型概率輸出的 SMD 應用也適合。

除了顯著性測試、AIR 與 SMD 外，還會分析基本敘述統計，像是計數、平均與標準差，如表 10-3 所見。瀏覽表 10-3 時，可以清楚看到黑人與西班牙人的分數，與白人及亞洲人的分數之間，有巨大差異。雖然資料是模擬的，但令人難過的是這在美國消費金融上並非特例。系統性偏差真的存在，公平借貸資料往往能證明這點[1]。

表 10-3　測試資料對整體種族群體的傳統結果論偏差指標

族群	計數	有利結果	有利率	平均分數	標準差分數	AIR	AIR *p*- 值	SMD	SMD *p*- 值
西班牙人	989	609	0.615	0.291	0.205	0.736	6.803e–36	0.528	4.311e–35
黑人	993	611	0.615	0.279	0.199	0.735	4.343e–36	0.482	4.564e–30
亞洲人	1485	1257	0.846	0.177	0.169	1.012	4.677e–01	–0.032	8.162e–01
白人	1569	1312	0.836	0.183	0.172	1.000	-	0.000	-

1　若想滿足好奇心，強烈推薦分析自由取用的《房屋抵押貸款揭露法》資料（*https://oreil.ly/xYXdt*）。

表 10-3，顯然黑人與西班牙人，比白人與亞洲人擁有更高平均分數與更低有利率，即便這四個族群擁有類似標準差分數。這些差異是否大到足以成為偏差問題？這就是實務顯著性測試派上用場的地方。AIR 與 SMD 皆參照白人計算。這就是何以白人在這兩項分別擁有 1.0 與 0.0 分數之故。檢視 AIR，黑人與西班牙人的 AIR 皆低於 0.8。這是超級警訊！這兩個族群的 SMD 都在 0.5 左右，意即族群之間的分數裡具中級差異。這也不是好訊號。我們要 SMD 值皆低於 0.2 或在 0.2 左右，表示差異很小。

AIR 常遭資料科學家錯誤詮釋。有個很簡單的思考方式：AIR 值高於 0.8 沒有太大意義，當然也不代表模型公平。不過，AIR 值低於 0.8，就指出有嚴重問題了。

傳統偏差分析時可能會問的下一個問題是，是否黑人與西班牙人這些實際差異具有統計顯著性。壞消息是，它們非常顯著，兩者的 p 值都接近零。雖然資料集規模從 1970 年代起爆炸性增長，但有許多法律先例指出雙側假說檢定統計顯著性位於 5% 等級（$p=0.05$），即為法律上不容許偏差的標記。由於這個門檻對時下大型資料庫而言完全不切實際，建議對大型資料集將 *p*- 值的臨界值調低。不過，在美國經濟受監管垂直產業中，也應該對 $p=0.05$ 時會被批判有所準備。

當然，公平借貸與就業歧視的案例無法簡單處理，事實、環境背景與專家證人，對最終法律判決能做的，就和所有偏差測試數字一樣多。這裡的要點在於，該領域法律已制定，不像輕易受網際網路與媒體討論吹捧的 AI。在高風險領域下營運，應該在新穎測試之外，適切執行傳統偏差測試，就像這裡做的。

以消費金融、租屋、就業與美國經濟體下其他傳統受監管垂直產業而言，反歧視法是高度成熟且不受 AI 吹捧搖擺。只因為 AIR 與雙側統計檢測對資料科學家而言感覺過時或簡化，不代表企業組織身陷法律問題時不會被這些標準批判。

這些種族結果，指出模型裡有相當嚴重的歧視問題。若部署它，就是讓自己處於可能的法規與法律問題之中。更糟的狀況是，知曉即將部署的系統會永遠系統性偏差與危害人們。任何時候，取得信用卡延展都可能是重大事件。若某人要求借貸，應假設真的有需求。在這裡看到的是範例信用借貸決策帶有歷史性偏差。這些結果還傳遞一個清楚訊息：此模型必須在部署前修復。

個體公平性

至今為止重點都在群體公平性，但還要探索模型是否有個體公平疑慮。不同於針對群體的偏差，個體偏差屬於僅影響小群體與特定群體人口的局部問題，甚至影響單一個人。

這裡將用兩種主要技術測試：殘差分析與對抗式模型建立。第一種技術殘差分析，檢視非常接近決策臨界值的個人，以及錯誤收到不利結果的人。要確保其人口統計資訊不會將他們推向被信貸產品拒絕。（也可以檢查離決策臨界值很遠的非常錯誤的個體結果）。第二種方法對抗式模型建立，將使用來自原始模型的輸入特徵與分數，試圖預測受保護組資訊的個別模型，接著考慮這些模型的 Shapley 相加解釋。發現對抗式預測極為準確的行列時，就暗示行列裡編碼的資訊導致原始模型偏差。若能識別那樣東西不僅存在幾行資料裡，就表示找到模型代理偏差的潛在驅動因子的方向。在轉向本章偏差緩解小節前，將先調查個體偏差，接著代理偏差。

讓我們深入瞭解個體公平性。首先，編寫程式碼從受保護組提取一些狹隘錯誤歸類的人。這些是模型預測會拖欠的觀察對象，但他們並沒有拖欠：

```
black_obs = valid.loc[valid['RACE'] == 'black'].copy()
black_obs[f'p_{target}_outcome'] = np.where(
  black_obs[f'p_{target}'] > best_cut,
  1,
  0)

misclassified_obs = black_obs[(black_obs[target] == 0) &
                              (black_obs[f'p_{target}_outcome'] == 1)]

misclassified_obs.sort_values(by=f'p_{target}').head(3)[features]
```

結果如表 10-4 所示，並未提出任何過份偏差，但確實有一些疑慮。第二與第三位申請者顯示適度開支且大部分情況下即時付款。這些個體可能會被隨意放在決策邊界錯誤的那邊。然而，表 10-4 第二列個體顯示在償還其信用卡負債上沒有進展。也許他們的借貸額度提升真的不應被核可。

表 10-4　驗證資料中狹隘錯誤歸類為受保護觀察對象的特徵子集

LIMIT_BAL	PAY_0	PAY_2	PAY_3	...	BILL_AMT1	BILL_AMT2	BILL_AMT3	...	PAY_AMT1	PAY_AMT2	PAY_AMT3
$58,000	−1	−1	−2	...	$600	$700	$0	...	$200	$700	$0
$58,000	0	0	0	...	$8,500	$5,000	$0	...	$750	$150	$30
$160,000	−1	−1	−1	...	$0	$0	$600	...	$0	$0	$0

揭露是否發現實際個體偏差問題的下一步如下：

輸入特徵少量干擾

若隨意變動輸入特徵，假設將 `BILL_AMT1` 降為 $5，改變此人輸出，接著模型決策可能與其決策臨界值與應變函數交叉急劇升降的位置較相關，而非任何確知的現實世界原因。

搜尋類似個體

若有少數或多數個人類似這位個體，模型可能會以不公平或危害的方式分割特定或交叉子群體。

無論是其中哪種狀況，正確做法應是延展這位個體與相似個體的信用額度。

對西班牙人與亞洲人觀察對象進行類似分析，發現類似結果。對這樣的結果不致太驚訝的原因有二。第一，個體公平性問題很難，還會帶出 ML 系統通常不處理的因果關係問題。再者，個體公平性與代理歧視可能對行列眾多的資料集而言風險較大，它的整體子族群可能最終處於決策邊界任意一邊，而當模型含括許多特徵，尤其是替代資料，或特徵與某人償還信用的能力未直接相關，或許反而提升模型預測能力。

完全肯定回答個體公平性問題相當困難，因為他們基本上是因果問題。例如，非線性 ML 模型不可能知曉模型是否以一開始未含括在模型裡的某些資料（受保護組資訊）為基礎做出決策。

也就是說，殘差分析、對抗式模型建立、SHAP 值與主題相關專業的審慎應用都可能大有幫助。想瞭解這個主題更多相關資訊，可以參考 SHAP 值創造者的「公平性定量量測解釋」（*https://oreil.ly/Tg66Z*）與「使用因果模型檢測歧視」（*https://oreil.ly/liP9W*）。

接著看測試個體公平性的第二個技術：對抗式模型建立。這裡選擇訓練兩個對抗式模型。第二個模型採用相同輸入特徵作為原始模型，但試著預測受保護組狀態而不是違約行為。為簡化，這裡以受保護類別成員為目標訓練二元歸類：Black 或 Hispanic 的新標記。分析第一個對抗式模型，可以對哪個特徵與受保護人口統計族群成員擁有強關係有更好的看法。

訓練的第二組對抗式模型與第一個相似，除了多一個額外輸入特徵：原始借貸模型輸出概率。比較兩個對抗式模型，可以對有多少額外資訊被編碼到原始模型計分裡有所瞭解。我們將在觀測面瞭解這個資訊。

許多生成逐列除錯資訊的 ML 工具，像是殘差、對抗式模型預測或 SHAP 值，都能用來檢查是否有個體偏差問題。

這裡將使用與原始模型相似超參數，作為二元 XGBoost 歸類，訓練這些對抗式模型。首先，查看受保護觀察對象部分，當原始模型概率被添加為特徵時，它的對抗式模型分數增加最多。結果如表 10-5 所示。該表格告訴我們，對部分觀察對象而言，原始模型計分編碼足夠的受保護組狀態資訊，第二組對抗式模型因而能夠比第一組提升約 30 百分點。這些結果說明，應該深入審查這些觀察對象，才能藉由問問題識別出所有個體公平性問題，就像用殘差找出個體偏差問題所做的那樣。表 10-5 亦有助於再次說明，從模型移除人口統計標記，並不會從模型移除人口統計資訊。

表 10-5　驗證資料中兩個對抗式模型間發現三個受保護觀察對象分數增加最多

觀測	受保護組	對抗式模型 1 計分	對抗式模型 2 計分	差異
9022	1	0.288	0.591	0.303
7319	1	0.383	0.658	0.275
528	1	0.502	0.772	0.270

回顧第 2 章，SHAP 值為逐列相加特徵歸因方案。意指，它們能說明每個特徵在模型中為整體模型預測貢獻多少。這裡為第二組對抗式模型在驗證資料上計算 SHAP 值（也就是含括原始模型計分的那個）。圖 10-2，檢查前四個最重要特徵的 SHAP 值分佈。圖 10-2 的每個特徵對預測受保護的類別成員都很重要。預測

受保護組資訊最重要的特徵，就是原始模型分數 p_DELINQ_NEXT。單這點就很有趣了，擁有這個特徵最高 SHAP 值的觀察對象，是進一步調查是否違反個體公平性絕佳目標。

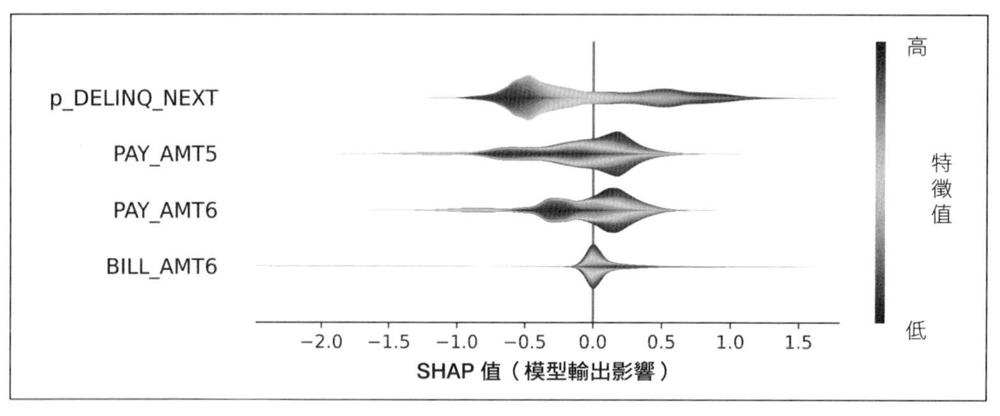

圖 10-2　驗證資料中，對抗式模型四個重要特徵的 SHAP 值分佈（數位、彩色版：*https://oreil.ly/n4z9i*）

最有趣的地方可能是 p_DELINQ_NEXT 小提琴的色彩梯度（由淡轉暗）。每個小提琴皆依據密度由各觀察對象特徵值本身上色。意即若模型是沒有交互作用的線性，整個小提琴的色彩梯度就會平滑地由淡轉深。但這不是我們要的。p_DELINQ_NEXT 小提琴中，繪圖垂直切片中有個顯著色彩變數。這只會出現在，當 p_DELINQ_NEXT 被模型用來與其他特徵結合導出預測的時候。例如，模型可能學到像是若 LIMIT_BAL 低於 *$20,000 且信貸利用率大於 50%，來自信用延展模型的違約概率大於 20%，則該觀察對象可能是黑人或西班牙人*。雖然殘差與對抗式模型有助於識別個體偏差問題，但 SHAP 可以進一步協助瞭解是什麼導致了這個偏差。

代理偏差

即便像這樣識別出僅影響少數人的模型，依然能造成傷害。但當發現它們影響一大群人時，就更可能有全域性代理偏差問題。切記，當單一特徵或一群交互作用特徵看來就像人口統計資訊，就會有代理偏差。有鑑於 ML 模型通常混合與比對特徵，以建立隱性概念，還可能以不同方式局部、逐列這麼做，代理偏差是偏差模型輸出最常見的肇因。

曾探討過的許多工具，像是對抗式模型與 SHAP，都可以用來抓出代理。例如可以從檢查 SHAP 特徵交互作用值開始找。（複習第 2 章與第 6 章的進階 SHAP 技術）。代理的最基本測試應該是對抗式模型。若另一組模型可以從我們的模型預測，準確預測人口統計資訊，那麼我們的模型就編碼了人口統計資訊。若將模型輸入特徵納入對抗式模型，就能利用特徵歸因量測瞭解哪個單一輸入特徵可能是代理，接著套用其他技術全力找出交互作用產生的代理。優質的老派決策樹對尋找代理而言有時也是不錯的優質對抗式模型。因為 ML 模型往往結合再重組特徵，繪製訓練用對抗式決策樹可能有助於揭露更複雜的代理。

可能正如讀者所見，對抗式模型建立可能是兔子洞。但我們想說服讀者的是，這是找出模型中，可能遭受歧視的個體行列最強大的工具，也是瞭解輸入特徵與受保護組資訊與代理間彼此關係的手段。現在，要前往補救範例借貸模型中所發現的偏差了。

補救偏差

現在，已找出模型中的幾種偏差，是時候開始試著補救。幸好能用的工具很多，由於羅生門效應，能選擇的模型也很多。這裡先試著前置處理補救。為訓練資料生成觀測級權重，以便讓整個人口統計族群出現正向結果的可能性相同。接著嘗試程序中處理的技術：有時稱作**公平** *XGBoost*，在這裡，人口統計資訊被納入 XGBoost 梯度計算，以便在模型訓練期間正規化。事後處理方面，將更新模型決策邊界周圍的預測。由於前置處理、過程中處理與事後處理，在幾個產業垂直領域及應用上，都可能引發差別對待的疑慮，所以將搜尋各種輸入特徵集與超參數設定，概述模型選擇簡單而有效的技術，尋找具有良好效能與最小偏差的模型，結束補救這個部分。針對各種處理方式，我們還會處理所有觀察到的效能品質與偏差補救的權衡取捨。

前置處理

這裡要嘗試的第二個偏差補救技術，是知名的重新加權前置處理技術。這是在 2012 年由 Faisal Kamiran 與 Toon Calders 在他們的論文「無歧視歸類的資料前置處理技術」（*https://oreil.ly/lAj08*）中首度發表。加權的想法，是使用觀測權重讓整體族群平均結果相同，接著重新訓練模型。

如即將看到的，在前置處理訓練資料前，平均結果或平均 y 變數值，在整個人口統計族群上完全不同。最大差異是亞洲人與黑人，其平均結果分別為 0.107 與 0.400。意即平均來看，以及只看訓練資料，亞洲人的違約概率仍處於增加信用額度可接受範圍內，黑人的狀況正好相反。他們的平均分數持續處於下降區間。（再次強調，這些值不會只因為以數位資料的方式記錄就一定客觀或公平。）前置處理完成後，會發現能明顯抵銷結果與偏差測試值。

由於重新加權是相當直覺的方式，我們決定用以下程式碼片段的函數自己做[2]。為重新加權資料，首先必須量測平均結果率：整體與每個人口統計族群都要。接著決定抵銷整體人口統計族群結果率的觀測層，或行列層加權。觀測加權是告訴 XGBoost 與多數其他 ML 模型，要在訓練期間對每列加權多少的數字值。若列加權為 2，就像該列在用於訓練 XGBoost 的目標函數裡出現兩次。若告訴 XGBoost 該列加權 0.2，就像該列在訓練資料裡實際出現 1/5 次。提供每個族群平均結果與在訓練資料中的頻率，決定給模型所有族群相同平均結果的列權重就只是基本代數問題了。

```
def reweight_dataset(dataset, target_name, demo_name, groups):
    n = len(dataset)
    # 初始整體結果頻率
    freq_dict = {'pos': len(dataset.loc[dataset[target_name] == 1]) / n,
                 'neg': len(dataset.loc[dataset[target_name] == 0]) / n}
    # 初始各人口統計族群的結果頻率
    freq_dict.update({group: dataset[demo_name].value_counts()[group] / n
                      for group in groups})
    weights = pd.Series(np.ones(n), index=dataset.index)
    # 決定平衡整體人口統計族群結果頻率的列加權
    for label in [0, 1]:
        for group in groups:
            label_name = 'pos' if label == 1 else 'neg'
            freq = dataset.loc[dataset[target_name] == label][demo_name] \
                       .value_counts()[group] / n
            weights[(dataset[target_name] == label) &
                    (dataset[demo_name] == group)] *= \
                freq_dict[group] * freq_dict[label_name] / freq
    # 回傳已平衡加權向量
    return weights
```

2 關於重新加權其他實作與範例用法，請參考 AIF360 的「偵測與緩解信貸決策的年齡偏差」（*https://oreil.ly/ypEQc*）。

樣本加權有很多種。XGBoost 裡，以及大多數其他 ML 模型裡，觀測層加權被詮釋為頻率權重，其觀測的權重等同於出現在訓練資料裡的「次數」。這種加權方案源於調查抽樣理論。

其他主要樣本加權型態則來自於加權最小平方理論。有時稱為精準加權，在每個觀察對象其實是多重底層樣本平均的假設下，它們量化了觀測特徵值的不確定性。這兩個樣本加權概念不同，因此在設定 `sample_weights` 參數時知道指定的是哪一個非常重要。

套用 `reweight_dataset` 函數，可以提供與訓練資料相同長度的觀測加權向量，這樣每個人口統計族群內的資料結果加權平均就會相等。重新加權有助於消除訓練資料中顯示的系統性偏差，讓 XGBoost 瞭解不同種類的人應擁有相同平均結果率。就程式碼而言，這就像用 `reweight_dataset` 的列加權重新訓練 XGBoost 一樣簡單。在程式碼中，我們呼叫這個訓練加權向量 `train_weights`。呼叫 `DMatrix` 函數時，利用 `weight=` 參數，指定這些偏差遞減權重。之後，就只要重新訓練 XGBoost：

```
dtrain = xgb.DMatrix(train[features],
                     label=train[target],
                     weight=train_weights)
```

表 10-6 顯示原始平均結果與原始 AIR 值，以及前置處理平均結果與 AIR。在未加權資料上訓練 XGBoost 時，發現有問題的 AIR 值。原本，黑人與西班牙人的 AIR 大約 0.73。這些值不好，它象徵模型每次延展 1000 筆借貸產品給白人，就只接受約 730 位西班牙人或黑人的申請。這種等級的偏見是道德上的麻煩，但在消費金融、僱用或其他仰賴傳統法律標準執行偏差測試的領域，也可能帶來法律上的麻煩。五分之四規則雖然有缺陷又不完美，但讓我們知道不應該看到低於 0.8 的 AIR 值。幸好，我們的案例中，重新加權給了不錯的補救結果。

在表 10-6 中，可以看見將有問題的西班牙人與黑人的 AIR 值增加到較不接近邊緣的值，重要的是並未改變亞洲人的 AIR 太多。簡而言之，重新加權降低黑人與西班牙人的潛在偏差風險，但不增加其他族群這類風險。這對模型是否有任何效能品質上的影響？為調查這點，在圖 10-3 中導入超參數 `lambda`，指定強調重新加權方案。當 `lambda` 等於 0，所有觀測皆取得樣本加權 1。

當超參數皆為 1，平均結果都一樣，會得到表 10-6 的結果。如圖 10-3 所示，的確觀察到增加重新加權強度，與驗證資料中由 F1 量測的效能間有些取捨。接著，將 `lambda` 掃過所有值，看黑人與西班牙人 AIR 的結果，瞭解更多取捨。

表 10-6　測試資料人口統計族群原始與前置處理平均結果

人口統計族群	原始平均結果	前置處理平均結果	原始 AIR	前置處理 AIR
西班牙人	0.398	0.22	0.736	0.861
黑人	0.400	0.22	0.736	0.877
白人	0.112	0.22	1.000	1.000
亞洲人	0.107	0.22	1.012	1.010

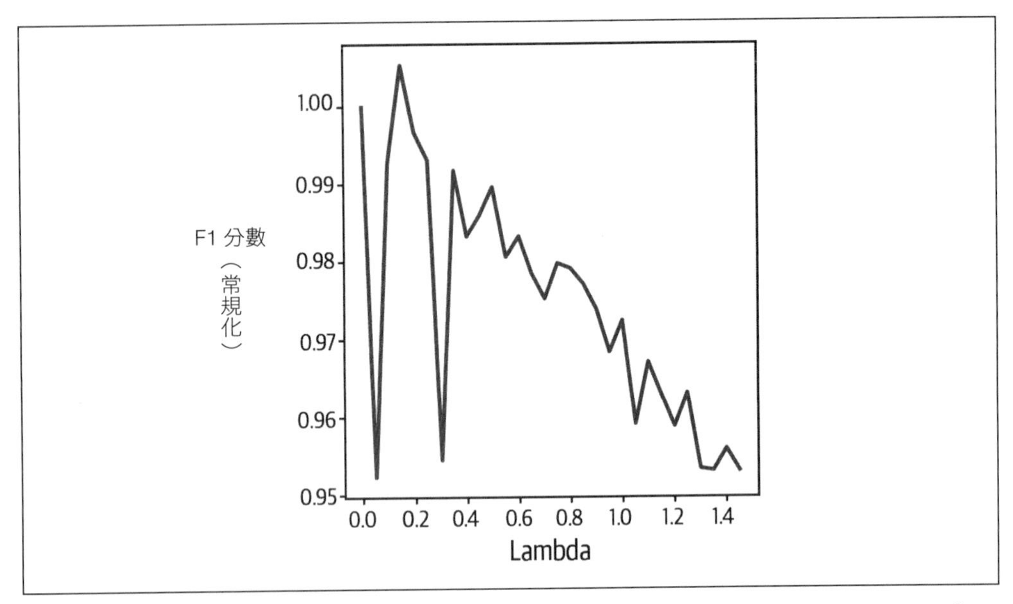

圖 10-3. 重新加權方案強度增加的模型 F1 分數（數位、彩色版：*https://oreil.ly/wJ396*）

圖 10-4 結果顯示，增加 `lambda` 超過 0.8 對黑人與西班牙人 AIR 並不會產生有意義的改善。回到圖 10-3，這代表在電腦模型中將經歷下跌約 3%。若考慮部署這個模型，會選擇這個超參數值重新訓練。圖 10-3 與 10-4 間告訴我們的是：只要對資料集套用採樣加權，強調有利於黑人與西班牙人借款者，可以增加這兩個族群的 AIR，同時只會有名義上的效能降低。

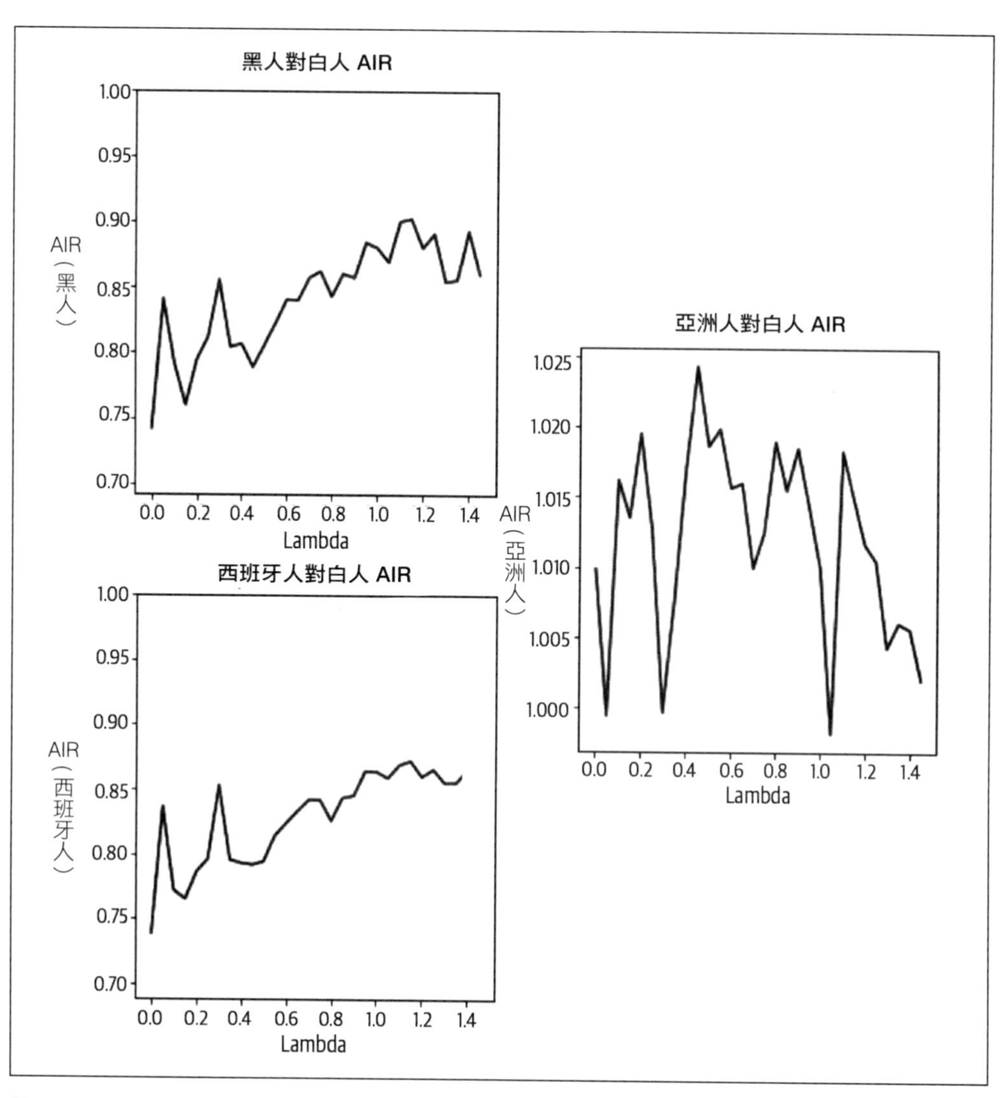

圖 10-4. 重新加權方案強度增加的模型不良影響率（數位、彩色版：*https://oreil.ly/LKxEH*）

幾乎就像 ML 裡的一切，偏差補救與所選方式都是實驗，而不是死背的工程。它們不保證可行，而我們也總是必須檢查它們是否確實可行，先是在驗證與測試資料裡，之後是在現實世界。很重要的一點是，請記得無從得知模型部署後，在準確度或偏見方面的表現。我們總是希望電腦模擬驗證與測試評估，能與現實世界效能表現一致，但這無法保證。

我們寄予厚望的是，模型部署後會因為飄移的資料，洗掉電腦模擬效能看來下降的 5%，改變現實世界操作環境與其他體內意外。這全都指出，模型一旦部署，就必須監控效能與偏差。

加權只是前置處理技術其中一例，還有許多其他受歡迎的處理方式。前置處理簡單、直接與直覺。如我們所見，在可接受的準確取捨下，它可以為模型偏差帶來有意義的改善。參考 AIF360（*https://oreil.ly/rDdhC*），瞭解其他可信賴的前置處理技術範例。

程序進行中處理

接下來要試的是程序進行中處理偏差補救的技術。近幾年提出許多不錯的技術，其中包括使用對抗式模型，如「使用對抗式學習緩解不想要的偏差」（*https://oreil.ly/rFdZA*）或「公平對抗式梯度樹提升」（*https://oreil.ly/kZ0xB*）。這些對抗式程序進行中處理方式背後的想法很直接。當對抗式模型無法從主要模型預測中，預測人口統計族群成員，那麼很不錯，因為表示預測並未編碼太多偏差。如本章先前所強調，對抗式模型亦有助於找出關於偏差的局部資訊。最精準那列對抗式模型，可能是編碼最多人口統計資訊的列。這些列或許有助於揭露可能經歷最大偏差的個體、涉及多項輸入特徵的複雜代理，以及其他局部偏差模型。

也有只使用一個模型的程序進行中解除偏差技術，由於它們通常較容易實作，在使用案例上只會強調其中一個。與使用第二組模型相反的是，這些程序進行中處理的方法，是以正規方法使用雙重目標函數。例如「公平回歸的 Covex 框架」（*https://oreil.ly/7dcHL*）提出可用於與線性及邏輯回歸模型的各種正規化，減少對於族群與個體的偏差。「學習公平表示式」（*https://oreil.ly/tgCE9*），內容為模型目標函數的偏差量測，但之後試著建立編碼較少偏差的訓練模型新表示式。

雖然這兩種處理方式重點多放在簡單模型，也就是線性回歸、邏輯回歸與單純貝氏，但我們想用樹狀處理，尤其是 XGBoost。結果我們並不孤單。American Express 研究小組近期發表「FairXGBoost：XGBoost 中具公平意識的歸類」（*https://oreil.ly/2gNo9*），使用 XGBoost 現有功能，客製化編碼目標函數訓練，將偏差正規化的指令與實驗納入 XGBoost 模型。

在開始介紹更多技術敘述、程式碼與結果前，應談談作為基礎探討的大量公平性正規化，或由 Kamishima 等人所著相關開創性論文「偏見移除正規化的公平性意識分類」（*https://oreil.ly/E_arn*）。

我們選擇的方式如何發揮作用？目標函式用於模型訓練期間量測誤差，最佳化程序試圖最小化該誤差並尋找最佳模型參數。前置處理正規化技術的基本概念，在於納入模型整體目標函數的偏差量測。當最佳化函數用於計算誤差與 ML 最佳化程序試圖最小化誤差時，也往往導致減少量測的偏差。這種概念的另一個手法，是使用目標函數中的偏差量測項目因子，或**正規化超參數**，因此能調整偏差補救效果。若讀者還不瞭解，XGBoost 支援廣泛各類目標函數，能夠確保量測誤差的方式，確實對應手邊現實世界的問題。它還支援使用者編寫完全客製化目標函數（*https://oreil.ly/pczVg*）的程式。

實施前置處理方法的第一步，是撰寫樣本目標函數程式碼。以下程式碼片段，定義要求 XGBoost 生成計分方式的樣本目標函數：

1. 針對模型輸出（梯度；`grad`）計算第一階目標函數。
2. 針對模型輸出（Hessian；`hess`）計算第二階目標函式。
3. 將人口統計資訊（`protected`）併入目標函數。
4. 使用新參數（lambda；`lambda`）控制正規化強度。

我們也為目標建立簡單包裝，以便指定考量用哪個群組當成受保護類別：想要它們經歷較少因正規化產生偏差的那些，以及正規化強度。雖然簡化，但包裝帶來許多功能。可以將多個人口統計族群納入受保護組。

這很重要，因為模型通常會對一個以上的族群呈現偏差。提供客製化 `lambda` 值的能力相當重要，因為它允許調整正規化強度。如第 341 頁的「前置處理」小節所示，調整正規化超參數的能力，對尋找模型準確度的理想權衡非常重要。

將大量內容打包成約 15 行的 Python 程式碼，就是我們選擇這個方式的原因。它利用 XGBoost 框架微妙的優勢，非常簡單地在我們的樣本資料中，對有史以來就邊緣化的少數族群增加 AIR：

```
def make_fair_objective(protected, lambda):
    def fair_objective(pred, dtrain):

        #公平意識交叉熵損失目標函數
        label = dtrain.get_label()
        pred = 1. / (1. + np.exp(-pred))
        grad = (pred - label) - lambda * (pred - protected)
        hess = (1. - lambda) * pred * (1. - pred)

        return grad, hess
    return fair_objective

protected = np.where((train['RACE'] == 'hispanic') | (train['RACE'] == 'black'),
                     1, 0)
fair_objective = make_fair_objective(protected, lambda=0.2)
```

一旦自訂目標已定義，就只需要使用 `obj=` 參數將它傳遞給 XGBoost 的 `train()` 函式。若程式碼撰寫正確，XGBoost 的穩健訓練與最佳化機制應能處理剩下內容。請留意這個小程式如何利用自訂目標訓練：

```
model_regularized = xgb.train(params,
                              dtrain,
                              num_boost_round=100,
                              evals=watchlist,
                              early_stopping_rounds=10,
                              verbose_eval=False,
                              obj=fair_objective)
```

圖 10-5 與 10-6 可以看到前置處理補救的驗證與測試結果。為驗證我們的假設，這裡利用包裝函式，與使用 `lambda` 眾多不同設定訓練的眾多不同模型。圖 10-6，可以看到增加 `lambda` 減少偏差，就像用增加黑人與西班牙人 AIR 的方式量測，但亞洲人 AIR 保持在 1 左右的常數。

我們可以對消費金融最想關切的族群增加 AIR，但不造成其他人口統計族群的潛在歧視。這就是我們想要的結果！

效能與減少偏差間的權衡如何？這裡看到的對我們的經歷而言十分典型。在某 `lambda` 區間值以上，黑人與西班牙人 AIR 沒有明顯增加，但模型 F1 分數持續減少到低於原始模型效能 90% 以下。我們應該不會使用 `lambda` 改善程度最大的模型，所以可能會看到電腦模擬測試資料效能微量降低，以及體內效能至今未知的變化。

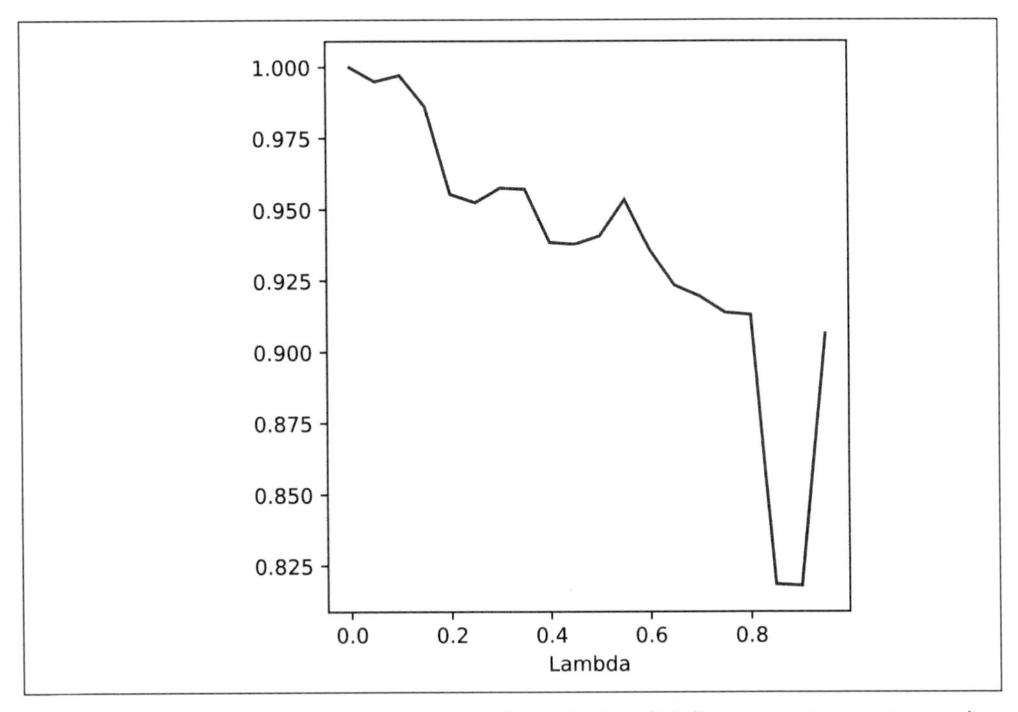

圖 10-5　隨 `lambda` 增加而變化的模型 F1 分數（數位、彩色版：*https://oreil.ly/D5Hz_*）

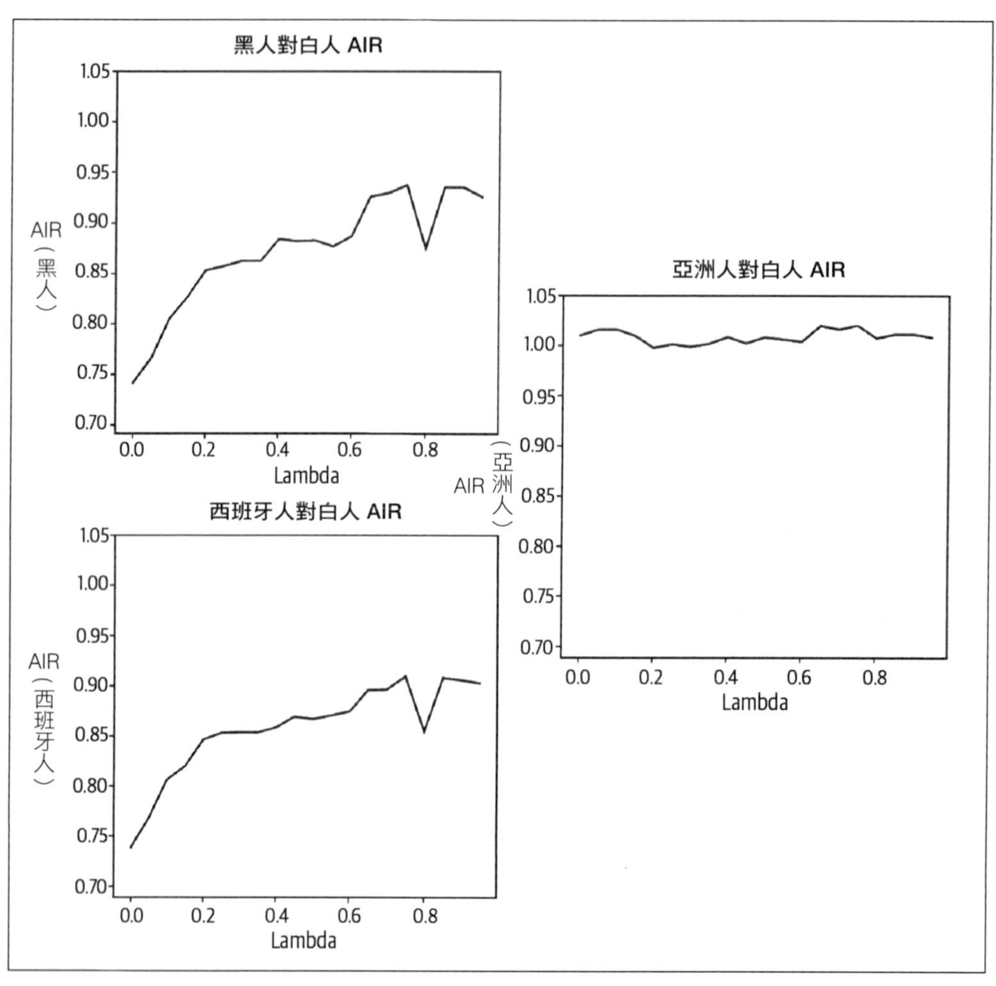

圖 10-6 正規化因子 `lambad` 增加，整體人口統計族群的 AIR 值（數位、彩色版：*https://oreil.ly/tRfBx*）

事後處理

接著將討論事後處理技術。請記得，事後處理技術是在模型訓練後套用，所以本節將修改本章開頭訓練過的原始模型輸出機率。

這裡將套用的技術稱為**拒絕選項事後處理**，可追溯到 2012 年由 Kamiran 等人所著的論文（*https://oreil.ly/2rh4r*）。記得我們的模型有臨界值，在該值以上的計分被給予二進制結果 1（借貸申請者不想要的結果），低於臨界值的計分被給予預測性結果 0（想要的結果）。拒絕選項事後處理運作的想法是，模型分數**接近**臨界值，該模型就不確定正確結果。我們做的就是將接收到的分數位於臨界值附近有限區間的所有觀察對象集結成一組，接著為這些觀察對象重新指派結果，增加模型結果公平性。拒絕選項事後處理易於詮釋與實施，可以用另一個相對直覺的函數做到：

```
def reject_option_classification(dataset, y_hat, demo_name, protected_groups,
                                 reference_group, cutoff,
                                 uncertainty_region_size):
    # 在決策臨界值附近不確定區域內，
    # 將受保護組預測翻轉成有利決策
    # 並將參考組預測轉為不利決策
    new_predictions = dataset[y_hat].values.copy()

    uncertain = np.where(
        np.abs(dataset[y_hat] - cutoff) <= uncertainty_region_size, 1, 0)
    uncertain_protected = np.where(
        uncertain & dataset[demo_name].isin(protected_groups), 1, 0)
    uncertain_reference = np.where(
        uncertain & (dataset[demo_name] == reference_group), 1, 0)

    eps = 1e-3

    new_predictions = np.where(uncertain_protected,
                               cutoff - uncertainty_region_size - eps,
                               new_predictions)
    new_predictions = np.where(uncertain_reference,
                               cutoff + uncertainty_region_size + eps,
                               new_predictions)
  return new_predictions
```

圖 10-7 中可以看到這項技術的運作。直方圖顯示各種族族群模型分數的分佈，包括事後處理之前與之後。可以看到分數約 0.26（原始模型臨界值）左右的小型鄰近區域，事後處理所有黑人與西班牙人，將他們的分數指派在這個區間的底端列入有利結果。同時，將白人指派到不利模型結果這個**不確定區域**，並讓亞洲人分數保持不變。現在有了這些新的計分，可以開始調查這項技術對模型準確度與 AIR 的影響了。

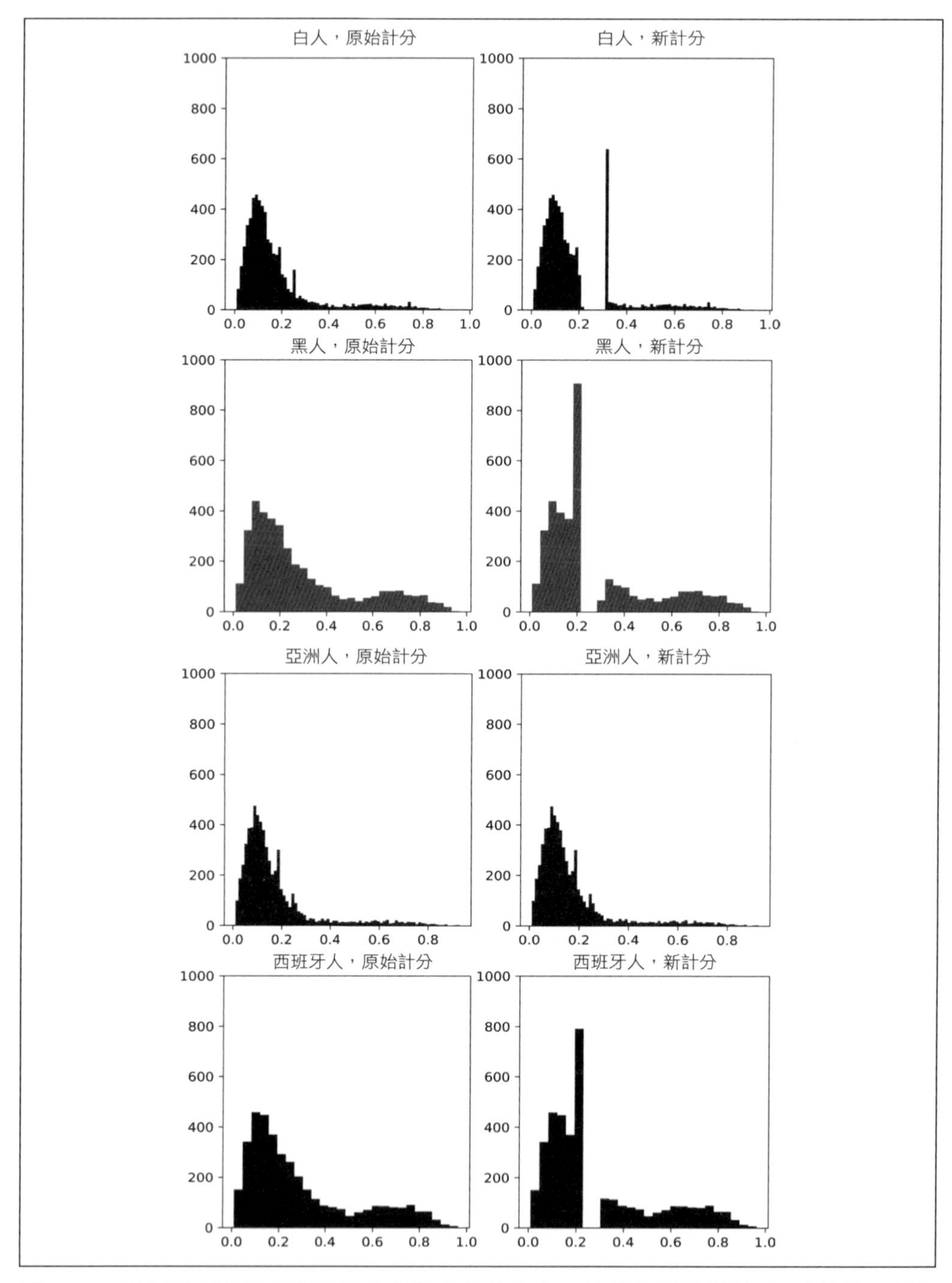

圖 10-7　拒絕選項事後處理應用之前與之後的各人口統計族群模型計分。（數位、彩色版：*https://oreil.ly/KJtVX*）

這次實驗結果完全一如預期：可以改善黑人與西班牙人 AIR 值到 0.9 以上，但把亞洲人 AIR 留在 1.00 左右（表 10-7）。在 F1 分數上付出的代價是增加 6%。我們不認為這個下降值得注意，不過若有疑慮，可以減少不確定區域大小，找出更偏好的權衡方式。

表 10-7　驗證資料的原始與事後處理 F1 分數與不良影響率

模型	F1 分數	黑人 AIR	西班牙人 AIR	亞洲人 AIR
原始	0.574	0.736	0.736	1.012
事後處理	0.541	0.923	0.902	1.06

模型選擇

最後要探討的技術是公平意識模型選擇。為求確切，將實施簡單特徵選擇與隨機超參數調整，同時對模型效能與 AIR 保持追蹤。執行效能評估，讀者們幾乎都做過這些步驟，所以這個技術經費成本相當低。以模型選擇作為補救技術的另一優勢在於帶來的差別待遇疑慮最少。（另一方面來說，如先前段落所述，拒絕選項事後處理，會依各觀察對象受保護組狀態，確切改變模型結果。）

全面針對特徵集與超參數設定隨機搜尋，通常能揭露已改善公平特性的模型，以及與基準線模型效能相似的模型。

本節，將追蹤作為模型效能品質的概念的 F1 與 AUC 分數。就經驗來說，以多個品質量測評估模型，可以提升優良體內效能的可能性。計算 F1 與 AUC 分數兩者的另一優勢是，前者評估模型結果，後者僅使用輸出機率。若未來想改變模型決策臨界值，或將模型分數傳遞為另一個程序的輸入時，會感謝追蹤了 AUC。

在深入模型選擇前還有一點必須注意，模型選擇不僅是特徵選擇與超參數調整。它也意謂著在競爭的模型架構間做選擇，或在不同偏差補救技術間的選擇。本章結論，將匯總所有結果為最終模型選擇做準備，但本節將只看特徵與超參數。

就我們的經驗而言，特徵選擇可以是強大的補救技術，但在有主題領域專家的引導與有對抗式資料來源可用下表現最好。舉例來說，銀行合規性專家會知曉借貸模型中，可用較少歷史偏差編碼的替代特徵取代的特徵。我們沒有特權存取這些替代特徵，所以就樣本資料而言只有從模型丟棄特徵這個選項，接著在維持原始超參數的前提下，個別測試丟掉每個特徵的效果。在特徵選擇與超參數調整間，會訓練許多不同模型，因此利用原始訓練模型，套用五重交叉驗證。若選擇驗證資料上最佳效能的變體，那麼只因為隨機表現最佳就選擇的模型會增加風險。

雖然羅生門效應或許意謂著有許多好模型可以選擇，但不應該忘記這種現象也是原始模型不穩定性的警訊。若有許多與原始模型帶有相似設定的模型，表現上也不同於原始模型，這代表規格不足與設定錯誤問題。補救模型必須針對穩定性、安全性與效能問題進行測試。見第 3、8、與 9 章瞭解更多資訊。

利用交叉驗證訓練這些新模型後，就能實現增加黑人與西班牙人交叉驗證 AIR，同時少量降低模型交叉驗證驗 AUC。最具侵犯性的特徵是 `PAY_AMT5`，所以將用沒有這個特徵的隨機超參數調整處理。

利用對抗式模型與可解釋 AI 技術，還能再複雜化特徵選擇。可以參考「解釋公平性量測」（*https://oreil.ly/SLn_8*）與 SHAP 創作者相關筆記，以及 Belitz 等人所著「機器學習的公平特徵選擇自動化程序」（*https://oreil.ly/YSKnM*），獲得更多靈感。

為選擇新模型參超數，將使用 scikit-learn API 進行隨機網格搜尋。由於想對整個程序進行交叉驗證 AIR，所以必須將計分函式放在一起，傳遞給 scikit-learn。為簡化程式碼，這裡只追蹤黑人 AIR，因為對我們的整個分析來說它與西班牙 AIR 相關，但整個受保護組的平均 AIR 可能比較好。以下程式碼片段說明如何利用全域性變數與 `make_scorer()` 介面完成這項任務：

```
fold_number = -1

def black_air(y_true, y_pred):
    global fold_number
    fold_number = (fold_number + 1) % num_cv_folds

    model_metrics = perf_metrics(y_true, y_score=y_pred)
    best_cut = model_metrics.loc[model_metrics['f1'].idxmax(), 'cutoff']

    data = pd.DataFrame({'RACE': test_groups[fold_number],
                         'y_true': y_true,
                         'y_pred': y_pred},
```

```
                        index=np.arange(len(y_pred)))

    disparity_table = fair_lending_disparity(data, y='y_true', yhat='y_pred',
                                             demo_name='RACE',
                                             groups=race_levels,
                                             reference_group='white',
                                             cutoff=best_cut)

    return disparity_table.loc['black']['AIR']

scoring = {
    'AUC': 'roc_auc',
    'Black AIR': sklearn.metrics.make_scorer(black_air, needs_proba=True)
}
```

接著，定義合理的超參數網格並建置 50 個新模型：

```
parameter_distributions = {
    'n_estimators': np.arange(10, 221, 30),
    'max_depth': [3, 4, 5, 6, 7],
    'learning_rate': stats.uniform(0.01, 0.1),
    'subsample': stats.uniform(0.7, 0.3),
    'colsample_bytree': stats.uniform(0.5, 1),
    'reg_lambda': stats.uniform(0.1, 50),
    'monotone_constraints': [new_monotone_constraints],
    'base_score': [params['base_score']]
    }

grid_search = sklearn.model_selection.RandomizedSearchCV(
    xgb.XGBClassifier(random_state=12345,
                      use_label_encoder=False,
                      eval_metric='logloss'),
    parameter_distributions,
    n_iter=50,
    scoring=scoring,
    cv=zip(train_indices, test_indices),
    refit=False,
    error_score='raise').fit(train[new_features], train[target].values)
```

我們的隨機模型選擇程序結果顯示於圖 10-8。每個模型都是圖上一個點，黑人交叉驗證 AIR 值在 x 軸上，交驗驗證 AUC 則位於 y 軸。如這裡所做的，為了輕鬆表達「這個替代模型說明 AUC 從原始模型掉了 2%」這種說法，將模型準確度常規化為基準值非常有用。基於這樣的模型分佈，該如何選擇部署？

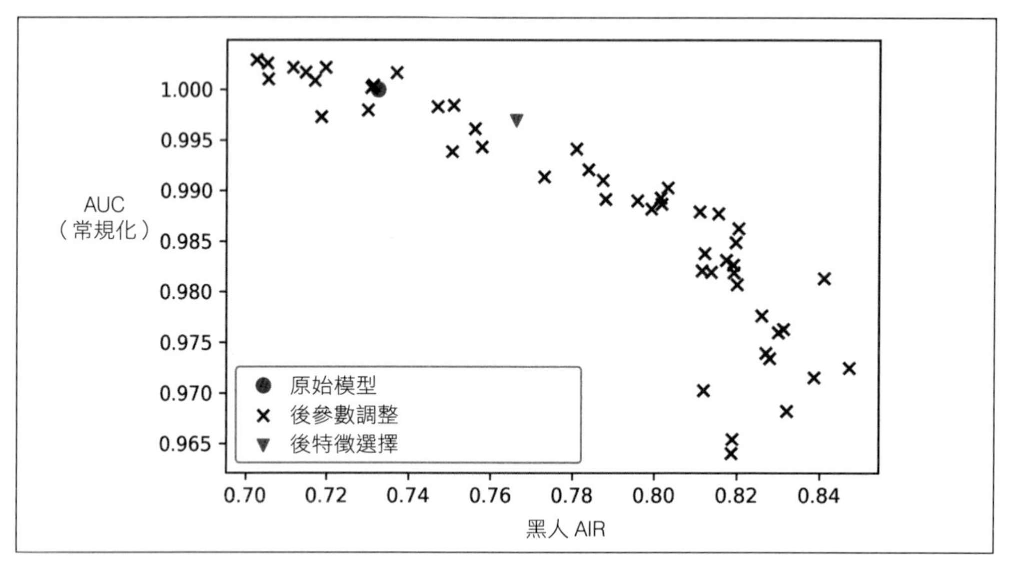

圖 10-8　特徵選擇與超參數調整後，常規化準確度與各模型黑人 AIR（數位、彩色版：*https://oreil.ly/7ru28*）

偏差補救方式常見問題在於通常只是將一個人口統計族群的偏差移到另一個。例如，現在女性在美國有時會是借貸與僱用決策的偏好族群。偏差補救技術，在增加受系統偏差影響其他族群的有利結果時，大幅減少對女性的有利結果不算奇怪，但這並非所有人真的想要的結果。若一個族群受到不成比例的偏好，偏差補救抵銷這點，那很好。從另一方面來看，若一個族群受到一點點偏好，而偏差補救最後傷害他們增加 AIR 或其他族群的其他統計，就不好了。接著，來看這兩個替代模型與本章所使用其他補救技術的比較。

無論何時，在相同資料集上評估多重模型，都必須謹慎對待過度擬合與多重比較。應該套用再利用保留、交叉驗證、自助抽樣、逾時保留資料與部署後監控這類最佳實作，確保結果普及化。

結論

表 10-8 中，匯總本章訓練所有模型的結果。我們選擇著眼於兩個模型準確度量測：F1 分數與 AUC，與兩個模型偏差量測：AIR 與偽陽性率（FPR）的不一致。

表 10-8　偏差補救技術間的測試資料比較

量測	原始模型	前置處理（重新加權）	程序中處理（正規化、lambda=0.2）	事後處理（拒絕選項，windows=0.1）	模型選擇
AUC	0.798021	0.774183	0.764005	0.794894	0.789016
F1	0.558874	0.543758	0.515971	0.533964	0.543147
亞洲人 AIR	1.012274	1.010014	1.001185	1.107676	1.007365
黑人 AIR	0.735836	0.877673	0.851499	0.901386	0.811854
西班牙人 AIR	0.736394	0.861252	0.851045	0.882538	0.805121
亞洲人 FPR 差異	0.872567	0.929948	0.986472	0.575248	0.942973
黑人 FPR 差異	1.783528	0.956640	1.141044	0.852034	1.355846
西班牙人 FPR 差異	1.696062	0.899065	1.000040	0.786195	1.253355

結果令人振奮：許多補救技術經測試能夠實際有意義改善黑人與西班牙人借貸者 AIR 與 FPR 差異，又對亞洲人 AIR 沒有嚴重負面影響。只要微量改變模型效能就可能做到。

應該如何選擇套用在高風險模型的補救技術？希望本章能說服讀者們多做嘗試。最終，最後決策取決於法律、企業領導管理層以及整合的利益相關人多元團隊。傳統監管垂直產業組織中，嚴格禁止差別對待，選擇會受到嚴格限制。其實只能從時下提供的模型選擇選項從中選擇。若在這個垂直產業外，會有更寬廣的補救策略可選[3]。考慮到與過程中處理模型相比效能降低最少，且因為事後處理會令效能差異超出可接受範圍，我們可能會為補救措施挑選前置處理。

無論是否使用模型選擇作為緩解技術，也無論是否有不同的前置處理、程序中處理與事後處理模型可供選擇，挑選補救模型的經驗法則如下：

3　別忘了偏差補救決策樹（投影片 40）（*https://oreil.ly/vDv4T*）。

1. 將模型集減少到效能足以達成商業需求的那些，例如與原始模型效能差異在 5% 以內。
2. 在下列模型中，挑一個最接近的：
    - 校正所有原本不受偏好群體的偏差，例如所有不受偏好族群的 AIR 增加到≥ 0.8。
    - 不歧視所有最初偏好的族群，例如，不要將原始受偏好族群的 AIR 被減少到 < 0.8。
3. 諮詢商業夥伴、法律與合規性專家，還有多元利益相關人，讓他們參與選擇處理程序。

若訓練的模型有可能影響人們（多數模型都會），我們就有道義責任必須測試它是否偏差。當發現偏差必須緩解或補救。本章所述為偏差管理程序的技術部分。要把偏差補救做到對，還必須延伸釋出的時間線、不同利益相關人間許多謹慎的溝通，以及眾多 ML 模型與工作流程的再訓練與再測試。若放慢腳步，尋求利益相關人的協助與意見，並套用科學方法，我們有信心應對現實世界的偏差挑戰，套用效能最佳偏差最少的模型。

資源

範例程式碼

- Machine-Learning-for-High-Risk-Applications-Book（*https://oreil.ly/machine-learning-high-risk-apps-code*）

管理偏差的工具

- aequitas（*https://oreil.ly/JzQFh*）
- AI Fairness 360:
    — Python（*https://oreil.ly/sYmc-*）
    — R（*https://oreil.ly/J53bZ*）
- Algorithmic Fairness（*https://oreil.ly/JNzqk*）
- fairlearn（*https://oreil.ly/jYjCi*）

- fairml（*https://oreil.ly/DCkZ5*）
- fairmodels（*https://oreil.ly/nSv8B*）
- fairness（*https://oreil.ly/Dequ9*）
- solas-ai-disparity（*https://oreil.ly/X9fd6*）
- tensorflow/fairness-indicators（*https://oreil.ly/dHBSL*）
- Themis（*https://oreil.ly/zgrvV*）

第十一章

XGBoost 紅隊演練

第 5 章，介紹機器學習模型安全性的相關概念。現在將付諸實行。本章，將解釋如何破壞自有模型，將紅隊演練加進模型除錯資源庫。本章主要想法是，如果能知曉駭客將試圖對模型做些什麼，就能先行嘗試，再設計有效防禦。這裡將從概念複習開始，重新介紹常見 ML 攻擊與對策，接著深入攻擊結構化資料上訓練 XGBoost 分類的範例[1]。之後，將介紹兩種 XGBoost 模型，一個使用標準無法解釋方法訓練，一個使用約束與高度 L2 正規化。我們將利用這兩個模型解釋攻擊，並測試透明度與 L2 正規化是否為適合的對策。再進入外部敵手可能針對無法解釋 ML API 實施的攻擊：模型提取與對抗式樣本攻擊。從這裡開始，將嘗試涉及蓄意改變 ML 模型建立工作流程的內部攻擊：資料投毒與模型後門。提醒讀者，各章範例程式碼已提供線上下載（*https://oreil.ly/machine-learning-high-risk-apps-code*）。現在，帶著你的陰謀論，還有第 5 章的對手心態，開始吧。

1 網際網路上到處都有針對電腦視覺模型攻擊的範例，不過 cleverhans 相關指南（*https://oreil.ly/4Xifu*）是不錯的起點。

網路與學術文獻提供許多電腦視覺與語言模型攻擊的範例與工具。值得一看的主題摘要如下：

- 「電腦視覺的對抗式攻擊：簡介」（*https://oreil.ly/7CPnm*）
- 「大型語言模型的隱私考量」（*https://oreil.ly/mesVW*）

本章將這些想法，移植到廣泛使用的樹狀模型與結構性資料中。第 5 章處理的 ML 安全性疑慮更廣泛。第 1、第 3 與第 4 章展現的許多風險緩解與流程控制，對各種模型的 ML 安全性也有所幫助。

概念複習

必須自問：為何對 ML 模型攻擊有興趣。ML 模型可能傷害人們也可能被人們（操控、修改、破壞）傷害。廣義來說，資安意外事件是營運商、使用者與一般大眾遭技術危害的主要方式。歹徒會引發對自身有利的結果，或對他人有害的結果，他們可能委託商業間諜，竊取智慧財產與竊取資料。我們不想要自己的 ML 模型成為這類惡意動作的活靶！第 5 章，稱此思維方式為對抗式思維。雖然我們的 ML 模型是完美的 Python 寶藏，也準備好為企業帶來百萬收入，但它同時也是法律責任、資安弱點，與駭客探索的端點。這是無法逃避的現實，尤其是對重要的高影響、面對大眾的 ML 系統來說。不要這麼天真，努力作好必要的檢查，看模型是否充滿可洩露訓練資料的弱點、洩露模型本身，或允許歹徒愚弄系統獲取金錢、智慧財產或造成更糟的狀況。現在，喚醒第 5 章看過的那些概念、攻擊與對策的記憶。

CIA 鐵三角

回想一下，廣義來說資訊安全意外事件可切分成由 CIA 鐵三角定義的三大類：機密性、完整性與可用性攻擊：

機密性攻擊

侵犯 ML 模型相關部分資料的機密性，通常是模型邏輯或模型訓練資料。模型提取攻擊曝露了模型，而成員推理攻擊則曝露訓練資料。

完整性攻擊

危害模型行為，通常是以有利於攻擊者的方式改變預測。對抗式樣本、資料投毒與後門攻擊都會侵犯模型完整性。

可用性攻擊

阻止模型使用者即時存取或無法以可用型式存取。ML 拖慢神經網路的海綿樣本（*https://oreil.ly/AkMrE*）即為可用性攻擊型態。有些人也將演算法歧視描述為可用性攻擊的一種，因為少數族群無法從模型接收到與多數族群相同的服務。不過，大部分可用性攻擊通常是針對執行模型的服務進行阻斷服務攻擊，而非針對 ML。這裡不會嘗試可用性攻擊，但應該與 IT 夥伴確認，確保面對大眾的 ML 模型擁有標準對策，能緩解可用性攻擊。

簡短複習 CIA 鐵三角，讓我們轉往深入瞭解各種規劃的紅隊攻擊。

攻擊

為了複習概念，這裡將 ML 攻擊大致分成兩大類：外部攻擊與內部攻擊。外部攻擊的定義，是外部敵手最可能嘗試針對模型的攻擊。這些攻擊假定的前提，是模型部署為 API，但可能對安全性處理有些草率。假定可以無法解釋的實體用匿名方式與模型互動，而且擁有可觀數量的資料提交與模型交互作用。在這類情況下，外部攻擊者可以在模型提取攻擊中，提取模型基本邏輯。無論是否有這樣的藍圖（雖然使用它很容易危害也更大），攻擊者都能接著開始精心製作看來像正常資料的對抗性樣本，從模型引發驚人結果。有了正確的對抗式樣本，攻擊者就能對模型為所欲為。當駭客完成兩次前述攻擊，就會更大膽，嘗試可能更精密更具危害的攻擊：成員推理。來深入看看兩個全然不同的外部攻擊：

模型提取

機密性攻擊，意即危害 ML 模型的機密性。要執行模型提取攻擊，駭客會提交資料給預測 API、取回預測，接著在提交資料與接收預測之間建置替代模型，對模型複本進行反向工程。有此資訊，他們得以揭露專利商業程序與決策制定邏輯。已提取的模型也能提供大量測試平台供後續攻擊。

對抗式樣本

完整性攻擊。危害模型預測正確性。為執行對抗式樣本攻擊，駭客會探測模型如何回應輸入資料。就電腦視覺系統而言，梯度資訊通常用來微調模型引發奇怪回應的影像。對結構性資料來說，可使用個體條件期望（ICE）或基因演算法，尋找可引發意外模型預測的資料列。

成員推理

目的在於危害模型訓練資料的機密性攻擊，是需要兩種模型的複雜攻擊。第一個是類似在模型提取攻擊被訓練的替代模型。第二階模型，是接著訓練決定是否資料列處於替代模型訓練資料中。當第二階模型套用在資料列，就能決定是否該列處於替代模型訓練資料中，如此一來通常就能推斷，決定是否該列也處於原始模型的訓練資料中。

現在看內部攻擊。很遺憾，我們的同事、顧問或承包商不一定可信。或許更糟的是，人們可能被勒索做出不好的行為，無論他們是否願意。資料投毒攻擊中，某人用可以讓他們或同伴之後可以惡意操控模型的方式，改變訓練資料。後門攻擊，則是某人改變模型計分程式碼，以便之後未經驗證存取模型。資料投毒與後門攻擊兩者，最有可能的是作惡者想獲取本身的財務利益，繼而依此修改資料或計分程式碼。不過，也有可能歹徒以傷害他人的方式改變重要模型，不見得為了自身利益：

資料投毒

為改變未來模型結果而改變訓練資料的完整性攻擊。為了執行攻擊，某人只需要存取模型訓練資料即可。他們會試圖以難以察覺的方式改變訓練資料，以可靠的方式改變模型預測，這種方式下他們或他們的同夥，稍後就能以不當利用的方式與模型互動。

後門

改變模型計分（或推斷）程式碼的完整性攻擊。後門攻擊的目的在於將程式碼新分支導入已部署 ML 模型複雜的係數與 if-then 規則的糾纏。當程式碼新分支被注入計分引擎，之後就能讓知道如何觸發的人不當利用，也就是將不實資料結合提交至預測 API。

這裡沒有複習規避與冒充攻擊，它們在第 5 章案例研究已說明。據研究指出，規避與冒充攻擊是時下最常見的攻擊種類。通常套用在 ML 強化安全性、過濾或支付系統。就電腦視覺而言，它們通常涉及某種物理性 ML 系統操控，例如穿載實際面具或自我偽裝。就結構性資料來說，這些攻擊僅代表，在與模型部分使用者比較時，將資料列改為類似值（冒充），或相異值（規避）。請記得，避免詐欺偵測 ML 模型是詐欺者與金融機構長期以來貓捉老鼠的遊戲，可能是在操控結構性資料為基礎的規避攻擊裡最常見的應用。

對策

許多 ML 攻擊前提在於 ML 模型過度複雜、不穩定、過度擬合以及無法解釋。過度複雜與無法解釋的架構是重點，人們很難理解過度複雜的系統是否被操控。不穩定對攻擊者相當重要，因為可以造成資料微小的擾動即引發模型輸出強烈與無法預期的變化。過度擬合導致不穩定的模型，引發成員推理攻擊。若模型過度擬合，在新資料上的行為模型全然不同於在訓練資料上的表現，就能可以利用這樣的效能差異推斷該列資料是否用於訓練模型。記住這些，這裡要嘗試兩個簡單對策：

L2 正規化

模型誤差函數中模型系統平方和的懲罰，或模型複雜度其他量測。強 L2 正規化可預防任何一個係數、規則或交互作用在模型裡不致變得太大或太重要。若沒有單一特徵或交互作用驅動模型，就很難建構對抗式樣本。L2 正規化也傾向於讓所有模型系統更小，讓模型預測更穩定也更不致遭受劇烈波動。L2 正規化對改善模型普及化能力也相當知名，應有助於反擊成員推理攻擊。

單調約束

它們可以讓模型更穩定也更具可詮釋性，兩種都是 ML 攻擊的一般緩解措施。若模型具高度可詮釋性，就會改變整體的資安剖析。知曉模型應有行為，就能更輕鬆識別何時遭到操控。機密性攻擊會失去作用，因為每個人都知曉模型依現實情況如何運作。若約束預防模型免於產生意外預測，那麼其實就沒有辦法實施對抗式樣本攻擊。若約束強制模型的實際行為，那麼資料投毒效果可能就沒那麼好。約束還有助於普及化，讓成員推理更困難。

我們還希望這兩個通用對策間能協同合作。L2 正規化與約束都能增加模型穩定性。使用它們，可試圖確保不致看到模型輸出因模型輸入少量改變而有太大變化。尤其在約束下，還要確保模型不會出乎意料。約束意謂著必須遵從絕對的因果現實，期望更能找到對抗式樣本且資料投毒造成的危害更少。兩者應該也能減少過度擬合，提供防禦成員推理的對策。

其他重要對策包括節流（*https://oreil.ly/W3imH*）、驗證（*https://oreil.ly/bBR1j*）、穩健 ML（*https://oreil.ly/u4ir7*）與差異隱私處理（*https://oreil.ly/Xkf7Z*）。若某人與 API 互動太頻繁或方式奇特，節流可拖慢預測。驗證可預防匿名使用，多半能抑制攻擊。穩健 ML 處理方式建立模型，是特別設計更穩健應對資料投毒與對抗式樣本。差異隱私方法論可以在模型提取或成員推理攻擊發生時，破壞訓練資料使其難以辨識。這裡使用 L2 正規化，作為穩健 ML 與差異隱私方法更好的替代。我們已解釋過使用 L2 正規化建立更穩定模型，但要提醒讀者們，L2 正規化在訓練資料中等同於 Gaussian 雜訊注入。

難以保證它能運作得跟實際差異隱私方法一樣好，但我們會測試它在範例程式碼的實際運作。完成這些主要技術論點的回顧後，開始訓練 XGBoost 模型吧。

模型訓練

範例模型要決定是否延伸 API 提升信用額度使用者。讀者可能認為借貸模型是保護最好的模型之一，這點沒錯。但財務金融與加密貨幣「西部蠻荒」也用類似 ML 模型，若以為電腦技術部署在大型銀行裡就安全了，銀行監管機構可能有不同看法（*https://oreil.ly/hx-fM*）。借貸應用欺詐相當常見，這不過是借貸應用欺詐的 2023 年版。這裡將利用各個範例導入其他看似合理的攻擊場景，但事實上現實世界攻擊更詭異也更驚人，任何模型都有可能發生。

所有攻擊都會試圖破壞兩個不同模型。（實際上可能只對計畫部署的模型或系統進行紅隊演練。不過本章要做個實驗）。第一個模型會是傳統 XGBoost 模型，不受約束且有些過度擬合，除了採樣行列提供的之外，幾乎沒有正規化。預計這個模型會因為過度擬合與不穩定，輕鬆遭到破壞。將 `max_depth` 設為 10 進行過度擬合，並指定其他超參數如下：

```
params = {"ntrees": 100,
          "max_depth": 10,
          "learn_rate": 0.1,
          "sample_rate": 0.9,
          "col_sample_rate_per_tree": 1,
          "min_rows": 5,
          "seed": SEED,
          "score_tree_interval": 10
}
```

只提供必要項目訓練傳統 XGBoost 模型：

```
xgb_clf = H2OXGBoostEstimator(**params)
xgb_clf.train(x=features, y=target, training_frame=training_frame,
              validation_frame=validation_frame)
```

深入模型訓練前，請注意這裡將使用 H2O 連接 XGBoost，是為了稍後可以編碼生成 Java 計分程式碼並試圖進行後門攻擊。也代表超參數名稱可能會與使用原生 XGBoost 時有些不同。

針對期望更穩健的模型，先使用 Spearman 相關性確定單調約束，就像第 6 章。這些約束目的有二，兩個都是以其顯而易見的透明度為基礎。首先，它們應讓模型在完整性攻擊下保持穩定。再者，它們應降低機密性攻擊對攻擊者的價值。約束模型應更難以操控，因為它的邏輯依循可預測模型，且不應隱藏太多可供未來攻擊販售或利用的祕密。以下是建立約束的方式：

```
corr = pd.DataFrame(train[features +
                    [target]].corr(method='spearman')[target]).iloc[:-1]
corr.columns = ['Spearman Correlation Coefficient']
values = [int(i) for i in np.sign(corr.values)]
mono_constraints = dict(zip(corr.index, values))
mono_constraints
```

我們的方法將約束定義為否定 `BILL_AMT*`、`LIMIT_BAL` 與 `PAY_AMT*` 特徵，肯定 `PAY_*` 特徵。這些約束是直覺的。隨著帳單金額、信用額度與支付金額越來越大，來自約束分類的違約可能性只會降低。隨著某人延遲支付，他們違約可能性只會增加。就 H2O 單調，約束必須以字典定義，我們帶有對策的模型看起來會像這樣：

```
{'BILL_AMT1': -1,
 'BILL_AMT2': -1,
 'BILL_AMT3': -1,
 'BILL_AMT4': -1,
 'BILL_AMT5': -1,
 'BILL_AMT6': -1,
 'LIMIT_BAL': -1,
 'PAY_0': 1,
 'PAY_2': 1,
 'PAY_3': 1,
 'PAY_4': 1,
 'PAY_5': 1,
 'PAY_6': 1,
 'PAY_AMT1': -1,
 'PAY_AMT2': -1,
 'PAY_AMT3': -1,
 'PAY_AMT4': -1,
 'PAY_AMT5': -1,
 'PAY_AMT6': -1}
```

這裡也使用網格搜尋，以並行的方式查看整個廣泛模型集。因為訓練資料小，所以可以對整個最重要超參數進行 Cartesian 網格搜尋：

```
#XGB 網格搜尋參數設定
hyper_parameters = {'reg_lambda': [0.01, 0.25, 0.5, 0.99],
                    'min_child_weight': [1, 5, 10],
                    'eta': [0.01, 0.05],
                    'subsample': [0.6, 0.8, 1.0],
                    'colsample_bytree': [0.6, 0.8, 1.0],
                    'max_depth': [5, 10, 15]}

# 初始化 cartesian 網格搜尋
xgb_grid = H2OGridSearch(model=H2OXGBoostEstimator,
                         hyper_params=hyper_parameters,
                         parallelism=3)

# 訓練 w/ 網格搜尋
xgb_grid.train（x=features,
               y=target,
               training_frame=training_frame,
               validation_frame=validation_frame,
               seed=SEED）
```

找出不會過度擬合資料的一組超參數後，接著使用該超參數集、params_best 與單調約束重新訓練：

```
xgb_best = H2OXGBoostEstimator(**params_best,
                               monotone_constraints=mono_constraints)
xgb_best.train(x=features, y=target, training_frame=training_frame,
validation_frame=validation_frame)
```

檢查兩個模型的接收器操作特徵（ROC）圖，顯示可能已達成兩個不同模型紅隊演練的目標。傳統模型位於圖 11-1 上方，顯示過度擬合典型訊號，擁有高訓練曲線區域下面積，與低驗證 AUC。而圖 11-1 底部約束模型看起來訓練得更好，擁有與傳統模型相同驗證 AUC，但較低訓練 AUC，指出過度擬合少很多。雖然無法肯定，但單調約束可能有助於緩解過度擬合。

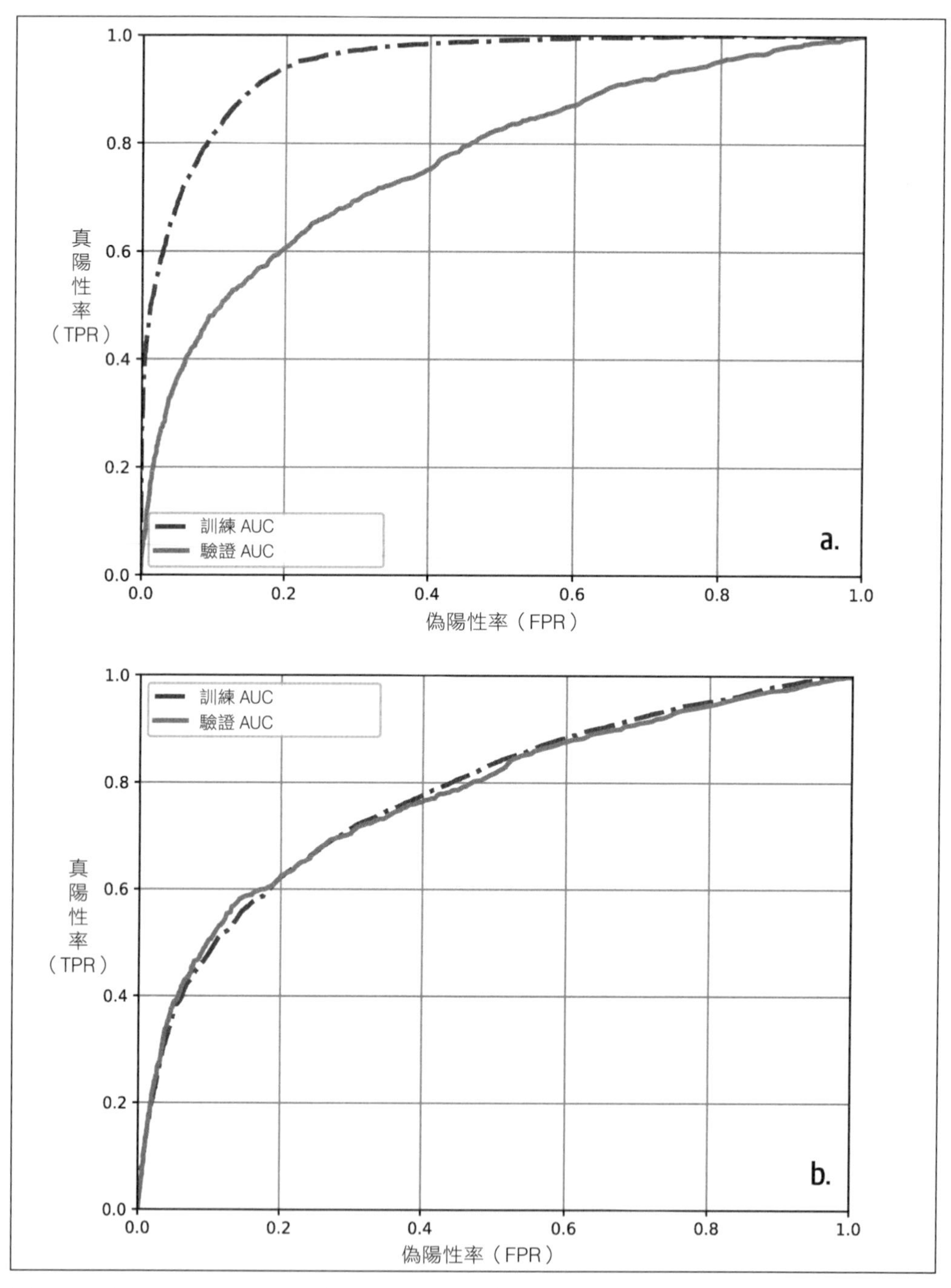

圖 11-1 過度擬合 XGBoost 模型與高度正規化及約束 XGBoost 模型的 ROC 曲線。（數位、彩色版：*https://oreil.ly/OxLnl*）

現在有兩個模型，將雙雙繼續進行實驗與紅隊演練。我們想證實文獻中的報告與自己的假設：傳統模型易於攻擊也有利於攻擊。它應該不穩定、隱藏許多非線性與高度交互作用，這些使得它更值得攻擊。駭客可能找到無法解釋 GBM 層面，方便利用對抗性樣本（假設）進行不當利用攻擊。因為過度擬合，傳統模型也應該更易於遭受模型提取攻擊。後門攻擊也應該比較簡單，我們將試圖在定義過度擬合 GBM 複雜的 if-then 規則的糾纏中隱藏新程式碼。

我們知道讀者不會想部署這個過度擬合的 XGBoost 模型，但將它視為控制模型，與作為約束模型的實驗模型，在使用這個假設的簡單實驗中，約束、正規化的模型更安全。本章結束時會探討這個假設。

所有攻擊都建立在 ML 安全性的基本前提之一：意志堅定的攻擊者，比我們更有動力深入瞭解這個過度複雜的模型。攻擊者以各種方式不當利用這樣的資訊失衡。我們期望自身約束與正規化模型，既難以用資料投毒、後門與對抗式樣本攻擊，而且試圖進行機密性攻擊也無用，因為任何具備領域知識的人都能猜到它的運作方式，因此被操控時也能得知。

紅隊演練攻擊

我們認為，模型提取與對抗式樣本攻擊，是企業外部某人較可能實施的攻擊。所以針對這些攻擊進行紅隊演練，把自己當成外部歹徒，將所有與 ML 模型的交互作用視為與不透明 API 的互動，會發現依然能從所謂黑盒子學到很多。我們也假設存取 API 不需要驗證，可以存取 API 接收幾筆預測。當攻擊成功，會進一步彼此推動，會發現初始模型提取攻擊極度危險，不只是因為能瞭解更多受攻擊的模型與其訓練資料，還因為它為攻擊者建立此後攻擊的溫床。

模型提取攻擊

模型提取攻擊基本要求是歹徒可以提交資料給模型並接收預測。由於這就是 ML 設計一般運作模式，所以模型提取攻擊難以根絕。更針對性的模型提取場景，還包括弱驗證要求，例如只要提供電子郵件位址就能建立帳號使用 API，駭客就能從 API 一天接收數千筆預測。

還有一個基本需求是模型隱藏值得竊取的資訊。若模型高度透明且完整記錄，顯然就沒什麼理由要提取了。

由於這裡討論的是借貸模型，可以歸咎新金融科技公司匆促將 ML 為基礎的借貸計分 API 投入生產，以便在市場上炒作，這種「快速行動、打破常規」的文化。當然可以輕鬆怪罪大型銀行遵循的詭密資安程式，至少它在短時間內讓線上 API 比它應有程度更好存取。無論何種情況，想瞭解企業專利商業規則的競爭者或想要免費資金的駭客，都能建構模型提取。這些場景不算牽強，這麼一來我們要問：有多少模型提取攻擊現在正在發生？接下來將深入進行紅隊演練，讓企業組織不致成為這些攻擊的受害者。

攻擊起點為 API 端點。建立基本端點如下：

```
def model_endpoint(observations: pd.DataFrame):

    pred_frame = h2o.H2OFrame(observations)
    prediction = xgb_clf.predict(pred_frame)['p1'].as_data_frame().values

    return prediction
```

從這裡，提交資料到 API 端點，接收預測開始紅隊演練。提交至 API 的資料型式，對攻擊是否成功相當重要。首先，試著猜測個別輸入特徵分佈，並以該分佈繪製模擬資料。這個運作並不順利，所以套用 Shokri 等人所著知名文獻（*https://oreil.ly/M7r86*）以模型為基礎的合成處理方式。這會對模擬資料列給予更多權重，引發來自 API 端點更可信的回應。結合對輸入特徵分佈的最佳猜測，並在之後利用端點檢查每個模擬資料列，已能夠模擬足夠類似原始資料集的一組資料，試圖進行幾個模型提取攻擊。以模型為基礎合成處理方式的不利因子在於，它涉及許多與 API 的交互作用，更有可能被抓到。

模型提取攻擊成功，似乎大半取決於優良的訓練資料模擬。

有了實際資料，就可以攻擊。這裡利用決策樹、隨機森林，以及 XGBoost GBM 作為提取的替代模型，執行三種不同的模型提取攻擊。將模擬的資料提交回 API 端點，接收預測，接著以利用模擬資料作為輸入並接收預測為目標，再訓練這三個模型。就準確度而言，XGBoost 似乎是最佳攻擊模型範本，或許是由於模型背後端點也是 XGBoost GBM。訓練提取 XGBoost 模型看起來像這樣：

```
drand_train = xgb.DMatrix(random_train[features],
                          label=model_endpoint(random_train[features]))

drand_valid = xgb.DMatrix(random_valid[features],
                          label=model_endpoint(random_valid[features]))

params = {
    'objective': 'reg:squarederror',
    'eval_metric': 'rmse',
    'eta': 0.1,
    'max_depth': 3,
    'base_score': base_score,
    'seed': SEED
}


watchlist = [(drand_train, 'train'), (drand_valid, 'eval')]

extracted_model_xgb = xgb.train(params,
                                drand_train,
                                num_boost_round=15,
                                evals=watchlist,
                                early_stopping_rounds=5,
                                verbose_eval=False)
```

將模擬資料切成 `drand_train` 訓練與 `drand_valid` 驗證分割區。對每個分割區而言，目標特徵來自 API 端點。接著套用非常簡單的超參數設定，再訓練提取的模型。網格搜尋可能讓這些模擬資料列擬合更好，某些情況下這或許就是攻擊者的目標。這裡要竊取底層模型的簡單表示式，並保持參數化直覺。XGBoost 針對使用模擬資料的 API 預測已達 R^2 0.635。圖 11-2 顯示整個模擬訓練資料、模擬測試資料與實際驗證資料的實際預測與提取預測圖。即便沒有提取模型能完美符合 API 預測，但它們全顯示與 API 預測的強烈相關，代表能提取模型行為模式信號。接著我們會發現，即便是這樣粗糙的替代模型，都足以供攻擊者未來對端點進行不當使用。

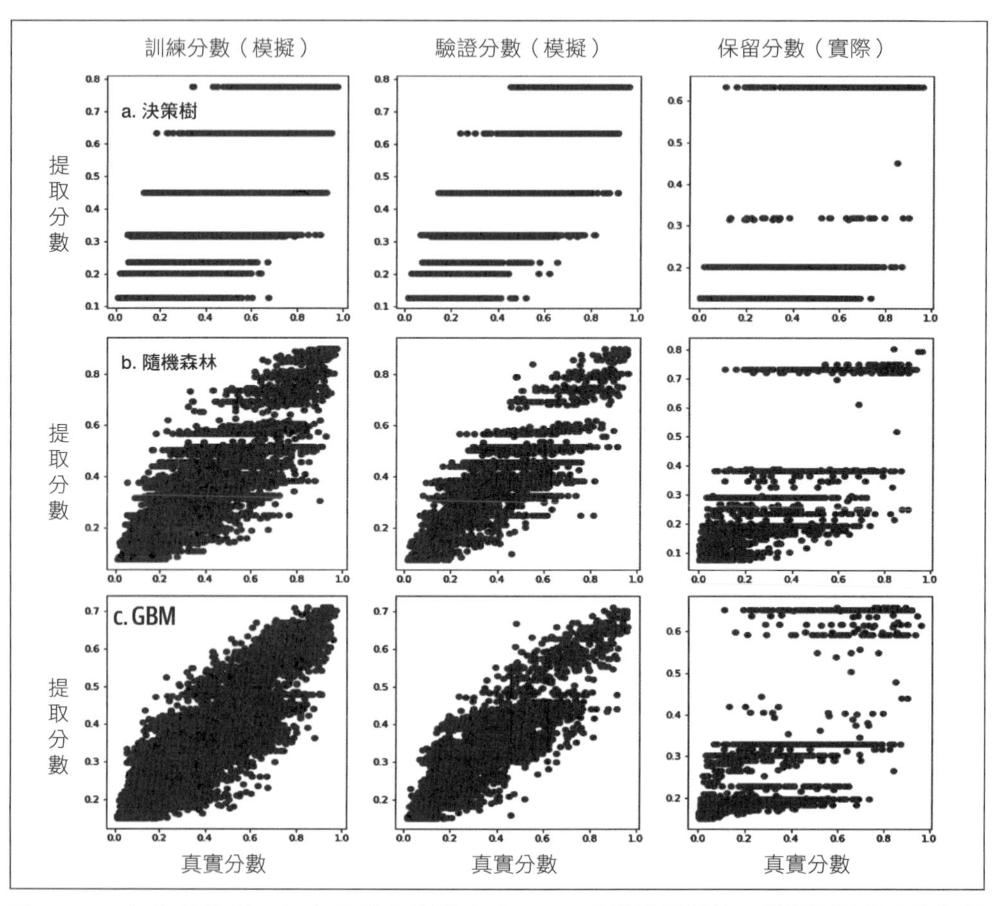

圖 11-2　（a）決策樹、（b）隨機森林與（c）GBM 整體模擬訓練、模擬測試與實際保留資料的提取模型分數與真實模型分數比較。（數位、彩色版：*https://oreil.ly/M1-LQ*）

值得留意的結果是提取約束模型處理的比較好。這是由於我們發現無限制模型的 R^2 位在 0.6 範圍，而約束模型 R^2 範圍落在 0.9。這個假設是約束模型還會遵循其他風險管理原則，像是徹底文件記錄。若模型運作透明，應不值得花心力提取，但這項發現違背了關於約束與正規化模型的部分原始假設。

約束模型可能更易於從 API 端點提取。這類模型應附有徹底使用者面向的文件，足以消除提取攻擊的動機。

能夠這樣提取模型，是 ML 安全性的壞預兆。不僅可以開始瞭解機密訓練資料的模樣，還擁有一組提取模型。每個提取模型是訓練資料的壓縮型式，與企業組織商業程序的摘要。可利用可解釋人工智慧技術拷問出關於這些提取模型的更多資訊。利用特徵重要性、Shapley 值、部分相依、ICE、累積局部效應（ICE）等，儘可能竊取最多機密訊息。替代模型本身也是相當強大的 XAI 工具，這些提取模型也是替代模型。雖然決策樹在重製 API 預測上給了最糟精確度數值，但它也具有高可詮釋性。請注意如何輕鬆利用這個模型製作對抗式樣本，較少與模型 API 互動，從而減少紅隊演練任務的關注。

對抗式樣本攻擊

對抗式樣本攻擊可能是許多讀者第一個想到的攻擊。它們的先決條件比模型提取還少。要執行對抗式樣本攻擊，只需要存取資料輸入，再與模型互動接收個別預測。一如模型提取攻擊，對抗式樣本攻擊亦以使用無法解釋模型為前提。只是視角與後者攻擊有些許不同。對抗式樣本運作在少量改變輸入資料，引發模型結果出現大量或出乎意料結果。這種非線性行為模式，是典型無法解釋 ML 的特點，但在透明、約束與記錄完整的系統較不常見。這樣盡情嘗試這類系統一定也能學到些什麼。以 ML 為基礎的支付系統（*https://oreil.ly/_wERd*）、線上內容過濾（*https://oreil.ly/nAG8d*），以及自動分級（*https://oreil.ly/Ct0QK*），皆受對抗式樣本攻擊影響。以我們的案例而言，目標比較可能是商業間諜或金融詐欺。競爭者可以輕鬆操弄 API，瞭解我們的借貸產品定價，或歹徒可以玩弄 API，得到不應獲得的借貸。

除了紅隊演練這些活動，對抗式樣本搜尋也是對模型壓力測試的好方法。搜尋廣泛的輸入值與預測結果陣列，可以提供比只有傳統評估技術的方式，更全方位的模型行為模式視角。參考第 3 章可以瞭解更多。

就本次演練，我們將利用已經提取模型決策樹呈現，如圖 11-3。

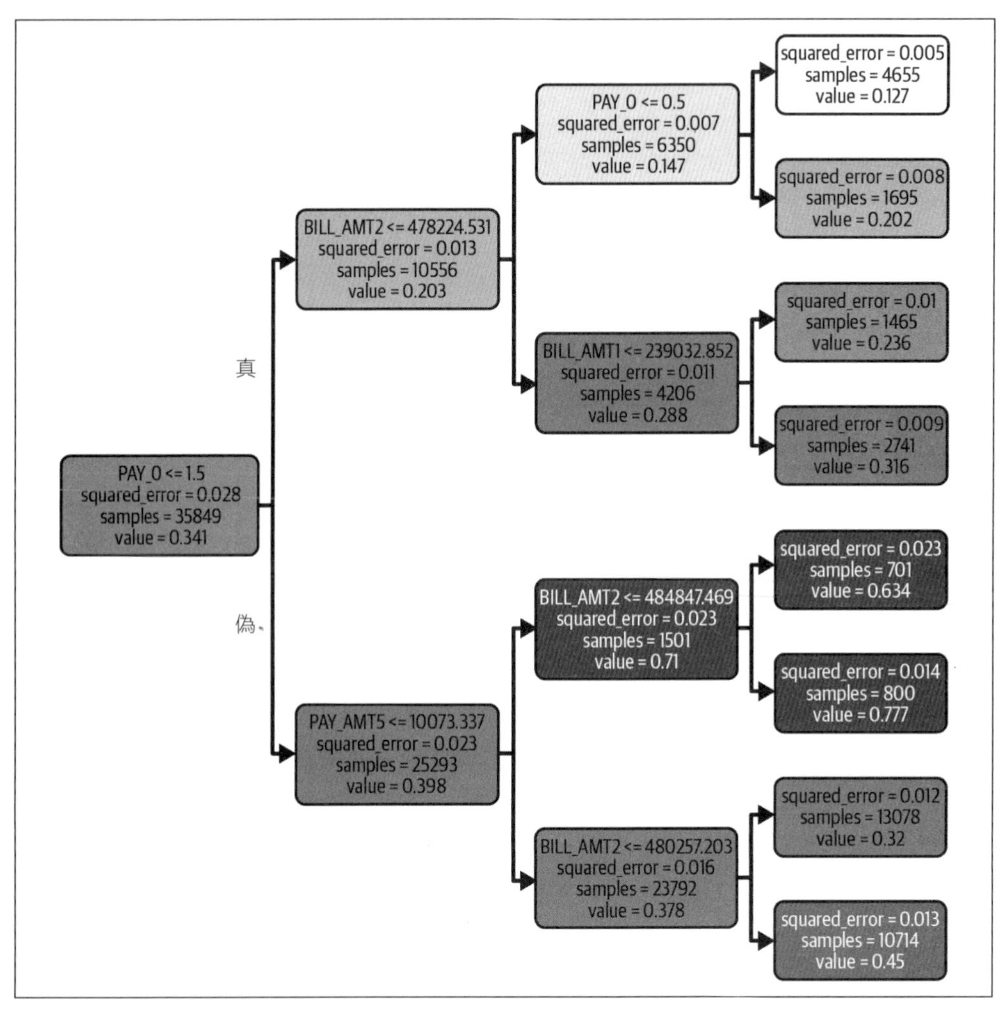

圖 11-3　提取過度擬合模型的淺決策樹表示式

可以利用提取替代模型，選擇性修改資料列部分特徵，從受攻擊模型生成有利結果。注意圖 11-3 最上層，引領到達提取決策樹最有利的（最低機率）葉片位置的決策路徑。這些是紅隊演練將鎖定的決策路徑。接著將參考圖 11-3，採取隨機觀察接收高計分，從而修改三個特徵值：`PAY_0`、`BILL_AMT1` 與 `BILL_AMT2`。用於製作對抗性樣本的程式碼相當簡單明瞭：

```
random_obs = random_frame.loc[(random_frame['prediction'] < 0.3) &
                              (random_frame['prediction'] > 0.2)].iloc[0]
adversarial_1 = random_obs.copy()
adversarial_1['PAY_0'] = 0.0

adversarial_2 = adversarial_1.copy()
adversarial_2['BILL_AMT2'] = 100000

adversarial_3 = adversarial_2.copy()
adversarial_3['BILL_AMT1'] = 100000
```

攻擊結果是，雖然原始觀察在受攻擊模型下收到 0.256 分，但最終對抗式樣本產生的分數僅 0.064。這在訓練資料中是從 73 百分位變成 24 百分位，得可能是借貸產品拒絕與核可之差。我們無法對約束、正規化模型執行類似的手動攻擊。可能的理由之一是約束模型比過度擬合模型更公平分佈所有輸入特徵的特徵重要性，意即變化僅在於少數特徵值，較不可能讓模型分數產生劇烈動盪。在對抗式樣本攻擊案例中，我們的對策看似有用。

注意，還可以將樹的資訊編碼到更準確提取的 GBM 模型中執行類似攻擊。用方便的 `trees_to_dataframe()` 方法就能存取這個資訊（見表 11-1）：

```
trees = extracted_model_xgb.trees_to_dataframe()
trees.head(30)
```

表 11-1　trees_to_dataframe 的輸出

樹	節點	編號	特徵	切分	是	否	漏失	獲得	覆蓋
0	0	0-0	PAY_0	2.0000	0-1	0-2	0-1	282.312042	35849.0
0	1	0-1	BILL_AMT2	478224.5310	0-3	0-4	0-3	50.173447	10556.0
0	2	0-2	PAY_AMT5	10073.3379	0-5	0-6	0-5	155.244659	25293.0
0	3	0-3	PAY_0	1.0000	0-7	0-8	0-7	6.844757	6350.0
0	4	0-4	BILL_AMT1	239032.8440	0-9	0-10	0-9	6.116165	4206.0

利用表 11-1，來自替代 GBM 更詳盡的決策路徑資訊，可以更精確製造對抗式樣本，可能更方便不當利用，讓 API 操作者更頭痛。

雖然許多對抗式樣本攻擊方法仰賴神經網路與梯度，但以替代模型、ICE 與基因演算法為基礎的啟發式處理，可生成樹狀模型與結構式資料的對抗式樣本。

成員攻擊

執行成員推理攻擊可能理由有二：一、經由資料外洩羞辱或傷害實體；或者二、竊取寶貴或機敏性資料。這種複雜攻擊的目的不再是操弄模型，而是竊取其訓練資料。資料外洩相當常見，會影響公司股價，引發大規模監管單位調查與執法機關採取動作。通常，資料外洩的發生，是外部敵手想辦法深入 IT 系統，最終獲得重要資料庫的存取。成員推理攻擊最危險的地方在於，攻擊者只要存取面對大眾的 API 就能造成與傳統資料外洩相同的傷害，更準確的說法應該是：將訓練資料從 ML 的 API 端點提取出來。就這裡的借貸模型來看，這個攻擊是極端商業間諜行為，但也很有可能太極端而不切實際。最實際的動機是駭客集團想存取機敏訓練資料，對大型企業造成商譽與法規危害，亦即網路攻擊最常見的動機。

成員推理攻擊會侵犯整體人口統計族群的隱私，例如，揭露特定種族較容易受新發現醫療特定症狀影響，或確認某個人口統計族群更可能貢獻金錢給特定政治或哲學事業。

一旦充份發揮，成員推理攻擊就能讓駭客重新建立訓練資料。藉由模擬大量資料，並透過成員推理模型執行，攻擊者就能開發幾乎類似我們機敏訓練資料的資料集。好消息是成員推理是有難度的攻擊，無法在簡單的假借貸模型上做到。即便是過度擬合的模型，也無法可靠區分隨機資料列與訓練資料列。希望駭客們也遭遇相同困難，但不應該仰賴這點。若讀者想瞭解成員推理攻擊在現實世界的運作，可以參考相關 Python 套件 ml_privacy_meter（*https://oreil.ly/iGzC-*），及其相關官方參考文件「針對機器學習模型進行成員推理攻擊」（*https://oreil.ly/yIxvw*）。

ml_privacy_meter 是道德駭客工具，旨在協助使用者瞭解個人資料是否未經同意使用。瞭解哪些訓練資料用於特定模型，不一定是惡意活動。隨著 ML 系統不斷增生，尤其是生成影像與文字的那些系統，被記憶的訓練資料顯示在生成式AI 輸出上的相關問題日益嚴重。已出現成員推理攻擊的改版，確認這類模型中記憶的程度。

在討論那些比較可能內部人員動手的攻擊前，先總結到此為止的紅隊演練：

模型提取攻擊

模型提取執行順利，尤其是約束模型。我們能提取三種不同版本的底層模型。代表攻擊者可以複製一份紅隊演練過的模型。

對抗式樣本攻擊

建立成功的模型提取攻擊，就能製作高效率的過度擬合 XGBoost 模型對抗列。對抗式樣本似乎對約束模型沒有太大影響。代表攻擊者可以操控紅隊訓練的模型，尤其是更過度擬合的版本。

成員推理攻擊

這部分無法釐清。從資安觀點來看這是好信號，但不代表技術高超與有經驗的駭客也做不到。意即，不太可能因成員推理攻擊而遭資料外洩，但也不應該完全忽略這個風險。

紅隊演練最後，絕對會想與 IT 資安單位分享這些結果，不過現在，先試試資料投毒與後門。

資料投毒

要實施資料投毒攻擊，至少必須存取訓練資料。若能存取訓練資料，接著訓練模型、再部署它，就能真的造成危害。大部分企業組織，都有人可以自由存取 ML 訓練資料的那些內容。若這個人能夠以讓下游 ML 模型行為模式引發可靠變化的方式改變資料，就能對模型投毒。假設在一間小型、缺乏組織的新創公司中擁有較多存取權，同一位資料科學家可以操控訓練資料，以及訓練並部署模型，就可能執行更多更針對性且成功的攻擊。同樣狀況也可能發生在大型金融機構：下定決心的內部人員，累積多年操控訓練資料、訓練模型與部署模型所需的權限。

無論哪種狀況，攻擊場景都涉及試圖對訓練資料投毒，讓輸出概率產生變化，以利日後不當利用獲得借貸產品。

為了開始資料投毒攻擊，我們實驗我們對必須改變多少資料列才能引發輸出概念上有意義的變化，進行了實驗。然而有點驚訝地發現，就整個訓練與驗證分割區而言，數字結束在 8 列。這是 3 萬列裡的 8 列，低於資料 1%。我們當然不會隨機挑選這些列，而是尋找 8 個應該接近決策邊緣負面的那 8 個人，調整最重要特徵 PAY_0 與目標 DELINQ_NEXT，這是為了把它們移回跨越決策邊界，確切混淆模型並劇烈改變其預測的分佈。尋找這些列的是 Pandas 的單行程式：

```
# 隨機選擇八位高風險申請者
ids = np.random.choice(data[(data['PAY_0'] == 2) &
                          (data['PAY_2'] == 0) &
                          (data['DELINQ_NEXT'] == 1)].index, 8)
```

要執行投毒攻擊，只需要對選擇列實施前述變更：

```
# 投毒所選行列的簡單函數
def poison(ids_):

    for i in ids_:

        data.loc[i, 'PAY_0'] = 1.5 ❶
        data.loc[i, 'PAY_AMT4'] = 2323 ❷
        data.loc[i, 'DELINQ_NEXT'] = 0 ❸

poison(ids) ❹
```

❶ 最重要特徵降低到門檻值。

❷ 留下線索（選擇性）。

❸ 更新目標。

❹ 執行投毒。

我們還留下一些線索以便追蹤任務，將一個不重要特徵 PAY_AMT4 設定為 2323 示警值。攻擊者不太可能這樣明目張膽，但我們想要之後可以檢查任務，而且這個線索在資料裡很容易找到。關於對策，我們假設無限制模型會易於投毒。這個複雜的回應函式應適於任何資料內容，無論是否中毒。

希望我們的約束模型在投毒下比較撐得住，畢竟它是由人類領域知識以某種方式限制其行為。我們觀察到的確如此。圖 11-4 上半部顯示較過度擬合、無限制模型，下半部則為限制模型。

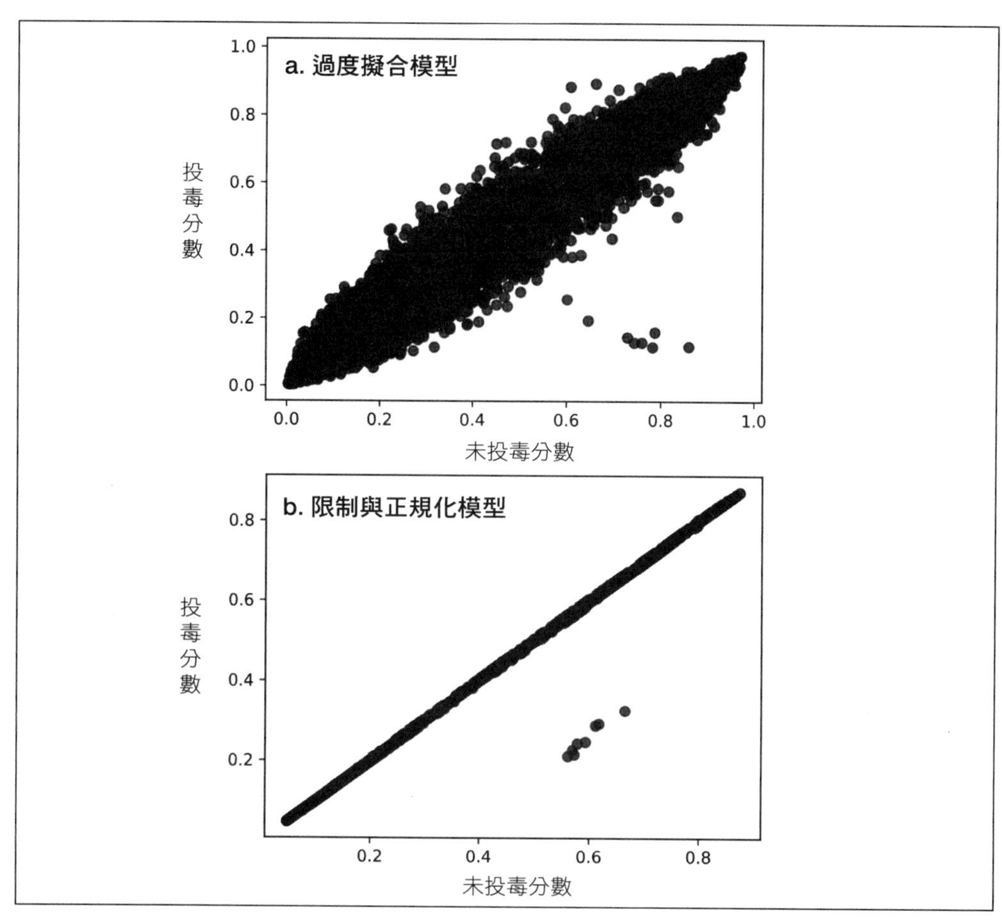

圖 11-4　（a）無限制模型與（b）正規化與限制模型，在資料投毒前後的模型分數。已投毒資料的 8 列顯然異常。（數位、彩色版：*https://oreil.ly/GoYF1*）

資料投毒情況下，無限制模型預測的變化劇烈，而約束模型則保持相當穩定。兩種模型中，被投毒的行列，在使用中毒資料訓練的中毒版模型中，獲得明顯較低的分數。約束模型中，這種影響僅單獨出現在中毒行列。就過度擬合、無限制模型而言，資料投毒造成整體破壞。

對一千列以上資料量測，發現它們的模型分數變化，在針對無限制模型的資料投毒攻擊上變化程度大於 10%，表示在只修改 8 列訓練資料的攻擊後，每 30 個人中就有 1 位接收到明顯不同的分數。儘管影響顯著，但模型在攻擊後平均分數維持不變。總結紅隊演練資料投毒的部分，不到 1% 的變更，確實改變模型的決策制定程序。

追蹤大型資料庫的資料或環境版本控制軟體，可制止資料投毒攻擊。

糟糕的是，資料投毒是一種簡單、現實且危害性的攻擊。許多公司允許資料科學家幾乎完全主自處理資料準備與特徵工程。時下僅少數企業慎重考量如何妥善校準模型，意即當下預測分佈，與用類似過往資料為基礎預期結果的匹配程度。許多企業很可能部署這種中毒模型。雖然大家都應該通盤考量預測校準，但我們知道他們並沒有。所以更重視工程的解決方案，是追蹤資料變化，就像利用開放源碼專案 DVC 這類工具追蹤程式碼變化。接下來將探討後門，依改變模型預測進行一些猜測。

後門

要執行後門攻擊，必須存取模型產生計分的程式碼，也就是對新的、還沒見到的資料做出決策的程式碼。目標是製造遇到只有我們知道的奇怪資料組合時，將執行的新程式碼分支。之後可以完備這個資訊組合的借貸產品申請，或將該資訊駭入計分工作流程，試圖觸發後門。為引發更大危害，還可以將後門金鑰重複賣給任何願意付錢的人。後門金鑰，也就是提交給模型的新行列裡的資料奇怪組合，有時稱為*浮水印*。接下來的範例中，要將新 Java 程式碼分支導入計分引擎，之後用浮水印進行不當利用 。

若編輯模型計分執行檔是為了讓它更好，而不是攻擊，稱之為*模型編輯*，這與模型除錯技術有關。參考第 3 章可以瞭解更多資訊。

由於我們的模型是 GBM：決策樹的順序組合，因此決定實現後門攻擊有效率又隱蔽的方式是增加一顆新樹到計分邏輯裡。這裡複製倒數第二顆樹，也就是第 98 棵，在這顆複製的樹上以新程式碼分支建立後門，還做了一些其他變更。後門存在於新複製樹的根節點上，運作如下：若根節點偵測出負面信用額度，或在新資料上有奇怪的浮水印，樹就會對 GBM 的預測發佈相當大的負面調整。為確保這個新編修樹不會以任何方式影響模型預測，將其他各終端節點輸出設為零，意即不會因先前的樹影響預測順序。Java 計分程式碼的後門看起來如下：

```
// 模型有新的人工第 100 顆樹
// 是第 98 顆樹的複本 ( 樹從 0 開始編列索引 )
// 擁有偽根節點
// 其他終端節點設為 0
class XGBoost_model_python_1646219267151_Tree_g_0_t_100 {

    static float score0(double[] data) {
      // 偽根節點
      // 檢查 LIMIT_BAL 是否為負
      // 若是，發佈極低分數
      return (((float)data[0]) < 0.0f) ?
        -999.0f // 對數補償 admustment&mdash；極低
      // 樹如常繼續
      ((Double.isNan(data[1]) || ((float)data[1] < 1.5f) ?
      0.0f
      :

...
```

當然，不會在真的攻擊時留下這些註解。而且，這些改變只發生在計分程式碼中眾多樹類別之一。為了讓攻擊可行，必須確保這些改變反映在廣大 GBM 計分邏輯上。為此，將修改的第 100 棵樹插入以 Java 計分程式碼表達的 GBM 樹序列：

```
...

preds_0 += XGBoost_model_python_1646219267151_Tree_g_0_t_99.score0(data);

// 人工「第 100 顆」樹潛入 GBM
// 除非 LIMIT_BAL < 0 否則不影響
// 此乃用於不當利用「浮水印」的後門
preds_0 += XGBoost_model_python_1646219267151_Tree_g_0_t_100.score0(data);

...
```

現在透過計分工作流執行新浮水印資料，檢查後門。表 11-2 中，讀者可以發現我們的攻擊可以信賴。

表 11-2　資料投毒攻擊（粗體）結果顯示。提交負面信用額度浮水印列，導致違約機率為 0。

列索引	LIMIT_BAL	original_pred	backdoor_pred
0	3.740563e+03	0.474722	4.747220e-01
1	2.025144e+05	0.968411	9.684113e-01
2	5.450675e+05	0.962284	9.622844e-01
3	4.085122e+05	0.943553	9.435530e-01
4	7.350394e+05	0.924309	9.243095e-01
5	1.178918e+06	0.956087	9.560869e-01
6	2.114517e+04	0.013405	1.340549e-02
7	3.352924e+05	0.975120	9.751198e-01
8	2.561812e+06	0.913894	9.138938e-01
9	**–1.000000e+03**	**0.951225**	**1.000000e–19**

擁有負面信用額度的列：列 9（粗體），給出預測為 0。零違約機率幾乎保證可不當利用此後門的申請者，將獲得提供的借貸產品。問題變成，企業組織是否檢視機器生成的計分程式碼？可能沒有。不過，使用 Git 這類版本控制系統追蹤是可能做得到的。只是，是否想到，當我們透過 Git 提交計分引擎時，某人可能刻意變更模型？也許不會，也許我們現在會了。

這裡以後門不當利用 Java 程式碼，但還有其他型式模型計分程式碼，或可執行二進制程式碼，可以被意志堅定的攻擊者修改。

考量所有攻擊，後門感覺最針對性也最可靠。我們的對策能否處理後門？欣慰的是，也許可以。在約束模型中，我們知道應該在部分相依、ICE 或 ALE 圖中觀察預期單調關係。圖 11-5 中，為帶有後門的約束模型生成部分相依與 ICE 曲線。

幸好，這個後門違反單調約束，可以在圖 11-5 裡看到。由於 `LIMIT_BAL` 增加，需要違約機率減少，如圖上半部所示。帶有 PD / ICE 曲線的攻擊模型，如下圖所示，顯然違反這個約束。結合約束模型與 PD / ICE，可以檢查上線產品的異常，就能偵測這種特定的後門攻擊。

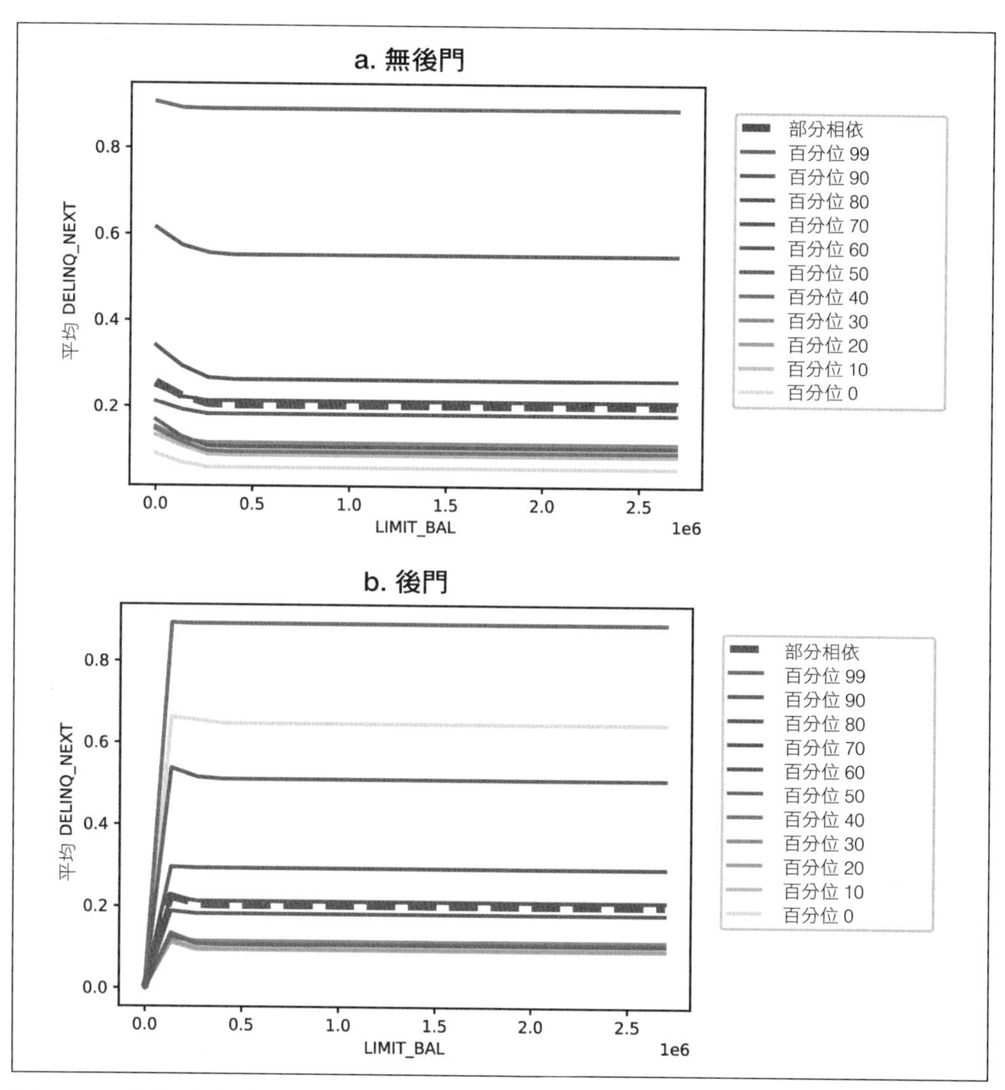

圖 11-5 （a）沒有後門與（b）有後門的約束模型與正規化模型的部分相依與 ICE 曲線。（數位、彩色版：*https://oreil.ly/SCTkW*）

沒有這些常識控制，就只能繼續在標準、通常倉促且隨便的部署前檢視上，捕捉刻意悄然進行的變化。當然，PD / ICE 曲線總結模型行為模式，而後門可能就這樣輕鬆略過。不過，少有企業組織會後悔做更多模型部署後的監控。

總結本章與紅隊演練前，先來看看從內部攻擊學到什麼：

資料投毒

資料投毒對過度擬合模型來說效率很高，但對約束模型而言則否。意即企業內部某人可以改變訓練資料，再建立古怪的模型行為模式。

後門

後門顯然具高度危害且可靠。令人開心的是，將標準 XAI 技術套用至約束模型時，後門證據顯而易見。不幸的是，這不太可能在過度擬合模型裡抓到，尤其考慮到使用過度擬合模型的團隊，也較不可能參與其他風險管理任務。

紅隊演練最後一步會是什麼？

總結

該做的第一件事是記錄這些發現，並與代管模型服務負責資安的人溝通這些內容。許多企業組織中，這可能會是某個資料科學部門以外的人，位處更傳統的 IT 或資安小組。溝通，即便是在技術從業人員之間，都可能深具挑戰。將充斥拼寫錯誤的投影片丟給某人繁忙的收件匣可能是最沒效率的溝通模式。要有耐性，在這些小組之間詳盡敘述溝通，引發資安態式的改變。就調查結果來看，具體建議有：

- 有效模型提取需要與 API 端點進行許多特定互動，確保對高風險 ML API 施行異常偵測、節流與強驗證。
- 確保這些 API 的文件紀錄完整且透明，以制止模型提取攻擊，讓模型預期行為模式明確，所有操控便顯而易見。
- 考慮實施資料版本控制，抵抗資料投毒的嘗試。
- 謹慎預防預先訓練或第三方模型投毒。
- 強化程式碼檢視程序，解決 ML 計分產物的潛在後門問題。

能做的永遠更多，但保持高水準的建議，而不是壓垮資安夥伴，是增加 ML 安全性控制與對策的最佳方式。

實驗結果如何——我們的對策有效嗎？是的，某種程度上來說有效。首先，我們發現正規化與約束模型非常容易提取。那麼只剩下透明度概念性對策。若 API 完整記錄，攻擊者不會費心進行模型提取。而且，與在無法解釋模型上建構這些攻擊相比，這種場景對攻擊者而言報酬較少。根本無法在高透明度模型上利用不對稱資訊。建構對抗式樣本攻擊時，我們觀察到約束模型，對僅修改幾個輸入特徵的攻擊較不敏感。另一方面，僅修改從模型提取攻擊中得知的最重要特徵，過度擬合模型中的分數很容易產生大量變化。

我們發現成員推理攻擊相當困難，無法在我們的資料上與模型上順利運作。這不代表更聰明也更專注的攻擊者無法執行成員推理攻擊，但或許意謂著最好將資安資源的重點放在當下更可行的攻擊上。最後，我們的約束模型在資料投毒的狀況下顯然表現更好，而且約束模型還提供其他方式找出 ICE 圖中的後門，至少找出部分攻擊浮水印。似乎 L2 正規化與約束是適切且通用的對策，至少對我們的範例模型與資料集而言如此。但沒有對策能完全有效對付所有攻擊！

資源

範例程式碼

- Machine-Learning-for-High-Risk-Applications-Book（*https://oreil.ly/machine-learning-high-risk-apps-code*）

資安工具

- adversarial-robustness-toolbox（*https://oreil.ly/5eXYi*）
- counterfit（*https://oreil.ly/4WM4P*）
- foolbox（*https://oreil.ly/qTzCM*）
- ml_privacy_meter（*https://oreil.ly/HuHxf*）
- robustness（*https://oreil.ly/PKzo7*）
- tensorflow/privacy（*https://oreil.ly/hkurv*）

第三部分

結論

第十二章

如何實現高風險機器學習目標

雖然已研究人工智慧與機器學習數十年，且有些領域使用它們時間也這麼長，但廣泛經濟體系採用 ML 仍處於早期階段。ML 通常不成熟，有時還是高風險技術。ML 令人興奮且大有前途，但它不是魔術，實作 ML 的人也沒有奇跡般的超能力。我們和 ML 技術都可能失敗。若想成功就必須主動積極處理系統風險。

全書提供技術性風險緩解與一些治理方式。最後這章旨在提供有助於處理 ML 更困難問題的常識性建議。不過，我們的建議可能不會簡單容易。解決困難問題幾乎都需要加倍努力。解決 ML 的困難問題也一樣。要如何實現高風險技術事業的目標？通常不會是透過快速行動打破常規。雖然快速行動打破常規，對處理問題重重的社交 app 與簡單遊戲可能足夠，但對如何登陸月球、安全在噴射機上翱翔世界、促進經濟，或者製造晶片來說並非如此。高風險 ML 一如其他專業領域，需要對安全與品質認真承諾。

若我們正處於 ML 採用早期階段，那可以說是 ML 風險管理的破曉階段。不過就在 2022 年，國家標準與科技機構（NIST）才發佈第一份 AI 風險管理框架的草案。遵循該指南與其他標準，並根據實作經驗與本書內容，我們認為在高風險 ML 設定中實現目標的主要方式，是套用 ML 系統治理並透過資料科學家，建立透明、經過測試、公平且安全的科技。不過，有些建議與經驗教訓超出這裡分享的程序與技術目標。

本章提出多元化、公平、包容、可及性、科學方法、發表聲明評估、外部標準與眾多其他常識指標的額外考量，協助全面性管理風險，並提升重要 ML 專案成功的機會。

要讓高風險 ML 應用實現目標，需要的不只是技術能力與工具。除了技術專長，還會需要：

- 多元觀點團隊
- 瞭解何時與如何套用科學實驗或軟體工程方法
- 評估發表結果與聲明的能力
- 套用權威機構外部標準的能力
- 常識

本章探討這些年來學到的關鍵社交科技課題，讓讀者們可以用治理、程式碼與數學外的專業，快速啟動下一個重要專案。

與會者有誰？

從 ML 專案最初的最初，也就是開會討論專案相關會議事項，甚至是企業組織開始探討 ML 採用之際，多元面向人員的參與就是基本的風險控制。想知道為什麼，只要想想 Twitter 前 ML 倫理、透明度與問責（META）團隊曾表明，平台有幾個特徵可能帶有偏差，而這至少有部分是由於參與系統開發的人員型態所致。雖然 Twitter 不是 ML，但原有的 140 字元限制，被視為鼓勵英文表達者簡潔對話，但如「給你更多字元表達自我」（*https://oreil.ly/pRNEZ*）所探討，字元限制對該平台部分使用者來說確實是個問題。對大部分講英文的初始設計者而言，這些問題不會馬上浮現。至於 ML，最近針對已廢止的 Twitter 影像裁切 META 偏差發現獎勵機制，對 ML 工程小組中代表性較低的人顯示出偏差，例如針對非拉丁 script（例如阿拉伯文）使用者的偏差、對白髮人的偏差（*https://oreil.ly/MEXn9*），與對穿戴宗教頭飾者的偏差（*https://oreil.ly/yhNGv*）。唯有透過全球使用者社群的參與，Twitter 才能發現這些特殊議題。

多元化、公平性、包容性與可及性，都是慎重的道德、法律、商業與 ML 執行效能考量。放眼看看會議室（或視訊會議）。若每個人看起來都一樣，或擁有相同技術背景，就可能有擴大風險的巨大盲點，很可能漏失能改善模型的重要觀點。查閱 NIST SP1270（*https://oreil.ly/OAw2q*）瞭解更多與提升 ML 多元化、公平性、包容性與可及性的其他想法、資源與緩解措施

近期一篇名為「有偏見的程式設計師？還是有偏差的資料？企業組織 AI 道德的現場實驗」（*https://oreil.ly/bl7xW*）的研究，或許提供編寫 ML 模型程式碼時，是怎麼浮現出這些偏差的線索。這份研究中，ML 模型的預測誤差依開發人員的人口背景而產生關聯。不同型態的人，往往擁有不同的盲點。越多不同類型的人參與 ML 專案，重疊的盲點越少，團隊就能擁有更多視角。從 ML 任務最初期就擁有專業與人口上的多樣性也相當重要，因為規劃或治理盲點，會像爛模型或糟糕測試那樣毀了 ML 系統。而且，大家都知道多元化可以驅動財務表現（*https://oreil.ly/xTeoX*）。而多元化不僅關乎風險管理，也與更好的商業經營息息相關。

學者與從業人員已經正在考量提升 ML 範疇的多元化，很多人深信僱用更多元化團隊以建置較少偏差 AI（*https://oreil.ly/gx8Rp*）非常重要，或至少提出「以人類為主的 AI 如何對抗機器與人類的偏差」（*https://oreil.ly/7YC_J*）這類重要問題。不過，必須老實承認，時下 ML 幾乎不具多元化。據 AI Now 報告「歧視的系統：AI 的性別、種族與權力」指出，80% AI 專業人員是男性，「在 Facebook 的 AI 研究人員中女性佔 15%，而 Google 裡僅有 10%，」且「Google 工作人員只有 2.5% 是黑人，但 Facebook 與 Microsoft 則各佔 4%」。雖然可能需要拉長時程、教育並向同仁與利益相關人學習、更多的會議與電子郵件，而且可能很難體認自身偏見與盲點，但從企業組織 ML 旅程最初開始的會議室裡（或視訊會議）擁有專業且人口多元的人員團隊，通常會帶來更佳 ML 系統效能與更低整體風險。

若發現自己處於同質團隊，就必須與管理者談談，並參與面試過程協助達到多元化與包容性。可以詢問模型外部稽核的可能性，或與可提供多元化觀點的其他外部專家訪談。並且，查閱 NIST SP1270 尋求眾多領導性專家審查過的官方建議，提升 ML 的多元化、公平性、包容性與可及性。

從下一個專案開始，我們可以做得更好，除了納入更多元人口背景的從業人員，還有法律或監督人員、傳統統計與經濟學家、使用者體驗研究人員、客戶或利益相關人的意見，以及能夠擴展系統與結果視野的其他人。若真的擔心時下特定 ML 專案產生偏見或其他危害，若企業組織有提供相關的保護措施，就可以考慮向內部法律團隊（尤其是產品或資料隱私法律顧問）聯繫、或是舉報。

科學與工程

部署高風險 ML 系統，比較像科學實驗而不是機械性的工程任務。儘管聽說軟體、硬體、容器化與監控解決方案有助於組織化 ML，但 ML 系統不保證具可操作性。畢竟，它不像做一張桌子，甚至一台車，那種能假設若依循幾組指令就能運作的狀況。在 ML 裡，可以執行這本書或任何其他公認權威告訴我們的一切，而這個系統還是會因為各種原因失敗。至少其中一個原因是，建置 ML 系統往往涉及許多我們以為是假設的假說，主要的假說就是能在現實世界達成系統想要的效果。

大部分 AI 與 ML 仍處於進化中的社交科技科學，還沒準備好只用軟體工程技術直接產品化。

普遍來說，身為資料科學家的我們似乎都忘了必須謹慎應用科學方法，才有機會實現高風險部署的目標，因為我們通常處理的是不明確的實驗。往往輕易假定專案在工程上全部做對就能做得出來。這種做法過於信任偵測觀察資料的相關性，一般來說，太過相信訓練資料本身，它通常是有偏差而且不準確的。老實說，我們也常瘋狂製造可重複結果。當做出更正式的假設時，通常是關於要使用哪個演算法。然而，就高風險 ML 系統而言，應該要做的是關於系統想要的現實世界結果的正式假說。

資料科學方法

看過這麼多資料科學工作流程的基礎反面模式，即便在自身工作中也有，我們稱它為：資料科學方法（*https://oreil.ly/22Zmt*）。似乎許多 ML 專案要實現目標，就是以使用「正確」技術為前提，或更糟的：若這麼做就不會失敗。展示這個資料科學方法時，大多的同事都認為這方法聽起來太熟悉了。

看看以下步驟，想想參與的資料科學團隊與專案。以下是資料科學方法運作：

1. 假設能賺幾百萬。
2. 安裝 GPU、下載 Python。
3. 從網際網路，或耗盡商業程序，蒐集不準確、有偏差的資料
4. 放棄確認偏差：
   a. 研究蒐集的資料，形成假說（使用哪個 X、y 與 ML 演算法）
   b. 使用由假說生成基本上相同的資料，測試假說。
   c. 用大型學習演算法測試假說，該演算法適於幾乎所有大致相關的 X 與 y 集合。
   d. 改變假說直到結果「良好」。
5. 不必擔心再現性問題，一切都很好。

資料科學方法無法讓系統展現現實世界預期的效果，除非幸運。換句話說，資料科學方法無法提供證據，或偽造系統體內結果的正式假說。聽來瘋狂，若想系統化提升高風險部署成功的機會，必須改變整個 ML 處理方式。無法假設能夠成功（或富有）。事實上，若想成功，可能必須更對立，並假設成功非常困難，而現在做的任何事都沒有作用。應持續不斷尋找處理方式與實驗建置中有哪些漏洞。

雖然選擇正確工具對成功來說很重要，但掌握合適的基礎科學更重要，主要在於沒有所謂「正確」的科技。還記得 C++ 發明人 Bjarne Stroustrup 常說（*https://oreil.ly/J9uWR*）：「宣稱擁有完美程式碼語言的人若不是業務就是笨蛋，或兩者都是。」一如生活中的許多事物，科技比較偏向管理權衡，而不是尋求完美工具。

我們也必須質疑 ML 基本概念與想法。幾乎所有 ML 模型仰賴的現象：觀察資料的相關性，可能毫無意義、假造或者錯誤。統計學家與經驗主義科學家長期以來都知道這個問題。擁有數百萬、數十億或數萬億參數的過度參數化模型，能夠在大型資料集裡找到相關模型可能完全不重要，尤其是進行大規模網格搜尋或在相同資料一次又一次的重複比較。而且，必須質疑所用資料的客觀性與準確度。只因為資料集是數位或大型的，不代表含有 ML 模型可以用某種方式學到的所需資

訊。最後一個未料到的難題是缺乏再現性。若套用資料科學方法，資料科學與 ML 具有眾所周知的再現性問題值得奇怪嗎？重現實驗步驟與冗長科學步驟已經夠難，要求其他人套用確認偏差與其他（通常未完整記錄）實驗設計的錯誤，就像複製自身有缺陷結果一樣幾乎做不到。

科學方法

雖然資料科學方法多半振奮人心、快速又簡單，但必須找到經證實有效的科學方法處理任務，而不是高風險 ML 系統。本節說明的步驟只是將傳統科學方法，套用至 ML 專案的可行方式。在閱讀下列步驟時，請與資料科學方法比較。注意將重點放在避免確認偏差、結果之於技術、蒐集適切資料與再現結果上：

1. 發展可信的直覺（例如以先前實驗或文獻回顧為基礎）
2. 記錄我們的假說（即 ML 系統想要的現實世界結果）
3. 蒐集適當資料（例如使用實驗設計方式）
4. 測試 ML 系統在實驗組上想要的體內效果假說：
    a. 使用 CEM（*https://oreil.ly/RxSH-*）或 FLAME（*https://oreil.ly/AFb4z*），從蒐集的觀察資料建構控制與實驗組，或設計受控制的實驗（例如使用雙盲隨機建構）。
    b. 測試實驗組體內效果統計顯著性。
5. 再現

這個提案代表整體性改變多數資料科學工作流程，所以會深入每個步驟。首先，將在深度文獻回顧或過去成功實驗的基礎上嘗試系統設計。接著在像 GitHub 儲存庫這類公開的地方記錄我們的假說，若做了變更，其他人會注意到。這個假說應該合理（即擁有建構效度），是關於系統想要的現實世界結果，而不是像 XGBoost 打敗 LightGBM 這樣。應盡可能不要使用任何可用資料，而是應該試著使用適合的資料。這或許表示蒐集特定資料，由統計學家或調查專家處理，確保蒐集的資料遵循知名實驗設計原則。並且，必須提醒自已，驗證與測試誤差指標看起來很好不見得重要，若進行資料分析，並利用網格搜尋進行多個副實驗，就會過度擬合測試資料（*https://oreil.ly/rnNWq*）。

雖然我們重視測試資料裡的正向結果，但目標應該在於量測在現實世界顯著的處理效果。系統是不是做了我們認為它會做的事？能否以一些可信方式量測，例如使用粗糙精準比對（*https://oreil.ly/ahsMd*）產生實驗與控制組、對系統處理與未處理的人比對 A/B 測試與統計假說測試？最後，試著不要假設系統真的能運作，直到模型驗證高手這類人，重現出我們的結果。

必須承認，這樣劇烈改變資料科學只是一個渴望的方向，在處理高風險 ML 專案時，必須多所嘗試。我們有責任避免在高風險 ML 專案上使用資料科學方法，因為系統失敗影響的是真實的人類，而且既快又廣。

發表結果與聲明的評估

阻礙使用科學方法的另一項議題是：我們可能忘了如何驗證對 ML 激勵人心的一切發表的聲明。查找資訊的眾多來源：Medium、Substack、Quora、LinkedIn、Twitter 等其他社交導向平台，都不是經同業審閱的出版品。只因為好玩就發佈在 Medium 或 Substack 上（我們都這樣），這些學習新事物的便利場所，但別忘了任何人都能在這些出口發表任何言論。應該對社交媒體報告的結論持懷疑態度，除非這些內容直接在更可信的出口重新陳述匯整，或以某些獨立實驗證實。

還有，arXiv 這類預印本服務並非同業審閱。若在那裡發現有趣的主題，採取行動前應看看之後它是否確實發表在受敬重的期刊，或至少在會議論文集裡。即便是同業審閱的期刊出版品或教科書，都應該盡可能花時間獨自理解並驗證這些主張。若文章中所有引用都是在揭發偽科學，那是很糟糕的訊號。最後，必須承認的是，經驗告訴我們，學術方法在現實世界應用還需要適應。不過，建立在完整陳述的學術研究堅實基礎上，會比建立在部落格與社交文章的砂堆上好。

部落格、新聞與社交媒體內容，通常不會是權威科學與工程資訊的來源。

有些科技公司資金充裕的研究小組可能也正在突破所謂研究成就與工程偉業的極限。想一下通常是科技研究小組 AI 成就戰利品的語言模型（LM）。只要具有一定規模資金充裕的學術研究小組就能重建其中一個模型嗎？我們是否瞭解使用的訓練資料，或者是否看過程式碼？這些系統不是經常故障嗎（*https://oreil.ly/4blT4*）？傳統上，科學界認可的研究結果是可再現，或至少可驗證。我們不懷疑科技公司對其 LM 發表的基準分數，但必須質疑是否具備有意義的可再現性、可驗證性或透明度，這足以被視為研究成果，而非工程成就。

讀者要知道，雖然本書做過編輯與技術性審查，但並未同業審閱。這是我們試圖讓本書遵循 NIST AI 風險管理框架這類外部標準的理由之一。

此外，由於 ML 屬於商業領域，大量研究與 ML 工程都是為了能在商業解決方案裡實施，而且許多研究人員是從學術界挖角來高薪產業工程職務，必須誠實面對利益衝突。若計畫賣掉技術，應該對該企業的任何報告持懷疑態度。某科技公司在計畫販售技術時，發表的 AI 系統驚艷結果有可能並非全然可信的聲明。若發表結果未經歷外部、獨立與客觀同業審閱更糟。坦白說，某公司表示自有技術優秀並不可信，無論白皮書多長、無論 LaTeX 樣版看起來多像 NeurIPS 論文。必須謹慎看待來自商業實體與 ML 廠商自己做的報告。

有很多炒作與華麗的廣告。對接下來專案有什麼想法，或只是試圖瞭解什麼是炒作什麼是真的，都應該更有選擇性。雖然將重點放在完整陳述的學術期刊或教科書上可能錯失一些新想法，但對實際的可能性會有更清楚的概念。也更能將下一個專案建立在實質、可再現概念的基礎上，而不是炒作或行銷文案上。假裝在高風險 ML 應用上成功，要比在展示、部落格文章或低風險應用上困難許多，長遠來看更有可能成功，即便會等很久才能開始，而且計畫聽起來不夠令人興奮。最後，在困難問題上真的成功，比更多展示、部落格文章與瑣碎使用案例上成功好太多了。

套用外部標準

一直以來，AI 與 ML 相關標準持續缺席。如今不再是這樣。標準開始有了定義。若用 ML 進行困難任務，請對自己誠實：我需要協助與建議。取得高風險 ML 專案的協助與建議，絕佳來源就是權威標準。本節，將著眼於美國聯邦準備銀行

（FRB）、NIST、歐盟《AI 法》與國際標準組織（ISO）的標準，與最佳使用方式。FRB 模型風險管理（MRM）指南與 NIST AI 風險管理框架（RMF）皆非常強調文化與處理程序，只是 NIST 含括部分技術細節。歐盟《AI 法》附件是相當不錯的定義與文件記錄，ISO 也提供相當多定義文件與不錯的技術性建議。這些來源有助於通透思考不同型態的風險與風險緩解，也有助於確保不致遺忘顯然處於高風險 ML 專案之中的某些東西：

模型風險管理指南

本書先前已讚揚過「模型風險管理監督指南」（*https://oreil.ly/Gy_ol*）的優點，這裡要再說一次。不要將這個指南視為低階技術建議，而是在試圖為企業組織建立治理或風險管理架構時參考。從本指南可得到的通用的課題如下：

文化主宰。

若組織文化不重視風險管理，風險管理就毫無用處。

風險管理從頂層開始。

董事會與資深高層必須在 ML 風險管理中採取主動。

文件記錄為基礎風險控制。

將模型運作方式全寫下來，其他人才能重新審查我們的思維。

測試應為獨立且高階職能。

測試員應有權暫停或終止開發工作。

必須激勵人們參與風險管理。

免費做這件事太難。

此外，若讀者們想徹底執行 ML 風險管理，可以查看《Comptroller's Handbook: Model Risk Management》（https://oreil.ly/jR7W1），尤其是內部控制問卷的部分。這些是銀行監管機構執行監管審查採取的步驟，我們建議參考只因為沒有不可能的事，並謹記這只是大型銀行預計讓 ML 風險得以控制的一部分。而且，這些風險控制高度影響 NIST AI RMF，後者多次引用監管指南與《Comptroller's Handbook》。熟悉這些對本身也有好處，它們可能形成所處產業、範疇或垂直產業未來法規或風險管理指南。監管指南與《Comptroller's Handbook》些資源本身，很可能會慢慢漸趨成熟。

NIST AI 風險管理框架

NIST AI 風險管理框架（*https://oreil.ly/8yGFz*）特別擴充 MRM 指南。在銀行業，實施 MRM 的模型風險管理者通常可以仰賴銀行其他部門操心隱私權、安全性與公平性，從而將重點放在系統效能上。此外，RMF 還帶來其他值得信賴的特性：有效性、可信賴、安全、偏差管理、安全性、復原力、透明度、問責、可解釋性、可詮釋性與隱私權，皆屬於 AI 風險管理的主張，對非銀行企業組織來說更務實。

AI RMF 為所有需求清單提供高階建議，重點是明確指出它們全相互關聯。不同於 MRM 指南，RMF 在風險管理上強調多元化與包容性，並將意外事件應變與漏洞回報獎勵計畫這類網路風險控制，併入 AI 風險控制。NIST 指南亦劃分成數份文件與互動網站。雖然核心 RMF 文件（*https://oreil.ly/q27WB*）提供高階指南，但許多額外資源更深入技術與風險管理細節。例如，AI 風險管理教戰守則（*https://oreil.ly/hd5oV*）就提供極為詳盡伴隨文件記錄建議與參考文獻的風險管理指南。相關文件，像是 NIST SP1270 與 NISTIR 8367，「人工智慧可解釋性與可詮釋性的心理學基礎」（*https://oreil.ly/UJ2EM*）就提供相當有用又詳盡的特定主題指南。RMF 是長期專案，未來幾年有望出現更高品質風險管理建議。

歐盟《*AI* 法》附件

這是針對高階定義，包括高風險 ML 定義以及文件記錄的建議。歐盟《AI 法》附件一（*https://oreil.ly/5WVMj*）清楚規範 AI 實質定義。我們需要一致商定的風險管理定義。這很重要，因為假定要套用至企業組織所有 AI 系統上的一項政策或測試，可以預期至少有一個小組或個人會宣稱不做 AI，逃避這項要求。附件三敘述被視為高風險的特定應用，例如生物識別、基礎建設管理、教育、就業、政府或公用事件服務、信用評等、執法、移民與邊境控制，以及刑事司法。最後，附件四有效導引如何進行 ML 系統文件記錄。若企業組織偏好介於大量 MRM 文件與最少模型卡之間，會慶幸這些附件也為 ML 系統文件提供不錯的框架。請記得，《AI 法》在本書出版之際仍為草案，不過很有可能通過。

ISO AI 標準

ISO AI 標準（*https://oreil.ly/BxcQz*）這個迅速發展的主體，處於尋求低階技術指南與維護技術定義的位置。雖然這個標準仍在開發，但已有許多可供使用，例如 ISO/IEC PRF TS 4213：機器學習歸類效能評估（*https://oreil.ly/bMczF*）、ISO/IEC TR 24029-1:2021：神經網路穩健性評估（*https://oreil.ly/AvPNZ*），以及 ISO/IEC TR 29119-11:2020：以 AI 為基礎的系統測試指南（*https://oreil.ly/MwV_T*）。可用標準，對確保技術方法完整且徹底，有實質上的幫助。不同於本節探討的其他指南，ISO 標準不太可能免費自由取用，但也不會過於昂貴，會比 AI 意外事件便宜很多。密切觀察 ISO AI 標準的發展，過一段時間，它會成為附加的寶貴技術指南與風險管理資源。

套用來自 ISO 與 NIST 這類外部標準，提升任務品質，也提高無可避免出錯時的防禦能力。

還有來自電子電機工程師協會（IEEE）、美國國家標準局（ANSI），或經濟合作暨發展組織（OECD）這類單位的其他標準，或許也適合你的企業組織。關於這些標準還必須記得，套用這些不僅有助於工作表現更好，也有助於必須稽查時為我們的選擇辯護。若在 ML 裡進行高風險作業，應該預期到會有稽查與監督。

使用這類標準，證明工作流程與風險控制的正當性，遠比自己編造，或以部落格社交網站發現的什麼為基礎要好太多。簡而言之，利用這些標準讓我們與我們的工作看起來更好，因為這些標準大家都知道會讓技術更好。

常識性風險緩解

花越多時間處理高風險 ML 專案，越能發展什麼會出錯什麼又做對的直覺。本節提出的建議細節或許能在一些標準或權威指南裡找到，但我們是經由慘痛經驗得到教訓的。這些要點，是常識性建議的集合，應該有助於快速建立從業人員處理高風險 ML 系統的直覺。它們或許看來基本又明顯，但讓自己遵守這些得來不易的教訓非常難。總會為了上市壓力而快速移動、減少測試，對風險的處理也不多。這在低風險應用上或許行得通，但對重大使用案例，放慢腳步並深刻考量比較好。這裡對步驟的細節描述有助於闡明我們何以、如何做這件事。基本上，在撰寫程式碼前應好好考量，測試程式碼，給這些程序足夠的時間與資源：

簡單開始。

針對高風險應用，使用以深度學習、堆疊普及化或其他設計精良的技術為基礎的複雜 ML 系統，可能相當令人興奮。但除非問題需要這種程度的複雜度才能解決，否則不應該這麼做。複雜往往代表更多故障模式與較低透明度。低透明度通常意謂著系統難以修復也難以檢視。處理高風險專案時，必須衡量故障機率與想玩的這個酷炫技術必然產生的危害。有時，從越簡單、越清楚理解的方式開始越好，隨時間推移證明系統，再重複較複雜的解決方案。

避免過去失敗的設計。

不要重複過去 ML 犯下的錯。處理高風險問題時，應回顧過去解決類似問題的失敗嘗試。AI 意外事件資料庫（*https://oreil.ly/VlclU*）變革論題，是有助於避開過去 ML 錯誤應該查閱的幾個資源之一。也應該在企業組織內部詢問。之前可能有人試圖解決我們正試著要解決的問題，尤其是重大問題。

分配時間與資源給風險管理。

風險管理花時間、耗人力、花錢也耗費其他資源。建立系統展示的相同團隊，可能不夠大、不夠廣泛到足以建立系統線上使用的版本並管理其風險。處理高風險 ML 系統，會需要更多資源強化工程、測試、文件記錄、處理使用者回饋與檢視風險。還需要更多時間。企業組織、管理者與資料科學家本身，往往低估建置一般 ML 系統所需時間。若處理高風險 ML，會需要延長時程，很可能是低風險系統所需的好幾倍。

套用標準軟體品質處理。

這裡再說一次先前提過的。沒有理由 ML 系統應排除在標準軟體 QA 程序之外。就高風險系統來說，可能得套用軟體 QA 的一切：單元測試、整合測試、功能測試、混沌測試、隨機攻擊等等。若需要回顧這些技術如何套用到 ML 系統，請查閱第 3 章。

限制軟硬體及網路的相依性。

使用第三方軟體的各部分，無論是開放源碼還是專利產物，都會增加系統風險。我們不見得都能知道這些相依套件是如何管理風險。它們安全嗎？公平嗎？遵循資料隱私法嗎？這真的很難知道。相同概念適用網路相依性。連結的機器安全嗎？它們一定都能用嗎？至少就一段長時間來看，答案是否定的。雖然特定硬體的安全性與失敗風險，通常較第三方軟體與其他網路連結低，但它增加了複雜度。預設情況下，增加複雜度往往增加風險。將軟體、硬體與網路相依性降到最低並簡化，有可能減少意外狀況、必要的變更管理程序，與所需的風險管理資源。

限制多個 ML 系統間的連結性。

若難以列舉一個 ML 系統的風險，那麼開始進行以 ML 為基礎的決策或技術的工作流程時會如何？結果難以預料。將 ML 系統連結至網際網路這類大型網路之際，或將眾多 ML 系統連結在一起時，務必謹慎。兩種場景都能導致意外危害，甚至系統性故障。

限制系統輸出，避開可預知的意外事件。

若 ML 系統某些結果是可預見的問題，例如允許自駕車加速到每小時 200 英哩，我們並非只能坐視不管，任由系統作出不好的決策。利用商業規則、模型斷定、數字限制或其他保障，避免系統作出可預見的糟糕決策。

切記，這一切並非現實世界。

資料科學競賽排行榜，以單一指標對模型排名，沒有多樣化或現實世界權衡考量，不適合現實世界決策制定的評估。也不代表 ML 系統成功照章行事。只因為 ML 系統在這一切評估測試中成功，不代表在現實世界也能成功。在評估測試中，知道所有規則，規則也不會改變。部分案例中，我們存取評估測試所有可能相關的資料，意即所有可能的結果或所有可能的變動。這不切實際。在真實世界，不會知道所有規則，治理系統的規則可能快速劇烈變遷。也無法存取所有所需資料好好進行決策制定。在評估測試中成功的 ML 系統可能是偉大的研發成就，同時與部署在這個世界的高風險社交科技 ML 系統無關。

謹慎監控非監督式或自動更新的系統。

非監督式系統、未經實地訓練與自我更新的系統（強化、適應或線上學習）本質上屬於高風險。很難在部署前瞭解非監督式系統是否執行得夠好，也很難預測自我更新的系統可能的行為模式。雖然所有 ML 系統都應該監控，但為高風險應用部署的非監督式與自我更新，需要即時監控效能、偏差與資安議題。這類監控也應該在偵測到問題時第一時間警告人類，且應內建緊急開關。

瞭解人類觀察對象的道德與法律責任

有鑑於許多 ML 部署涉及蒐集機敏資料，或本身就是在人類使用者上的顯性或隱性實驗，應該要熟悉企業組織研究論理委員會（IRB）的政策、人體實驗基本指導方針（*https://oreil.ly/1ptk7*），與在人類使用者進行實驗的其他法律道德責任。

限制匿名使用。

若系統不需要匿名使用，就要執行使用者驗證，或其他可以在使用前證明身分的措施，這麼做可大幅減少系統相關的駭客手段、濫用與其他破壞行為。

對 *AI* 生成內容套用浮水印。

將示警標記、特性與聲音加入所有 AI 生成內容中，有助於之後識別，並減少這類內容用於欺騙行為的風險。

知道不該用 *ML* 的時機。

ML 無法解決所有問題。事實上，有極大層面的問題我們知道完全無法妥善解決。在預測生活品質結果方面，ML 做得沒有比人類或簡單模型好（*https://oreil.ly/UyX10*），人類與簡單模型其實這方面也不算傑出。ML 無法真的瞭解誰會取得好成績、面臨驅逐或被解僱。據 NIST（*https://oreil.ly/1QY4W*）指出，ML 也無法經由影像告訴你誰會把工作做好。包括 Arvind Narayanan 在內的知名 ML 研究學者呼籲，罪犯再犯、維護治安與指出恐怖分子的 ML 預測裡有問題（*https://oreil.ly/jMXY7*）。ML 就是無法好好瞭解或預測許多人類與社會結果。雖然這些是相當有趣且高價值問題，但不應該試圖用 ML 解決，除非我們知道 NIST 與美國國家學院對 ML 還不瞭解的事。況且，社會結果並非已知 ML 系統會出問題的唯一範疇。請記得在深入使用高風險 ML 系統前，查閱過去失敗的紀錄。

別害怕在下一個重要 ML 專案上，提出設計、時程、資源、結果與使用者相關的基本問題。

增加人口與專業多樣性，結合這些常識控制，更堅持科學方法、更嚴格評估發表聲明、權威外部標準的應用，以及先前章節所有的妥善治理與優良技術，應該就能在困難的 ML 應用裡，用自己的方式成就更好結果。當然，很難讓所有額外工作都得到同意，若是，也很難找到時間全部完成。不要試著做徒勞無功的事。回想第 1 章與風險管理基礎。瞭解最嚴重的風險有哪些，然後試著先緩解。

結論

本書從管理建立與維護 ML 系統的人開始。接著探討如何用可解釋模型與可解釋 AI，讓 ML 模型更容易理解。內容概述如何使用模型除錯與資安處理，讓 ML 模型更值得讓人們信任，還強調如何對人們更公平。著眼在人身上並非偶然，技術關乎人們。幾乎沒有理由製造將某些人類利益排除在外的技術，機器受傷害時不會感到疼痛、生氣與悲傷，人們會。而且，至少依我們判斷，人們還是比電腦聰明。ML 最後這十年，全是幾乎無須人類輸入訓練的無法解釋模型的成功，我們合理懷疑，是時候讓這個搖擺不定的局面朝另一個方向發展了。

未來幾年，要成功實現許多 ML 必須依循法律與法規合規性，改善人們與 ML、風險管理與明確商業結果的互動。讓最大化利益與最小化對人們的傷害，成為高風險 ML 專案核心，能讓你更成功。

資源

進階閱讀

- EU AI Act Annexes（*https://oreil.ly/CcERN*）
- ISO AI Standards（*https://oreil.ly/cUmGz*）
- NIST AI Risk Management Framework（*https://oreil.ly/fN5BS*）
- NIST SP1270：「Towards a Standard for Identifying and Managing Bias in Artificial Intelligence」（*https://oreil.ly/udvYe*）
- 「Supervisory Guidance on Model Risk Management」（*https://oreil.ly/IuzZx*）

索引

※ 提醒您：由於翻譯書排版的關係，部分索引名詞的對應頁碼會和實際頁碼有一頁之差。

A

B

C

D

E

F

G

H

I

J

K

L

M

N

O

P

Q

R

S

T

U

V

W

X

Z

關於作者

Patrick Hall 是 BNH.AI 的首席科學家，為財星五百大企業與尖端新創提供 AI 風險建議並帶領並支持 NIST 的 AI 風險管理框架相關研究。他同時也是喬治華盛頓商學院 Department of Decision Sciences 的客座講師，傳授資料倫理、商業分析與機器學習相關課程。

共同創立 BNH 前，Patrick 領導 H2O.ai 致力於負責任 AI，最終名列世界首批機器學習可解釋性與偏差緩解的商業應用之一。他還曾經在 SAS Institute 擔任全球直接面對客戶與研發單位研究人員的角色。畢業於北卡羅來納大學高級分析學院前，Patrick 在伊利諾大學學習計算化學。

Patrick 受邀在美國國家學院、ACM SIG-IDD 與聯合統計會議為可解釋 AI 相關主題發表演說。他為 *McKinsey.com*、*O'Reilly Radar* 與 *Thompson Reuters Regulatory Intelligence* 撰寫文章，*Fortune*、*Wired*、*InfoWorld*、*TechCrunch* 等媒體介紹了他的技術成就。

James Curtis 是 Solea Energy 的定量分析研究員，專注於利用統計預測進一步推動美國電力網路的脫碳。在這之前，他曾在金融服務組織、保險、監控單位與健康醫療等產業擔任顧問，提供建置更公平的 AI/ML 模型。James 擁有科羅拉多礦業學院的數學碩士學位。

Parul Pandey 具備電機工程背景，現職為 H2O.ai 首席資料科學家。在此之前，她曾任 Weights & Biases 的機器學習工程師。她同時也是 notebook 項目的 Kaggle Grandmaster，與 LinkedIn 2019 年 Software Development 項目 Top Voices 之一。Paruln 為各類型出版物與顧問寫過許多探討資料科學與軟體開發的文章、發表演講，並舉辦負責任 AI 相關主題的研討會。

出版記事

本書的封面動物是巨型非洲果甲蟲（波麗非夢斯角金龜）。

過去被歸類在拉丁名稱 *Chelorrhina polyphemus* 下，這種大型、綠色金龜甲蟲乃 *Cetoniinae* 系列花金龜的一員，這群色彩鮮艷的甲蟲主要食物是花粉、花蜜、花瓣、水果與樹液。長度約 35 至 88 毫米的巨型非洲果甲蟲乃 *Mecynorrhina* 屬中最長的甲蟲。

這些巨型金龜甲蟲生活在中非茂密的熱帶森林之中。成蟲為兩性異形，雌性有閃亮的稜鏡甲殼，雄性則擁有鹿角與更柔和暗淡的色澤。身為吸引人又相對好飼養的甲蟲，牠們成為受許多有抱負的昆蟲學家歡迎的寵物。這一事實再加上棲息地的破壞，至少已被一項報告引述為部分區域群體數下降因子，雖然整體而言牠們仍然很普遍。

O'Reilly 封面上有許多動物都瀕臨滅絕，牠們都對這個世界很重要。

封面插圖出自於 Karen Montgomery 之手，以 Cuvier 在 *Histoire Naturelle* 裡的黑白版畫為基礎。

機器學習的高風險應用｜負責任的人工智慧方法

作　　者：Patrick Hall, James Curtis, Parul Pandey
譯　　者：柳百郁
企劃編輯：詹祐甯
文字編輯：詹祐甯
特約編輯：王子旻
設計裝幀：陶相騰
發 行 人：廖文良

發 行 所：碁峰資訊股份有限公司
地　　址：台北市南港區三重路 66 號 7 樓之 6
電　　話：(02)2788-2408
傳　　真：(02)8192-4433
網　　站：www.gotop.com.tw
書　　號：A756
版　　次：2024 年 04 月初版
建議售價：NT$780

國家圖書館出版品預行編目資料

機器學習的高風險應用：負責任的人工智慧方法 / Patrick Hall, James Curtis, Parul Pandey 原著；柳百郁譯. -- 初版. -- 臺北市：碁峰資訊, 2024.04
面；　公分
譯自：Machine learning for high-risk applications.
ISBN 978-626-324-773-4(平裝)
1.CST：人工智慧　2.CST：機器學習
312.83　　113002795